www.kuhminsa.com

한 발 앞 서 는 출 판 사

KUH
MIN
SA

#604, Mullaebuk-ro 116, Yeongdeungpo-gu
Seoul, Republic of Korea

T. 02 701 7421
F. 02 3273 9642

Email kuhminsa@kuhminsa.co.kr

자격증 시험
접수부터
자격증
수령까지

필기원서접수

큐넷 회원 가입 후
(www.q-net.or.kr)
인터넷 접수만 가능
사진 파일, 접수비
(인터넷 결제) 필요
응시자격 요건
반드시 확인할 것

필기시험

입실 시간 미준수 시
시험 응시 불가
준비물 : 수험표,
신분증, 필기구 지참

합격여부확인

큐넷 사이트에서 확인
(www.q-net.or.kr)

실기원서접수

큐넷 회원 가입 후
(www.q-net.or.kr)
응시 자격 서류는
실기시험 접수기간
(4일 내)에 제출
해야만 접수 가능

한 발 앞서나가는 출판사
구민사에서 시작하세요!

실기시험

필답형과 작업형으로
분류. 원서 접수 시
선택한 장소와 시간에
맞게 시험을 봅니다.
준비물 : 수험표,
신분증, 필기구 지참!

합격여부확인

큐넷 사이트에서 확인
(www.q-net.or.kr)

자격증신청

방문 or 인터넷 신청
가능. 방문 신청 시
신분증, 발급 수수료
지참할 것

자격증수령

방문 or 등기 우편
수령 가능. 등기
비용을 추가하면
우편으로 받을 수
있습니다.

◈ PREFACE

올해도 어김없이 책 원고를 넘기며 마무리하고, 곧 출간될 도서를 걱정 반, 설렘 반으로 기대해 봅니다. 온·오프라인에서 18년 이상 산업안전 기사(산업기사) 자격증 강의를 하며, 그간 제가 한 노력 이상의 좋은 평가를 받았음에 항상 감사하는 마음입니다.

자격증 시험합격이라는 작은 목표였지만 함께 노력하고, 함께 합격의 기쁨을 나누고, 기꺼이 그 영광을 제게 돌렸던 많은 교육생과 수험생 분들께 다시 한번 감사드립니다.

오랜 강의 경험과 노하우를 통해 꼭 필요한 부분에 대한 꼼꼼한 설명을, 출제 유형을 철저히 분석한 곳에서는 별표(★)로 표시하여 가장 합격에 최적화된 도서를 만들기 위해 노력하였습니다.

항상 수험생 여러분들 곁에서 수험생들의 고민을 어떻게 해결해 드려야 할까… 늘 고민하며 원고를 쓰고 있습니다.

이번 개정판에는 개정고시된 최신 법규를 적용하여 수험생들의 공부에 도움이 되도록 하였으며, 꼭 암기해야 하지만 암기하기 힘든 내용들을 암기법이란 타이틀을 만들어 실어보았습니다. 비록 유치하고 단순한 암기법이지만 '암기법이 너무 기가막혀 외워졌다'는 수험생 여러분의 고백을 기대해 봅니다.

합격하기 쉬운 교재를 만들기 위해 수험생의 입장에서 한번 더 생각하며 만들었습니다. 앞으로도 독자 분들의 소중한 의견을 귀담아 듣겠습니다.

마지막으로, 교재를 출판해 적극적으로 후원해 주신 도서출판 구민사 조규백 대표님과 직원 여러분께 깊은 감사를 드립니다.

저자 씀

◈ CONTENTS

PART
부록 2　**산업안전기사 모의고사**

◈ INSTRUCTION MANUAL

01 각 항목별 주요 개요 & 저자의 특급 암기법

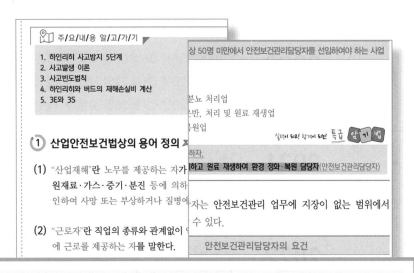

📍 주/요/내/용 알/고/가/기

1. 하인리히 사고방지 5단계
2. 사고발생 이론
3. 사고빈도법칙
4. 하인리히와 버드의 재해손실비 계산
5. 3E와 3S

① 산업안전보건법상의 용어 정의 ㅈ

(1) "산업재해"란 노무를 제공하는 자가
    원재료·가스·증기·분진 등에 의하
    인하여 사망 또는 부상하거나 질병에

(2) "근로자"란 직업의 종류와 관계없이 이
    에 근로를 제공하는 자를 말한다.

상 50명 미만에서 안전보건관리담당자를 선임하여야 하는 사업

분뇨 처리업
반, 처리 및 원료 재생업
원업

실력이 되고! 합격이 되는! 특급 암기법

하고 원료 재생하여 환경 정화·복원 담당자(안전보건관리담당자)

자는 안전보건관리 업무에 지장이 없는 범위에서
수 있다.

안전보건관리담당자의 요건

산업안전기사 공부에 필요한 **주요 내용을 수록**하였습니다. 교재의 80% 내용은 산업
안전보건법을 기준으로 하였습니다.
반드시 알아야 할 법규내용만을 정리하여 편하고 알기 쉽게 설명하였습니다.

02 중요한 표의 구분 & 합격의 Key 중요 참고박스

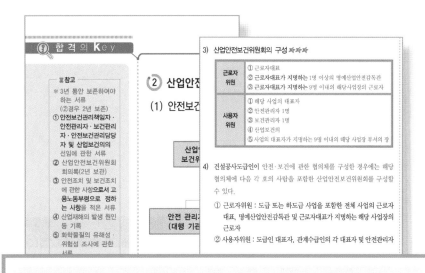

내용의 **중요도에 따라 별표로 구분**하였으며, 이해하기 쉽게 자세하면서도 편리하게 구성하였습니다. **별표 3(★★★)개와 별표 2(★★)개**까지의 내용은 실기에서도 자주 출제되는 핵심내용입니다.

03 합격의 Key 내 연습문제 & 시험에 자주 나오는 핵심요약

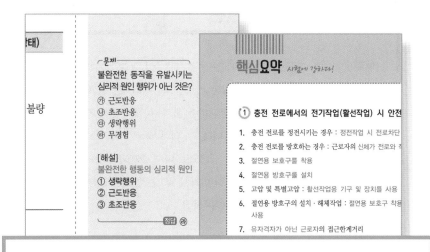

합격의 **Key** 안의 **연습문제**를 통해 좀 더 쉽게 이해할 수 있도록 하였고, **단원별 필기에는 자주 나오는 내용을 별도 지면을 활용**하여 시험보기 전날까지 공부할 수 있게 간략하게 정리하였습니다.

04 최근 기출문제 수록 & 모의고사

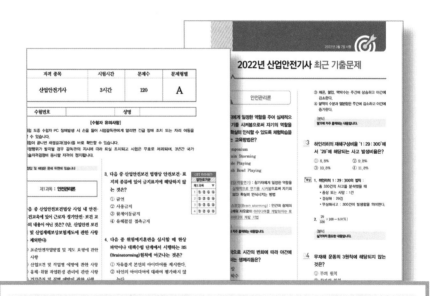

부록 – 과년도 기출문제의 해설에는 문제 "**분석**"이 실려있습니다.

"**실기까지 중요한 내용입니다.**"라는 내용은 꼭! 여러 번! 읽고 넘어가세요. 실기에 자주 출제되는 핵심내용으로 나올 때마다 읽고 넘어간다면 **실기에서도 빛을 발할 것**입니다. "**출제비중이 낮은 문제입니다.**"는 쉽게 말하면 버리고 가도 될 문제입니다. 필기·실기 모두 출제비중이 낮은 내용으로 **다시 출제되더라도 답이 동일한 경우가 많습니다.** 버려야 할 내용을 과감히 버리지 않고는 중요한 공부를 함에 있어 합격이 힘들어질 수 있다는 점을 꼭! **기억해주세요.**

◆ 산업안전 기사 출제기준

직무분야	안전관리	자격종목	산업안전기사	적용기간	2024.1.1.~2026.12.31.
제조 및 서비스업 등 각 산업현장에 배속되어 산업재해 예방계획의 수립에 관한 사항을 수행 하며, 작업환경의 점검 및 개선에 관한 사항, 유해 및 위험방지에 관한 사항, 사고사례 분석 및 개선에 관한 사항, 근로자의 안전교육 및 훈련에 관한 업무 수행					
필기검정방법	객관식	문제수	120	시험시간	3시간

필기과목명	문제수	주요항목	세부항목
산업재해 예방 및 안전보건교육	20	1. 산업재해예방 계획수립	1. 안전관리 2. 안전보건관리 체제 및 운용
		2. 안전보호구 관리	1. 보호구 및 안전장구 관리
		3. 산업안전심리	1. 산업심리와 심리검사 2. 직업적성과 배치 3. 인간의 특성과 안전과의 관계
		4. 인간의 행동과학	1. 조직과 인간행동 2. 재해 빈발성 및 행동과학 3. 집단관리와 리더십 4. 생체리듬과 피로
		5. 안전보건교육의 내용 및 방법	1. 교육의 필요성과 목적 2. 교육방법 3. 교육실시 방법 4. 안전보건교육계획 수립 및 실시 5. 교육내용
		6. 산업안전관계법규	1. 산업안전보건법령

필기과목명	문제수	주요항목	세부항목
인간공학 및 위험성 평가 · 관리	20	1. 안전과 인간공학	1. 인간공학의 정의 2. 인간-기계체계 3. 체계설계와 인간요소 4 인간요소와 휴먼에러
		2. 위험성 파악 · 결정	1. 위험성 평가 2. 시스템 위험성 추정 및 결정
		3. 위험성 감소대책 수립 · 실행	1. 위험성 감소대책 수립 및 실행
		4. 근골격계질환예방관리	1. 근골격계 유해요인 2. 인간공학적 유해요인 평가 3. 근골격계 유해요인 관리
		5. 유해요인 관리	1. 물리적 유해요인 관리 2. 화학적 유해요인 관리 3. 생물학적 유해요인 관리
		6. 작업환경 관리	1. 인체계측 및 체계제어 2. 신체활동의 생리학적 측정법 3. 작업 공간 및 작업자세 4. 작업측정 5. 작업환경과 인간공학 6. 중량물 취급 작업
기계 · 기구 및 설비 안전 관리	20	1. 기계공정의 안전	1. 기계공정의 특수성 분석 2. 기계의 위험 안전조건 분석
		2. 기계분야 산업재해 조사 및 관리	1. 재해조사 2. 산재분류 및 통계 분석 3. 안전점검 · 검사 · 인증 및 진단
		3. 기계설비 위험요인 분석	1. 공작기계의 안전 2. 프레스 및 전단기의 안전 3. 기타 산업용 기계 기구 4. 운반기계 및 양중기

필기과목명	문제수	주요항목	세부항목
기계 · 기구 및 설비 안전 관리	20	4. 기계안전시설 관리	1. 안전시설 관리 계획하기
			2. 안전시설 설치하기
			3. 안전시설 유지 · 관리하기
		5. 설비진단 및 검사	1. 비파괴검사의 종류 및 특징
			2. 소음 · 진동 방지 기술
전기설비 안전 관리	20	1. 전기안전관리업무수행	1. 전기안전관리
		2. 감전재해 및 방지대책	1. 감전재해 예방 및 조치
			2. 감전재해의 요인
			3. 절연용 안전장구
		3. 정전기 장 · 재해 관리	1. 정전기 위험요소 파악
			2. 정전기 위험요소 제거
		4. 전기 방폭 관리	1. 전기방폭설비
			2. 전기방폭 사고예방 및 대응
		5. 전기설비 위험요인 관리	1. 전기설비 위험요인 파악
			2. 전기설비 위험요인 점검 및 개선
화학설비 안전 관리	20	1. 화재 · 폭발 검토	1. 화재 · 폭발 이론 및 발생 이해
			2. 소화 원리 이해
			3. 폭발방지대책 수립
		2. 화학물질 안전관리 실행	1. 화학물질(위험물, 유해화학물질) 확인
			2. 화학물질(위험물, 유해화학물질) 유해 위험성 확인
			3. 화학물질 취급설비 개념 확인
		3. 화공안전 비상조치계획 · 대응	1. 비상조치계획 및 평가
		4. 화공 안전운전 · 점검	1. 공정안전 기술
			2. 안전 점검 계획 수립
			3. 공정안전보고서 작성심사 · 확인

필기과목명	문제수	주요항목	세부항목
건설공사 안전 관리	20	1. 건설공사 특성분석	1. 건설공사 특수성 분석
			2. 안전관리 고려사항 확인
		2. 건설공사 위험성	1. 건설공사 유해 · 위험요인파악
			2. 건설공사 위험성 추정 · 결정
		3. 건설업 산업안전보건관리비 관리	1. 건설업 산업안전보건관리비 규정
		4. 건설현장 안전시설 관리	1. 안전시설 설치 및 관리
			2. 건설공구 및 장비 안전수칙
		5. 비계 · 거푸집 가시설 위험 방지	1. 건설 가시설물 설치 및 관리
		6. 공사 및 작업종류별 안전	1. 양중 및 해체 공사
			2. 콘크리트 및 PC 공사
			3. 운반 및 하역작업

※ 출제기준의 세세항목은 한국산업인력공단 홈페이지(http://www.q-net.or.kr/) 자료실에서 확인하실 수 있습니다.

PART

01

산업재해 예방 및
안전보건교육

Engineer Industrial Safety

CHAPTER 01 산업재해예방계획 수립

합격의 key

01 안전관리

> 주/요/내/용 알/고/가/기
>
> 1. 하인리히 사고방지 5단계
> 2. 사고발생 이론
> 3. 사고빈도법칙
> 4. 하인리히와 버드의 재해손실비 계산
> 5. 3E와 3S
> 6. 무재해 운동의 3대 원칙
> 7. 무재해 운동의 3요소
> 8. 브레인스토밍의 4원칙
> 9. 위험예지 훈련 4단계

용어정의

※ "안전사고"란 (safety accident) 불안전한 행동과 불안전한 상태가 선행되어 직간접적으로 인명이나 재산상의 손실을 가져올 수 있는 사건 및 사고를 의미한다.

참고

※ 안전관리의 근본이념
• 기업의 경제적 손실 예방
• 생산성 향상 및 품질 향상
• 사회복지의 증진

1 안전과 위험의 정의(산업안전보건법상의 용어 정의)

(1) "산업재해"란 노무를 제공하는 사람이 업무에 관계되는 건설물·설비·원재료·가스·증기·분진 등에 의하거나 작업 또는 그 밖의 업무로 인하여 사망 또는 부상하거나 질병에 걸리는 것을 말한다.

(2) "근로자"란 직업의 종류와 관계없이 임금을 목적으로 사업이나 사업장에 근로를 제공하는 자를 말한다.

(3) "사업주"란 근로자를 사용하여 사업을 하는 자를 말한다.

(4) "근로자대표"란 근로자의 과반수로 조직된 노동조합이 있는 경우에는 그 노동조합을, 근로자의 과반수로 조직된 노동조합이 없는 경우에는 근로자의 과반수를 대표하는 자를 말한다.

(5) "작업환경측정"이란 작업환경 실태를 파악하기 위하여 해당 근로자 또는 작업장에 대하여 사업주가 유해인자에 대한 측정계획을 수립한 후 시료(試料)를 채취하고 분석·평가하는 것을 말한다.

(6) "안전·보건진단"이란 산업재해를 예방하기 위하여 잠재적 위험성을 발견하고 그 개선대책을 수립할 목적으로 조사·평가하는 것을 말한다.

(7) "중대재해"란 산업재해 중 사망 등 재해 정도가 심하거나 다수의 재해자가 발생한 경우로서 고용노동부령으로 정하는 재해를 말한다. ✿✿✿

① 사망자가 1인 이상 발생한 재해

② 3개월 이상 요양을 요하는 부상자가 동시에 2인 이상 발생한 재해

③ 부상자 또는 직업성 질병자가 동시에 10인 이상 발생한 재해

(8) 페일세이프(Fail safe) ✿✿✿

인간 또는 기계의 실패가 있어도 안전사고를 발생시키지 않도록 2중, 3중 통제를 가함

① 페일세이프(Fail safe)

기계의 고장이 있어도 안전사고를 발생시키지 않도록 2중, 3중 통제를 가함

② 풀 – 프루프(Fool proof)

인간의 실수가 있어도 안전사고를 발생시키지 않도록 2중, 3중 통제를 가함

> **◉기출 ★**
> ✱ 페일세이프
> (Fail-Safe)의 구분
> ① Fail Passive
> : 부품의 고장 시 기계
> 장치는 정지 상태로 옮
> 겨간다.
> ② Fail active
> : 부품이 고장나면 경보
> 를 울리며 짧은 시간
> 운전이 가능하다.
> ③ Fail operational :
> 부품의 고장이 있어도
> 다음 정기점검까지 운
> 전이 가능하다.

② 안전보건관리 제이론

(1) 하인리히 사고방지 5단계 ✿✿

1단계 : 안전조직	• 안전목표 설정 • 안전조직 구성 • 조직을 통한 안전활동 전개	• 안전관리자의 선임 • 안전활동 방침 및 계획수립
2단계 : 사실의 발견	• 작업분석 • 사고조사	• 점검 • 안전진단
3단계 : 분석	• 사고원인 및 경향성 분석 • 작업공정 분석 • 사고기록 및 관계자료 분석 • 인적·물적 환경 조건 분석	
4단계 : 시정방법 선정	• 기술적 개선 • 교육훈련 분석 • 배치 조정	• 안전운동 전개 • 안전행정의 개선 • 규칙 및 수칙 등 제도의 개선
5단계 : 시정책 적용(3E 적용)	• 안전교육(Education) • 안전기술(Engineering) • 안전독려(Enforcement)	

> **◉기출 ★**
> ✱ 페일세이프의 종류
> ① 다경로 하중구조
> ② 하중경감구조
> ③ 교대구조
> ④ 중복구조

(2) 사고발생 이론

1) 하인리히(H. W. Heinrich) 사고발생 도미노 5단계 ✖✖✖

1단계	선천적 결함(사회, 환경, 유전적 결함)
2단계	개인적 결함
3단계	불안전 행동(인적 결함), 불안전한 상태(물적 결함) : 제거 가능
4단계	사고
5단계	재해(상해)

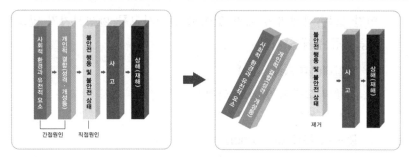

[하인리히의 사고발생 5단계]

2) 버드(Frank. E. Bird)의 연쇄성이론 5단계 ✖✖

1단계	제어부족(관리 부재)
2단계	기본원인(기원)
3단계	직접원인(징후)
4단계	사고(접촉)
5단계	상해(손실)

3) 아담스(Edward Adams) 연쇄성이론 5단계 ✖✖

1단계	관리구조
2단계	작전적 에러
3단계	전술적 에러
4단계	사고
5단계	상해

4) 자베타키스(Micheal Zabetakis)의 이론

1단계	안전정책과 결정
2단계	개인적인 요소
3단계	환경적 요소

5) 웨버의 연쇄성이론

1단계	사회적 환경 및 유전적 요소(유전과 환경)
2단계	인간의 결함(개인적 결함)
3단계	불안전 행동 및 상태
4단계	사고
5단계	상해

(3) 사고빈도법칙 ✽✽

1) 하인리히 1 : 29 : 300의 법칙 : 총 330건의 사고를 분석했을 때

중상 또는 사망 : 1건
경상해 : 29건
무상해사고(물적 손실) : 300건이 발생함을 의미한다.

2) 버드의 1 : 10 : 30 : 600의 법칙 : 총 641건의 사고를 분석했을 때

중상 또는 폐질 : 1건
경상해 : 10건
무상해사고(물적 손실) : 30건
무상해, 무사고(위험 순간) : 600건이 발생함을 의미한다.

(4) J · H Harvey(하비)의 3E ✽

① 안전교육(Education)
② 안전기술(Engineering)
③ 안전독려(Enforcement)(강제, 관리, 규제, 감독)

(5) 3S ✽

① 단순화(Simplification)　　② 표준화(Standardization)
③ 전문화(Specification)　　④ 총합화(Synthesization) → 4S

(6) 안전관리 4 – Cycle(P-D-C-A) ✽

① 계획(Plan)　　② 실시(Do)
③ 검토(check)　　④ 조치(Action)

(7) 인간에러(휴먼 에러)의 배후요인(4M) ✽✽✽

① Man(인간) : 본인 외의 사람, 직장의 인간관계 등
② Machine(기계) : 기계, 장치 등의 물적 요인
③ Media(매체) : 작업정보, 작업방법 등
④ Management(관리) : 작업관리, 법규준수, 단속, 점검 등

○기출 ★

＊ 총 660건 사고분석 시
(2 : 58 : 600)
중상 또는 사망
= 1 × 2 = 2건
경상해
= 29 × 2 = 58건
무상해사고
= 300 × 2 = 600건

＊ 총 990건 사고분석 시
(3 : 87 : 900)
중상 또는 사망
= 1 × 3 = 3건
경상해
= 29 × 3 = 87건
무상해사고
= 300 × 3 = 900건

＊ 무상해, 무사고
(위험 순간)
= Near Accident

확인

하인리히의 1 : 29 : 300의
원칙은 300건의 무상해
사고의 원인을 제거해야
함을 강조한다.

문제

"Near Accident"란 무엇을
의미하는가?
㉮ 사고가 일어난 인접 지역
㉯ 사고가 일어난 지점에 계속
사고가 발생하는 지역
㉰ 사고가 일어나더라도 손실
을 전혀 수반하지 않는 재해
㉱ 사고의 연관성

[해설]
"Near Accident"(앗차사고)는
사고나기 직전의 순간으로 인
적, 물적 손실을 수반하지 않은
사고이다.

정답 ㉰

③ 재해예방활동기법

(1) 무재해

「무재해」라 함은 무재해운동 시행사업장에서 근로자가 업무에 기인하여 사망 또는 4일 이상의 요양을 요하는 부상 또는 질병에 이환되지 않는 것을 말한다. 다만, 다음 각목의 1에 해당하는 경우에는 무재해로 본다.

(2) 무재해 운동의 3대 원칙

① 무(無)의 원칙(ZERO의 원칙)
② 선취의 원칙(안전제일의 원칙)
③ 참가의 원칙(참여의 원칙)

(3) 무재해 운동의 3요소

① 최고 경영자의 경영자세
② 라인관리자에 의한 안전보건 추진
③ 직장의 자주 안전활동 활성화

(4) 무재해 소집단활동

1) 브레인스토밍(Brain storming)

인간의 잠재의식을 일깨워 자유로이 아이디어를 개발하자는 토의식 아이디어 개발 기법이다.

[브레인스토밍의 4원칙 ✦✦]

비판금지	좋다, 나쁘다 비판은 하지 않는다.
자유분방	마음대로 자유로이 발언한다.
대량발언	무엇이든 좋으니 많이 발언한다.
수정발언	타인의 생각에 동참거나 보충 발언해도 좋다.

2) 미국 듀폰사의 STOP 기법(Safety Training Observation Program : 안전교육관찰 프로그램)

숙련된 관찰자(안전관리자)가 불안전한 행위를 관찰하기 위한 기법으로 일상 업무 시 사용한 안전관찰카드를 분석하여 불안전한 행동의 경향을 파악하여 해당 부분에 대한 재발방지 대책을 세운다.

[STOP 기법 진행방법]

| 결심 | ⇨ | 정지 | ⇨ | 관찰 | ⇨ | 보고 |

3) T.B.M (Tool Box Meeting) : 즉시 적응법 ✈
   (단시간 미팅 즉시 적응훈련)

   ① 재해를 방지하기 위해 현장에서 그때 그때의 상황에 맞게 적응하여 실시하는 활동으로 단시간 미팅 즉시 적응훈련이라 한다.
   ② 작업 전, 종료 시 5~10분간 작업자 3~5인이 조를 이뤄 작업 시 위험요소에 대하여 말하는 방식이다.

4) 지적 확인

   사람의 눈이나 귀 등 오관의 감각기관을 총동원해서 작업공정의 요소에서 자신의 행동을 (… 좋아)하고 대상을 지적하여 큰 소리로 확인하여 작업의 정확성과 안전을 확인하는 방법이다.

5) 5C운동 ✈

   ① 복장단정(Correctness)   ② 정리정돈(Clearance)
   ③ 청소청결(Cleaning)   ④ 점검확인(Checking)
   ⑤ 전심전력(Concentration)

6) E.C.R(Error Cause Removal) 제안제도

   근로자 자신이 자기의 부주의 이외에 제반 오류의 원인을 생각함으로서 개선을 하도록 하는 방법이다.

   ① 첫째 : 아이디어 제안
   ② 둘째 : 조장이 접수
   ③ 셋째 : 무재해 추진 위원회에서 조치
   ④ 넷째 : 제안자에게 표창

7) 터치 앤 콜(Touch and Call)

   팀의 전 구성원이 원을 만들어 팀의 행동목표나 무재해 구호를 지적 확인하는 방법이다. (무재해로 나가자, 좋아! 좋아! 좋아!)

┌문제──────────────
안전보건 의식고취를 위한 추진 방법 중 출근 시, 작업을 시작하기 전에 5~10분 정도의 시간을 내서 회합을 갖는 것은?
㉮ OJT   ㉯ OFF JT
㉰ TWT   ㉱ TBM

[해설]
단시간 미팅 즉시 적응훈련 (T.B.M)
작업 전, 종료 시 5~10분간 작업자 3~5인이 조를 이뤄 작업 시 위험요소에 대하여 말하는 방식이다.
──────────── 정답 ㉱

▶기출
✽ "지적확인"의 효과
① 이완된 의식의 긴장, 집중
② 대상에 대한 집중력의 향상
③ 자신과 대상의 결합도 증대
④ 인지(cognition) 확률의 향상

지적 확인과 정확도	
지적 확인한 경우	0.80%
확인만 하는 경우	1.25%
지적만 하는 경우	1.50%
아무것도 하지 않은 경우	2.85%

(5) 위험예지 훈련

"위험을 미리 알자"는 의미로 작업장에 잠재하고 있는 위험요인을 소집단 토의를 통해 미리 생각하여 행동에 앞서 위험요인을 해결하는 것을 습관화하여 사고를 예방하기 위한 훈련이다.

[위험예지 훈련 4단계 ☆☆]

1단계 : 현상 파악	• 어떤 위험이 잠재하고 있는가? • 전원이 대화로써 도해 상황 속의 잠재위험요인을 발견하고 그 요인이 초래할 수 있는 사고를 생각해 내는 단계
2단계 : 요인조사 (본질 추구)	• 이것이 위험의 포인트다. • 발견해 낸 위험 중 가장 위험한 것을 합의로서 결정하는 단계
3단계 : 대책 수립	• 당신이라면 어떻게 할 것인가? • 중요위험요인을 해결하기 위한 대책을 세우는 단계
4단계 : 행동목표 설정 (합의요약)	• 우리들은 이렇게 하자! • 대책 중 중점 실시항목을 합의 요약해서 그것을 실천하기 위한 행동목표를 설정하는 단계

02 | 안전보건관리 체제 및 운용

주/요/내/용 알/고/가/기

1. 안전조직의 유형 및 특징
2. 산업안전보건위원회와 노사협의체의 구성
3. 안전보건관리책임자 등의 직무
4. 안전관리자 등의 증원, 교체 명령
5. 안전보건개선계획 작성대상 사업장
6. 재해율 등 공표대상 사업장

1 안전보건관리조직

안전보건관리조직이란 원활한 안전관리를 위해 필요한 조직으로 라인형, 스태프형, 라인-스태프형의 3가지로 분류할 수 있다.

(1) 라인형(Line) or 직계형 ✿✿

안전관리에 관한 계획, 실시, 평가에 이르기까지 안전관리의 모든 것을 생산조직을 통하여 행하는 관리 방식이다.

① 소규모 사업장(100명 이하 사업장)에 적용이 가능하다.
② 라인형 장점 : 명령 및 지시가 신속, 정확하다.
③ 라인형 단점
   • 안전정보가 불충분하다.
   • 라인에 과도한 책임이 부여될 수 있다.
④ 생산과 안전을 동시에 지시하는 형태

| 경영자 |
| 관리자 |
| 감독자 |
| 작업자 |

—— 생산지시
······ 안전지시

(2) 스태프형(staff) or 참모형 ✿✿

안전관리를 전담하는 스태프를 두고 안전관리에 대한 계획, 조사, 검토 등을 행하는 관리방식이다.

① 중규모 사업장(100 ~ 1,000명 정도의 사업장)에 적용이 가능하다.
② 스태프형 장점 : 안전정보 수집이 용이하고 빠르다.
③ 스태프형 단점 : 안전과 생산을 별개로 취급한다.
④ 안전 전문가(스태프)가 문제 해결방안을 모색한다.
⑤ 스태프는 경영자의 조언, 자문 역할을 한다.
⑥ 생산부문은 안전에 대한 책임, 권한이 없다.

기출 ★

※ 라인형은 안전을 전문으로 하는 전담부서가 없으므로 스탭형보다 경제적인 조직이다.

참고

※ 안전관리조직의 목적
① 조직적인 사고예방 활동
② 위험제거기술의 수준 향상
③ 조직 간 종적·횡적 신속한 정보처리와 유대강화
④ 재해 예방률의 향상 및 단위당 예방비용의 절감

---

⑦ 사업장의 특수성에 적합한 기술연구를 전문적으로 할 수 있다.

⑧ 권한 다툼이나 조정 때문에 통제 수속이 복잡해지며, 시간과 노력이 소모된다.

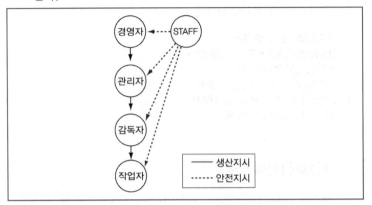

(3) 라인 스태프형(Line Staff) or 혼합형 ✿✿

라인형과 스태프형의 장점을 취한 형태로서 스태프는 안전을 입안, 계획, 평가, 조사하고 라인을 통하여 생산기술, 안전대책이 전달되는 관리방식이다.

① 대규모 사업장(1,000명 이상 사업장)에 적용이 가능하다.

② 라인 스태프형 장점

- 안전전문가에 의해 입안된 것을 경영자가 명령하므로 명령이 신속, 정확하다.
- 안전정보 수집이 용이하고 빠르다.

③ 라인 스태프형 단점

- 명령계통과 조언, 권고적 참여의 혼돈이 우려된다.
- 스태프의 월권행위가 우려되고 지나치게 스태프에게 의존할 수 있다.
- 라인이 스태프에 의존 또는 활용하지 않는 경우가 있다.

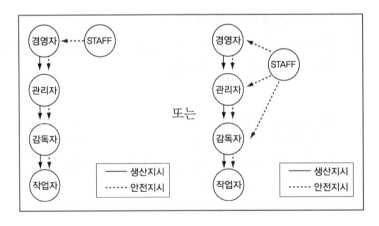

[문제]

안전조직을 설명한 것 중 Line-Staff에 해당되는 것은?

㉮ 조언이나 권고적 참여가 혼동된다.

㉯ 안전과 생산을 별도로 생각한다.

㉰ 안전에 대한 정보가 불충분하다.

㉱ 안전책임과 권한이 생산부분에는 없다.

[해설]

㉯ 안전과 생산을 별도로 생각한다. → 스탭형

㉰ 안전에 대한 정보가 불충분하다. → 라인형

㉱ 안전책임과 권한이 생산부분에는 없다 → 스탭형

정답 ㉮

2 산업안전보건위원회 등의 법적 체제

(1) 안전보건관리체제

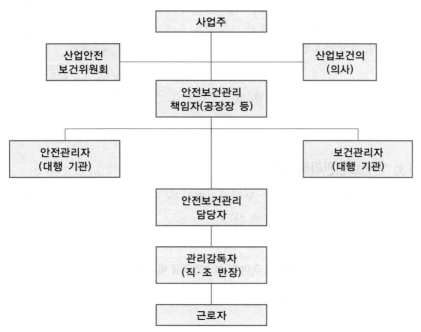

PART
01

참고
* 3년 동안 보존하여야
  하는 서류
  (②경우 2년 보존)
① 안전보건관리책임자·
  안전관리자·보건관리
  자·안전보건관리담당
  자 및 산업보건의의
  선임에 관한 서류
② 산업안전보건위원회
  회의록(2년 보관)
③ 안전조치 및 보건조치
  에 관한 사항으로서 고
  용노동부령으로 정하
  는 사항을 적은 서류
④ 산업재해의 발생 원인
  등 기록
⑤ 화학물질의 유해성·
  위험성 조사에 관한
  서류
⑥ 작업환경측정에 관한
  서류
⑦ 건강진단에 관한 서류

(2) 이사회 보고 및 승인

① 「상법」에 따른 주식회사 중 상시근로자 500명 이상을 사용하는 회사 및 「건설산업기본법」에 따라 평가하여 공시된 시공능력의 순위 상위 1천위 이내의 건설회사의 대표이사는 매년 회사의 안전 및 보건에 관한 계획을 수립하여 이사회에 보고하고 승인을 받아야 한다.

② 회사의 대표이사(「상법」에 따라 대표이사를 두지 못하는 회사의 경우에는 대표집행임원을 말한다)는 회사의 정관에서 정하는 바에 따라 회사의 안전 및 보건에 관한 계획을 수립해야 한다.

③ 대표이사는 안전 및 보건에 관한 계획을 성실하게 이행하여야 한다.

④ 안전 및 보건에 관한 계획에는 안전 및 보건에 관한 비용, 시설, 인원 등의 사항을 포함하여야 한다.

실력이 되고! 합격이 되는! 특급 암기법

> 500명 이상 1천위 이내 건설회사는 비(예산)실(시설)대는 인원 매년 이사회에 보고

안전 및 보건에 관한 계획에 포함하여야 할 사항

가. 안전 및 보건에 관한 경영방침
나. 안전·보건관리 조직의 구성·인원 및 역할
다. 안전·보건 관련 예산 및 시설 현황
라. 안전 및 보건에 관한 전년도 활동실적 및 다음 연도 활동계획

실력이 되고! 합격이 되는! 특급 암기법

비(예산)실(시설)대는 인원 및 역할 경영활동계획에 포함

(3) 안전보건관리책임자 ✪✪

사업주는 사업장에 안전보건관리책임자("관리책임자")를 두어 업무를 총괄 관리하도록 하여야 한다.

참고 안전보건관리책임자를 두어야 할 사업의 종류 및 규모 ✪

사업의 종류	규모
1. 토사석 광업	상시 근로자 50명 이상
2. 식료품 제조업, 음료 제조업	
3. 목재 및 나무제품 제조업 ; 가구 제외	
4. 펄프, 종이 및 종이제품 제조업	
5. 코크스, 연탄 및 석유정제품 제조업	
6. 화학물질 및 화학제품 제조업 ; 의약품 제외	
7. 의료용 물질 및 의약품 제조업	
8. 고무제품 및 플라스틱제품 제조업	
9. 비금속 광물제품 제조업	
10. 1차 금속 제조업	
11. 금속가공제품 제조업 ; 기계 및 가구 제외	
12. 전자부품, 컴퓨터, 영상, 음향 및 통신장비 제조업	
13. 의료, 정밀, 광학기기 및 시계 제조업	
14. 전기장비 제조업	
15. 기타 기계 및 장비 제조업	
16. 자동차 및 트레일러 제조업	
17. 기타 운송장비 제조업	
18. 가구 제조업	
19. 기타 제품 제조업	
20. 서적, 잡지 및 기타 인쇄물 출판업	
21. 해체, 선별 및 원료 재생업	
22. 자동차 종합 수리업, 자동차 전문 수리업	

사업의 종류	규모
23. 농업 24. 어업 25. 소프트웨어 개발 및 공급업 26. 컴퓨터 프로그래밍, 시스템 통합 및 관리업 27. 정보서비스업 28. 금융 및 보험업 29. 임대업 ; 부동산 제외 30. 전문, 과학 및 기술 서비스업(연구개발업은 제외한다) 31. 사업지원 서비스업 32. 사회복지 서비스업	상시 근로자 300명 이상
33. 건설업	공사금액 20억 원 이상
34. 제1호부터 제33호까지의 사업을 제외한 사업	상시 근로자 100명 이상

(4) 안전관리자 ✄✄

1) 사업주는 사업장에 안전에 관한 기술적인 사항에 관하여 사업주 또는 안전보건관리책임자를 보좌하고 관리감독자에게 지도·조언하는 업무를 수행하는 사람("안전관리자")를 두어야 한다.

2) 상시근로자 300명 이상을 사용하는 사업장[건설업의 경우에는 공사 금액이 120억 원(종합공사를 시공하는 토목공사업의 경우에는 150억 원) 이상인 사업장]의 안전관리자는 해당 사업장에서 안전관리자의 업무만을 전담해야 한다.

3) 노급인의 사업상에서 이루어지는 도급사업의 공사금액 또는 관계수 급인의 상시 근로자는 각각 해당 사업의 공사금액 또는 상시 근로자로 본다. 다만, 안전관리자를 두어야 할 사업의 기준에 해당하는 도급사업의 공사금액 또는 관계수급인의 상시 근로자의 경우에는 그러하지 아니하다.

4) 같은 사업주가 경영하는 둘 이상의 사업장이 다음 각 호의 어느 하나에 해당하는 경우에는 그 둘 이상의 사업장에 1명의 안전관리자를 공동으로 둘 수 있다. 이 경우 해당 사업장의 상시근로자 수의 합계는 300명 이내[건설업의 경우에는 공사금액의 합계가 120억 원(토목 공사업의 경우 150억 원) 이내]이어야 한다.

   1. 같은 시·군·구(자치구를 말한다) 지역에 소재하는 경우
   2. 사업장 간의 경계를 기준으로 15킬로미터 이내에 소재하는 경우

5) 도급인의 사업장에서 이루어지는 도급사업에서 도급인이 고용노동부령으로 정하는 바에 따라 그 사업의 관계수급인 근로자에 대한 안전관리를 전담하는 안전관리자를 선임한 경우에는 그 사업의 관계수급인은 해당 도급사업에 대한 안전관리자를 선임하지 않을 수 있다.

6) 사업주는 안전관리자를 선임하거나 안전관리자의 업무를 안전관리전문기관에 위탁한 경우에는 고용노동부령으로 정하는 바에 따라 선임하거나 위탁한 날부터 14일 이내에 고용노동부장관에게 증명할 수 있는 서류를 제출하여야 한다. 안전관리자를 늘리거나 교체한 경우에도 또한 같다.

🔍 주요 내용요약	안전관리자의 선임방법
① 토사석 광업 ② 서적, 잡지 및 기타 인쇄물 출판업, 폐기물 수집·운반·처리 및 원료 재생업, 환경 정화 및 복원업, 운수 및 창고업, 자동차 종합 수리업, 자동차 전문 수리업, 발전업 ③ 대부분의 제조업	– 상시 근로자 50명 이상 500명 미만 : 1명 이상 – 상시 근로자 500명 이상 : 2명 이상
① 우편 및 통신업 ② 전기, 가스, 증기 및 공기조절 공급업(발전업은 제외한다) ③ 도매 및 소매업 ④ 숙박 및 음식점업 ⑤ 공공행정(청소, 시설관리, 조리 등 현업업무에 종사하는 사람으로서 고용노동부장관이 정하여 고시하는 사람으로 한정한다) ⑥ 교육서비스업 중 초등·중등·고등 교육기관, 특수학교·외국인학교 및 대안학교(청소, 시설관리, 조리 등 현업업무에 종사하는 사람으로서 고용노동부장관이 정하여 고시하는 사람으로 한정한다) ⑦ 농업, 임업 및 어업 등	– 상시 근로자 50명 이상 1,000명 미만 : 1명 (다만, 부동산업(부동산 관리업은 제외한다)과 사진처리업의 경우에는 상시근로자 100명 이상 1천명 미만으로 한다) – 상시 근로자 1,000명 이상 : 2명
건설업	– 공사금액 50억 원 이상(관계수급인은 100억 원 이상) 120억 원 미만 (토목공사업의 경우에는 150억 원 미만) 또는 공사금액 120억 원 이상(토목공사업의 경우에는 150억 원 이상) 800억 원 미만 : 1명 이상

건설업	– 공사금액 800억 원 이상 1,500억 원 미만 : 2명 이상(다만, 전체 공사기간을 100으로 할 때 공사 시작에서 15에 해당하는 기간과 공사 종료 전의 15에 해당하는 기간 동안은 1명 이상으로 한다) – 공사금액 1,500억 원 이상 2,200억 원 미만 : 3명 이상 (다만, 전체 공사기간 중 전·후 15에 해당하는 기간은 2명 이상으로 한다) – 공사금액 2,200억 원 이상 3천억 원 미만 : 4명 이상 (다만, 전체 공사기간 중 전·후 15에 해당하는 기간은 2명 이상으로 한다) – 공사금액 3천억 원 이상 3,900억 원 미만 : 5명 이상(다만, 전체 공사기간 중 전·후 15에 해당하는 기간은 3명 이상으로 한다) – 공사금액 3,900억 원 이상 4,900억 원 미만 : 6명 이상(다만, 전체 공사기간 중 전·후 15에 해당하는 기간은 3명 이상으로 한다) – 공사금액 4,900억 원 이상 6천억 원 미만 : 7명 이상(다만, 전체 공사기간 중 전·후 15에 해당하는 기간은 4명 이상으로 한다) – 공사금액 6천억 원 이상 7,200억 원 미만 : 8명 이상(다만, 전체 공사기간 중 전·후 15에 해당하는 기간은 4명 이상으로 한다) – 공사금액 7,200억 원 이상 8,500억 원 미만 : 9명 이상(다만, 전체 공사기간 중 전·후 15에 해당하는 기간은 5명 이상으로 한다) – 공사금액 8,500억 원 이상 1조원 미만 : 10명 이상(다만, 전체 공사기간 중 전·후 15에 해당하는 기간은 5명 이상으로 한다) – 1조 원 이상 : 11명 이상[매 2천억 원(2조원 이상부터는 매 3천억 원)마다 1명씩 추가한다]. 다만, 전체 공사기간 중 전·후 15에 해당하는 기간은 선임 대상 안전관리자 수의 2분의 1(소수점 이하는 올림한다) 이상으로 한다]

(5) 안전보건관리담당자 ✿✿

1) 사업주는 사업장에 안전보건관리담당자를 두어야 한다. 다만, 안전 관리자 또는 보건관리자가 있거나 이를 두어야 하는 경우에는 그러 하지 아니하다.

2) 고용노동부장관은 산업재해 예방을 위하여 필요한 경우로서 고용노 동부령으로 정하는 사유에 해당하는 경우에는 사업주에게 안전보건 관리담당자를 대통령령으로 정하는 수 이상으로 늘리거나 교체할 것 을 명할 수 있다.

3) 사업주는 상시근로자 20명 이상 50명 미만인 사업장에 안전보건관리담당자를 1명 이상 선임하여야 한다.

상시근로자 20명 이상 50명 미만에서 안전보건관리담당자를 선임하여야 하는 사업

① 제조업
② 임업
③ 하수, 폐수 및 분뇨 처리업
④ 폐기물 수집, 운반, 처리 및 원료 재생업
⑤ 환경 정화 및 복원업

실력이 되고! 합격이 되는! 특급 암기법

제임! - 재 임용하자.
하·폐수, 분뇨 폐기하고 원료 재생하여 환경 정화·복원 담당자(안전보건관리담당자)

---

4) 안전보건관리담당자는 안전보건관리 업무에 지장이 없는 범위에서 다른 업무를 겸할 수 있다.

안전보건관리담당자의 요건

해당 사업장 소속 근로자로서 다음 각 호의 어느 하나에 해당하는 요건을 갖추어야 한다.
1. 안전관리자의 자격을 갖추었을 것
2. 보건관리자의 자격을 갖추었을 것
3. 고용노동부장관이 정하여 고시하는 안전보건교육을 이수했을 것

---

(6) 관리감독자

1) 사업주는 사업장의 생산과 관련되는 업무와 그 소속 직원을 직접 지휘·감독하는 직위에 있는 사람("관리감독자")에게 산업안전 및 보건에 관한 업무로서 대통령령으로 정하는 업무를 수행하도록 하여야 한다.

2) 관리감독자가 있는 경우에는 「건설기술 진흥법」에 따른 안전관리책임자 및 안전관리담당자를 각각 둔 것으로 본다.

(7) 산업보건의

산업보건의를 두어야 할 사업의 종류 및 규모는 상시 근로자 50명 이상을 사용하는 사업으로서 의사가 아닌 보건관리자를 두는 사업장으로 한다. 다만, 보건관리대행기관에 보건관리자의 업무를 위탁한 경우에는 산업보건의를 두지 않을 수 있다.

(8) 안전보건총괄책임자

1) 도급인은 관계수급인 근로자가 도급인의 사업장에서 작업을 하는 경우에는 그 사업장의 안전보건관리책임자를 도급인의 근로자와 관계수급인 근로자의 산업재해를 예방하기 위한 업무를 총괄하여 관리하는 안전보건총괄책임자로 지정하여야 한다. 이 경우 안전보건관리책임자를 두지 아니하여도 되는 사업장에서는 그 사업장에서 사업을 총괄하여 관리하는 사람을 안전보건총괄책임자로 지정하여야 한다.

안전보건총괄책임자 지정대상 사업 ✿✿✿

① 관계수급인에게 고용된 근로자를 포함한 상시 근로자가 100명(선박 및 보트 건조업, 1차 금속 제조업 및 토사석 광업의 경우에는 50명) 이상인 사업
② 관계수급인의 공사금액을 포함한 해당 공사의 총 공사금액이 20억 원 이상인 건설업

---

2) 안전보건총괄책임자를 지정한 경우에는 「건설기술 진흥법」에 따른 안전총괄책임자를 둔 것으로 본다.

(9) 안전보건조정자

1) 2개 이상의 건설공사를 도급한 건설공사 발주자는 그 2개 이상의 건설공사가 같은 장소에서 행해지는 경우에 작업의 혼재로 인하여 발생할 수 있는 산업재해를 예방하기 위하여 건설공사 현장에 안전보건조정자를 두어야 한다.

2) 안전보건조정자를 두어야 하는 건설공사는 각 건설공사의 금액의 합이 50억 원 이상인 경우를 말한다.

안전보건조정자의 자격요건

1. 산업안전지도사
2. 「건설기술 진흥법」에 따른 발주청이 발주하는 건설공사인 경우 발주청에 따라 선임한 공사감독자
3. 다음 각 목의 어느 하나에 해당하는 사람으로서 해당 건설공사 중 주된 공사의 책임감리자
   가. 「건축법」에 따른 공사감리자
   나. 「건설기술 진흥법」에 따른 감리 업무를 수행하는 자
   다. 「주택법」에 따라 지정된 감리자
   라. 「전력기술관리법」에 따라 배치된 감리원
   마. 「정보통신공사업법」에 따라 해당 건설공사에 대하여 감리 업무를 수행하는 자
4. 「건설산업기본법」에 따른 종합공사에 해당하는 건설현장에서 안전보건관리책임자로서 3년 이상 재직한 사람
5. 「국가기술자격법」에 따른 건설안전기술사
6. 「국가기술자격법」에 따른 건설안전기사를 취득한 후 건설안전 분야에서 5년 이상의 실무경력이 있는 사람
7. 「국가기술자격법」에 따른 건설안전산업기사를 취득한 후 건설안전 분야에서 7년 이상의 실무경력이 있는 사람

3) 안전보건조정자를 두어야 하는 건설공사발주자는 분리하여 발주되는 공사의 착공일 전날까지 안전보건조정자를 지정하거나 선임하여 각각의 공사 도급인에게 그 사실을 알려야 한다.

(10) 산업안전보건위원회의 설치 대상 ✿✿

1) 사업주는 산업안전·보건에 관한 중요 사항을 심의·의결하기 위하여 근로자와 사용자가 같은 수로 구성되는 산업안전보건위원회를 설치·운영하여야 한다.

2) 산업안전보건위원회를 설치·운영해야 할 사업의 종류 및 규모

참고 산업안전보건위원회를 설치·운영해야 할 사업의 종류 및 규모

사업의 종류	규모
1. 토사석 광업 2. 목재 및 나무제품 제조업 ; 가구 제외 3. 화학물질 및 화학제품 제조업 ; 의약품 제외 　(세제, 화장품 및 광택제 제조업과 화학섬유 제조업 　은 제외한다) 4. 비금속 광물제품 제조업 5. 1차 금속 제조업 6. 금속가공제품 제조업 ; 기계 및 가구 제외 7. 자동차 및 트레일러 제조업 8. 기타 기계 및 장비 제조업 　(사무용 기계 및 장비 제조업은 제외한다) 9. 기타 운송장비 제조업 　(전투용 차량 제조업은 제외한다)	상시 근로자 50명 이상

실력이 되고! 합격이 되는! **특급 암기법**

토사석 광업에서 캔 **1차금속**으로 **금속가공제품**, **비금속 광물제품** 제조하여 **나무**, **화학물질** 섞어서 **기계장비**, **자동차 트레일러** 만들어 **운송장비 위원회** (산업안전보건위원회) 열자. ✰✰✰

10. 농업 11. 어업 12. 소프트웨어 개발 및 공급업 13. 컴퓨터 프로그래밍, 시스템 통합 및 관리업 14. 정보서비스업 15. 금융 및 보험업 16. 임대업 ; 부동산 제외 17. 전문, 과학 및 기술 서비스업(연구개발업은 제외한다) 18. 사업지원 서비스업 19. 사회복지 서비스업	상시 근로자 300명 이상
20. 건설업	공사금액 120억원 이상 (토목공사업 : 150억원 이상)
21. 제1호부터 제20호까지의 사업을 제외한 사업	상시 근로자 100명 이상

참고

＊ 명예산업안전감독관 고용노동부장관은 산업 재해 예방활동에 대한 참여와 지원을 촉진하기 위하여 근로자, 근로자단체, 사업주단체 및 산업재해 예방 관련 전문단체에 소속된 자 중에서 명예산업안전감독관을 위촉할 수 있다.

기출 ★

＊명예산업안전감독관 위촉대상

1. 산업안전보건위원회 또는 노사협의체 설치 대상 사업의 근로자 중에서 근로자대표가 사업주의 의견을 들어 추천하는 사람
2. 「노동조합 및 노동관계 조정법」에 따른 연합단체인 노동조합 또는 그 지역 대표기구에 소속된 임직원 중에서 해당 연합단체인 노동조합 또는 그 지역대표기구가 추천하는 사람
3. 전국 규모의 사업주단체 또는 그 산하조직에 소속된 임직원 중에서 해당 단체 또는 그 산하조직이 추천하는 사람
4. 산업재해 예방 관련 업무를 하는 단체 또는 그 산하조직에 소속된 임직원 중에서 해당단체 또는 그 산하조직이 추천하는 사람

기출 ★

＊ 명예산업안전감독관의 해촉
① 근로자대표가 사업주의 의견을 들어 위촉된 명예 산업안전감독관의 해촉을 요청한 경우
② 위촉된 명예산업안전감독관이 해당 단체 또는 그 산하조직으로부터 퇴직하거나 해임된 경우
③ 명예산업안전감독관의 업무와 관련하여 부정한 행위를 한 경우
④ 질병이나 부상 등의 사유로 명예산업안전감독관의 업무 수행이 곤란하게 된 경우

3) 산업안전보건위원회의 구성 ✿✿✿

근로자 위원	① 근로자대표 ② 근로자대표가 지명하는 1명 이상의 명예산업안전감독관 ③ 근로자대표가 지명하는 9명 이내의 해당사업장의 근로자
사용자 위원	① 해당 사업의 대표자 ② 안전관리자 1명 ③ 보건관리자 1명 ④ 산업보건의 ⑤ 사업의 대표자가 지명하는 9명 이내의 해당 사업장 부서의 장

4) 건설공사도급인이 안전·보건에 관한 협의체를 구성한 경우에는 해당 협의체에 다음 각 호의 사람을 포함한 산업안전보건위원회를 구성할 수 있다.

① 근로자위원 : 도급 또는 하도급 사업을 포함한 전체 사업의 근로자대표, 명예산업안전감독관 및 근로자대표가 지명하는 해당 사업장의 근로자

② 사용자위원 : 도급인 대표자, 관계수급인의 각 대표자 및 안전관리자

5) 회의 등

① 산업안전보건위원회의 회의는 정기회의와 임시회의로 구분하되, 정기회의는 분기마다 위원장이 소집하며, 임시회의는 위원장이 필요하다고 인정할 때에 소집한다. ✿

② 산업안전보건위원회는 다음 각 호의 사항을 기록한 회의록을 작성하여 갖춰 두어야 한다.

ㄱ 개최 일시 및 장소

ㄴ 출석위원

ㄷ 심의 내용 및 의결·결정 사항

ㄹ 그 밖의 토의사항

6) 산업안전보건위원회의 심의·의결 사항 ✿✿✿

① 산업재해 예방계획의 수립에 관한 사항

② 안전보건관리규정의 작성 및 변경에 관한 사항

③ 근로자의 안전·보건교육에 관한 사항

④ 작업환경측정 등 작업환경의 점검 및 개선에 관한 사항

⑤ 근로자의 건강진단 등 건강관리에 관한 사항

⑥ 중대재해의 원인 조사 및 재발 방지대책 수립에 관한 사항

⑦ 산업재해에 관한 통계의 기록 및 유지에 관한 사항

⑧ 유해하거나 위험한 기계·기구·설비를 도입한 경우 안전·보건 조치에 관한 사항

⑨ 그 밖에 해당 사업장 근로자의 안전 및 보건을 유지·증진시키기 위하여 필요한 사항

(11) 노사협의체

1) 노사협의체의 설치 대상 ✄✄

공사금액이 120억 원(「건설산업기본법 시행령」 별표 1에 따른 토목 공사업은 150억 원) 이상인 건설업을 말한다.

2) 노사협의체의 구성 ✄✄✄

근로자 위원	1. 도급 또는 하도급 사업을 포함한 전체 사업의 근로자대표 2. 근로자대표가 지명하는 명예산업안전감독관 1명(다만, 명예산업안전감독관이 위촉되어 있지 아니한 경우에는 근로자대표가 지명하는 해당 사업장 근로자 1명) 3. 공사금액이 20억 원 이상인 공사의 관계수급인의 근로자대표
사용자 위원	1. 도급 또는 하도급 사업을 포함한 전체 사업의 대표자 2. 안전관리자 1명 3. 보건관리자 1명(보건관리자 선임대상 건설업으로 한정) 4. 공사금액이 20억 원 이상인 공사의 관계수급인의 사업주

3) 노사협의체의 운영 등 ✄

노사협의체의 회의는 정기회의와 임시회의로 구분하되, 정기회의는 2개월마다 노사협의체의 위원장이 소집하며, 임시회의는 위원장이 필요하다고 인정할 때에 소집한다.

4) 노사협의체 협의사항

① 산업재해 예방방법 및 산업재해가 발생한 경우의 대피방법

② 작업의 시작시간 및 작업장 간의 연락방법

③ 그 밖의 산업재해 예방과 관련된 사항

PART 01

📌참고

＊ 노사협의체
① 사업주는 근로자와 사용자가 같은 수로 구성되는 안전·보건에 관한 노사협의체를 구성·운영할 수 있다.
② 사업주가 노사협의체를 구성·운영하는 경우에는 산업안전보건위원회 및 안전·보건에 관한 협의체를 각각 설치·운영하는 것으로 본다.

5) 노사협의체의 심의·의결 사항 ✗✗

① 산업재해 예방계획의 수립에 관한 사항

② 안전보건관리규정의 작성 및 변경에 관한 사항

③ 근로자의 안전·보건교육에 관한 사항

④ 작업환경측정 등 작업환경의 점검 및 개선에 관한 사항

⑤ 근로자의 건강진단 등 건강관리에 관한 사항

⑥ 중대재해의 원인 조사 및 재발 방지대책 수립에 관한 사항

⑦ 산업재해에 관한 통계의 기록 및 유지에 관한 사항

⑧ 유해하거나 위험한 기계·기구·설비를 도입한 경우 안전·보건
  조치에 관한 사항

⑨ 그 밖에 해당 사업장 근로자의 안전 및 보건을 유지·증진시키기
  위하여 필요한 사항

(12) 도급사업 시의 안전·보건조치 ✗

1) 유해한 작업의 도급금지

사업주는 근로자의 안전 및 보건에 유해하거나 위험한 작업으로서
다음 각 호의 어느 하나에 해당하는 작업을 도급하여 자신의 사업장에
서 수급인의 근로자가 그 작업을 하도록 해서는 아니 된다.

**작업을 도급하여 자신의 사업장에서 수급인의 근로자가 작업을
하도록 해서는 아니 되는 작업(도급금지 작업) ✗**

---

① 도금작업
② 수은, 납 또는 카드뮴을 제련, 주입, 가공 및 가열하는 작업
③ 허가대상물질을 제조하거나 사용하는 작업

실력이 되고! 합격이 되는! 특급 암기법

도금(도급금지) 수(수은) 납하는 카드(카드뮴)는 허가받아 제조(허가대상물질 제조)

---

2) 도급의 승인

사업주는 자신의 사업장에서 안전 및 보건에 유해하거나 위험한 작업 중 급성 독성, 피부 부식성 등이 있는 물질의 취급 등 대통령령으로 정하는 작업을 도급하려는 경우에는 고용노동부장관의 승인을 받아야 한다. 이 경우 사업주는 고용노동부령으로 정하는 바에 따라 안전 및 보건에 관한 평가를 받아야 한다.

도급승인 대상 작업

1. 중량비율 1퍼센트 이상의 황산, 불화수소, 질산 또는 염화수소를 취급하는 설비를 개조·분해·해체·철거하는 작업 또는 해당 설비의 내부에서 이루어지는 작업. 다만, 도급인이 해당 화학물질을 모두 제거한 후 증명자료를 첨부하여 고용노동부장관에게 신고한 경우는 제외한다.
2. 그 밖에 따른 산업재해보상보험 및 예방심의위원회의 심의를 거쳐 고용노동부장관이 정하는 작업

---

3) 도급에 따른 산업재해 예방조치

① 도급인은 관계수급인 근로자가 도급인의 사업장에서 작업을 하는 경우 다음 각 호의 사항을 이행하여야 한다.

참고

① 사업주는 고용노동부장관의 도급 작업에 대한 승인을 받으려는 경우에는 고용노동부령으로 정하는 바에 따라 고용노동부장관이 실시하는 안전 및 보건에 관한 평가를 받아야 한다.

② 고용노동부장관에 따른 승인의 유효기간은 3년의 범위에서 정한다.

③ 고용노동부장관은 유효기간이 만료되는 경우에 사업주가 유효기간의 연장을 신청하면 승인의 유효기간이 만료되는 날의 다음 날부터 3년의 범위에서 고용노동부령으로 정하는 바에 따라 그 기간의 연장을 승인할 수 있다. 이 경우 사업주는 안전 및 보건에 관한 평가를 받아야 한다.

④ 사업주는 도급공정, 도급공정 사용 최대 유해화학 물질량, 도급기간(3년 미만으로 승인받은 자가 승인일부터 3년 내에서 연장하는 경우만 해당한다)을 변경하려는 경우에는 고용노동부령으로 정하는 바에 따라 변경에 대한 승인을 받아야 한다.

관계수급인 근로자가 도급인의 사업장에서 작업을 하는 경우 도급인의 조치사항 ✄

1. 도급인과 수급인을 구성원으로 하는 안전 및 보건에 관한 협의체의 구성 및 운영

- 협의체는 도급인인 사업주 및 그의 수급인인 사업주 전원으로 구성하여야 한다.
- 협의체의 협의사항
  - 작업의 시작시간
  - 작업 또는 작업장 간의 연락방법
  - 재해 발생 위험 시의 대피방법
  - 작업장에서의 위험성 평가의 실시에 관한 사항
  - 사업주와 수급인 또는 수급인 상호 간의 연락방법 및 작업공정의 조정
- 협의체는 매월 1회 이상 정기적으로 회의를 개최하고 그 결과를 기록·보존하여야 한다.

2. 작업장 순회점검

2일에 1회 이상	① 건설업 ② 제조업 ③ 토사석 광업 ④ 서적, 잡지 및 기타 인쇄물 출판업 ⑤ 음악 및 기타 오디오물 출판업 ⑥ 금속 및 비금속 원료 재생업
1주일에 1회 이상	그 밖의 사업

3. 관계수급인이 근로자에게 하는 안전보건교육을 위한 장소 및 자료의 제공 등 지원

4. 관계수급인이 근로자에게 하는 안전보건교육의 실시 확인

5. 다음 각 목의 어느 하나의 경우에 대비한 경보체계 운영과 대피방법 등 훈련

경보체계의 운영 및 대피방법 등을 훈련하여야 하는 경우
① 작업 장소에서 발파작업을 하는 경우
② 작업 장소에서 화재·폭발, 토사·구축물 등의 붕괴 또는 지진 등이 발생한 경우

6. 수급인에게 위생시설 등 고용노동부령으로 정하는 시설의 설치 등을 위하여 필요한 장소의 제공 또는 도급인이 설치한 위생시설 이용의 협조

수급인에게 필요한 장소의 제공 및 이용을 협조하여야 하는 위생시설
① 휴게시설 ② 세면·목욕시설 ③ 세탁시설 ④ 탈의시설 ⑤ 수면시설

7. 같은 장소에서 이루어지는 도급인과 관계수급인 등의 작업에 있어서 관계수급인 등의 작업시기·내용, 안전조치 및 보건조치 등의 확인

8. **관계수급인 등의 작업 혼재로 인하여** 화재·폭발 등 대통령령으로 정하는 위험이 발생할 우려가 있는 경우 관계수급인 등의 작업시기·내용 등의 조정

"화재·폭발 등 대통령령으로 정하는 위험이 발생할 우려가 있는 경우"란 다음 각 호의 경우를 말한다.

① 화재·폭발이 발생할 우려가 있는 경우
② 동력으로 작동하는 기계·설비 등에 끼일 우려가 있는 경우
③ 차량계 하역운반기계, 건설기계, 양중기(揚重機) 등 동력으로 작동하는 기계와 충돌할 우려가 있는 경우
④ 근로자가 추락할 우려가 있는 경우
⑤ 물체가 떨어지거나 날아올 우려가 있는 경우
⑥ 기계·기구 등이 넘어지거나 무너질 우려가 있는 경우
⑦ 토사·구축물·인공구조물 등이 붕괴될 우려가 있는 경우
⑧ 산소 결핍이나 유해가스로 질식이나 중독의 우려가 있는 경우

---

② 도급인은 고용노동부령으로 정하는 바에 따라 자신의 근로자 및 관계수급인 근로자와 함께 정기적으로 또는 수시로 작업장의 안전 및 보건에 관한 점검을 하여야 한다.

점검반의 구성 ✩

1. 도급인(같은 사업 내에 지역을 달리하는 사업장이 있는 경우에는 그 사업장의 안전보건관리책임자)
2. 관계수급인(같은 사업 내에 지역을 달리하는 사업장이 있는 경우에는 그 사업장의 안전보건관리책임자)
3. 도급인 및 관계수급인의 근로자 각 1명(관계수급인의 근로자의 경우에는 해당 공정만 해당한다)

도급사업의 합동 안전·보건점검의 횟수 ✩

1. 다음 각 목의 사업의 경우 : 2개월에 1회 이상
   가. 건설업
   나. 선박 및 보트 건조업
2. 그 밖의 사업 : 분기에 1회 이상

[선임대상 ☆☆]

안전관리자 (전담)	① 상시근로자 300인 이상 사업장 ② 건설업 : 공사금액 120억 원(토목공사 : 150억 원) 이상인 사업장
산업안전 보건위원회	① 상시근로자 50인 이상 사업장부터 ② 건설업 : 공사금액 120억 원(토목공사 : 150억 원) 이상인 사업장
노사협의체	공사금액 120억 원(토목공사 : 150억 원) 이상인 건설업(도급사업인 경우)
안전보건 관리책임자	① 상시근로자 50인 이상 사업장부터 ② 총 공사금액 20억 원 이상인 건설업
안전보건 총괄책임자	① 관계수급인 포함 상시근로자 100명 이상(선박 및 보트 건조업, 1차 금속 제조업 및 토사석 광업 50명)인 사업 ② 관계수급인 포함 공사금액 20억 원 이상인 건설업
안전보건 관리담당자	상시근로자 20명 이상 50명 미만인 사업장 1. 제조업, 2. 임업, 3. 하수, 폐수 및 분뇨 처리업 4. 폐기물 수집, 운반, 처리 및 원료 재생업 5. 환경 정화 및 복원업 실력이 되고! 합격이 되는! 특급 암기법 제임! - 재 임용하자. 하·폐수, 분뇨 폐기하고 원료 재생하여 환경 정화·복원 담당자(안전보건관리담당자)
안전보건 조정자	각 건설공사의 금액의 합이 50억 원 이상인 경우로서 2개 이상의 건설공사가 같은 장소에서 행해지는 경우

[산업안전보건위원회와 노사협의체 ☆☆☆]

구성		운영	
산업안전보건 위원회	노사협의체	산업안전보건 위원회	노사협의체
1. 근로자위원 ① 근로자대표 ② 근로자대표가 지명하는 1명 이상의 명예산업안전감독관 ③ 근로자대표가 지명하는 9명 이내의 해당 사업장의 근로자	**1. 근로자위원** ① 도급 또는 하도급 사업을 포함한 전체 사업의 근로자대표 ② 근로자대표가 지명하는 명예산업안전감독관 1명 (다만, 명예산업안전감독관이 위촉되어 있지 아니한 경우에는 근로자대표가 지명하는 해당 사업장 근로자 1명) ③ 공사금액이 20억 원 이상인 공사의 관계수급인의 근로자대표	1. 정기회의 : 분기마다 2. 임시회의 : 위원장이 필요하다 인정할 때	1. 정기회의 : 2개월마다 2. 임시회의 : 위원장이 필요하다 인정할 때
2. 사용자위원 ① 해당 사업의 대표자 ② 안전관리자 1명 ③ 보건관리자 1명 ④ 산업보건의 ⑤ 사업의 대표자가 지명하는 9명 이내의 해당 사업장 부서의 장	**2. 사용자위원** ① 도급 또는 하도급 사업을 포함한 전체 사업의 대표자 ② 안전관리자 1명 ③ 보건관리자 1명 (보건관리자 선임대상 건설업으로 한정) ④ 공사금액이 20억 원 이상인 공사의 관계수급인의 사업주		
서류보존기한[산업안전보건위원회 및 노사협의체에 따른 회의록 : 2년]			

3 안전보건 조직의 안전직무

(1) 사업주의 안전 직무

① 산업재해 예방을 위한 기준을 따를 것
② 근로자의 신체적 피로와 정신적 스트레스 등을 줄일 수 있는 쾌적한 작업환경의 조성 및 근로조건 개선
③ 해당 사업장의 안전·보건에 관한 정보를 근로자에게 제공

(2) 안전보건총괄책임자의 직무 ✿✿✿

① 산업재해가 발생할 급박한 위험이 있을 때 및 중대재해가 발생하였을 때의 작업의 중지
② 도급 시 산업재해 예방조치
③ 산업안전보건관리비의 관계수급인 간의 사용에 관한 협의·조정 및 그 집행의 감독
④ 안전인증대상 기계 등과 자율안전확인대상 기계 등의 사용 여부 확인
⑤ 위험성평가의 실시에 관한 사항

(3) 안전보건관리책임자 직무 ✿✿✿

① 산업재해 예방계획의 수립에 관한 사항
② 안전보건관리규정의 작성 및 변경에 관한 사항
③ 근로자의 안전·보건교육에 관한 사항
④ 작업환경 측정 등 작업환경의 점검 및 개선에 관한 사항
⑤ 근로자의 건강진단 등 건강관리에 관한 사항
⑥ 산업재해의 원인 조사 및 재발 방지대책 수립에 관한 사항
⑦ 산업재해에 관한 통계의 기록 및 유지에 관한 사항
⑧ 안전장치 및 보호구 구입 시 적격품 여부 확인에 관한 사항
⑨ 위험성평가의 실시에 관한 사항
⑩ 근로자의 위험 또는 건강장해의 방지에 관한 사항

(4) 안전관리자 직무 ✿✿✿

① 사업장 안전교육계획의 수립 및 안전교육 실시에 관한 보좌 및 조언·지도
② 사업장 순회점검·지도 및 조치의 건의
③ 산업재해 발생의 원인 조사·분석 및 재발 방지를 위한 기술적 보좌 및 조언·지도
④ 산업재해에 관한 통계의 유지·관리·분석을 위한 보좌 및 조언·지도
⑤ 안전인증대상 기계·기구 등과 자율안전확인 대상 기계·기구 등 구입 시 적격품의 선정에 관한 보좌 및 조언·지도
⑥ 위험성평가에 관한 보좌 및 조언·지도

참고

＊ 관리감독자
• 경영조직에서 생산과 관련되는 업무와 그 소속 직원을 직접 지휘·감독하는 부서의 장 또는 그 직위를 담당하는 자를 말한다.
• 사업주는 관리감독자로 하여금 직무와 관련된 안전·보건에 관한 업무로서 안전·보건 점검 등을 수행하도록 하여야 한다. 다만, 위험 방지가 특히 필요한 작업으로서 대통령령으로 정하는 작업에 대하여는 소속 직원에 대한 특별교육 등 안전·보건에 관한 업무를 추가로 수행하도록 하여야 한다.

참고

1. 안전보건관리책임자
• 사업장을 실질적으로 총괄하여 관리하는 사람
• 안전관리자와 보건관리자를 지휘·감독한다.

2. 안전관리자
사업장에서 안전에 관한 기술적인 사항에 관하여 사업주 또는 안전보건관리책임자를 보좌하고 관리감독자에게 지도·조언하는 업무를 수행하는 사람

3. 보건관리자
보건에 관한 기술적인 사항에 관하여 사업주 또는 안전보건관리책임자를 보좌하고 관리감독자에게 지도·조언하는 업무를 수행하는 사람

4. 안전보건관리담당자
사업장에 안전 및 보건에 관하여 사업주를 보좌하고 관리감독자에게 지도·조언하는 업무를 수행하는 사람

5. 산업보건의
근로자의 건강관리나 그 밖에 보건관리자의 업무를 지도

⑦ 안전에 관한 사항의 이행에 관한 보좌 및 조언·지도
⑧ 산업안전보건위원회 또는 노사협의체, 안전보건관리규정 및 취업규칙에서 정한 직무
⑨ 업무수행 내용의 기록·유지
⑩ 그 밖에 안전에 관한 사항으로서 고용노동부장관이 정하는 사항

(5) 안전보건관리 담당자의 업무 ✿✿✿

① 안전·보건교육 실시에 관한 보좌 및 조언·지도
② 위험성평가에 관한 보좌 및 조언·지도
③ 작업환경측정 및 개선에 관한 보좌 및 조언·지도
④ 건강진단에 관한 보좌 및 조언·지도
⑤ 산업재해 발생의 원인 조사, 산업재해 통계의 기록 및 유지를 위한 보좌 및 조언·지도
⑥ 산업안전·보건과 관련된 안전장치 및 보호구 구입 시 적격품 선정에 관한 보좌 및 조언·지도

(6) 관리감독자 직무 ✿✿✿

① 기계·기구 또는 설비의 안전·보건 점검 및 이상 유무의 확인
② 근로자의 작업복·보호구 및 방호장치의 점검과 그 착용·사용에 관한 교육·지도
③ 산업재해에 관한 보고 및 이에 대한 응급조치
④ 작업장 정리·정돈 및 통로확보에 대한 확인·감독
⑤ 산업보건의, 안전관리자(안전관리전문기관의 해당 사업장 담당자) 및 보건관리자(보건관리전문기관의 해당 사업장 담당자), 안전보건관리담당자(안전관리전문기관 또는 보건관리전문기관의 해당 사업장 담당자)의 지도·조언에 대한 협조
⑥ 위험성평가를 위한 유해·위험요인의 파악 및 개선조치의 시행에 대한 참여
⑦ 그 밖에 해당 작업의 안전·보건에 관한 사항으로서 고용노동부령으로 정하는 사항

(7) 안전보건조정자의 업무 ✿✿

① 같은 장소에서 행하여지는 각각의 공사 간에 혼재된 작업의 파악
② 혼재된 작업으로 인한 산업재해 발생의 위험성 파악
③ 혼재된 작업으로 인한 산업재해를 예방하기 위한 작업의 시기·내용 및 안전보건 조치 등의 조정
④ 각각의 공사 도급인의 안전보건관리책임자 간 작업 내용에 관한 정보 공유 여부의 확인

(8) 산업안전지도사 및 산업위생지도사의 직무

① 산업안전지도사의 직무

- 공정상의 안전에 관한 평가·지도
- 유해·위험의 방지대책에 관한 평가·지도
- 공정상의 안전 및 유해·위험의 방지대책과 관련된 계획서 및 보고서의 작성
- 안전보건개선계획서의 작성
- 위험성평가의 지도
- 그 밖에 산업안전에 관한 사항의 자문에 대한 응답 및 조언

② 산업위생지도사의 직무

- 작업환경의 평가 및 개선 지도
- 작업환경 개선과 관련된 계획서 및 보고서의 작성
- 산업위생에 관한 조사·연구
- 안전보건개선계획서의 작성
- 위험성평가의 지도
- 그 밖에 산업보건에 관한 사항의 자문에 대한 응답 및 조언

8. 작업장 내에서 사용되는 전체 환기장치 및 국소 배기장치 등에 관한 설비의 점검과 작업방법의 공학적 개선에 관한 보좌 및 조언·지도
9. 사업장 순회점검·지도 및 조치의 건의
10. 산업재해 발생의 원인 조사·분석 및 재발 방지를 위한 기술적 보좌 및 조언·지도
11. 산업재해에 관한 통계의 유지·관리·분석을 위한 보좌 및 조언·지도
12. 법 또는 법에 따른 명령으로 정한 보건에 관한 사항의 이행에 관한 보좌 및 조언·지도
13. 업무수행 내용의 기록·유지
14. 그 밖에 작업관리 및 작업환경관리에 관한 사항

(9) 근로자의 안전 직무

근로자는 법과 법에 따른 명령으로 정하는 산업재해 예방을 위한 기준을 지켜야 하며, 사업주 또는 근로감독관, 공단 등 관계인이 실시하는 산업재해 예방에 관한 조치에 따라야 한다.

비교합시다!

산업안전보건위원회(노사협의체) 심의·의결사항과 안전보건관리책임자 직무는 거의 유사합니다. **차이점만 비교하여 정리하세요!**

산업안전 보건위원 회의 (노사협의체) 심의·의결 사항 ✦✦✦	① 산업재해 예방계획의 수립에 관한 사항 ② 안전보건관리규정의 작성 및 변경에 관한 사항 ③ 근로자의 안전·보건교육에 관한 사항 ④ 작업환경측정 등 작업환경의 점검 및 개선에 관한 사항 ⑤ 근로자의 건강진단 등 건강관리에 관한 사항 ⑥ 중대재해의 원인 조사 및 재발 방지대책 수립에 관한 사항 ✦ ⑦ 산업재해에 관한 통계의 기록 및 유지에 관한 사항 ✦ ⑧ 유해하거나 위험한 기계·기구와 그 밖의 설비를 도입한 경우 안전·보건 조치에 관한 사항
안전보건 관리책임자 직무 ✦✦✦	① 산업재해 예방계획의 수립에 관한 사항 ② 안전보건관리규정의 작성 및 변경에 관한 사항 ③ 근로자의 안전·보건교육에 관한 사항 ④ 작업환경 측정 등 작업환경의 점검 및 개선에 관한 사항 ⑤ 근로자의 건강진단 등 건강관리에 관한 사항 ⑥ 산업재해의 원인 조사 및 재발 방지대책 수립에 관한 사항 ⑦ 산업재해에 관한 통계의 기록 및 유지에 관한 사항 ⑧ 안전·보건과 관련된 안전장치 및 보호구 구입 시의 적격품 여부 확인에 관한 사항 ⑨ 위험성평가의 실시에 관한 사항 ⑩ 근로자의 위험 또는 건강장해의 방지에 관한 사항

산업안전보건위원회 심의 · 의결사항과 안전보건관리책임자 직무 차이점
- 산업안전보건위원회 : 중대재해 원인 조사, 유해 · 위험기구 도입 시 안전 · 보건 조치
- 안전보건관리책임자 : 재해 원인 조사, 안전장치 및 보호구 구입 시 적격품 확인

4 안전보건관리규정의 작성

(1) 안전보건관리규정의 작성 ✿✿

1) 안전보건관리규정을 작성하여야 할 사업은 상시 근로자 100명 이상을 사용하는 사업으로 한다.

> **참고** 안전보건관리규정을 작성하여야 할 사업의 종류 및 규모 ✿✿

사업의 종류	규모
1. 농업 2. 어업 3. 소프트웨어 개발 및 공급업 4. 컴퓨터 프로그래밍, 시스템 통합 및 관리업 5. 정보서비스업 6. 금융 및 보험업 7. 임대업 ; 부동산 제외 8. 전문, 과학 및 기술 서비스업(연구개발업은 제외한다) 9. 사업지원 서비스업 10. 사회복지 서비스업	상시 근로자 300명 이상을 사용하는 사업장
11. 제1호부터 제10호까지의 사업을 제외한 사업	상시 근로자 100명 이상을 사용하는 사업장

2) 안전보건관리규정을 작성하여야 할 사유가 발생한 날부터 30일 이내에 안전보건관리규정을 작성하여야 한다. 이를 변경할 사유가 발생할 경우에도 또한 같다.

3) 안전보건관리규정의 포함사항 ✿✿✿

사업장 사업주는 사업장의 안전 · 보건을 유지하기 위하여 다음 각 호의 사항이 포함된 안전보건관리규정을 작성하여야 한다.

① 안전 · 보건 관리조직과 그 직무에 관한 사항
② 안전 · 보건교육에 관한 사항
③ 작업장의 안전 및 보건관리에 관한 사항
④ 사고 조사 및 대책 수립에 관한 사항
⑤ 그 밖에 안전 · 보건에 관한 사항

5 안전보건관리계획

(1) 안전계획 작성 시 고려사항

① 사업장 실태에 맞도록 독자적, 실현가능성 있게
② 목표는 점진적으로 높게
③ 직장 단위로 구체적으로 작성

6 안전보건개선계획

(1) 안전보건개선계획의 수립·시행명령을 받은 사업주는 고용노동부장관이 정하는 바에 따라 안전보건개선계획서를 작성하여 그 명령을 받은 날부터 60일 이내에 관할 지방고용노동관서의 장에게 제출하여야 한다.

(2) 안전보건개선계획서에는 시설, 안전·보건관리체제, 안전·보건교육, 산업재해 예방 및 작업환경의 개선을 위하여 필요한 사항이 포함되어야 한다.

(3) 안전보건개선계획 작성대상 사업장 ✦✦✦

① 산업재해율이 같은 업종의 규모별 평균 산업재해율보다 높은 사업장
② 사업주가 안전보건조치의무를 이행하지 아니하여 중대재해가 발생한 사업장
③ 직업성 질병자가 연간 2명 이상 발생한 사업장
④ 유해인자의 노출기준을 초과한 사업장

실력이 되고! 합격이 되는! 특급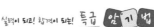

> **평균보다 높으면** 개선계획!
> **중대재해 발생하면** 개선계획!
> **직업성 질병자 2명**
> **노출기준 초과하면** 개선계획!

(4) 안전·보건진단을 받아 안전보건개선계획을 수립·제출하도록 명할 수 있는 사업장 ✦✦

① 산업재해율이 같은 업종 평균 산업재해율의 2배 이상인 사업장
② 사업주가 필요한 안전조치 또는 보건조치를 이행하지 아니하여 중대재해가 발생한 사업장
③ 직업병 질병자가 연간 2명 이상(상시 근로자 1천명 이상 사업장의 경우 3명 이상) 발생한 사업장
④ 작업환경 불량, 화재·폭발 또는 누출사고 등으로 사회적 물의를 일으킨 사업장

📖 **확인**

＊ 안전보건개선계획
① 고용노동부장관은 산업재해 예방을 위하여 종합적인 개선조치를 할 필요가 있다고 인정할 때에는 사업주에게 그 사업장, 시설, 그 밖의 사항에 관한 안전보건개선계획의 수립·시행을 명할 수 있다.
② 고용노동부장관은 해당 사업주에게 안전·보건진단을 받아 안전보건개선계획을 수립·제출할 것을 명할 수 있다.
③ 사업주는 안전보건개선계획을 수립할 때에는 산업안전보건위원회의 심의를 거쳐야 한다. 다만, 산업안전보건위원회가 설치되어 있지 아니한 사업장의 경우에는 근로자대표의 의견을 들어야 한다. ★

실력이 되고! 합격이 되는! **특급 암기법**

> **평균의 2배 이상, 직업성 질병 2명 이상(1,000명 이상 3명) 진단받아 개선!**
> **중대재해 발생**하면 진단받아 개선!

7 안전관리자의 증원·교체임명 명령

(1) 지방고용노동관서의 장은 다음 각 호의 어느 하나에 해당하는 사유가 발생한 경우에는 사업주에게 안전관리자나 보건관리자 또는 안전보건관리담당자를 정수 이상으로 증원하게 하거나 교체하여 임명할 것을 명할 수 있다. 다만, 직업성 질병자 발생 당시 사업장에서 해당 화학적 인자(因子)를 사용하지 않은 경우에는 그렇지 않다.

(2) 관리자를 정수 이상으로 증원하게 하거나 교체하여 임명할 것을 명하는 경우에는 미리 사업주 및 해당 관리자의 의견을 듣거나 소명자료를 제출받아야 한다. 다만, 정당한 사유 없이 의견진술 또는 소명자료의 제출을 게을리한 경우에는 그렇지 않다.

(3) 안전관리자의 증원·교체임명 명령 대상 사업장 ✿✿✿

① 해당 사업장의 연간 재해율이 같은 업종의 평균재해율의 2배 이상인 경우
② 중대재해가 연간 2건 이상 발생한 경우(다만, 해당 사업장의 전년도 사망만인율이 같은 업종의 평균 사망만인율 이하인 경우는 제외)
③ 관리자가 질병이나 그 밖의 사유로 3개월 이상 직무를 수행할 수 없게 된 경우
④ 화학적 인자로 인한 직업성 질병자가 연간 3명 이상 발생한 경우(이 경우 직업성질병자 발생일은 요양급여의 결정일로 한다)

실력이 되고! 합격이 되는! **특급 암기법**

> **평균의 2배 이상, 중대재해 2건 이상** 증원!
> **직업성 질병 3명 이상, 3개월 이상 일 안하면** 교체!

8 사업장의 산업재해 발생건수 등 공표

(1) 고용노동부장관은 산업재해를 예방하기 위하여 대통령령으로 정하는 사업장의 산업재해 발생건수, 재해율 또는 그 순위 등을 공표하여야 한다.

(2) **재해발생 건수 등 재해율 공표 대상 사업장** ✄✄✄
   ① 사망재해자가 연간 2명 이상 발생한 사업장
   ② 사망만인율(사망재해자 수를 연간 상시근로자 1만 명당 발생하는 사망재해자 수로 환산한 것)이 규모별 같은 업종의 평균 사망만인율 이상인 사업장
   ③ 중대산업사고가 발생한 사업장
   ④ 산업재해 발생 사실을 은폐한 사업장
   ⑤ 산업재해의 발생에 관한 보고를 최근 3년 이내 2회 이상 하지 않은 사업장

(3) 제1호부터 제3호까지(사망재해자가 연간 2명 이상, 사망만인율이 규모별 같은 업종의 평균 사망만인율 이상, 중대산업사고가 발생한 사업장)의 규정에 해당하는 사업장은 해당 사업장이 관계수급인의 사업장으로서 도급인이 관계수급인 근로자의 산업재해 예방을 위한 조치의무를 위반하여 관계수급인 근로자가 산업재해를 입은 경우에는 도급인의 사업장의 산업재해발생건수 등을 함께 공표한다. ✄

(4) 고용노동부장관은 도급인의 사업장(도급인이 제공하거나 지정한 경우로서 도급인이 지배·관리하는 대통령령으로 정하는 장소를 포함한) 중 대통령령으로 정하는 사업장에서 관계수급인 근로자가 작업을 하는 경우에 도급인의 산업재해발생 건수 등에 관계수급인의 산업재해발생 건수 등을 포함하여 공표하여야 한다.

참고
* 중대산업사고
① 근로자가 사망하거나 부상을 입을 수 있는 공정안전보고서 제출대상 설비에서의 누출·화재·폭발 사고
② 인근 지역의 주민이 인적 피해를 입을 수 있는 공정안전보고서 제출대상 설비에서의 누출·화재·폭발 사고

PART 01

도급인의 산업재해 발생건수 등에 수급인의 산업재해 발생건수 등을 포함하여 공표하여야 하는 사업장(통합 공표대상 사업장)

도급인이 사용하는 상시근로자 수가 500명 이상인 다음 각 호의 어느 하나에 해당하는 사업장으로서 도급인 사업장의 사고사망만인율(질병으로 인한 사망 재해자를 제외하고 산출한 사망만인율) 보다 관계수급인의 근로자를 포함하여 산출한 사고사망만인율이 높은 사업장을 말한다.

1. 제조업
2. 철도운송업
3. 도시철도운송업
4. 전기업

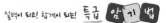

실력이 된다! 합격이 된다! 특급 암기법

500명 이상의 제(제조업)철 운송(철도운송업) 도시(도시철도운송업)의 전기는 수급인 포함하여 공표

(5) 공표는 관보, 그 보급지역을 전국으로 하여 등록한 일간신문 또는 인터넷 등에 게재하는 방법으로 한다.

03 재해조사

1 재해조사의 목적

산업재해에 대한 원인을 분명하게 함으로써 가장 적절한 예방 대책을 찾아내어 동종 재해 또는 유사 재해를 미연에 방지하기 위한 목적이다.

① 재해발생 원인 및 결함 규명
② 재해예방 자료 수집
③ 동종 재해 및 유사재해 재발방지

2 재해조사 시 유의사항 ✄

① 사실을 수집한다.
② 목격자 등이 증언하는 사실 이외의 추측의 말은 참고로만 한다.
③ 조사는 신속하게 행하고 긴급조치를 하여 2차 재해의 방지를 도모한다.
④ 사람, 기계설비, 환경의 측면에서 재해요인을 모두 도출한다.
⑤ 객관적인 입장에서 공정하게 조사하며, 조사는 2인 이상이 한다.
⑥ 책임추궁보다 재발방지를 우선하는 기본 태도를 갖는다.

3 재해발생 시 조치사항

(1) 산업재해발생 은폐 금지 및 보고 ✄

사업주는 고용노동부령으로 정하는 산업재해에 대해서는 그 발생 개요·원인 및 보고 시기, 재발방지 계획 등을 고용노동부령으로 정하는 바에 따라 고용노동부장관에게 보고하여야 한다.

1) 사업주는 산업재해로 사망자가 발생, 3일 이상의 휴업이 필요한 부상 또는 질병에 걸린 자가 발생 시 산업재해가 발생한 날부터 1개월 이내에 산업재해조사표를 작성, 관할 지방고용노동관서장에게 제출하여야 한다.

📝참고

※ 조사자의 태도
• 항상 객관성을 가지고 제3자의 입장에서 공평하게 조사한다.
• 책임추궁보다 재발방지를 우선하는 기본적 태도를 가진다.
• 사고조사 목적 이외의 상황은 조사하지 않도록 한다.

※ 일반적인 재해조사 항목
• 누가
• 언제
• 어떠한 장소에서
• 어떠한 작업을 하고 있을 때
• 어떠한 물 또는 환경에 어떠한 불안전상태 또는 행동이 있었기에
• 어떻게 재해가 발생되었다.

※ 업무상 재해
"업무상 재해"란 업무상의 사유에 따른 근로자의 부상·질병·장해 또는 사망을 말한다.

※ 사고로 인한 업무상 재해의 인정기준
1. 업무상 사고로 인한 재해가 발생할 것
2. 업무와 사고로 인한 재해 사이에 상당 인과관계가 있을 것
3. 근로자의 고의·자해행위 또는 범죄행위로 인한 재해가 아닐 것
다만, 그 부상·장해 또는 사망이 정상적인 인식능력 등이 뚜렷하게 저하된 상태에서 한 행위로 발생한 경우로서 다음 어느 하나에 해당하는 사유가 있으면 업무상 재해로 본다.

2) 산업재해조사표에 근로자대표의 확인을 받아야 하며, 그 기재 내용에 대하여 근로자대표의 이견이 있는 경우에는 그 내용을 첨부하여야 한다. 다만, 근로자대표가 없는 경우에는 재해자 본인의 확인을 받아 제출할 수 있다.

3) 사업주는 산업재해가 발생한 때에는 다음 각 호의 사항을 기록·보존하여야 한다.
   ① 사업장의 개요 및 근로자의 인적사항
   ② 재해발생의 일시 및 장소
   ③ 재해발생의 원인 및 과정
   ④ 재해재발방지 계획

(2) 중대재해발생 시 사업주의 조치 ✦

1) 사업주는 중대재해가 발생하였을 때에는 즉시 해당 작업을 중지시키고 근로자를 작업장소에서 대피시키는 등 안전 및 보건에 관하여 필요한 조치를 하여야 한다.

2) 사업주는 중대재해가 발생한 사실을 알게 된 경우에는 고용노동부령으로 정하는 바에 따라 지체 없이 고용노동부장관에게 보고하여야 한다. 다만, 천재지변 등 부득이한 사유가 발생한 경우에는 그 사유가 소멸되면 지체 없이 보고하여야 한다.

3) 사업주는 "중대재해"가 발생한 때는 지체 없이 다음 각 호의 사항을 관할 지방고용노동관서의 장에게 전화·팩스, 또는 그 밖에 적절한 방법으로 보고하여야 한다.

중대재해 발생 시 보고사항 ✦
• 발생 개요 및 피해 상황
• 조치 및 전망
• 그 밖의 중요한 사항

(3) 재해발생 시 조치순서 ✦

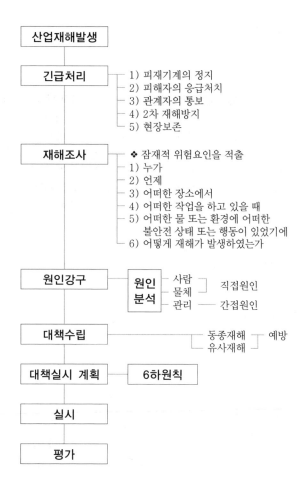

```
산업재해발생

긴급처리 ─┬─ 1) 피재기계의 정지
          ├─ 2) 피해자의 응급처치
          ├─ 3) 관계자의 통보
          ├─ 4) 2차 재해방지
          └─ 5) 현장보존

재해조사 ─┬─ ❖ 잠재적 위험요인을 적출
          ├─ 1) 누가
          ├─ 2) 언제
          ├─ 3) 어떠한 장소에서
          ├─ 4) 어떠한 작업을 하고 있을 때
          ├─ 5) 어떠한 물 또는 환경에 어떠한
          │      불안전 상태 또는 행동이 있었기에
          └─ 6) 어떻게 재해가 발생하였는가

원인강구 ─ 원인    ─ 사람 ┐
            분석    ─ 물체 ┼─ 직접원인
                    ─ 관리 ─── 간접원인

대책수립 ─ 동종재해 ┐ 예방
          ─ 유사재해 ┘

대책실시 계획    6하원칙

실시

평가
```

* 재해발생 시 조치순서
① 긴급조치
② 재해조사
③ 원인분석
④ 대책수립
⑤ 실시
⑥ 평가

* 긴급조치 순서
① 피재기계 정지
② 피재자 응급조치
③ 관계자에게 통보
  (인적, 물적 손실
  함께 통보)
④ 2차 재해 방지
⑤ 현장 보존

4 재해의 직, 간접원인

(1) 직접원인 ✦✦

① 인적 원인(불안전한 행동)
② 물적 원인(불안전한 상태)

인적 원인(불안전한 행동)	물적 원인(불안전한 상태)
• 위험장소 접근 • 안전장치의 기능 제거 • 복장, 보호구의 잘못 사용 • 기계·기구 잘못 사용 • 운전 중인 기계장치의 손질 • 불안전한 속도 조작 • 위험물 취급 부주의 • 불안전한 상태 방치 • 불안전한 자세·동작 • 감독 및 연락 불충분	• 물 자체의 결함 • 안전 방호장치의 결함 • 복장, 보호구의 결함 • 물의 배치 및 작업장소 불량 • 작업환경의 결함 • 생산공정의 결함 • 경계표시, 설비의 결함

(2) 간접원인 ✦✦

① 기술적 원인
② 교육적 원인
③ 신체적 원인
④ 정신적 원인
⑤ 작업관리상 원인

기술적 원인	• 건물 기계장치 설계불량 • 생산방법의 부적당	• 구조 재료의 부적합 • 점검 정비 보존 불량
교육적 원인	• 안전지식의 부족 • 경험 훈련의 부족 • 유해 위험 작업의 교육 불충분	• 안전수칙의 오해 • 작업 방법의 교육 불충분
작업관리상 원인	• 안전관리 조직 결함 • 작업준비 불충분 • 작업지시 부적당	• 안전수칙 미제정 • 인원 배치 부적당

5 산업재해 발생형태(재해 발생의 매커니즘) ✦

(1) 단순자극형(집중형)

상호 자극에 의하여 순간적으로 재해가 발생하는 유형으로 재해가 일어난 장소에 그 시기에 일시적으로 요인이 집중한다는 유형이다.

(2) 연쇄형

하나의 사고 요인이 또 다른 요인을 발생시키면서 재해가 발생하는 유형이다.

(3) 복합형

단순자극형과 연쇄형의 복합적인 발생유형이다.

① 단순자극형(집중형)　　②-1 단순연쇄형

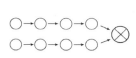

②-2 복합연쇄형　　③ 복합형

[재해(⊗)의 발생 형태 3가지]

6 산업재해 예방의 4원칙 ✸✸

① 예방 가능의 원칙 : 재해는 원칙적으로 원인만 제거되면 예방이
　 가능하다.
② 손실 우연의 원칙 : 사고의 결과 생기는 상해의 종류나 정도는
　 사고 발생시 사고대상의 조건에 따라 우연히 발생한다.
③ 대책 선정의 원칙 : 사고의 원인에 대한 가장 적합한 대책이 선정
　 되어야 한다.
④ 원인 연계의 원칙 : 재해는 직접원인과 간접원인이 연계되어 일어
　 난다.

◎기출 ★
• 사고와 손실의 관계 :
　우연적
• 사고와 원인의 관계 :
　필연적

┌문제┐
다음 중 재해예방의 4원칙에
대한 설명으로 잘못된 것은?
㉮ 사고의 발생과 그 원인과의
　관계는 필연적이다.
㉯ 손실과 사고와의 관계는 필
　연적이다.
㉰ 재해를 예방하기 위한 대책
　은 반드시 존재한다.
㉱ 모든 인재는 예방이 가능
　하다.

[해설]
㉯ 손실과 사고와의 관계는
　우연적이다.

─────정답 ㉯

합격의 key

04 | 산재분류 및 통계분석

┌─────────────────────────────────────┐
🗺 주/요/내/용 알/고/가/기 ▶

1. 재해율의 계산
2. 하인리히 및 시몬즈의 재해손실비의 계산
3. 근로불능상해의 구분
4. 재해사례연구 진행단계
└─────────────────────────────────────┘

1 재해율의 종류 및 계산 ✦✦✦

(1) 연천인율

① 근로자 1,000명 중 재해자 수 비율(1년간)

② 연천인율 = $\dfrac{\text{연간재해자 수}}{\text{연평균 근로자 수}} \times 1,000$

③ 연천인율 = 도수율 × 2.4

(2) 도수율(빈도율 F.R)

① 100만 근로시간당 요양재해 발생 건수 비율

② 도수율(빈도율) = $\dfrac{\text{재해 건수}}{\text{연 근로시간 수}} \times 1,000,000$

┌──────────────────────────────────────┐
| **근로자 1인의 1년간 총 근로 시간 수 계산** |
|──────────────────────────────────────|
| 8시간×300일 = 2,400시간 |
| • 1일 근로시간 8시간   • 1년 근로일수 300일 |
└──────────────────────────────────────┘

(3) 강도율(S.R)

① 1,000 근로시간당 요양재해로 인한 근로손실 일수 비율

② 강도율 = $\dfrac{\text{총 요양 근로손실일수}}{\text{연 근로시간 수}} \times 1,000$

근로손실 일수 = 휴업 일수, 요양 일수, 입원 일수 × $\dfrac{300(\text{실제 근로 일수})}{365}$

신체장해 등급	손실 일수	신체장해 등급	손실 일수	신체장해 등급	손실 일수
사망, 1,2,3급	7,500일	7급	2,200일	11급	400일
4급	5,500일	8급	1,500일	12급	200일
5급	4,000일	9급	1,000일	13급	100일
6급	3,000일	10급	600일	14급	50일

┌─ 확인 ─┐
* 연천인율과 도수율의 관계
1,000명×연간 작업시간
2,400시간
= $10^6 \times$ 2.4
└────────┘

┌─ 확인 ★ ─┐
* 근로손실 일수 = 휴업 일수, 요양 일수, 입원 일수
× $\dfrac{300}{365}$ 에서 300은 실제 근로 일수를 뜻한다.
📖 1년, 290일 근로하는 중 휴업 일수가 20일이다. 근로손실 일수를 계산하라.
풀이) 근로손실 일수
= 20 × $\dfrac{290}{365}$
= 15.89 = 16일
└────────┘

<table>
<tr><td colspan="2" style="text-align:center">사망 및 1, 2, 3급의 근로손실일수 계산</td></tr>
<tr><td colspan="2" style="text-align:center">25년 × 300일 = 7,500일</td></tr>
<tr><td>• 근로손실 년수 : 25년</td><td>• 1년 근로일수 : 300일</td></tr>
</table>

(4) 종합재해지수

① 재해의 빈도의 다수와 상해 정도의 강약을 나타내는 성적지표로 사용된다.

② FSI $= \sqrt{FR \times SR} = \sqrt{도수율 \times 강도율}$

(5) 환산 강도율(S)

① 일평생 근로하는 동안의 총 요양 근로손실일수를 말한다.

② 환산 강도율(S) $= \dfrac{총\ 요양\ 근로손실일수}{연\ 근로시간\ 수} \times 평생근로시간수(100,000)$

③ 환산 강도율 = 강도율 × 100

<table>
<tr><td colspan="2" style="text-align:center">근로자 1인의 평생 근로시간 수 계산</td></tr>
<tr><td colspan="2" style="text-align:center">(40년 × 2,400시간) + 4,000시간 = 100,000시간</td></tr>
<tr><td>• 1인의 일평생 근로연수 : 40년</td><td>• 1년 총 근로시간수 : 2,400시간</td></tr>
<tr><td>• 일평생 잔업시간 : 4,000시간</td><td></td></tr>
</table>

(6) 환산 도수율(F)

① 일평생 근로하는 동안의 재해건수를 말한다.

② 환산 도수율(F) $= \dfrac{재해\ 건수}{연\ 근로시간\ 수} \times 평생근로시간수(100,000)$

③ 환산 도수율 = 도수율 ÷ 10

(7) 평균 강도율 $= \dfrac{강도율}{도수율} \times 1,000$

(8) 안전활동률

① 100만 시간당 안전 활동건수를 나타낸다.

② 안전활동률 $= \dfrac{안전\ 활동건수}{총\ 근로시간\ 수(근로시간수 \times 평균근로자수)} \times 10^6$

(9) Safe-T-Score(세이프 티 스코어)

① 과거와 현재의 안전을 성적 내어 비교, 평가하는 기법이다.

② Safe-T-Score $= \dfrac{현재빈도율 - 과거빈도율}{\sqrt{\dfrac{과거빈도율}{(현재)총근로시간수} \times 1,000,000}}$

★ 확인 ★

※ 근로손실 년수의 계산 : 25년
  • 중대재해발생의 평균 근로년수 : 근무 15년 차에 가장 많이 발생
  • 평생 근로년수 : 40년
  • 근로손실 년수 : 40년 − 15년 = 25년

★ 확인 ★

※ 환산 강도율과 강도율의 관계
  (환산 강도율 = 강도율 × 100)
  환산 강도율은 평생근로시간 100,000시간 단위이고 강도율은 1,000시간 단위이므로 100,000시간 = 1,000시간×100 이 된다.

★ 확인 ★

※ 환산 도수율과 도수율의 관계
  (환산 도수율 = 도수율 ÷ 10)
  환산 도수율은 평생근로시간 100,000시간 단위이고 도수율은 1,000,000 단위이므로 100,000시간은 1,000,000시간 ÷10이 된다.

★ 확인 ★

1. 사망 만인율
① 산재보험적용 근로자 수 10,000명당 발생하는 사망자 수의 비율을 말한다.
② 사망 만인율 = $\dfrac{사망자\ 수}{산재보험적용\ 근로자\ 수} \times 10,000$

2. 재해율
① 산재보험적용 근로자 수 100명당 발생하는 재해자 수의 비율을 말한다.
② 재해율 = $\dfrac{재해자\ 수}{산재보험적용\ 근로자\ 수} \times 100$

③ 판정
- 계산 값이 −2 이하 : 과거보다 안전이 좋아졌다.
- 계산 값이 −2 ~ +2 사이 : 과거와 큰 차이 없다.
- 계산 값이 +2 이상 : 과거보다 안전이 심각하게 나빠졌다.

(10) 건설업체의 산업재해발생률 ✿✿

다음의 계산식에 따른 사고사망만인율로 산출하되, 소수점 셋째자리에서 반올림한다.

$$사고사망만인율(‰) = \frac{사고사망자수}{상시\ 근로자\ 수} \times 10,000$$

$$상시\ 근로자\ 수 = \frac{연간\ 국내공사\ 실적액 \times 노무비율}{건설업\ 월평균임금 \times 12}$$

2 재해손실비의 종류 및 계산

하인리히 방식	총 재해비용 = 직접비 + 간접비 ✿✿ (1 : 4) ① 직접비 　• 치료비　　　　　　　　• 휴업급여 　• 요양급여　　　　　　　• 유족급여 　• 장해급여　　　　　　　• 간병급여 　• 직업재활급여　　　　　• 상병(傷病)보상연금 　• 장의비 등 ② 간접비 　• 인적 손실비　　　　　　• 물적 손실비 　• 생산 손실비　　　　　　• 기계·기구 손실비 등
시몬즈의 방식	총 재해코스트 = 보험코스트 + 비보험코스트 ✿✿ 총 재해코스트 = 산재보험료+(A×휴업상해 건수)+(B×통원상해 건수) 　+(C×구급조치상해 건수)+(D×무상해 사고 건수) 　　A, B, C, D : 상수(각 재해에 대한 평균 비보험코스트) 보험코스트 = 산재보험료 비보험코스트 : • 휴업상해　　　• 통원상해 　　　　　　　　• 구급조치상해　• 무상해 사고
버즈의 방식	보험비용 : 비보험 재산비용 : 비보험 기타재산비용 = 1 : 5 ~ 50 : 1 ~ 3
콤패스 방식	총 재해비용 = 공동비용 + 개별비용 ① 공동비용(불변비용) 　• 보험료　　　　　　　　• 안전보건팀 유지비 등 ② 개별비용(가변비용) 　• 작업중단 손실비　　　　• 사고조사비 　• 수리비용 등

사이드 노트 (왼쪽 여백)

3. 휴업 재해율
① 임금 근로자 수 100명당 발생하는 휴업 재해자 수의 비율을 말한다.
② 휴업 재해율 =
$$\frac{휴업\ 재해자\ 수}{임금\ 근로자\ 수} \times 100$$

※참고
* 건설사고조사위원회의 구성·운영「건설기술진흥법 시행령」
① 건설사고조사위원회는 위원장 1명을 포함한 12명 이내의 위원으로 구성한다.
② 건설사고조사위원회의 위원은 다음 각 호의 어느 하나에 해당하는 사람 중에서 해당 건설사고조사위원회를 구성·운영하는 국토교통부장관, 발주청 또는 인·허가기관의 장이 임명하거나 위촉한다.
1. 건설공사 업무와 관련된 공무원
2. 건설공사 업무와 관련된 단체 및 연구기관 등의 임직원
3. 건설공사 업무에 관한 학식과 경험이 풍부한 사람
③ 위원의 임기는 2년으로 하며, 위원의 사임 등으로 새로 위촉된 위원의 임기는 전임위원 임기의 남은 기간으로 한다.

※참고
* 직접비
법령에 따라 피해자에게 지급되는 비용을 말한다.

* 간접비
간접비란 재료나 기계, 설비 등의 물적 손실과 기계 등 가동정지에서 오는 생산손실 및 작업을 하지 않는데도 지급한 임금손실 등을 포함한 보이지 않는 손실비를 말한다.

3 재해통계 분류방법

(1) ILO의 근로불능 상해의 구분(상해정도별 분류) ✡✡

① 사망

② 영구 전 노동불능 : 신체 전체의 노동기능 완전 상실(1~3급)

③ 영구 일부 노동불능 : 신체 일부의 노동기능 상실 (4~14급)

④ 일시 전 노동불능 : 일정기간 노동 종사 불가(휴업상해)

⑤ 일시 일부 노동불능 : 일정기간 일부 노동에 종사 불가(통원상해)

⑥ 구급조치상해

(2) 재해통계방법 ✡

① 파레토도 : 사고 유형, 기인물 등 데이터를 분류하여 그 항목값이 큰 순서대로 정리하여 막대그래프로 나타낸다.

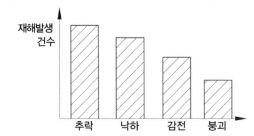

② 특성요인도 : 재해와 그 요인의 관계를 어골상으로 세분화하여 나타낸다.

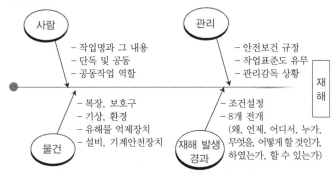

특성요인도의 작성방법
① 특성의 결정은 무엇에 대한 특성요인도를 작성할 것인가를 결정하고 기입한다.
② 등뼈는 원칙적으로 좌측에서 우측으로 향하여 가는 화살표를 기입한다.
③ 큰 뼈는 특성이 일어나는 요인이라고 생각되는 것을 크게 분류하여 기입한다.
④ 중 뼈는 특성이 일어나는 큰 뼈의 요인마다 다시 미세하게 원인을 결정하여 기입한다.
⑤ 작은 뼈는 개선책을 기입한다.
⑥ 원인을 확인한다.
⑦ 이력사항을 기입한다.(작성일, 작성자, 검토자, 대상제품, 작성목적 등)

📋 참고

※ 산업재해보상보험법령상 보험급여의 종류

보험급여의 종류는 다음 각 호와 같다. 다만, 진폐에 따른 보험급여의 종류는 요양급여, 간병급여, 장례비, 직업재활급여, 진폐보상 연금 및 진폐 유족 연금으로 한다.

① 요양급여
② 휴업급여
③ 장해급여
④ 간병급여
⑤ 유족급여
⑥ 상병(傷病)보상 연금
⑦ 장례비
⑧ 직업재활급여

📝 문제

국제노동기구(ILO)의 산업재해 정도구분에서 부상 결과 근로자가 신체장해등급 제12급 판정을 받았다고 하면 이는 어느 정도의 부상을 의미하는가?

㉮ 영구 일부 노동불능
㉯ 영구 전노동불능
㉰ 일시 일부 노동불능
㉱ 일시 전노동불능

[해설]
신체장해등급 제12급은 영구 일부 노동불능에 해당된다.

정답 ㉮

📋 참고

※ 개별분석
재해를 분석하는 방법에 있어 재해건수가 비교적 적은 사업장의 적용에 적합하고, 특수재해나 중대재해의 분석에 사용하는 방법

③ 크로스(Cross) 분석 : 2가지 또는 2개 항목 이상의 요인이 상호 관계를 유지할 때 문제를 분석하는데 사용된다.

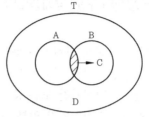

T : 전체 재해
A : 인적원인으로 인한 재해
B : 물적원인으로 인한 재해
C : 인적, 물적원인이 함께 발생한 재해
D : 인적, 물적원인 외의 원인으로 인한 재해

④ 관리도 : 시간경과에 따른 재해발생 건수 등 대략적인 추이 파악에 사용된다.

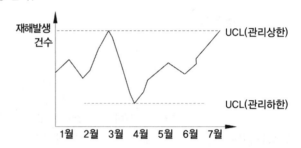

(3) 재해사례연구 진행 단계 ✪✪✪

전제 조건 : 재해 상황의 파악
1단계 : 사실의 확인
2단계 : 문제점 발견
3단계 : 근본 문제점 결정(재해원인 결정)
4단계 : 대책수립

4 상해 및 재해발생 형태 ✪✪✪

(1) 상해종류별 분류

분류항목	세부항목
① 골절	뼈가 부러진 상해
② 동상	저온물 접촉으로 생긴 동상 상해
③ 부종	국부의 혈액순환의 이상으로 몸이 퉁퉁 부어오르는 상해
④ 찔림(자상)	칼날 등 날카로운 물건에 찔린 상해

분류항목	세부항목
⑤ 타박상(뼘) (좌상)	타박·충돌·추락 등으로 피부표면보다는 피하조직 또는 근육부를 다친 상태
⑥ 절단(절상)	신체 부위가 절단된 상해
⑦ 중독·질식	음식물·약물·가스 등에 의한 중독이나 질식된 상해
⑧ 찰과상	스치거나 문질러서 벗겨진 상해
⑨ 베임(창상)	창·칼 등에 베인 상해
⑩ 화상	화재 또는 고온물 접촉으로 인한 상해
⑪ 뇌진탕	머리를 세게 맞았을 때 장해로 일어난 상해
⑫ 익사	물속에 추락하여 익사한 상해
⑬ 피부병	직업과 연관되어 발생 또는 악화되는 모든 피부질환
⑭ 청력장애	청력이 감퇴 또는 난청이 된 상태
⑮ 시력장애	시력이 감퇴 또는 실명된 상해

(2) **재해발생 형태** : 재해 및 질병이 발생된 형태 또는 근로자(사람)에게 상해를 입힌 기인물과 상관된 현상

분류항목	세부항목
떨어짐	• 높이가 있는 곳에서 사람이 떨어짐 • 사람이 인력(중력)에 의하여 건축물, 구조물, 가설물, 수목, 사다리 등의 높은 장소에서 떨어지는 것
넘어짐	• 사람이 미끄러지거나 넘어짐 • 사람이 거의 평면 또는 경사면, 층계 등에서 구르거나 넘어 지는 경우
깔림·뒤집힘	• 물체의 쓰러짐이나 뒤집힘 • 기대어져 있거나 세워져 있는 물체 등이 쓰러져 깔린 경우 및 지게차 등의 건설기계 등이 운행 또는 작업 중 뒤집어진 경우
부딪힘·접촉	• 물체에 부딪힘, 접촉 • 재해자 자신의 움직임·동작으로 인하여 기인물에 접촉 또는 부딪히거나, 물체가 고정부에서 이탈하지 않은 상태로 움 직임(규칙, 불규칙) 등에 의하여 접촉한 경우
맞음	• 날아오거나 떨어진 물체에 맞음 • 고정되어 있던 물체가 고정부에서 이탈하거나 또는 설비 등으로부터 물질이 분출되어 사람을 가해하는 경우
끼임	• 기계설비에 끼이거나 감김 • 두 물체 사이의 움직임에 의하여 일어난 것으로 직선 운동하 는 물체 사이의 끼임, 회전부와 고정체 사이의 끼임, 롤러 등 회전체 사이에 물리거나 또는 회전체·돌기부 등에 감긴 경우

문제

작업 통로에 기름이 흘러져 있어서 작업자가 지나가다 넘어져 바닥에 머리를 다쳤다. 재해 분석이 가장 옳은 것은?

㉮ 사고유형 – 충돌,
  기인물 – 기름,
  가해물 – 바닥
㉯ 사고유형 – 전도,
  기인물 – 기름,
  가해물 – 바닥
㉰ 사고유형 – 전도,
  기인물 – 바닥,
  가해물 – 기름
㉱ 사고유형 – 낙하,
  기인물 – 통로,
  가해물 – 바닥

[해설]
• 넘어져 다쳤다.
  → 재해유형 : 넘어짐(전도)
• 기름이 흘러져 있어 넘어짐
  → 기인물 : 기름
• 바닥에 머리를 다쳤다.
  → 가해물 : 바닥

[참고]
• 기인물 : 사고의 원인이 된 물체
• 가해물 : 해를 입힌 물체
• 넘어짐(전도) : 사람이 평면 상으로 넘어짐

정답 ㉯

분류항목	세부항목
무너짐	• 건축물이나 쌓여진 물체가 무너짐 • 토사, 건축물, 가설물 등이 전체적으로 허물어져 내리거나 또는 주요 부분이 꺾어져 무너지는 경우
감전	충전부 등에 신체의 일부가 직접 접촉하거나 유도전류의 통전으로 근육의 수축, 호흡곤란, 심실세동 등이 발생한 경우 또는 특별고압 등에 접근함에 따라 발생한 섬락 접촉, 합선·혼촉 등으로 인하여 발생한 아아크에 접촉된 경우
이상온도 노출·접촉	고·저온 환경 또는 물체에 노출·접촉된 경우
유해·위험물질 노출·접촉	유해·위험물질에 노출·접촉 또는 흡입하였거나 독성동물에 쏘이거나 물린 경우
산소결핍·질식	유해물질과 관련 없이 산소가 부족한 상태·환경에 노출되었거나 이물질 등에 의하여 기도가 막혀 호흡기능이 불충분한 경우
소음노출	폭발음을 제외한 일시적·장기적인 소음에 노출된 경우
이상기압 노출	고·저기압 등의 환경에 노출된 경우
유해광선 노출	전리 또는 비전리 방사선에 노출된 경우
폭발	건축물, 용기 내 또는 대기 중에서 물질의 화학적, 물리적 변화가 급격히 진행되어 열, 폭음, 폭발압이 동반하여 발생하는 경우
화재	가연물에 점화원이 가해져 비의도적으로 불이 일어난 경우를 말하며, 방화는 의도적이기는 하나 관리할 수 없으므로 화재에 포함시킨다.
부자연스런 자세	물체의 취급과 관련 없이 작업환경, 설비의 부적절한 설계, 배치로 작업자가 특정한 자세·동작을 장시간 취하여 신체의 일부에 부담을 주는 경우
과도한 힘·동작	물체의 취급과 관련하여 근육의 힘을 많이 사용하는 경우로서 밀기, 당기기, 지탱하기, 들어올리기, 돌리기, 잡기, 운반하기 등과 같은 행위·동작
반복적 동작	물체의 취급과 관련하여 근육의 힘을 많이 사용하지 않는 경우로서 지속적 또는 반복적인 업무수행으로 신체의 일부에 부담을 주는 행위·동작
신체반작용	물체의 취급과 관련 없이 일시적이고 급격한 행위·동작, 균형상실에 따른 반사적 행위 또는 놀람, 정신적 충격, 스트레스 등
압박·진동	재해자가 물체의 취급과정에서 신체특정부위에 과도한 힘이 편중·집중·눌려진 경우나 마찰접촉 또는 진동 등으로 신체에 부담을 주는 경우
폭력행위	의도적인 또는 의도가 불분명한 위험행위(마약, 정신질환 등)로 자신 또는 타인에게 상해를 입힌 폭력·폭행을 말하며, 협박·언어·성폭력 및 동물에 의한 상해 등도 포함한다.

(3) 재해발생 형태의 분류기준

1) 두 가지 이상의 발생형태가 연쇄적으로 발생된 재해의 경우는 상해 결과 또는 피해를 크게 유발한 형태로 분류한다.

재해자가 「넘어짐」으로 인하여 기계의 동력전달부위 등에 끼이는 사고가 발생하여 신체 부위가 「절단」된 경우	⇨ 「끼임」
재해자가 구조물 상부에서 「넘어짐」으로 인하여 사람이 떨어져 두개골 골절이 발생한 경우	⇨ 「떨어짐」
재해자가 「넘어짐」 또는 「떨어짐」으로 물에 빠져 익사한 경우	⇨ 「유해·위험물질 노출·접촉」
재해자가 전주에서 작업 중 「전류접촉(감전)」으로 떨어진 경우 / 상해결과가 골절인 경우	⇨ 「떨어짐」
	상해결과가 전기쇼크인 경우 ⇨ 「전류접촉(감전)」

2) 기계의 구동축, 회전체 등 주요 부위의 파단, 파열 등으로 재해가 발생한 경우

→ 상해를 입힌 물체의 운동 형태에 따라 「맞음」 재해로 분류한다.

3) 「떨어짐」과 「넘어짐」의 분류 ✄

바닥면과 신체가 떨어진 상태로 더 낮은 위치로 떨어진 경우	⇨ 「떨어짐」
바닥면과 신체가 접해있는 상태에서 더 낮은 위치로 떨어진 경우	⇨ 「넘어짐」
신체가 바닥면과 접해있었는지 여부를 알 수 없는 경우 작업발판 등 구조물의 높이가 보폭(약 60cm) 이상인 경우	⇨ 「떨어짐」
보폭 미만인 경우	⇨ 「넘어짐」

4) 「맞음」,「이상온도 노출·접촉」 또는 「유해·위험물질 노출·접촉」의 분류 ✄

물체 또는 물질이 떨어지거나 날아와 타박상 등의 상해를 입었을 경우	⇨ 「맞음」
고·저온 물체 또는 물질이 떨어지거나 날아와 화상을 입었을 경우	⇨ 「이상온도 노출·접촉」
떨어지거나 날아온 물체 또는 물질의 특성에 의하여 상해를 입은 경우	⇨ 「유해·위험물질 노출·접촉」

5) 「폭력행위」와 「유해·위험물질 노출·접촉」의 분류

개, 뱀 등 동물에게 물려 광견병, 독성물질 중독이 발생한 경우	⇨	「유해·위험물질 접촉」
감염은 없이 찔림 정도의 교상만 발생한 경우	⇨	「폭력행위」

6) 「폭발」과 「화재」의 분류 ✗

폭발과 화재, 두 현상이 복합적으로 발생된 경우	⇨	「폭발」

(4) 기인물 및 가해물

1) 기인물 : 직접적으로 재해를 유발하거나 영향을 끼친 에너지원(운동, 위치, 열, 전기 등)을 지닌 기계·장치, 구조물, 물체·물질, 사람 또는 환경을 말한다.

2) 2차 기인물 : 복합적 요인으로 발생된 재해에 있어서 기인물을 유발(가속화)시켰거나 재해 또는 특정물질에 노출을 유도한 것 즉, 간접적 영향을 끼친 물체, 사람, 에너지원, 환경요인을 말한다.

3) 가해물 : 근로자(사람)에게 직접적으로 상해를 입힌 기계, 장치, 구조물, 물체·물질, 사람 또는 환경요인을 말한다.

(5) 기인물 및 가해물의 분류기준

1) 재해발생 주 요인이 사물이면 그 사물을 기인물로 한다.

2) 재해발생 주 요인이 사람이나 기인물이 있으면 그 기인물로 분류한다. (조작 및 취급하던 물체를 우선한다) ✗

예 운전 중 한눈을 팔다 전주에 충돌	⇨	기인물 : 차량

3) 재해발생 주 요인이 사람이고 기인물이 존재하지 않고 가해물이 있으면 그 가해물을 기인물로 분류한다. ✗

예 손에 들고 있던 운반물을 놓침	⇨	기인물 : 운반물

4) 재해발생 주 요인이 사람이고 기인물, 가해물이 되는 사물이 없으면 사람으로 분류한다.

예 외부요인이 없는 상태에서 사람이 걷다가 발목을 겹질림	⇨	기인물 : 사람

5) 재해발생 주 요인이 사람이 아니고 불안전한 상태도 없으나 기인물이 있는 경우는 그 기인물로 분류한다.

예 자연재해, 천재지변

05 안전점검 인증 및 진단

> **주요 개요**
>
> 1. 안전점검의 종류
> 2. 안전인증 대상 기계기구, 방호장치, 보호구, 합격표시
> 3. 자율안전확인 대상 기계기구, 방호장치, 보호구, 합격표시
> 4. 안전검사 대상 기계기구 및 검사주기, 합격표시

1 안전점검의 종류 ✗

① 정기점검(계획점검)
- 일정 기간마다 정기적으로 실시하는 점검을 말한다.
- 법적 기준 또는 사내 안전규정에 따라 해당 책임자가 실시하는 점검이다.

② 수시점검(일상점검)
- 매일 작업 전, 중, 후에 실시하는 점검을 말한다.
- 작업자·작업책임자·관리감독자가 실시하며 사업주의 안전 순찰도 넓은 의미에서 포함된다.

③ 특별점검
- 기계·기구 또는 설비의 신설·변경 또는 고장·수리 등으로 비정기적인 특정 점검을 말하며 기술 책임자가 실시한다.
- 산업안전보건 강조기간, 악천후시에도 실시한다.

④ 임시점검
- 기계·기구 또는 설비의 이상 발견 시에 임시로 점검하는 점검을 말한다.
- 정기점검 실시 후 다음 점검기일 이전에 임시로 실시하는 점검의 형태이다.

2 안전점검표(안전점검 체크리스트) 작성 시 유의사항

① 사업장에 적합한 내용이며 독자적일 것
② 내용은 구체적이며, 재해예방에 실효가 있을 것
③ 중요도가 높은 순으로 작성할 것
④ 일정양식 및 점검대상을 정하여 작성할 것
⑤ 가급적 쉬운 표현으로 작성할 것

문제

다음 중 안전점검의 목적으로 볼 수 없는 것은?
㉮ 사고원인을 찾아 재해를 미연에 방지하기 위함이다.
㉯ 작업자의 잘못된 부분을 점검하여 책임을 부여하기 위함이다.
㉰ 재해의 재발을 방지하여 사전대책을 세우기 위함이다.
㉱ 현장의 불안전 요인을 찾아 계획에 적절히 반영시키기 위함이다.

정답 ㉯

기출

※ 안전점검의 순서
실태파악 – 결함의 발견 – 대책결정 – 대책실시

※ 안전점검 보고서 작성 내용 중 주요 사항
① 작업현장의 현 배치 상태와 문제점
② 재해다발요인과 유형분석 및 비교 데이터 제시
③ 보호구, 방호장치 작업환경 실태와 개선 제시

참고

※ 안전점검기준의 작성 시 유의사항(안전점검 시 고려사항)
① 점검대상물의 위험도를 고려한다.
② 점검대상물의 과거 재해사고 경력을 참작한다.
③ 점검대상물의 기능적 특성을 충분히 감안한다.
④ 점검자 능력을 감안하여 구체적인 계획 수립 후 점검을 실시한다.
⑤ 점검사항, 점검방법 등에 대한 지속적인 교육을 통하여 정확한 점검이 이루어지도록 한다.
⑥ 점검 시 특이한 사항 등을 기록, 보존하여 향후 점검 및 이상 발생 시 대비할 수 있도록 한다.

③ 안전인증

안전인증대상 기계·기구 등으로서 근로자의 안전·보건에 필요하다고 인정되어 대통령령으로 정하는 것을 제조하는 자는 안전인증 대상 기계·기구 등이 안전인증기준에 맞는지에 대하여 고용노동부장관이 실시하는 안전인증을 받아야 한다.

(1) 안전인증 심사의 종류 및 방법 ✰✰

안전인증대상 기계·기구 등이 안전인증기준에 적합한지를 확인하기 위하여 안전인증기관이 하는 심사는 다음과 같다.

예비심사	기계·기구 및 방호장치·보호구가 유해·위험한 기계·기구·설비 등 인지를 확인하는 심사(안전인증을 신청한 경우만 해당)
서면심사	유해·위험한 기계·기구·설비 등의 제품기술과 관련된 문서가 안전인증기준에 적합한지에 대한 심사
기술능력 및 생산체계 심사	유해·위험한 기계·기구·설비 등의 안전성능을 지속적으로 유지·보증하기 위하여 사업장에서 갖추어야 할 기술능력과 생산체계가 안전인증기준에 적합한지에 대한 심사
제품심사	유해·위험한 기계·기구·설비 등이 서면심사 내용과 일치하는지 여부와 유해·위험한 기계·기구·설비 등의 안전에 관한 성능이 안전인증기준에 적합한지 여부에 대한 심사(다음 각 목의 심사는 어느 하나만을 받는다) • 개별 제품심사 : 유해·위험한 기계·기구·설비 등 모두에 대하여 하는 심사 • 형식별 제품심사 : 유해·위험한 기계·기구·설비 등의 형식별로 표본을 추출하여 하는 심사

참고 **기술능력 및 생산체계 심사를 생략하는 경우**

1. 기계톱(이동식만 해당), 방호장치 및 보호구를 고용노동부장관이 정하여 고시하는 수량 이하로 수입하는 경우
2. 개별 제품심사를 하는 경우
3. 안전인증(형식별 제품심사를 하여 안전인증을 받은 경우로 한정)을 받은 후 같은 공정에서 제조되는 같은 종류의 안전인증대상 기계·기구 등에 대하여 안전인증을 하는 경우

(2) 심사종류별 심사기간

안전인증기관은 안전인증 신청서를 제출받으면 심사 종류별로 기간 내에 심사하여야 한다. 다만, 제품심사의 경우 처리기간 내에 심사를 끝낼 수 없는 부득이한 사유가 있을 때에는 15일의 범위에서 심사기간을 연장할 수 있다.

심사 종류	심사 기간
예비심사	7일
서면심사	15일(외국에서 제조한 경우는 30일)
기술능력 및 생산체계 심사	30일(외국에서 제조한 경우는 45일)
제품심사	• 개별 제품심사 : 15일 • 형식별 제품심사 : 30일(방호장치, 보호구는 60일)

실력이 되고! 합격이 되는! 특급 암기법

예비 7, 개별서면 15, 기생형식 30

(3) 안전인증의 취소

① 고용노동부장관은 안전인증을 받은 자가 다음 각 호의 어느 하나에 해당하면 안전인증을 취소하거나 6개월 이내의 기간을 정하여 안전인증표시의 사용을 금지하거나 안전인증기준에 맞게 개선하도록 명할 수 있다. 다만, ①의 경우에는 안전인증을 취소하여야 한다.

② 안전인증이 취소된 자는 안전인증이 취소된 날부터 1년 이내에는 같은 규격과 형식의 안전인증대상 기계·기구 등에 대하여 안전인증을 신청할 수 없다.

> **안전인증을 취소, 안전인증표시의 사용금지,**
> **안전인증기준에 맞게 시정을 요구할 수 있는 경우**
>
> 1. 거짓이나 그 밖의 부정한 방법으로 안전인증을 받은 경우(안전인증 취소만 해당됨)
> 2. 안전인증을 받은 유해·위험기계 등의 안전에 관한 성능 등이 안전인증기준에 맞지 아니하게 된 경우
> 3. 정당한 사유 없이 안전인증 확인을 거부, 방해 또는 기피하는 경우

---

② 안전인증을 받은 유해·위험한 기계·기구 등이 안전인증기준에 적합한지 여부
③ 안전인증을 받은 유해·위험기계 등이 안전인증기준에 적합한지 여부
④ 제조자가 안전인증을 받을 당시의 기술능력·생산체계를 지속적으로 유지하고 있는지 여부
⑤ 유해·위험한 기계·기구 등이 서면심사 내용과 같은 수준 이상의 재료 및 부품을 사용하고 있는지 여부

참고

※ 안전인증의 취소 공고
고용노동부장관은 안전인증을 취소한 경우에 안전인증을 취소한 날부터 30일 이내에 다음 각 호의 사항을 관보와 그 보급지역을 전국으로 하여 등록한 일반 일간신문 또는 인터넷 등에 공고하여야 한다.
① 유해·위험한 기계·기구·설비 등의 명칭 및 형식번호
② 안전인증번호
③ 제조자(수입자) 및 대표자
④ 사업장 소재지
⑤ 취소일자 및 취소 사유

(4) 안전인증대상 기계 등의 제조 등의 금지

누구든지 다음 각 호의 어느 하나에 해당하는 안전인증대상 기계 등을 제조·수입·양도·대여·사용하거나 양도·대여의 목적으로 진열할 수 없다.

> **안전인증대상 기계 등을 제조·수입·양도·대여·사용하거나**
> **양도·대여의 목적으로 진열할 수 없는 경우** ✄
>
> ① 안전인증을 받지 아니한 경우(안전인증이 전부 면제되는 경우는 제외)
> ② 안전인증기준에 맞지 아니하게 된 경우
> ③ 안전인증이 취소되거나 안전인증표시의 사용금지 명령을 받은 경우

4 자율안전확인

(1) 자율안전확인의 신고

1) 안전인증대상 기계 등이 아닌 유해·위험기계 등으로서 대통령령으로 정하는 것("자율안전확인대상 기계 등")을 제조하거나 수입하는 자는 자율안전확인대상 기계 등의 안전에 관한 성능이 고용노동부장관이 정하여 고시하는 자율안전기준에 맞는지 확인("자율안전확인")하여 고용노동부장관에게 신고하여야 한다. 다만, 다음 각 호의 어느 하나에 해당하는 경우에는 신고를 면제할 수 있다.

> **자율안전확인 신고를 면제할 수 있는 경우** ✄
>
> ① 연구·개발을 목적으로 제조·수입하거나 수출을 목적으로 제조하는 경우
> ② 안전인증을 받은 경우
> ③ 다른 법령에 따라 안전성에 관한 검사나 인증을 받은 경우로서 고용노동부령으로 정하는 경우
> • 「농업기계화촉진법」에 따른 검정을 받은 경우
> • 「산업표준화법」에 따른 인증을 받은 경우
> • 「전기용품 및 생활용품 안전관리법」에 따른 안전인증 및 안전검사를 받은 경우
> • 국제전기기술위원회의 국제방폭전기기계·기구 상호인정제도에 따라 인증을 받은 경우

(2) 자율안전확인 표시의 사용 금지

① 고용노동부장관은 신고된 자율안전확인대상 기계 등의 안전에 관한 성능이 자율안전기준에 맞지 아니하게 된 경우에는 신고한 자에게 6개월 이내의 기간을 정하여 자율안전확인표시의 사용을 금지하거나 자율안전기준에 맞게 시정하도록 명할 수 있다. ✄

② 고용노동부장관은 자율안전확인 표시의 사용을 금지하였을 때에는 그 사실을 관보 등에 공고하여야 한다.

(3) 자율안전확인대상 기계 등의 제조 등의 금지

누구든지 다음 각 호의 어느 하나에 해당하는 자율안전확인대상 기계 등을 제조·수입·양도·대여·사용하거나 양도·대여의 목적으로 진열할 수 없다.

자율안전확인대상 기계 등을 제조·수입·양도·대여·사용하거나 양도·대여의 목적으로 진열할 수 없는 경우 ✄✄
① 자율안전확인 신고를 하지 아니한 경우
② 거짓이나 그 밖의 부정한 방법으로 신고를 한 경우
③ 자율안전확인대상 기계 등의 안전에 관한 성능이 자율안전기준에 맞지 아니하게 된 경우
④ 자율안전확인 표시의 사용 금지 명령을 받은 경우

안전인증대상 기계 등을 제조·수입·양도·대여·사용하거나 양도·대여의 목적으로 진열할 수 없는 경우 ✄✄

비교합시다!

① 안전인증을 받지 아니한 경우(안전인증이 전부 면제되는 경우는 제외)
② 안전인증기준에 맞지 아니하게 된 경우
③ 안전인증이 취소되거나 안전인증표시의 사용금지 명령을 받은 경우

5 안전검사

"유해하거나 위험한 기계·기구·설비"로서 대통령령으로 정하는 것("안전검사대상 기계 등")을 사용하는 사업주는 안전검사대상 기계 등의 안전에 관한 성능이 고용노동부장관이 정하여 고시하는 검사 기준에 맞는지에 대하여 안전검사를 받아야 한다. 이 경우 안전검사대상 기계 등을 사용하는 사업주와 소유자가 다른 경우에는 안전검사대상 기계 등의 소유자가 안전검사를 받아야 한다. ✄

(1) 안전검사대상 기계 등의 사용 금지

① 안전검사를 받지 아니한 안전검사대상 기계 등
② 안전검사에 불합격한 안전검사대상 기계 등

(2) 안전검사의 신청

① 안전검사를 받아야 하는 자는 안전검사 신청서를 검사 주기 만료일 30일 전에 안전검사기관에 제출하여야 한다.
② 안전검사 신청을 받은 안전검사기관은 30일 이내에 해당 기계·기구 및 설비별로 안전검사를 하여야 한다.
③ 안전검사기관은 안전검사 결과 안전검사기준에 적합한 경우에는 해당 사업주에게 "안전검사대상 유해·위험기계 등"에 직접 부착 가능한 안전검사 합격표시를 발급하고, 부적합한 경우에는 해당 사업주에게 안전검사 불합격통지서에 그 사유를 밝혀 발급하여야 한다.

6 자율검사프로그램에 따른 안전검사

안전검사를 받아야 하는 사업주가 근로자대표와 협의하여 검사기준, 검사 주기 등을 충족하는 자율검사프로그램을 정하고 고용노동부장관의 인정을 받아 다음 각 호의 어느 하나에 해당하는 사람으로부터 자율검사프로그램에 따라 안전검사대상 기계 등에 대하여 자율안전검사를 받으면 안전검사를 받은 것으로 본다. 이때 자율검사프로그램의 유효기간은 2년으로 한다.

(1) 자율검사프로그램의 인정을 취소하거나 인정받은 자율검사프로그램의 내용에 따라 검사를 하도록 하는 등 개선을 명할 수 있는 경우 (다만, ①의 경우에는 인정을 취소하여야 한다.) ✘

① 거짓이나 그 밖의 부정한 방법으로 자율검사프로그램을 인정받은 경우
② 자율검사프로그램을 인정받고도 검사를 하지 아니한 경우
③ 인정받은 자율검사프로그램의 내용에 따라 검사를 하지 아니한 경우
④ 검사 자격을 가진 자 또는 지정검사기관이 검사를 하지 아니한 경우

참고

* 자율안전검사를 실시할 수 있는 자격을 갖춘 사람
① 고용노동부령으로 정하는 안전에 관한 성능검사와 관련된 자격 및 경험을 가진 사람
② 고용노동부령으로 정하는 바에 따라 안전에 관한 성능검사 교육을 이수하고 해당 분야의 실무 경험이 있는 사람

(2) 자율검사프로그램의 인정 ✦✦

사업주가 자율검사프로그램을 인정받기 위해서는 다음 각 호의 요건을 모두 충족하여야 한다. 다만, 검사기관에 위탁한 경우에는 ① 및 ②를 충족한 것으로 본다.

① 검사원을 고용하고 있을 것
② 검사를 할 수 있는 장비를 갖추고 이를 유지·관리할 수 있을 것
③ 안전검사 주기의 2분의 1에 해당하는 주기(크레인 중 건설현장 외에서 사용하는 크레인의 경우 6개월)마다 검사를 할 것
④ 자율검사프로그램의 검사기준이 안전검사기준을 충족할 것

(3) 자율검사프로그램을 인정받으려는 자는 자율검사프로그램 인정신청서에 다음 각 호의 내용이 포함된 자율검사프로그램을 확인할 수 있는 서류 2부를 첨부하여 공단에 제출하여야 한다. ✦

① 안전검사대상 기계 등의 보유 현황
② 검사원 보유 현황과 검사를 할 수 있는 장비 및 장비 관리방법
   (자율안전검사기관에 위탁한 경우에는 위탁을 증명할 수 있는 서류를 제출한다)
③ 안전검사대상 기계 등의 검사 주기 및 검사기준
④ 향후 2년간 검사대상 유해·위험기계 등의 검사 수행계획
⑤ 과거 2년간 자율검사프로그램 수행 실적(재신청의 경우만 해당한다)

7 안전인증의 표시

(1) 안전인증대상 및 자율안전확인의 표시방법 ✦✦

> **➲확인**
>
> ※ 인증 표시 색
> • 테두리와 문자 :
>   파란색(2.5PB 4/10)
> • 그 밖의 부분 :
>   흰색(N9.5)
>   (테두리와 문자를 흰색, 그 밖의 부분을 파란색으로 표현할 수 있다)

8 안전인증 및 자율안전확인 대상 기계, 기구 등 ✿✿✿

	안전인증	자율안전확인
1. 기계 기구 · 설비	1. 설치·이전하는 경우 안전인증을 받아야 하는 기계·기구 가. 크레인 나. 리프트 다. 곤돌라 2. 주요 구조 부분을 변경하는 경우 안전인증을 받아야 하는 기계·기구 ① 프레스 ② 전단기 및 절곡기(折曲機) ③ 크레인 ④ 리프트 ⑤ 압력용기 ⑥ 롤러기 ⑦ 사출성형기(射出成形機) ⑧ 고소(高所)작업대 ⑨ 곤돌라	① 연삭기 또는 연마기 （휴대형은 제외） ② 산업용 로봇 ③ 혼합기 ④ 파쇄기 또는 분쇄기 ⑤ 식품가공용 기계 （파쇄·절단·혼합·제면기만 해당한다） ⑥ 컨베이어 ⑦ 자동차정비용 리프트 ⑧ 공작기계 （선반, 드릴기, 평삭·형삭기, 밀링만 해당） ⑨ 고정형 목재가공용 기계 （둥근톱, 대패, 루타기, 띠톱, 모떼기 기계만 해당） ⑩ 인쇄기
	실력이 되고! 합격이 되는! 특급 암기법 유사한 종류끼리 묶어서 암기 **손 다치는 기계** - 프레스, 전단기 및 절곡기, 사출성형기, 롤러기 **양중기** - 크레인, 리프트, 곤돌라 **폭발** - 압력용기 **추락** - 고소작업대	실력이 되고! 합격이 되는! 특급 암기법 **공작기계**로 철판 잘라서 **연삭기, 연마기**로 갈고, **고정형 목재가공용 기계**로 나무 자르고, **식품가공용 기계**로 식품 **파쇄, 분쇄**하여 **혼합기**로 혼합한 후 **컨베이어**로 운반해서 **자동차 리프트**에 올려 놓고 **인 기**있는 **산업용 로봇** 만들자.

	안전인증	자율안전확인
2. 방호장치	① 프레스 및 전단기 방호장치 ② 양중기용 과부하방지장치 ③ 보일러 압력방출용 안전밸브 ④ 압력용기 압력방출용 안전밸브 ⑤ 압력용기 압력방출용 파열판 ⑥ 절연용 방호구 및 활선작업용 기구 ⑦ 방폭구조 전기기계 기구 및 부품 ⑧ 추락·낙하 및 붕괴 등의 위험 방지 및 보호에 필요한 가설기자재로서 고용노동부장관이 정하여 고시하는 것 ⑨ 충돌·협착 등의 위험 방지에 필요한 산업용 로봇 방호장치로서 고용노동부장관이 정하여 고시하는 것	① 아세틸렌, 가스집합 용접장치용 안전기 ② 교류아크용접기용 자동전격방지기 ③ 롤러기 급정지장치 ④ 연삭기 덮개 ⑤ 목재가공용 둥근톱 반발 예방장치 및 날접촉 예방장치 ⑥ 동력식수동대패의 칼날 접촉방지장치 ⑦ 추락, 낙하 및 붕괴 등의 위험 방호에 필요한 가설기자재(안전인증 제외)

실력이 되고! 합격이 되는! 특급 **암기법**

안전인증 대상 중
손 다치는 기계 - 프레스 및 전단기의 방호장치
양중기 - 과부하방지장치
폭발 - 보일러 안전밸브, 압력용기 안전밸브, 파열판
충돌 - 산업용 로봇
전기 - 방폭구조, 절연용 방호구, 활선작업용 기구

실력이 되고! 합격이 되는! 특급 **암기법**

롤러를 통과한 철판을 목재가공용 둥근톱, 동력식 수동대패로 잘라서 **아세틸렌, 가스집합용접장치, 교류아크용접기**로 용접해서 **연삭기**로 다듬자.

	안전인증	자율안전확인
3. 보호구	① 추락 및 감전 위험방지용 안전모 ② 안전화 ③ 안전장갑 ④ 방진마스크 ⑤ 방독마스크 ⑥ 송기마스크 ⑦ 전동식 호흡보호구 ⑧ 보호복 ⑨ 안전대 ⑩ 차광 및 비산물 위험방지용 보안경 ⑪ 용접용 보안면 ⑫ 방음용 귀마개 또는 귀덮개 실력이 되고! 합격이 되는! 특급 암기법 **머리** - 안전모 　　　(추락 및 감전방지용) **눈** - 보안경 　　(차광 및 비산물 위험방지용) **코, 입** - 방진마스크, 　　　　방독마스크, 　　　　송기마스크, 　　　　전동식 호흡보호구 **얼굴** - 보안면(용접용) **귀** - 귀마개 또는 귀덮개 　　　(방음용) **손** - 안전장갑 **허리** - 안전대 **발** - 안전화 **몸** - 보호복	① 안전모(안전인증 제외) ② 보안경(안전인증 제외) ③ 보안면(안전인증 제외)
4. 합격 표시	① 형식 또는 모델명 ② 규격 또는 등급 등 ③ 제조자명 ④ 제조번호 및 제조연월 ⑤ 안전인증 번호	① 형식 또는 모델명 ② 규격 또는 등급 등 ③ 제조자명 ④ 제조번호 및 제조연월 ⑤ 자율안전확인 번호

9 안전검사 대상 기계, 기구 등 ☆☆☆

1. 안전검사 대상 유해·위험기계 등	① 프레스 ② 전단기 ③ 크레인[정격 하중이 2톤 미만인 것 제외] ④ 리프트 ⑤ 압력용기 ⑥ 곤돌라 ⑦ 국소 배기장치(이동식은 제외) ⑧ 원심기(산업용만 해당) ⑨ 롤러기(밀폐형 구조는 제외한다) ⑩ 사출성형기[형 체결력(형 체결력) 294킬로뉴턴(KN) 미만은 제외] ⑪ 고소작업대 ⑫ 컨베이어 ⑬ 산업용 로봇 실력이 되고! 합격이 되는! 특급 암기법 안전인증 대상 중 **손 다치는 기계** - 프레스, 전단기, 사출성형기, 롤러기 **양중기** - 크레인, 리프트, 곤돌라 **폭발** - 압력용기 **추가** - 극소(국소) 로봇이 고소의 큰(컨) 원을 검사(안전검사) **국소배기장치, 산업용 로봇, 고소작업대, 컨베이어, 원심기**
2. 안전검사대상 유해·위험 기계 등의 검사 주기	1. 크레인(이동식 크레인은 제외한다), 리프트(이삿짐운반용 리프트는 제외한다) 및 곤돌라 : 사업장에 설치가 끝난 날부터 3년 이내에 최초 안전검사를 실시하되, 그 이후부터 2년마다(건설현장에서 사용하는 것은 최초로 설치한 날부터 6개월마다) 2. 이동식 크레인, 이삿짐운반용 리프트 및 고소작업대 : 신규등록 이후 3년 이내에 최초 안전검사를 실시하되, 그 이후부터 2년마다 3. 프레스, 전단기, 압력용기, 국소 배기장치, 원심기, 롤러기, 사출성형기, 컨베이어 및 산업용 로봇 : 사업장에 설치가 끝난 날부터 3년 이내에 최초 안전검사를 실시하되, 그 이후부터 2년마다(공정안전보고서를 제출하여 확인을 받은 압력용기는 4년마다)
3. 안전검사 합격표시	① 검사 대상 유해·위험 기계명 ② 신청인 ③ 형식번호(기호) ④ 합격번호 ⑤ 검사유효기간 ⑥ 검사기관

⑩ 안전진단

(1) 안전진단 대상 사업장의 종류 ✖

① 중대재해 발생 사업장
② 안전보건개선계획 수립·시행명령을 받은 사업장
③ 추락·폭발·붕괴 등 재해발생 위험이 현저히 높은 사업장으로서 지방노동관서의 장이 안전·보건진단이 필요하다고 인정하는 사업장

(2) 안전보건진단의 종류 및 내용 ✖

종류	진단내용
종합진단	1. 경영·관리적 사항에 대한 평가 　가. 산업재해 예방계획의 적정성 　나. 안전·보건 관리조직과 그 직무의 적정성 　다. 산업안전보건위원회 설치·운영, 명예산업안전감독관의 역할 등 근로자의 참여 정도 　라. 안전보건관리규정 내용의 적정성 2. 산업재해 또는 사고의 발생 원인(산업재해 또는 사고가 발생한 경우만 해당한다) 3. 작업조건 및 작업방법에 대한 평가 4. 유해·위험요인에 대한 측정 및 분석 　가. 기계·기구 또는 그 밖의 설비에 의한 위험성 　나. 폭발성·물반응성·자기반응성·자기발열성 물질, 자연발화성 액체·고체 및 인화성 액체 등에 의한 위험성 　다. 전기·열 또는 그 밖의 에너지에 의한 위험성 　라. 추락, 붕괴, 낙하, 비래(飛來) 등으로 인한 위험성 　마. 그 밖에 기계·기구·설비·장치·구축물·시설물·원재료 및 공정 등에 의한 위험성 　바. 법 제118조제1항에 따른 허가대상물질, 고용노동부령으로 정하는 관리대상 유해물질 및 온도·습도·환기·소음·진동·분진, 유해광선 등의 유해성 또는 위험성 5. 보호구, 안전·보건장비 및 작업환경 개선시설의 적정성 6. 유해물질의 사용·보관·저장, 물질안전보건자료의 작성, 근로자 교육 및 경고표시 부착의 적정성 7. 그 밖에 작업환경 및 근로자 건강 유지·증진 등 보건관리의 개선을 위하여 필요한 사항

안전진단	1. 산업재해 또는 사고의 발생 원인(산업재해 또는 사고가 발생한 경우만 해당한다)
	 2. 작업조건 및 작업방법에 대한 평가
	 3. 유해·위험요인에 대한 측정 및 분석(안전 관련 사항만 해당한다)
	  가. 기계·기구 또는 그 밖의 설비에 의한 위험성
	  나. 폭발성·물반응성·자기반응성·자기발열성 물질, 자연발화성 액체·고체 및 인화성 액체 등에 의한 위험성
	  다. 전기·열 또는 그 밖의 에너지에 의한 위험성
	  라. 추락, 붕괴, 낙하, 비래(飛來) 등으로 인한 위험성
	  마. 그 밖에 기계·기구·설비·장치·구축물·시설물·원재료 및 공정 등에 의한 위험성

보건진단	1. 산업재해 또는 사고의 발생 원인(산업재해 또는 사고가 발생한 경우만 해당한다) 2. 작업조건 및 작업방법에 대한 평가 3. 허가대상물질, 관리대상 유해물질 및 온도·습도·환기·소음·진동·분진, 유해광선 등의 유해성 또는 위험성 4. 보호구, 안전·보건장비 및 작업환경 개선시설의 적정성(보건 관련 사항만 해당한다) 5. 유해물질의 사용·보관·저장, 물질안전보건자료의 작성, 근로자 교육 및 경고표시 부착의 적정성 6. 그 밖에 작업환경 및 근로자 건강 유지·증진 등 보건관리의 개선을 위하여 필요한 사항

CHAPTER 02

안전보호구 관리

합/격/의 Key

01 보호구 및 안전장구관리

주/요/내/용 알/고/가/기

1. 보호구의 지급
2. 안전인증 대상 보호구의 종류
3. 안전인증 제품표시의 붙임
4. 안전모의 성능 시험 종류
5. 안전화의 성능 시험 종류
6. 방진마스크의 등급
7. 방독마스크의 등급 및 정화통 표시색
8. 안전대의 종류

┌─ 문제 ─
다음 중 보호구와 관련한 사항
으로서 맞는 것은?

㉮ 각종 위험으로부터 눈을 보
  호하기 위해서는 보호장구
  가 필요하나, 위험이 없는
  작업장에서 착용하면 오히
  려 사고의 위험이 있다.
㉯ 귀마개는 저음부터 고음까
  지를 모두 차단할 수 있는
  양질의 제품을 사용해야 한
  다.
㉰ 산소결핍지역에서는 필히
  방독마스크를 착용하여야
  한다.
㉱ 선반작업과 같이 손에 재해
  가 많이 발생하는 작업장에
  서는 장갑 착용을 의무화
  한다.

[해설]
㉯ 일반적으로 귀마개는 고음
  만 차음해야 대화소리를 들
  을 수 있다.
㉰ 산소결핍 시 송기마스크를
  착용하여야 한다.
㉱ 선반과 같은 공작기계 작업
  은 절대 장갑을 착용해서는
  안 된다.

[참고]
보호구는 위험이 없는 상태에
서는 작업에 지장을 줄 우려가
있으므로 필요한 작업에 한하
여 반드시 착용하여야 한다.

정답 ㉮
└─

1 보호구의 개요

(1) 보호구의 지급 ✿✿✿

사업주는 다음 각 호에서 정하는 바에 따라 그 작업조건에 적합한 보호구를 동시에 작업하는 근로자의 수 이상으로 지급하고 이를 착용하도록 하여야 한다.

① 물체가 떨어지거나 날아올 위험 또는 근로자가 추락할 위험이 있는 작업 : 안전모
② 높이 또는 깊이 2미터 이상의 추락할 위험이 있는 장소에서 하는 작업 : 안전대(安全帶)
③ 물체의 낙하·충격, 물체에의 끼임, 감전 또는 정전기의 대전(帶電)에 의한 위험이 있는 작업 : 안전화
④ 물체가 흩날릴 위험이 있는 작업 : 보안경
⑤ 용접 시 불꽃이나 물체가 흩날릴 위험이 있는 작업 : 보안면
⑥ 감전의 위험이 있는 작업 : 절연용 보호구
⑦ 고열에 의한 화상 등의 위험이 있는 작업 : 방열복
⑧ 선창 등에서 분진(粉塵)이 심하게 발생하는 하역작업 : 방진마스크
⑨ 섭씨 영하 18도 이하인 급냉동어창에서 하는 하역작업 : 방한모·방한복·방한화·방한장갑
⑩ 물건을 운반하거나 수거·배달하기 위하여 이륜자동차를 운행하는 작업 : 안전모

(2) 보호구 구비 조건 ✘

① 사용 목적에 적합해야 한다.

② 착용이 간편해야 한다.

③ 작업에 방해되지 않아야 한다.

④ 품질이 우수해야 한다.

⑤ 구조, 끝마무리가 양호해야 한다.

⑥ 겉모양, 보기가 좋아야 한다.

⑦ 유해, 위험에 대한 방호가 완전할 것

⑧ 금속성 재료는 내식성일 것

(3) 안전인증 대상 보호구의 종류 ✫✫✫

① 추락 및 감전 위험방지용 안전모　② 안전화

③ 안전장갑　④ 방진마스크

⑤ 방독마스크　⑥ 송기마스크

⑦ 전동식 호흡보호구　⑧ 보호복

⑨ 안전대

⑩ 차광 및 비산물 위험방지용 보안경

⑪ 용접용 보안면

⑫ 방음용 귀마개 또는 귀덮개

(4) 자율안전 확인 대상 보호구의 종류 ✫✫✫

① 안전모(안전인증 대상 제외)

② 보안경(안전인증 대상 제외)

③ 보안면(안전인증 대상 제외)

(5) 안전인증 제품표시의 붙임 ✫✫✫

안전인증제품에는 안전인증 표시 외에 다음 각 목의 사항을 표시한다.

① 형식 또는 모델명

② 규격 또는 등급 등

③ 제조자명

④ 제조번호 및 제조연월

⑤ 안전인증 번호

┌─ 🔍비교 ★★★ ─┐

＊ 자율안전 확인제품
　표시사항
① 형식 또는 모델명
② 규격 또는 등급 등
③ 제조자명
④ 제조번호 및 제조연월
⑤ 자율안전확인 번호

②안전인증 대상 보호구의 종류별 특성 및 성능기준, 시험방법

(1) 추락 및 감전 위험방지용 안전모

1) 안전인증 안전모의 종류(추락, 감전방지용) ✿✿✿

종류 (기호)	사 용 구 분	비 고
AB	물체의 낙하 또는 비래 및 추락에 의한 위험을 방지 또는 경감시키기 위한 것	
AE	물체의 낙하 또는 비래에 의한 위험을 방지 또는 경감하고, 머리부위 감전에 의한 위험을 방지하기 위한 것	내전압성
ABE	물체의 낙하 또는 비래 및 추락에 의한 위험을 방지 또는 경감하고, 머리부위 감전에 의한 위험을 방지하기 위한 것	내전압성
내전압성이란 7,000V 이하의 전압에 견디는 것을 말한다.		

🔍비교 ★★

* 자율안전 확인 안전모
  성능 시험 종류
  ① 내관통성 시험
  ② 충격흡수성 시험
  ③ 난연성 시험
  ④ 턱끈풀림 시험

2) 안전인증 안전모의 성능 시험 종류 및 시험성능기준 ✿✿

항 목	시험성능 기준
① 내관통성 시험	AE, ABE종 안전모는 관통거리가 9.5mm 이하이고, AB종 안전모는 관통거리가 11.1mm 이하이어야 한다.
② 충격흡수성 시험	최고전달충격력이 4,450N을 초과해서는 안되며, 모체와 착장체의 기능이 상실되지 않아야 한다.
③ 내전압성 시험	AE, ABE종 안전모는 교류 20kV에서 1분간 절연파괴 없이 견뎌야 하고, 이때 누설되는 충전전류는 10mA 이하이어야 한다.
④ 내수성 시험	AE, ABE종 안전모는 질량증가율이 1% 미만이어야 한다.
⑤ 난연성 시험	모체가 불꽃을 내며 5초 이상 연소되지 않아야 한다.
⑥ 턱끈풀림 시험	150N 이상 250N 이하에서 턱끈이 풀려야 한다.

안전모의 내수성 시험 ✿

• AE, ABE종 안전모의 내수성 시험은 시험 안전모의 모체를 20∼25℃의 수중에 24시간 담가놓은 후, 대기 중에 꺼내어 마른천 등으로 표면의 수분을 닦아내고 다음 산식으로 질량증가율(%)을 산출한다.

$$질량증가율(\%) = \frac{담근\ 후의\ 질량 - 담그기\ 전의\ 질량}{담그기\ 전의\ 질량} \times 100$$

• AE, ABE종 안전모는 질량증가율이 1% 미만이어야 한다.

(2) 안전화

1) 안전화의 종류 ✦✦

종 류	성능구분
가죽제안전화	물체의 낙하, 충격 또는 날카로운 물체에 의한 찔림 위험으로 부터 발을 보호하기 위한 것
고무제안전화	물체의 낙하, 충격 또는 날카로운 물체에 의한 찔림 위험으로 부터 발을 보호하고 내수성을 겸한 것
정전기안전화	물체의 낙하, 충격 또는 날카로운 물체에 의한 찔림 위험으로 부터 발을 보호하고 정전기의 인체대전을 방지하기 위한 것
발등 안전화	물체의 낙하, 충격 또는 날카로운 물체에 의한 찔림 위험으로 부터 발 및 발등을 보호하기 위한 것
절연화	물체의 낙하, 충격 또는 날카로운 물체에 의한 찔림 위험으로부터 발을 보호하고 저압의 전기에 의한 감전을 방지하기 위한 것
절연장화	고압에 의한 감전을 방지 및 방수를 겸한 것
화학물질용 안전화	물체의 낙하, 충격 또는 날카로운 물체에 의한 찔림 위험으로부터 발을 보호하고 화학물질로부터 유해위험을 방지하기 위한 것

2) 가죽제안전화 성능시험 종류 ✦✦✦

① 내충격성 시험   ② 내압박성 시험
③ 내답발성 시험   ④ 박리저항 시험
⑤ 내유성 시험   ⑥ 인장강도 시험 및 신장률 시험
⑦ 내부식성 시험   ⑧ 인열강도 시험
⑨ 은면결렬 시험

(3) 안전장갑

1) 내전압용 절연장갑

① 절연장갑의 등급 ✦✦

등 급	최대사용전압		등급별 색상
	교류(V, 실효값)	직류(V)	
00	500	750	갈색
0	1,000	1,500	빨간색
1	7,500	11,250	흰색
2	17,000	25,500	노란색
3	26,500	39,750	녹색
4	36,000	54,000	등색

실력이 되고! 합격이 되는! 특급 암 기 법

교류 × 1.5 = 직류
공(00)갈 공(0)적 1백 2황 3녹 4등

2) 화학물질용 안전장갑

(4) 방진마스크

① "분진 등"이란 분진, 미스트 및 흄을 총칭하는 것으로 물리적 작용 및 화학적 반응에 의해 생성된 고체 또는 액체입자를 말한다.

② "전면형 방진마스크"란 분진 등으로부터 안면부 전체(입, 코, 눈)를 덮을 수 있는 구조의 방진마스크를 말한다.

③ "반면형 방진마스크"란 분진 등으로부터 안면부의 입과 코를 덮을 수 있는 구조의 방진마스크를 말한다.

1) 방진마스크의 등급 ✪✪

등 급	특 급	1 급	2 급
사용 장소	• 베릴륨 등과 같이 독성이 강한 물질들을 함유한 분진 등 발생장소 • 석면 취급 장소	• 특급마스크 착용장소를 제외한 분진 등 발생장소 • 금속흄 등과 같이 열적으로 생기는 분진 등 발생장소 • 기계적으로 생기는 분진 등 발생장소(규소 등과 같이 2급 방진마스크를 착용하여도 무방한 경우는 제외한다)	• 특급 및 1급 마스크 착용 장소를 제외 한 분진 등 발생장소
배기밸브가 없는 안면부여과식 마스크는 특급 및 1급 장소에 사용해서는 안 된다.			

2) 방진마스크의 형태

종 류	분리식		안면부여과식
	격리식	직결식	
형태	• 전면형 그림 1 참조	• 전면형 그림 2 참조	• 반면형 그림 5 참조
	• 반면형 그림 3 참조	• 반면형 그림 4 참조	
사용조건	산소농도 18% 이상인 장소에서 사용하여야 한다.		

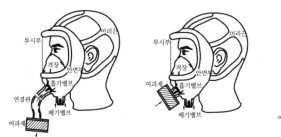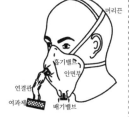

[그림 1] 격리식 전면형　　[그림 2] 직결식 전면형　[그림 3] 격리식 반면형

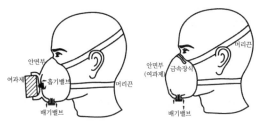

[그림 4] 직결식 반면형　　[그림 5] 안면부여과식

3) 방진마스크의 일반구조 ✔

① 착용 시 이상한 압박감이나 고통을 주지 않을 것

② 전면형 : 호흡 시에 투시부가 흐려지지 않을 것

③ 분리식 마스크 : 여과재, 흡기밸브, 배기밸브 및 머리끈을 쉽게 교환할 수 있고 착용자 자신이 안면부와의 밀착성 여부를 수시로 확인할 수 있을 것

④ 안면부여과식 : 여과재로 된 안면부가 사용 중 심하게 변형되지 않을 것

⑤ 안면부여과식 : 여과재를 인면에 밀착시킬 수 있을 것

4) 여과재 등 분진 포집효율 ✔

형태 및 등급		염화나트륨(NaCl) 및 파라핀 오일(Paraffin oil) 시험(%)
분리식	특급	99.95 이상
	1급	94.0 이상
	2급	80.0 이상
안면부 여과식	특급	99.0 이상
	1급	94.0 이상
	2급	80.0 이상

5) 시야

형태		시야(%)	
		유효시야	겹침시야
전면형	1 안식	70 이상	80 이상
	2 안식	70 이상	20 이상

6) 안면부 내부의 이산화탄소 농도 ✄

안면부 내부의 이산화탄소 농도	안면부 내부의 이산화탄소 농도가 부피분율 1% 이하일 것

(5) 방독마스크

① "파과"란 대응하는 가스에 대하여 정화통 내부의 흡착제가 포화
상태가 되어 흡착능력을 상실한 상태를 말한다. ✄

② "파과시간"이란 어느 일정 농도의 유해물질 등을 포함한 공기를
일정 유량으로 정화통에 통과하기 시작부터 파과가 보일 때까지의
시간을 말한다.

③ "파과곡선"이란 파과시간과 유해물질 등에 대한 농도와의 관계를
나타낸 곡선을 말한다.

④ "전면형 방독마스크"란 유해물질 등으로부터 안면부 전체(입, 코,
눈)를 덮을 수 있는 구조의 방독마스크를 말한다.

⑤ "반면형 방독마스크"란 유해물질 등으로부터 안면부의 입과 코를
덮을 수 있는 구조의 방독마스크를 말한다.

⑥ "복합용 방독마스크"란 2종류 이상의 유해물질 등에 대한 제독
능력이 있는 방독마스크를 말한다. ✄✄

⑦ "겸용 방독마스크"란 방독마스크(복합용 포함)의 성능에 방진마
스크의 성능이 포함된 방독마스크를 말한다. ✄✄

1) 방독마스크의 종류 ✪✪

종 류	시험가스
유기화합물용	시클로헥산(C_6H_{12}) 디메틸에테르(CH_3OCH_3) 이소부탄(C_4H_{10})
할로겐용	염소가스 또는 증기(Cl_2)
황화수소용	황화수소가스(H_2S)
시안화수소용	시안화수소가스(HCN)
아황산용	아황산가스(SO_2)
암모니아용	암모니아가스(NH_3)

2) 방독마스크의 등급 ✪✪

등 급	사용 장소
고농도	가스 또는 증기의 농도가 100분의 2(암모니아에 있어서는 100분의 3) 이하의 대기 중에서 사용하는 것
중농도	가스 또는 증기의 농도가 100분의 1(암모니아에 있어서는 100분의 1.5) 이하의 대기 중에서 사용하는 것
저농도 및 최저농도	가스 또는 증기의 농도가 100분의 0.1 이하의 대기 중에서 사용하는 것으로서 긴급용이 아닌 것

비고 : 방독마스크는 산소농도가 18% 이상인 장소에서 사용하여야 하고, 고농도와 중농도에서 사용하는 방독마스크는 전면형(격리식, 직결식)을 사용해야 한다.

3) 방독마스크의 형태 및 구조

형 태		구 조
격리식	전면형	정화통, 연결관, 흡기밸브, 안면부, 배기밸브 및 머리끈으로 구성되고, 정화통에 의해 가스 또는 증기를 여과한 청정공기를 연결관을 통하여 흡입하고 배기는 배기밸브를 통하여 외기 중으로 배출하는 것으로 안면부 전체를 덮는 구조
	반면형	정화통, 연결관, 흡기밸브, 안면부, 배기밸브 및 머리끈으로 구성되고, 정화통에 의해 가스 또는 증기를 여과한 청정공기를 연결관을 통하여 흡입하고 배기는 배기밸브를 통하여 외기중으로 배출하는 것으로 코 및 입부분을 덮는 구조
직결식	전면형	정화통, 흡기밸브, 안면부, 배기밸브 및 머리끈으로 구성되고, 정화통에 의해 가스 또는 증기를 여과한 청정공기를 흡기밸브를 통하여 흡입하고 배기는 배기밸브를 통하여 외기중으로 배출하는 것으로 정화통이 직접 연결된 상태로 안면부 전체를 덮는 구조
	반면형	정화통, 흡기밸브, 안면부, 배기밸브 및 머리끈으로 구성되고, 정화통에 의해 가스 또는 증기를 여과한 청정공기를 흡기밸브를 통하여 흡입하고 배기는 배기밸브를 통하여 외기중으로 배출하는 것으로 안면부와 정화통이 직접 연결된 상태로 코 및 입부분을 덮는 구조

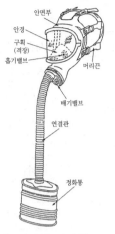

가) 격리식 전면형

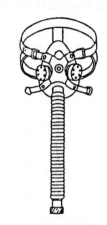

나) 격리식 반면형

다) 직결식 전면형(1안식)

라) 직결식 전면형(2안식)

마) 직결식 반면형

4) 시야

형 태		시야(%)	
		유효시야	겹침시야
전면형	1 안식	70 이상	80 이상
	2 안식		20 이상

5) 안면부내부의 이산화탄소 농도 ✬

안면부 내부의 이산화탄소 농도	안면부 내부의 이산화탄소 농도가 부피분율 1% 이하일 것

6) 안전인증 방독마스크 표시 외에 표시사항 ✖

① 파과곡선도   ② 사용시간 기록카드

③ 정화통의 외부측면의 표시 색   ④ 사용상의 주의사항

7) 흡수제 종류

① 활성탄   ② 큐프라 마이트

③ 호프칼 라이트   ④ 실리카겔

⑤ 소다라임   ⑥ 알칼리제재 등

8) 정화통 외부 측면의 표시 색 ✖✖

종 류	표시 색
유기화합물용 정화통	갈색
할로겐용 정화통	회색
황화수소용 정화통	
시안화수소용 정화통	
아황산용 정화통	노란색
암모니아용 정화통	녹색
복합용 및 겸용의 정화통	복합용의 경우 : 해당가스 모두 표시(2층 분리) 겸용의 경우 : 백색과 해당가스 모두 표시(2층 분리)
※ 증기밀도가 낮은 유기화합물 정화통의 경우 색상표시 및 화학물질명 또는 화학기호를 표기	

9) 방독마스크의 유효시간 계산 ✖

$$유효시간(파과시간) = \frac{시험가스농도 \times 표준유효시간}{작업장\ 공기\ 중\ 유해가스\ 농도}\ (분)$$

(6) **송기마스크** : 산소결핍장소(산소농도 18% 미만)에서 착용한다.

1) 송기마스크의 종류 및 등급 ✖

종 류	등 급		구 분
호스 마스크	폐력 흡인형		안면부
	송풍기형	전동	안면부, 페이스실드, 후드
		수동	안면부
에어라인 마스크	일정유량형		안면부, 페이스실드, 후드
	디맨드형		안면부
	압력디맨드형		안면부
복합식 에어라인마스크	디맨드형		안면부
	압력디맨드형		안면부

─ 문제 ─

어느 작업장의 공기 중 사염화탄소의 농도가 0.2%인 곳에서 근로자가 착용한 정화통의 흡수능력이 CCl_4 0.5%에 대하여 100분이라 할 때 방독마스크 정화통의 유효시간은 얼마인가?

㉮ 200분
㉯ 250분
㉰ 300분
㉱ 350분

[해설]
방독마스크의 유효시간(파과시간)
$$= \frac{시험가스농도 \times 표준유효시간}{작업장\ 공기\ 중\ 유해가스\ 농도}\ (분)$$
$$= \frac{0.5\% \times 100분}{0.2\%} = 250(분)$$

정답 ㉯

─ 확인 ★ ─

※ 송기마스크
산소결핍장소(산소농도 18% 미만)에서 반드시 착용하여야 한다.

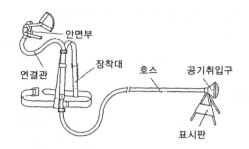

[그림 1] 폐력 흡인형 호스 마스크

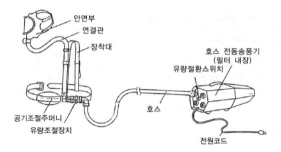

[그림 2] 전동 송풍기형 호스 마스크

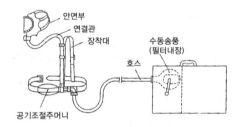

[그림 3] 수동 송풍기형 호스 마스크

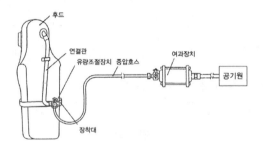

[그림 4] 일정유량형 에어라인 마스크

[그림 5] AL 마스크용 공기원의 종류

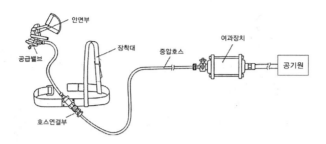

[그림 6] 디맨드형 에어라인 마스크

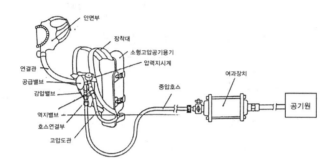

[그림 7] 복합식 에어라인 마스크

[그림 8] 전면형 안면부

[그림 9] 반면형 안면

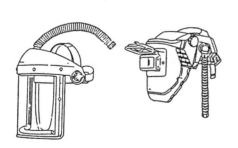

[그림 10] 페이스 실드

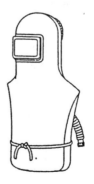

[그림 11] 후 드

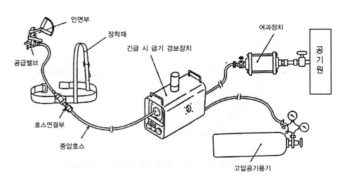

[그림 12] 긴급 시 급기 경보장치

2) 송풍기형 호스 마스크의 분진 포집효율

등급	전동	수동
효율(%)	99.8 이상	95.0 이상

(7) 전동식 호흡보호구

① "전동식보호구"란 사용자의 몸에 전동기를 착용한 상태에서 전동기 작동에 의해 여과된 공기가 호흡호스를 통하여 안면부에 공급하는 형태의 전동식보호구를 말한다.

② "겸용"이란 방독마스크(복합용 포함) 및 방진마스크의 성능이 포함된 전동식보호구를 말한다.

③ "복합용"이란 2종류 이상의 유해물질에 대한 제독능력이 있는 전동식보호구를 말한다.

④ "전동식 후드"란 안면부 전체를 덮는 형태로 머리·안면부·목·어깨부분까지 보호할 수 있는 구조의 전동식 후드를 말한다.

⑤ "전동식 보안면"이란 안면부를 덮는 형태로 머리 및 안면부를 보호할 수 있는 구조의 전동식 보안면을 말한다.

1) 전동식 호흡보호구의 분류

분류	사용 구분
전동식 방진마스크	분진 등이 호흡기를 통하여 체내에 유입되는 것을 방지하기 위하여 고효율 여과재를 전동장치에 부착하여 사용하는 것
전동식 방독마스크	유해물질 및 분진 등이 호흡기를 통하여 체내에 유입되는 것을 방지하기 위하여 고효율 정화통 및 여과재를 전동장치에 부착하여 사용하는 것
전동식 후드 및 전동식보안면	유해물질 및 분진 등이 호흡기를 통하여 체내에 유입되는 것을 방지하기 위하여 고효율 정화통 및 여과재를 전동장치에 부착하여 사용함과 동시에 머리, 안면부, 목, 어깨부분까지 보호하기 위해 사용하는 것

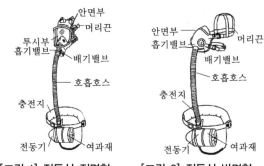

[그림 1] 전동식 전면형   [그림 2] 전동식 반면형

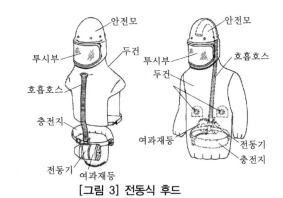

[그림 3] 전동식 후드

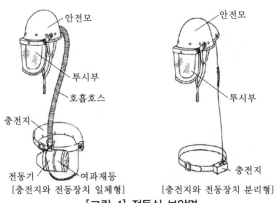

[충전지와 전동장치 일체형]   [충전지와 전동장치 분리형]

[그림 4] 전동식 보안면

(8) 보호복

1) 방열복

① "내열원단"이란 내열섬유에 유연접착제를 바르고 알루미늄이 증착된 필름을 접착시켜 주름이 생기지 않도록 한 원단을 말한다.

② "방열상의"란 내열원단으로 제조되어 상체에 입는 옷을 말한다.

③ "방열하의"란 내열원단으로 제조되어 하체에 입는 옷을 말한다.

④ "방열일체복"이란 방열 상·하의가 단일하게 연결되어 있는 옷을 말한다.

⑤ "방열장갑"이란 내열원단으로 제조되어 손에 끼는 장갑을 말한다.

⑥ "방열두건"이란 내열원단으로 제조되어 안전모와 안면렌즈가 일체형으로 부착되어 있는 형태의 두건을 말한다.

⑦ 방열복의 종류 ✄

종류	착용 부위
방열상의	상 체
방열하의	하 체
방열일체복	몸체(상·하체)
방열장갑	손
방열두건	머 리

방열상의

방열일체복

방열하의

방열장갑

방열두건

ⓛ 방열복의 질량 ✄

종류	방열상의	방열하의	방열일체복	방열장갑	방열두건
질량(단위 : kg)	3.0	2.0	4.3	0.5	2.0

2) 화학물질용 보호복

① 화학물질 : 제조 등이 금지되는 유해물질, 허가 대상 유해물질 및 관리대상 유해물질을 말한다.

② 화학물질용 보호복 : 화학물질이 피부를 통하여 인체에 흡수되는 것을 방지하기 위한 것으로서 신체의 전부 또는 일부를 보호하기 위한 옷을 말한다.

종류	형식	형식구분 기준
전신 보호복	액체방호형 (3형식)	보호복의 재료, 솔기 및 접합부가 화학물질의 분사에 대한 보호성능을 갖는 구조
	분무방호형 (4형식)	보호복의 재료, 솔기 및 접합부가 화학물질의 분무에 대한 보호성능을 갖는 구조
부분 보호복	액체방호형 (3형식)	화학물질로부터 신체의 특정한 부분을 보호하는 것으로 재료, 솔기가 화학물질의 분사에 대한 보호성능을 갖는 구조

[화학물질 보호성능 표시]

(9) 안전대

① "안전그네"란 신체지지의 목적으로 전신에 착용하는 띠 모양의 것으로서 상체 등 신체 일부분만 지지하는 것은 제외한다. ✄

② "추락방지대"란 신체의 추락을 방지하기 위해 자동잠김 장치를 갖추고 죔줄과 수직구명줄에 연결된 금속장치를 말한다.

③ "안전블록"이란 안전그네와 연결하여 추락발생시 추락을 억제할 수 있는 자동잠김장치가 갖추어져 있고 죔줄이 자동적으로 수축되는 장치를 말한다. ✄

④ "U자걸이"란 안전대의 죔줄을 구조물 등에 U자모양으로 돌린 뒤 훅 또는 카라비너를 D링에, 신축조절기를 각링 등에 연결하는 걸이 방법을 말한다. ✄

⑤ "1개걸이"란 죔줄의 한쪽 끝을 D링에 고정시키고 훅 또는 카라비너를 구조물 또는 구명줄에 고정시키는 걸이 방법을 말한다. ✄

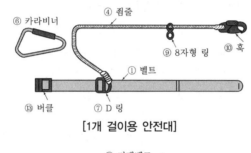

[1개 걸이용 안전대]

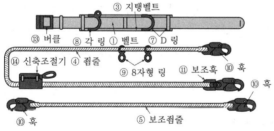

[U자 걸이용 안전대]

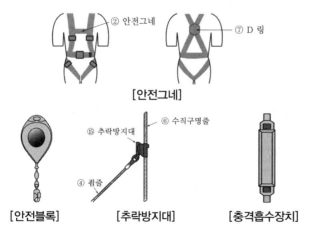

[안전그네]

[안전블록] [추락방지대] [충격흡수장치]

1) **안전대의 종류** ✖✖✖

종 류	사용 구분
벨트식	1개 걸이용
	U자 걸이용
안전그네식	추락방지대
	안전블록

2) **안전블록이 부착된 안전대의 구조** ✖

① 안전블록을 부착하여 사용하는 안전대는 신체지지의 방법으로 안전그네만을 사용할 것

② 안전블록은 정격 사용 길이가 명시될 것

③ 안전블록의 줄은 합성섬유로프, 웨빙(webbing), 와이어로프이어야 하며, 와이어로프인 경우 최소 지름이 4mm 이상일 것

3) **추락방지대가 부착된 안전대의 구조**

① 추락방지대를 부착하여 사용하는 안전대는 신체지지의 방법으로 안전그네만을 사용하여야 하며 수직구명줄이 포함될 것

② 수직구명줄에서 걸이설비와의 연결부위는 훅 또는 카라비너 등이 장착되어 걸이설비와 확실히 연결될 것

③ 유연한 수직구명줄은 합성섬유로프 또는 와이어로프 등이어야 하며 구명줄이 고정되지 않아 흔들림에 의한 추락방지대의 오작동을 막기 위하여 적절한 긴 장수단을 이용, 팽팽히 당겨질 것

④ 죔줄은 합성섬유로프, 웨빙, 와이어로프 등일 것

⑤ 고정된 추락방지대의 수직구명줄은 와이어로프 등으로 하며 최소 지름이 8mm 이상일 것

⑥ 고정 와이어로프에는 하단부에 무게추가 부착되어 있을 것

(10) **차광보안경**

① "필터렌즈(플레이트)"란 유해광선을 차단하는 원형 또는 변형모양의 렌즈(플레이트)를 말한다.

② "커버렌즈(플레이트)"란 분진, 칩, 액체약품 등 비산물로부터 눈을 보호하기 위해 사용하는 렌즈(플레이트)를 말한다.

1) **사용 구분에 따른 차광보안경의 종류** ✖ (안전 인증대상)

종류	사용구분
자외선용	자외선이 발생하는 장소
적외선용	적외선이 발생하는 장소
복합용	자외선 및 적외선이 발생하는 장소
용접용	산소용접작업 등과 같이 자외선, 적외선 및 강렬한 가시광선이 발생하는 장소

2) 차광보안경의 표시사항

추가표시	안전인증 차광보안경에는 안전인증의 표시 외에 차광도번호, 굴절력성능수준 등의 내용을 추가로 표시해야 한다.

3) 차광보안경의 성능시험

차광보안경 성능시험 종류	
① 시야범위시험	② 표면검사
③ 내노후성시험	④ 내충격성시험
⑤ 각주굴절력시험	⑥ 구면굴절력, 난시굴절력시험
⑦ 차광능력시험	⑧ 시감투과율차이 시험
⑨ 내식성시험	⑩ 내발화성시험

(11) 용접용 보안면(의무안전 인증대상)

① "용접용 보안면(이하 "보안면"이라 한다)"이란 용접작업 시 머리와 안면을 보호하기 위한 것으로 통상적으로 지지대를 이용하여 고정하며 적합한 필터를 통해서 눈과 안면을 보호하는 보호구이다.
② "자동용접필터"란 용접아크가 발생하면 낮은 수준의 차광도에서 설정된 높은 수준의 차광도로 자동 변화하는 필터를 말한다.
③ "차광속도"란 자동용접필터에서 용접아크 발생 시 낮은 수준의 차광도에서 높은 수준의 차광도로 전환되는 시간을 말한다.
④ "지지대(harness)"란 용접용 보안면을 머리의 제자리에 지지해주는 조립체를 말한다.
⑤ "헤드밴드(headband)"란 지지대의 일부로서 머리를 감싸고 용접용 보안면을 고정하는 부분을 말한다.

1) 용접용 보안면의 형태

형태	구조
헬멧형	안전모나 착용자의 머리에 지지대나 헤드밴드 등을 이용하여 적정 위치에 고정, 사용하는 형태(자동용접필터형, 일반용접필터형)
핸드실드형	손에 들고 이용하는 보안면으로 적절한 필터를 장착하여 눈 및 안면을 보호하는 형태

2) 용접용 보안면의 종류

종류	용접필터의 자동변화 유무에 따라 자동용접필터형과 일반용접 필터형으로 구분한다.

3) 용접용 보안면의 투과율

투과율	커버플레이트	89% 이상
	자동용접필터	낮은 수준의 최소시감투과율 0.16% 이상

□ 확인 ★

※ 자율안전확인대상 보안면
일반보안면은 작업 시 발생하는 각종 비산물과 유해한 액체로부터 얼굴(머리의 전면, 이마, 턱, 목 앞부분, 코, 입)을 보호하기 위해 착용하는 것을 말한다.

※ 자율안전확인에 따른 보안면의 투과율

구분		투과율(%)
투명투시부		85 이상
채색투시부	밝음	50 ±7
	중간 밝기	23 ±4
	어두움	14 ±4

(12) 방음용 귀마개 또는 귀덮개

① "방음용 귀마개(ear-plugs)"란 외이도에 삽입 또는 외이 내부·외이도 입구에 반 삽입함으로써 차음 효과를 나타내는 일회용 또는 재사용 가능한 방음용 귀마개를 말한다.

② "방음용 귀덮개(ear-muff)"란 양쪽 귀 전체를 덮을 수 있는 컵(머리띠 또는 안전모에 부착된 부품을 사용하여 머리에 압착 될 수 있는 것)을 말한다.

[방음용 귀마개 또는 귀덮개의 종류·등급 ✈]

종류	등급	기호	성능
귀마개	1종	EP-1	저음부터 고음까지 차음하는 것
	2종	EP-2	주로 고음을 차음하고 저음(회화음영역)은 차음하지 않는 것
귀덮개	-	EM	

비고 : 귀마개의 경우 재사용 여부를 제조특성으로 표기

3 안전보건표지의 종류, 용도 및 적용

(1) 안전보건표지의 색채, 색도기준 및 용도 ✿✿✿

색채	색도기준	용도	사용례
빨간색	7.5R 4/14	금지	정지신호, 소화설비 및 그 장소, 유해행위의 금지
		경고	화학물질 취급장소에서의 유해·위험경고
노란색	5Y 8.5/12	경고	화학물질 취급장소에서의 유해·위험경고 이외의 위험경고, 주의표지 또는 기계방호물
파란색	2.5PB 4/10	지시	특정 행위의 지시 및 사실의 고지
녹색	2.5G 4/10	안내	비상구 및 피난소, 사람 또는 차량의 통행표지
흰색	N9.5		파란색 또는 녹색에 대한 보조색
검은색	N0.5		문자 및 빨간색 또는 노란색에 대한 보조색

> **참고** **색도기준의 표시방법**
>
> 7.5R 4/14에서 7.5R → 색상, 4 → 명도, 14 → 채도를 나타낸다.

문제

안전표지의 구성요소에 해당되지 않는 것은?
㉮ 모양 ㉯ 색깔
㉰ 내용 ㉱ 크기

[해설]
안전표지의 구성요소
① 모양 ② 색깔 ③ 내용

정답 ㉱

문제

산업안전표지 중 안내표지(녹색)의 사용 예에 해당되는 것은?
㉮ 사실의 고지 및 특정 행위의 지시
㉯ 비상구 및 차량의 통행표시
㉰ 유해 행위의 금지
㉱ 기계 방호물

[해설]
㉮ 사실의 고지 및 특정 행위의 지시 → 지시표지(파랑)
㉰ 유해 행위의 금지 → 금지표지(빨강)
㉱ 기계 방호물 → 경고표지(노랑)

정답 ㉯

(2) 안전보건표지의 종류 및 형태(제6조제 1항 관련) ✿✿✿

1. 금지표지	101 출입금지	102 보행금지	103 차량통행금지	104 사용금지	
	105 탑승금지	106 금연	107 화기금지	108 물체이동금지	
2. 경고표지	201 인화성물질 경고	202 산화성물질 경고	203 폭발성물질 경고	204 급성독성물질 경고	205 부식성물질 경고
	206 방사성물질 경고	207 고압전기 경고	208 매달린 물체 경고	209 낙하물 경고	210 고온 경고
	211 저온 경고	212 몸균형 상실 경고	213 레이저광선 경고	214 발암성·변이원성·생식독성·전신독성·호흡기과민성물질 경고	215 위험장소 경고
3. 지시표지	301 보안경 착용	302 방독마스크 착용	303 방진마스크 착용	304 보안면 착용	305 안전모 착용
	306 귀마개 착용	307 안전화 착용	308 안전장갑 착용	309 안전복 착용	

PART 01

▒참고

＊ 금지표지
  1. 출입금지
  2. 보행금지
  3. 차량통행금지
  4. 사용금지
  5. 탑승금지
  6. 금연
  7. 화기금지
  8. 물체이동금지

＊ 경고표지
  1. 인화성물질 경고
  2. 산화성물질 경고
  3. 폭발성물질 경고
  4. 급성독성물질 경고
  5. 부식성물질 경고
  6. 발암성·변이원성·생식독성·전신독성·호흡기과민성물질 경고
  7. 방사성물질 경고
  8. 고압전기 경고
  9. 매달린물체 경고
  10. 낙하물 경고
  11. 고온 경고
  12. 저온 경고
  13. 몸균형 상실 경고
  14. 레이저광선 경고
  15. 위험장소 경고

＊ 지시표지
  1. 보안경 착용
  2. 방독마스크 착용
  3. 방진마스크 착용
  4. 보안면 착용
  5. 안전모 착용
  6. 귀마개 착용
  7. 안전화 착용
  8. 안전장갑 착용
  9. 안전복 착용

📌참고

* 안내표지
  1. 녹십자표지
  2. 응급구호표지
  3. 들것
  4. 세안장치
  5. 비상용기구
  6. 비상구
  7. 좌측비상구
  8. 우측비상구

* 출입금지표지
  1. 허가대상유해물질
     취급
  2. 석면취급 및 해체·
     제거
  3. 금지유해물질 취급

4. 안내표지	401 녹십자표지	402 응급구호표지	403 들것	404 세안장치
	405 비상용기구	406 비상구	407 좌측비상구	408 우측비상구

5. 관계자외 출입금지	501 허가대상물질 작업장	502 석면취급/해체 작업장	503 금지대상물질의 취급 실험실 등
	관계자외 출입금지 (허가물질 명칭) 제조/사용/보관 중 보호구/보호복 착용 흡연 및 음식물 섭취 금지	**관계자외 출입금지** 석면 취급/해체 중 보호구/보호복 착용 흡연 및 음식물 섭취 금지	**관계자외 출입금지** 발암물질 취급 중 보호구/보호복 착용 흡연 및 음식물 섭취 금지

(3) 안전 · 보건표지의 형태 및 색채 ✖✖✖

분류	형태	색채
금지표지		• 바탕 : 흰색 • 기본모형 : 빨간색 • 관련 부호 및 그림 : 검은색
경고표지		• 바탕 : 무색 • 기본모형 : 빨간색(검은색도 가능)
		• 바탕 : 노란색 • 기본모형, 관련 부호, 그림 : 검은색
지시표지		• 바탕 : 파란색 • 관련 그림 : 흰색
안내표지		• 바탕 : 흰색 • 기본모형, 관련 부호 : 녹색
		• 바탕 : 녹색 • 관련 부호 및 그림 : 흰색
출입금지표지	A B C	• 바탕 : 흰색 • 글자 : 검은색 • 다음 글자는 빨간색 　– ○○○ 제조 / 사용 / 보관 중 　– 석면 취급 / 해체 중 　– 발암물질 취급 중

산업안전심리

01 산업심리와 심리검사

📍 주/요/내/용 알/고/가/기 ▶

1. 인간의 특성
2. 산업안전심리 5요소
3. 착각현상
4. 착시현상

1 산업심리와 심리검사

[직무 스트레스의 내·외적 요인]

내적 요인	외적 요인
• 자존심의 손상 • 업무상의 죄책감 • 현실에서의 부적응 • 지나친 경쟁심과 재물에 대한 욕심 • 가족 간의 대화 단절 및 의견 불일치 • 출세욕의 좌절감과 자만심의 상충	• 경제적 빈곤 • 가족관계의 갈등 심화 • 직장에서의 대인 관계상의 갈등과 대립 • 가족의 죽음, 질병 • 자신의 건강문제

[산업심리에서 사고 요인]

정신적 요소	개성적 결함
• 방심과 공상 • 판단력의 부족 • 주의력의 부족 • 안전지식의 부족	• 과도한 자존심과 자만심 • 사치와 허영심 • 도전적 성격과 다혈질 • 인내력 부족 • 고집과 과도한 집착력 • 나약한 마음 • 태만·경솔성 • 배타성과 이질성

2 직업적성과 배치

(1) 적성검사의 분류 및 특성

① 신체검사(체격검사)
② 생리적기능검사
   • 감각기능검사   • 심폐기능검사   • 체력검사

③ 심리학적검사
- 지능검사
- 인성검사
- 지각동작검사
- 기능검사

(2) 직무분석 방법 ✦

① 면접법
직무를 실제 수행하는 종업원과 직접 대면하여 직무정보를 얻는 방법이다.

② 질문지법
질문지를 통해 직무정보를 얻는 방법이다.

③ 직접관찰법
직무수행중인 종업원의 행동을 관찰하여 직무를 판단하는 방법이다.

④ 일지작성법
직무수행자가 매일 작성하는 업무일지로 해당직무의 정보를 수집하는 방법이다.

⑤ **결정 사건 기법**
- 직무행동 가운데 중요한, 혹은 가치있는 면에 대한 정보를 수집하는 방법으로 직무수행과 성과간의 관계를 직접적으로 파악할 수 있다.
- 성공적이지 못한 근로자와 성공적인 근로자를 구별해 내는 행동을 밝히는 목적으로 사용된다. ✦

⑥ 워크샘플링법
관찰법을 개발한 것으로 전체작업 과정동안 무작위로 많은 관찰을 행하여 직무행동에 관한 정보를 얻는 방법이다.

⑦ 혼합법
2가지 이상의 방법을 혼합하여 사용하는 것으로 흔히 질문지법과 면접법을 혼용하여 사용한다.

(3) 인사관리의 중요 기능 ✦

① 조직과 리더십
② 선발(시험 및 적성검사)
③ 배치
④ 작업 분석
⑤ 업무 평가
⑥ 상담 및 노사 간의 이해

(4) 적성배치의 원칙

① 적성검사를 실시하여 개인의 능력을 평가한다.
② 직무 평가를 통하여 자격수준을 정한다.
③ 주관적인 감정요소를 배제한다.
④ 인사관리의 기준 원칙에 준한다.
⑤ 직무에 영향을 줄 수 있는 환경적 요소를 검토한다.

3 인간의 특성과 안전과의 관계

(1) 인간의 특성

① 간결성의 원리 ✄ : 최소에너지에 의해 목적에 달성하려는 경향을 말하며, 생략행위를 유발하는 심리적 요인에 해당한다.

> **비교합시다!** **생략행위**
>
> 작업현장에서 소정의 작업용구를 사용하지 않고 근처의 용구를 사용해서 임시 변통하는 인간심리 결함행위 ✄

② 주의의 일점집중현상 ✄ : 인간은 위급한 상황 시 가장 중요한 일에만 집중한다.

③ 감각차단현상 : 단조로운 업무가 장시간 지속될 때 감각기능 및 판단 능력이 둔화 또는 마비되는 현상

④ 순간적인 대피방향 : 좌측

⑤ 동조행동 : 집단 규범·관습이나 다른 사람의 반응에 일치하도록 행동하는 양식을 말한다.

⑥ Risk Taking(위험감수) : 객관적인 위험을 자기 나름대로 판단해서 의지·결정하고 행동에 옮기는 것

(2) 산업안전심리 5요소

① 동기(motive) : 동기는 능동적인 감각에 의한 자극에서 일어나는 사고의 결과로서 사람의 마음을 움직이는 원동력이다.

② 기질(temper) : 인간의 성격, 능력 등 개인적이 특성을 말하는 것으로 성장 시의 생활환경에서 영향을 받으며 특히 여러 사람과의 접촉 및 주위 환경에 따라 달라진다.

③ 감정(emotion) : 감정이란 지각, 사고 등과 같이 대상의 성질을 아는 작용이 아니고 희로애락 등의 의식을 말한다. 사람의 감정은 안전과 밀접한 관계를 가지고 사고를 일으키는 정신적 동기를 만든다.

④ 습성(habits) : 동기, 기질, 감정 등이 밀접한 연관관계를 형성하여 인간의 행동에 영향을 미칠 수 있도록 하는 것을 말한다.

⑤ 습관(custom) : 성장과정을 통해 형성된 특성 등이 자신도 모르게 습관화 된 현상을 말하며 습관에 영향을 미치는 요소로는 동기, 기질, 감정, 습성 등이 있다.

문제

적성 배치에 있어서 고려되어야 할 기본 사항에 해당되지 않는 것은?

㉮ 적성 검사를 실시하여 개인의 능력을 파악한다.
㉯ 직무 평가를 통하여 자격수준을 정한다.
㉰ 주관적인 감정요소에 따른다.
㉱ 인사관리의 기준원칙을 고수한다.

[해설]
㉰ 주관적인 감정요소를 배제한다.

정답 ㉰

문제

적성 배치에 필요한 인간 능력의 측정은 정신 능력과 신체적 능력이 있다. 다음 중 정신능력의 주요 분석 단계에 해당되지 않는 것은?

㉮ 언어이해
㉯ 지각속도
㉰ 반응속도
㉱ 공간 시각화

[해설]
㉰ 반응속도는 신체적 능력에 해당한다.

정답 ㉰

◎기출 ★

※ 안전심리 5대 요소
동기, 기질, 습성, 습관, 감정이며 안전심리에서 가장 중요한 요소는 개성과 사고력이다.

문제

작업현장에서 소정의 작업용구를 사용하지 않고 근처의 용구를 사용해서 임시 변통하는 인간심리 결함행위에 해당하는 것은?

㉮ 무의식적 행동
㉯ 지름길 반응
㉰ 억측 판단
㉱ 생략 행위

[해설]
소정의 작업용구를 사용하지 않고 근처의 용구를 사용→ 필요한 공구를 사용하지 않았으므로 생략행위이다.

정답 ㉱

(3) 레윈(K. Lewin)의 법칙

인간의 행동은 개체의 자질과 심리적 환경의 함수관계이다.

레윈의 법칙 ✖✖
$$B = f(P \cdot E)$$
여기서, B : Behavior(인간의 행동) 　　　f : function(함수관계) 　　　P : Person(개체 : 연령, 경험, 심신상태, 성격, 지능 등) 　　　E : Environment(심리적 환경 : 인간관계, 작업환경 등)

🔍 용어정의

＊ 착각현상
대상이 특수한 조건하에서 통상의 경우와는 달리 지각되는 현상.

4 착각, 착시, 착오현상

(1) 인간 의식의 공통적 경향 ✖

① 의식은 현상의 대응력에 한계가 있다.
② 의식은 그 초점에서 멀어질수록 희미해진다.
③ 당면한 문제에 의식의 초점이 합치되지 않고 있을 때는 대응력이 저감된다.
④ 인간의 의식은 중단되는 경향이 있다.
⑤ 인간의 의식은 파동한다.
(극도의 긴장을 유지할 수 있는 시간은 불과 수 초라고 하며 긴장 후에는 반드시 이완한다)

⊙기출

＊ 착각의 매커니즘
① 위치착오
② 순서착오
③ 패턴착오
④ 형상착오
⑤ 기억오류

🔍 용어정의

＊ 착시현상
정상적인 시력을 가지고도 물체를 정확하게 볼 수 없는 현상을 말한다.

(2) 인간의 착오 요인 ✖

인지과정 착오의 요인	• 정보량 저장의 한계 • 감각 차단 현상 • 정서적 불안정 • 생리, 심리적 능력의 한계(정보 수용 능력의 한계)
판단과정 착오 요인	• 자기 합리화 • 능력 부족 • 정보 부족 • 자기과신
조작과정의 착오 요인	• 작업자의 기능 미숙(기술 부족) • 작업경험 부족 • 피로
심리적, 기타 요인	• 불안·공포·과로·수면부족 등

(3) 착각현상 ✦

가현 운동(β 운동)	정지하고 있는 대상물이 급속히 나타나던가 소멸하는 것으로 인하여 일어나는 운동으로 마치 대상물이 운동하는 것처럼 인식되는 현상을 말한다. 예 영화의 영상
유도 운동	움직이지 않는 것이 움직이는 것처럼 느껴지는 현상 예 상행선 열차를 타고 가며 정지하고 있는 하행선열차를 보면 마치 하행선 열차가 움직이는 것처럼 느껴지는 현상
자동 운동	• 암실에서 정지된 소광점 응시하면 광점이 움직이는 것처럼 보이는 현상 • 안구의 불규칙한 운동 때문에 생기는 현상이다. **자동 운동이 잘 발생되는 조건** • 광점이 작을 것 • 시야의 다른 부분이 어두울 것 • 대상이 단순할 것 • 빛의 강도가 작을 것

(4) 착시현상 ✦

Müller Lyer의 착시	(a)가 (b)보다 길게 보인다. (실제 a=b)
Helmholz의 착시	(a)는 세로로 길어 보이고, (b)는 가로로 길어 보인다.
Herling의 착시	(a)는 양단이 벌어져 보이고, (b)는 중앙이 벌어져 보인다.

┌─ 문제 ─────────┐

다음 중 착오 요인과 관계가
먼 것은?

㉮ 동기부여의 부족
㉯ 정보 부족
㉰ 정서적 불안정
㉱ 자기합리화

└──────── 정답 ㉮ ┘

┌─ 문제 ─────────┐

인간과오에서 "의지적 제어가
되지 않는다.", "결정을 잘못한
다." 등은 다음 어느 것에 해당
되는가?

㉮ 동작조작 미스
㉯ 기억판단 미스
㉰ 인지확인 미스
㉱ 사람과 환경 조건의 영향

[해설]
"의지적 제어가 되지 않는다.",
"결정을 잘못한다."는 올바른
판단을 내리지 못하는 것으로
기억판단 미스에 해당된다.

└──────── 정답 ㉯ ┘

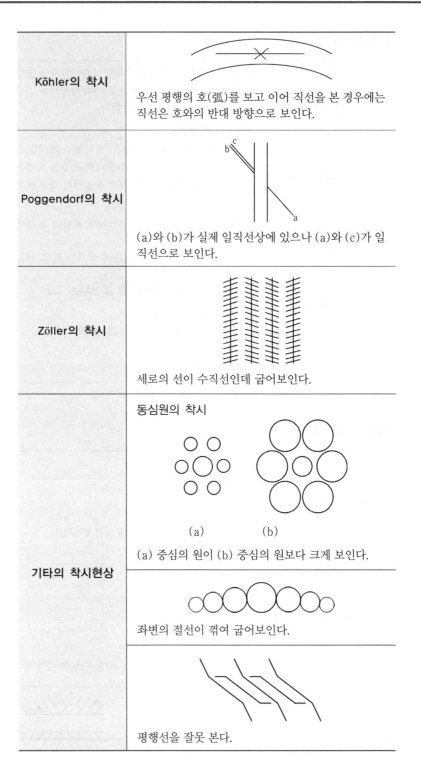

Köhler의 착시	우선 평행의 호(弧)를 보고 이어 직선을 본 경우에는 직선은 호와의 반대 방향으로 보인다.
Poggendorf의 착시	(a)와 (b)가 실제 일직선상에 있으나 (a)와 (c)가 일직선으로 보인다.
Zöller의 착시	세로의 선이 수직선인데 굽어보인다.
기타의 착시현상	**동심원의 착시** (a) 중심의 원이 (b) 중심의 원보다 크게 보인다. 좌변의 절선이 꺾여 굽어보인다. 평행선을 잘못 본다.

CHAPTER 04

인간의 행동과학

01 조직과 인간행동

📖 주/요/내/용 알/고/가/기 ▶

1. 인간의 방어기제
2. 양립성
3. 모랄 서베이(morale survey)

1 인간관계 및 인간의 행동성향

(1) 인간의 행동성향 ✈

① 투사
  • 자기 속의 억압된 것을 다른 사람의 것으로 생각하는 것
  • 자신의 불만이나 불안을 해소시키기 위해서 자신의 잘못을 남의 탓으로 돌리는 행동

② 모방
  • 남의 행동이나 판단을 표본으로 하여 그것과 같거나 또는 그것에 가까운 행동 또는 판단을 취하려는 행동

③ 암시
  • 다른 사람으로부터의 판단이나 행동을 무비판적으로 논리적·사실적 근거 없이 받아들이는 행동

④ 승화
  • 사회적으로 승인되지 않은 욕구가 사회적, 문화적으로 가치있는 것으로 나타남
  • 자신의 동기에 대해 불안을 느끼는 사람은 무의식적으로 내면의 동기를 사회가 용납하는 다른 동기로 변형시킴

⑤ 합리화
  • 자기 행위는 합리적이고 정당하며 실제보다 훌륭하게 평가함
  • 자기의 실패나 약점을 그럴듯한 이유나 변명을 들어 자신의 실패를 정당화하는 행동

[프로이트 적응기제 중 합리화 유형]

① 신포도형	• 포도를 먹고자 한 여우가 모든 노력을 통해서도 그것을 먹을 수 없게 되자 그 포도의 맛이 시기 때문에 먹을 필요가 없다고 자기 자신의 행위를 스스로 위로하는 것 • 어떤 목표를 달성하려 했으나 실패한 사람이 처음부터 그것을 원하지 않았다고 하는 것
② 달콤한 레몬형	• 자기가 현재 가지고 있는 것이야말로 그가 원하던 것이라고 스스로 믿는 것
③ 투사형	• 자신의 결함이나 실수를 자기 이외의 다른 대상에게로 책임을 전가시키는 것
④ 망상형	• 이치에 맞지 않는 잘못된 생각이나 근거가 없는 주관적인 신념으로 자신을 합리화 하는 것

⑥ 억압
　• 의식에서 용납하기 힘든 생각, 욕망, 충동, 공격성 등을 무의식적으로 눌러 버리는 것이다.

⑦ 동일화(Identification)
　• 다른 사람의 행동 양식이나 태도를 투입시키거나 다른 사람 가운데서 자기와 비슷한 점을 발견하는 것
　• 부모, 형, 주위의 중요한 인물들의 태도나 행동을 따라하는 것
　예 고등학교 때 선생님이 멋있어서 열심히 그 과목을 공부하는 것

⑧ 반동형성 : 겉으로 드러나는 태도나 언행이 마음속의 욕구나 생각과 정반대인 경우로 자신의 감정과 정반대의 태도를 취하는 것
　예 슬퍼서 울고 싶은데 오히려 더 많이 웃고 떠든다.

⑨ 보상
　• 심리적으로 어떤 약점이 있는 사람이 이를 보충하기 위해 다른 어떤 것을 과도히 발전시키는 것이다.
　• 자신의 결함이나 열등감, 긴장을 해소시키기 위하여 장점 등으로 그 결함을 보충하려는 행동
　예 다리가 짧은 사람이 걸음을 더 빠르게 걸으려 하는 것

⑩ 퇴행 : 좌절을 심하게 당했을 때 현재보다 유치한 과거 수준으로 후퇴하는 것
　예 한글을 잘하던 아이가 엄마의 꾸중으로 한글을 모두 잊은 상태로 돌아가 버리는 것

⑪ 커뮤니케이션 : 갖가지 행동 양식이나 기초를 매개로 하여 어떤 사람으로부터 다른 사람에게 전달되는 과정
　예 언어, 몸짓, 신호, 기호

⑫ 억측판단 ✈ : 작업공정 중에 규정대로 수행하지 않고 '괜찮다'고 생각하여 자기주관대로 행하는 행동(객관적인 위험을 행동에 옮김)
　예 신호등의 신호가 녹색에서 황색으로 바뀌었으나 괜찮다고 판단하고 지나감

(2) 적응기제

① 도피기제(Escape Mechanism) : 갈등을 해결하지 않고 도망감 ✦

억압	무의식으로 쑤셔 넣기
퇴행	유아 시절로 돌아가 유치해짐
백일몽	공상의 나래를 펼침
고립(거부)	외부와의 접촉을 끊음

② 방어기제(Defece Mechanism) : 갈등을 이겨내려는 능동성과 적극성 ✦

보상	열등감을 다른 곳에서 강점으로 발휘함
합리화	자기변명, 자기실패의 합리화, 자기미화
승화	열등감과 욕구불만을 사회적으로 바람직한 가치로 나타내는 것
동일시	힘 있고 능력 있는 사람을 통해 자기만족을 얻으려 함
투사	자신의 열등감을 다른 것에 던져 그것들도 결점이 있음을 발견해서 열등감에서 벗어나려함

③ 공격기제

(3) 욕구저지 반응기제

① 욕구저지 공격가설 : 욕구저지는 공격을 유발한다.
② 욕구저지 퇴행가설 : 욕구저지는 원시적 단계로 역행한다.
③ 욕구저지 고착가설 : 욕구저지는 자포자기적 반응을 유발한다.

2 인간관계 관리방법

(1) 호손(Hawthorne)실험

① 작업 능률을 좌우하는 것은 단지, 임금, 노동시간 등의 노동조건과 조명, 환기, 기타 작업환경으로서의 물적 조건보다 종업원의 태도, 즉 심리적, 내적 양심과 감정이 중요하다.
② 물적 조건도 그 개선에 의하여 효과를 가져올 수 있으나 종업원의 심리적 요소가 더 중요하다.

(2) 모랄 서베이(morale survey)의 주요 방법

① 통계에 의한 방법
  • 사고 상해율, 생산성, 지각, 조퇴 등을 분석하여 통계내는 방법
  • 다른 조사법의 보조자료로 많이 사용된다.

📖 참고

＊ 호손(Hawthorne)실험 인간관계 관리의 개선을 위한 연구로 미국의 메이요(E. Mayo)교수가 주축이 되어 호손공장에서 실시되었다.

📌 기출

＊ 모랄 서베이
[morale survey]
• 종업원의 근로 의욕·태도 등에 대한 측정으로 태도조사라고도 한다.
• 종업원이 자기의 직무·직장·상사·승진·대우 등에 대하여 어떻게 생각하고 있는지를 측정·조사하는 것이다.

📖 참고

＊ 모랄 서베이의 효과
① 근로자의 불만을 해소하고 노동 의욕을 높인다.
② 경영 관리 개선 자료로 활용할 수 있다.
③ 종업원의 정화작용을 촉진시킨다.

② 사례연구법
- 제안제도, 고충처리제도, 카운슬링 등의 사례를 통하여 불만 등을 파악하는 방법

③ 관찰법
- 종업원의 근무 실태를 계속 관찰하여 문제점을 찾아내는 방법

④ 실험연구법
- 실험 그룹과 통제 그룹으로 나누고 자극을 주어 태도 변화의 여부를 조사하는 방법

⑤ 태도조사법(의견조사)
- 모랄 서베이에서 가장 많이 사용되는 방법
- 질문지법, 면접법, 집단토의법, 투사법에 의해 의견을 조사하는 방법

(3) 양립성 ✔

자극과 반응의 관계가 인간의 기대와 모순되지 않는 성질을 말한다.

① 개념적 양립성
- 외부자극에 대해 인간의 개념적 현상의 양립성
- 예 빨간 버튼은 온수, 파란 버튼은 냉수 ✔

② 공간적 양립성
- 표시장치, 조종장치의 형태 및 공간적 배치의 양립성
  - 예 오른쪽 조리대는 오른쪽 조절장치로, 왼쪽 조리대는 왼쪽 조절장치로 조정한다. ✔

③ 운동의 양립성
- 표시장치, 조종장치 등의 운동 방향의 양립성
  - 예 조종장치를 오른쪽으로 돌리면 표시장치 지침이 오른쪽으로 이동한다. ✔

④ 양식 양립성
- 직무에 알맞은 자극과 응답 양식의 존재에 대한 양립성
  - 예 음성 과업에 대해서는 청각적 자극제시와 이에 대한 음성 응답 과업에 갖는 양립성이다.

3 사회행동 기본형태 ✔

① 협력 : 조력, 분업
② 대립 : 공격, 경쟁
③ 도피 : 고립, 정신병, 자살
④ 융합 : 강제타협

02 재해빈발성 및 행동과학

📖 주/요/내/용 알/고/가/기 ▶

1. 재해설
2. 재해 누발자의 유형
3. 동기부여 이론
4. 인간 주의특성의 종류
5. 부주의 원인 및 대책

① 재해 빈발성

(1) 재해설 ✦

① 기회설(상황설)
- 재해가 일어날 수 있는 상황만 주어지면 재해가 유발된다는 설
- 작업이 어려워 재해를 일으켰다.

② 암시설(습관설)
한 번 재해를 당한 사람은 겁쟁이가 되어 신경과민으로 또 재해를 유발한다는 설

③ 경향설(성향설)
근로자 중 재해가 빈발하는 소질적 결함자가 있다는 설

(2) 재해 누발자의 유형 ✦

① 미숙성 누발자
- 기능 미숙자
- 환경에 익숙하지 못한 자

② 상황성 누발자
- 작입에 어려움이 많은 자
- 기계 설비의 결함이 있을 때
- 심신에 근심이 있는 자
- 환경상 주의력 집중이 혼란되기 쉬울 때

③ 소질성 누발자
- 개인 소질 가운데 재해 원인 요소를 가지고 있는 자
- 개인의 특수 성격 소유자

소질성 누발자의 공통된 성격	
• 주의력 산만 및 주의력 지속 불능	• 흥분성
• 저지능	• 비협조성
• 도덕성의 결여	• 소심한 성격
• 감각운동 부적합 등	

📝 참고

＊ 사고 경향성 이론
① 근로자 중 재해가 빈발 하는 소질적 결함자가 있다는 이론
② 어떠한 사람이 다른 사 람보다 사고를 더 잘 일 으킨다는 이론
③ 사고를 많이 내는 여러 명의 특성을 측정하여 사고를 예방하는 것 이다.
④ 검증하기 위한 효과적 인 방법은 다른 두 시기 동안에 같은 사람의 사 고기록을 비교하는 것 이다.

④ 습관성 누발자
  • 재해 경험에 의해 겁쟁이가 되거나 신경과민이 된 자
  • 슬럼프에 빠져있는 자

② 동기부여 이론

(1) 데이비스(K. Davis)의 동기부여 이론

데이비스의 동기부여 이론 ✫
인간의 성과 × 물질의 성과 = 경영의 성과 지식(knowledge) × 기능(skill) = 능력(ability) 상황(situation) × 태도(attitude) = 동기유발(motivation) 능력 × 동기유발 = 인간의 성과(human performance)

(2) 매슬로(Maslow A. H.)의 욕구단계 이론(인간의 욕구 5단계 ✫✫)

제1단계(생리적 욕구)	기아, 갈증, 호흡, 배설, 성욕 등 인간의 가장 기본적인 욕구
제2단계(안전 욕구)	자기 보존 욕구
제3단계(사회적 욕구)	소속감과 애정 욕구
제4단계(존경 욕구)	인정받으려는 욕구
제5단계(자아실현의 욕구)	잠재적인 능력을 실현하고자 하는 욕구 (성취 욕구)

(3) 헤르츠버그(Herzberg)의 동기 · 위생 이론 ✫✫

위생 요인	유지 욕구	• 인간의 동물적 욕구를 반영하는 것으로 Maslow의 욕구단계에서 생리적, 안전, 사회적 욕구와 비슷하다. • 저차원의 욕구	
	직무 환경 ✫	• 회사정책과 관리 • 개인 상호간의 관계 • 감독 • 보수 • 지위	• 임금 • 작업조건 • 안전
동기 요인	만족 욕구	• 자아 실현을 하려는 인간의 독특한 경향을 반영한 것으로, Maslow의 자아 실현 욕구와 비슷하다. • 고차원의 욕구	
	직무 내용 ✫	• 성취감 • 안정감 • 도전감	• 책임감 • 성장과 발전 • 일 그 자체

문제

동기부여 이론 중 데이비스의 동기유발 이론을 등식으로 표현하였다. 옳은 것은?

㉮ 지식×기능
㉯ 능력×태도
㉰ 상황×태도
㉱ 인간의 성과×기능

정답 ㉰

확인

* 저차원의 이론 ★
  ① 매슬로의 생리적, 안전, 사회적 욕구
  ② 알더퍼의 생존 욕구, 관계 욕구
  ③ Herzberg의 위생 요인
  ④ 맥그리거의 X이론

* 고차원의 이론 ★
  ① 매슬로의 존경, 자아실현의 욕구
  ② 알더퍼의 성장욕구
  ③ Herzberg의 동기 요인
  ④ 맥그리거의 Y이론

문제

Herzberg의 일을 통한 동기부여 원칙 중 잘못된 것은?

㉮ 직무에 따라 자유와 권한
㉯ 교육을 통한 간접적 정보 제공
㉰ 개인적 책임이나 책무를 증가시킴
㉱ 더욱 새롭고 어려운 업무수행하도록 과업 부여

[해설]
㉯ 교육을 통한 정보는 직접적인 정보를 제공하여야 동기부여가 된다.

정답 ㉯

기출

* 헤르츠버그의 일을 통한 동기부여 원칙 ★
  • 직무에 따라 자유와 권한 제공
  • 교육을 통한 직접적 정보 제공
  • 개인적 책임이나 책무를 증가시킴
  • 더욱 어렵고 새로운 업무수행을 하도록 과업 부여

(4) 알더퍼의 E.R.G 이론 ✦✦
(Existence-Relatedness-Growth needs theory)

① E : 생존욕구 또는 존재욕구(Existence needs) – 의식주, 봉급, 직무안전

② R : 관계욕구(Relatedness needs) – 대인관계

③ G : 성장욕구(Growth needs) – 개인적 발전

(5) 맥그리거(McGregor)의 X, Y 이론 ✦✦

X이론의 특징	Y이론의 특징
인간 불신감	상호 신뢰감
성악설	성선설
인간은 원래 게으르고 태만하여 남의 지배를 받기를 즐긴다.	인간은 부지런하고 적극적이며 자주적이다.
물질욕구(저차원 욕구)에 만족	정신욕구(고차원 욕구)에 만족
명령, 통제에 의한 관리 (권위주의형 리더십)	목표 통합과 자기통제에 의한 자율관리 (민주주의형 리더십)
저개발국형	선진국형

[맥그리거의 X, Y이론의 관리처방] ✦

X이론(저차원)	Y이론(고차원)
• 경제적 보상체제의 강화 • 권위주의적 리더십의 확립 • 면밀한 감독과 엄격한 통제 • 상부 책임제도의 강화	• 분권화와 권한의 위임 • 직무확장 및 목표에 의한 관리 • 민주적 리더십의 확립 • 비공식적 조직의 활용 • 상호 신뢰감 • 책임과 창조력 • 인간관계 관리방식

3 주의와 부주의

(1) 인간 의식레벨의 분류 ✦

단계	의식의 모드	생리적 상태	의식의 상태
Phase 0	무의식, 실신	수면, 뇌발작	주의작용 0
Phase I	의식흐림	피로, 단조로운 일	부주의
Phase II	이완	안정기거, 휴식	안정기거, 휴식
Phase III	상쾌	적극적	적극활동
Phase IV	과긴장	일점집중현상, 긴급방위	감정흥분

📖참고

* 직장에서의 부적응의 유형

① 망상 인격 : 자기 주장이 강하고 대인관계가 빈약하며, 사소한 일에 있어서도 타인이 자신을 제외했다고 여겨 악의를 나타내는 특징을 가진 유형

② 분열 인격 : 사회적 관계에 거리를 두고 인간관계에 있어 감정을 거의 표현하지 않는 유형

③ 무력 인격 : 즐거움을 느끼지 못하고 쉽게 피로를 느끼며, 열정이 부족하고 신체 감정적 스트레스에 과민한 인격 유형

④ 강박 인격 : 매사에 완벽을 추구하며 과도한 성취지향성, 엄격하거나 지나치게 양심적인 행동을 추구하는 유형

⑤ 순환 인격 : 의기양양하고 명랑한 기분과 의기소침하고 우울한 기분이 외적 또는 내적인 자극 없이 순환적으로 반복되는 유형

문제
부주의 발생 원인별로 방지하는
방법이 옳게 짝지어진 것은?

㉮ 소질적 문제 – 안전교육
㉯ 경험, 미경험 – 적성배치
㉰ 작업 순서의 부자연성 –
  인간공학적 접근방법
㉱ 의식우회 – 작업환경 개선

[해설]
㉮ 소질적 문제 – 적성 배치
㉯ 경험, 미경험자 – 안전교육
  및 훈련
㉱ 의식의 우회 – 카운슬링

정답 ㉯

🔖기출 ★

＊ 부주의에 의한 사고
방지대책

1. 정신적 대책
  • 주의력 집중 훈련
  • 스트레스 해소 대책
  • 안전의식의 제고
  • 작업 의욕 고취
2. 기능 및 작업 측면 대책
  • 적성배치
  • 표준작업(동작)의
    습관화
  • 안전작업방법의 습득
  • 작업조건의 개선 및
    적응력 향상
3. 설비 및 환경 측면 대책
  • 표준 작업제도의 도입
  • 설비 및 작업환경의
    안전화
  • 긴급 시 안전작업 대책
    수립

(2) 인간 주의특성의 종류 ✄

① 선택성 : 사람은 한 번에 여러 종류의 자극을 지각하거나 수용하지 못하며 소수의 특정한 것으로 한정해서 선택하는 기능을 말한다.
② 방향성 : 시선에서 벗어난 부분은 무시되기 쉽다.
  (주시점만 응시한다)
③ 변동성 : 주의는 리듬이 있어 일정한 수순을 지키지 못한다.
④ 단속성 : 고도의 주의는 장시간 집중이 곤란하다.
⑤ 주의력의 중복집중 곤란 : 동시에 두 개 이상의 방향을 잡지 못한다.

(3) 부주의 원인 ✄

① 의식 단절 : 의식 흐름의 단절(특수한 질병 등에 의한 경우로 의식 수준은 Phase0인 상태)
② 의식 우회 : 걱정, 고뇌 등으로 의식이 빗나감
③ 의식 수준 저하 : 피로, 단조로운 작업의 연속으로 의식수준이 저하됨
④ 의식 혼란 : 외부자극의 강·약에 의해 위험요인에 대응할 수 없을 때 발생
⑤ 의식 과잉 : 긴급 상황 시 일점 집중 현상을 일으킨다.

(4) 부주의의 원인과 대책 ✄

① 소질적 문제 : 적성 배치
② 의식의 우회 : 카운슬링
③ 경험, 미경험자 : 안전교육, 훈련
④ 작업환경 조건 불량 : 환경 정비
⑤ 작업순서의 부적당 : 작업순서 정비

03 집단관리와 리더십

주/요/내/용 알/고/가/기

1. 리더십(leadership)의 유형   2. 리더십의 권한의 역할
3. 리더십과 헤드십의 특성

1 리더십(leadership)의 유형

(1) 업무 추진의 방식에 따른 분류 ✄

① 권위주의적 리더 : 리더가 독단적으로 의사를 결정하는 형태
② 민주주의적 리더 : 집단토의에 의해 의사를 결정하는 형태
③ 자유방임적 리더 : 리더 역할은 하지 않고 명목상 자리만 유지하는
   형태(집단에게 완전한 자유를 주고 사실상 리더십의 행사가 없는
   형태)

(2) 행동유형 방식에 따른 분류

① 참여적 리더십 : 부하들과 상담하여 부하의견을 고려하는 형태
② 지시적 리더십 : 지도자는 독선적이며 조직 구성원들을 보상–체벌
   의 연속선상에서 명령하고 통제한다.
③ 지원적 리더십 : 우호적이며 친밀감이 강하고 부하의 의사 표현을
   존중하는 형태
④ 성취지향적 리더십 : 도전적 목표설정을 강조하고 부하능력을 신
   뢰하는 형태
⑤ 셀프 리더십 : 부하들의 역량을 개발하여 부하들로 하여금 자율적
   으로 업무를 추진하게 하고, 스스로 자기조절능력을 갖게 하는 형태

(3) 리더의 행동유형 중 관리그리드 이론 ✄

(1.1)형	(1.9)형	(9.1)형	(5.5)형	(9.9)형
무관심형	인기형	과업형	타협형	이상형

* (x,y)형에서 x는 과업의 관심도를, y는 인간관계의 관심도를 나타낸다.

2 리더십의 권한의 역할 ✄

(1) 보상적 권한 : 지도자가 부하에게 보상할 수 있는 능력

(2) 강압적 권한 : 지도자가 부하들을 처벌할 수 있는 권한

(3) 합법적 권한 : 조직의 규정에 의해 공식화된 권한

🔑 기출

* 리더십(leadership)
  집단목표 달성을 위해
  구성원으로 하여금 자
  발적으로 협조하도록 하
  는 기술 및 영향력을 말
  한다.

📖 참고

리더십을 결정하는 3가지
요소
① 부하의 특성과 행동
② 리더의 특성과 행동
③ 리더십이 발생하는
   상황의 특성

📝 문제

리더십의 특성 조건에 속하지
않는 것은?
㉮ 기계적 성숙
㉯ 혁신적 능력
㉰ 표현능력
㉱ 대인적 숙련

[해설]
㉮ 기계적 성숙은 기계를 다루
   는 작업자에게 필요한 능력
   이다.

정답 ㉮

📝 문제

리더십(Leadership)을 정의한
것 가운데 잘못 정의된 것은?
㉮ 집단목표를 위해 스스로 노
   력하도록 사람에게 영향력
   을 행사한 활동
㉯ 어떤 특정한 목표달성을 지
   향하고 있는 상황하에서 행
   사되는 대인간의 활동
㉰ 공통된 목표달성을 지향하
   도록 사람에게 영향을 미치
   는 것
㉱ 주어진 상황 속에서 목표 달
   성을 위해 개인 활동에만 영
   향을 미치는 과정

[해설]
㉱ 목표 달성을 위해 집단행동
   에 영향을 미치는 과정을 리
   더십이라 한다.

정답 ㉱

◎기출 ★

* 조직이 지도자에게 부여하는 권한
  • 보상적 권한
  • 강압적 권한
  • 합법적 권한

* 지도자 자신이 자기에게 부여하는 권한 위임된 권한, 전문성의 권한

🔍용어정의

* 헤드십(headship) 구성원의 자발적 협력에서가 아니라 권력의 조직화된 체제에 의해서 집단 기능이 수행되는 형태이다.

(4) **위임된 권한** : 부하직원들이 지도자를 따르고 지도자와 함께 일하는 것

(5) **전문성의 권한** : 지도자가 집단 목표수행에 전문적인 지식을 갖고 있는가와 관련한 권한

3 헤드십(headship)

(1) 헤드십의 특성

① 권한 근거는 공식적이다.
② 상사와 부하와의 관계는 지배적, 종속적이다.
③ 상사와 부하와의 사회적 간격은 넓다.
④ 지휘 형태는 권위주의적이다.

(2) 리더십과 헤드십의 특성 ✈

구분	리더십	헤드십
권한 행사	선출된 리더	임명적 헤드
권한 부여	밑으로부터의 동의	위에서 위임
권한 귀속	집단 목표에 기여한 공로인정	공식화된 규정에 의함
상하, 부하 관계	개인적인 영향	지배적임
부하와의 관계	좁음	넓음
지휘형태	민주주의적	권위주의적
책임귀속	상사와 부하	상사
권한근거	개인적	법적, 공식적

4 사기와 집단역학

(1) 집단의 유형

구분	특징	예
1차 집단 (primary group)	• 면대면 상호작용과 집단 구성원 간의 상호의존과 동일시를 중요시한다. • 작고 오래 지속되는 집단의 형태이다.	가족, 친한 친구 등
2차 집단 (secondary group)	보다 복잡한 사회에서 나타나는 비교적 크고 공식적으로 조직되는 사회집단이다.	직장동료, 모임 등

(2) 집단의 기능 ✈

① **응집력** : 집단 내부로부터 생기는 힘
② **행동의 규범** : 그 집단을 유지하며, 집단의 목표를 달성하는 데 필수적인 것으로서 자연 발생적으로 성립되는 것이다.
③ **집단의 목표** : 집단을 형성하기 위한 기본 조건으로 가장 중요한 요소는 특정 목표를 지녀야 한다.

04 생체리듬과 피로

주/요/내/용 알/고/가/기

1. 산소부채(oxygen debt)현상
2. 피로의 측정법
3. 에너지 대사율(RMR)
4. 작업강도 구분에 따른 RMR
5. 휴식시간
6. 바이오리듬의 종류

1 피로의 증상 및 대책

(1) 산소부채(oxygen debt)현상 ✄

격렬한 작업이나 운동을 할 때에는 산소 섭취량이 산소 소모량보다 부족하게 되어 산소량이 산소부채(산소빚)를 일으킨다. 작업이나 운동 시 빚진 산소 부족분을 작업이나 운동이 끝난 후에 갚기 위해 작업이나 운동 후 호흡이 즉시 정상으로 회복되지 않고 서서히 회복되는 산소부채의 보상현상이 발생한다.

2 피로의 측정법

(1) 생리학적 측정방법 ✄

감각기능, 반사기능, 대사기능 등을 이용한 측정법

① EMG(electromyogram; 근전도) : 근육활동 전위차의 기록
② ECG(electrocardiogram; 심전도) : 심장근 활동 전위차의 기록
③ ENG 또는 EEG(electroneurogram; 뇌전도) : 신경활동 전위차의 기록
④ EOG(electrooculogram; 안전도) : 안구(眼球)운동 전위차의 기록
⑤ 산소소비량
⑥ 에너지 소비량(RMR)
⑦ 피부전기반사(GSR)
⑧ 점멸 융합 주파수(플리커법, 어름거림 검사)

(2) 심리학적 측정방법

동작분석, 연속반응시간, 자세변화, 주의력, 집중력 등을 이용한 측정법

(3) 생화학적 측정방법

혈액, 뇨 중의 스테로이드량, 아드레날린 배설량 등 측정

참고

* CFF(Critical Flicker Fusion) : 플리커테스트 (점멸융합주파수)
• 피곤해지면 시각이 둔화되는 성질을 이용한 피로도 평가방법으로 시중추나 망막시신경의 감도가 좋을 때는 높은 수치를 나타낸다.
• 수치가 낮을수록 시각계의 피로가 높은 상태임을 나타내는 피로의 감각기능검사 방법이다.

3 작업강도와 피로

(1) 에너지 대사율(RMR) ✄✄

① 작업강도는 에너지 대사율로 나타낸다.

RMR의 계산
$RMR = \dfrac{노동대사량}{기초대사량} = \dfrac{작업시의 소비\ energy - 안정시 소비\ energy}{기초대사량}$

② 작업시의 소비에너지는 작업 중에 소비한 산소의 소모량으로 측정한다.

③ 안정시의 소비에너지는 의자에 앉아서 호흡하는 동안에 소비한 산소의 소모량으로 측정한다.

(2) 작업강도 구분에 따른 RMR ✄✄

RMR의 구분
경작업(輕작업, 가벼운 작업) : 1~2
중작업(中작업, 보통 작업) : 2~4
중작업(重작업, 힘든 작업) : 4~7
초중작업(超重작업, 굉장히 힘든 작업) : 7 이상

(3) 휴식시간 ✄✄

휴식시간의 계산
$휴식시간(R) = \dfrac{60 \times (E-5)}{E-1.5}\ [분]$

- 1.5 : 휴식 중의 에너지 소비량
- 5(kcal/분) : 기초대사량을 포함한 보통 작업에 대한 평균 에너지(기초대사량을 포함하지 않을 경우 : 4kcal/분)
- 60(분) : 작업시간
- E(kcal/분) : 주어진 작업 시 필요한 에너지

4 생체리듬(biorhythm)

(1) 바이오리듬의 종류

육체적 리듬(P)	• 23일 주기 • 청색의 실선으로 표시 • 식욕, 소화력, 활동력, 지구력 등을 나타냄
감성적 리듬(S)	• 28일 주기 • 적색의 점선으로 표시 • 감정, 주의심, 창조력, 희로애락 등을 나타냄
지성적 리듬(I)	• 33일 주기 • 녹색의 일점쇄선으로 표시 • 상상력, 사고력, 기억력, 인지력, 판단력 등을 나타냄

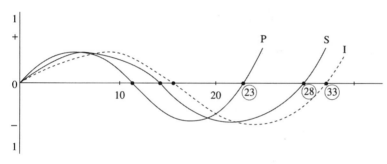

* Sine곡선의 (+) → (−)로 변화하는 점이 위험일이다.
* 안정기(+)와 불안정기(−)의 교차점을 위험일이라 한다.
* 1달에 6일 정도 위험일이 존재한다.

(2) 생체리듬의 변화 ✘

① 야간에는 체중이 감소한다.
② 야간에는 말초 운동 기능이 저하된다.
③ 체온, 혈압, 맥박수는 주간에 상승하고 야간에 감소한다.
④ 혈액의 수분과 염분량은 주간에 감소하고 야간에 증가한다.

안전보건교육의 내용 및 방법

01 교육의 필요성과 목적

주/요/내/용 알/고/가/기

1. 교육 지도의 원칙　　　　2. 학습이론
3. 전이　　　　　　　　　4. 적응기제
5. 슈퍼(SUPER D.E)의 역할이론　6. 교육의 3요소
7. 교육의 3단계　　　　　8. 교육 진행 4단계

① 안전교육 목적 및 필요성

(1) 안전교육 실시 목적

① 인간정신의 안전화　　　② 인간행동의 안전화
③ 환경의 안전화　　　　　④ 설비물자의 안전화
⑤ 생산성 및 품질향상 기여　⑥ 직·간접적·경제적 손실 방지
⑦ 작업자를 산업재해로부터 보호

(2) 안전교육의 필요성

① 지식 교육
　• 재해발생의 원리를 통한 안전의식 향상
　• 작업에 필요한 안전규정 및 기준 습득
② 기능 교육
　• 안전작업 기능 향상
　• 위험 예측 및 방호장치 관리 능력 향상
③ 태도 교육
　• 표준 안전작업방법의 습관화
　• 지시전달 확인 등 안전태도의 습관화

(3) 교육 지도의 원칙 ✖

① 상대방(피교육자) 입장에서 교육
　• 피교육자(학생)가 교육 내용을 충분히 이해할 수 있도록 교육한다.
　• 피교육자(학생)의 지식이나 기능 정도에 맞게 교육한다.
② 동기부여
　• 가르치기에 앞서서 상대방으로부터 알려고 하는 의욕을 일어나게
　 하는 것이 중요하다.

- 동기유발의 최적 수준을 유지한다.
- 상과 벌을 준다.
- 안전목표를 명확히 설정하고 결과를 알려준다.
- 경쟁과 협동을 유발한다.

③ 반복교육
- 인간은 교육을 실시한 후 1시간이 경과하면 교육내용의 50%를 망각하게 되므로 반복하여 교육한다.
- 지식은 반복에 의해 기억된 후 무의식 중에 행동으로 표현된다.

④ 쉬운 것에서부터 어려운 것으로 진행
- 쉬운 부분에서 점차 어려운 부분으로 교육을 진행한다.

⑤ 한 번에 한 가지씩 교육
- 교육순서에 따라 한 번에 한 가지씩 교육한다.

⑥ 인상의 강화
- 특히 중요한 것은 재 강조한다.
- 보조재 및 현장사진, 사고사례 등을 활용한다.

⑦ 5감의 활용

구분	시각	청각	촉각	미각	후각
교육효과	60%	20%	15%	3%	2%

⑧ 기능적인 이해
- 기술 교육 과정에서 가장 중요한 것이 기능적인 이해이다. '왜 그렇게 되어야 하는가?'하는 문제에 관하여 기능적으로 이해시켜야 한다.

② 학습이론

(1) 자극과 반응이론(S-R이론) ✰

학습이란 어떤 자극(S)에 대해서 생체가 나타내는 특정 반응(R)의 결합으로 이루어진다는 학습이론으로 Thorndike가 이 이론의 시초라고 할 수 있다.

① 돈다이크(Thorndike)의 학습의 법칙(시행착오설) ✰ : 학습이란 맹목적인 시행을 되풀이하는 가운데 자극과 반응의 결합의 과정이다.
- 준비성의 법칙
- 연습 또는 반복의 법칙
- 효과의 법칙

② 파블로프의 조건반사설(자극과 반응이론 : S-R이론) ✰✰ : 유기체에 자극을 주면 반응함으로써 새로운 행동이 발달된다.
- 일관성의 원리
- 시간의 원리
- 계속성의 원리
- 강도의 원리

문제
안전교육의 피교육자의 심리상태를 이해하기 위한 내용과 거리가 먼 것은 어느 것인가?
㉮ 긴장감을 제거해줄 것
㉯ 교육자의 입장에서 가르칠 것
㉰ 안심감을 줄 것
㉱ 믿을 수 있는 내용으로 쉽게 할 것

[해설]
㉯ 피교육자(학생)의 입장에서 가르칠 것

정답 ㉯

○기출
※ 안전 동기를 유발시킬 수 있는 방법
① 동기유발의 최적수준을 유지한다.
② 상과 벌을 준다.
③ 안전목표를 명확히 설정하고 결과를 알려준다.
④ 경쟁과 협동을 유발한다.

참고
※ 교육지도의 5단계
원리의 제시 → 관련된 개념의 분석 → 가설의 설정 → 자료의 평가 → 결론

문제
시행착오설에 의하면 "학습이란 맹목적인 시행을 되풀이하는 가운데 자극과 반응의 결합의 과정이다."로 정의하고 있다. 다음 중 시행착오설에 의한 학습의 원칙이 아닌 것은?
㉮ 연습의 법칙
㉯ 효과의 법칙
㉰ 동일성의 법칙
㉱ 준비성의 법칙

정답 ㉰

③ 스키너의 조작적 조건화설 : 강화에 의해 행동을 변화시킴
- 반응을 할 때마다 강화를 주는 것보다 간헐적으로 강화를 제공하는 것이 효과적이다.
- 벌이나 혐오자극보다 칭찬, 격려 등 긍정적 강화물이 학습에 효과적이다.
- 반응을 보인 후 즉시 강화물을 제공하는 것이 효과적이다.

④ 반두라(Bandura)의 사회학습이론
- 개인은 직접적인 경험이 아닌 관찰을 통해서도 학습을 할 수 있으며, 대부분의 학습이 다른 사람의 행동을 관찰하고 모방한 결과 일어난다.
- 다른 아동이 보상이나 벌을 받는 것을 관찰함으로써 간접적인 강화(대리적 강화)를 받는다.

(2) 하버드학파의 교수법 ✖

1단계		2단계		3단계		4단계		5단계
준비 시킨다.	⇨	교시 시킨다.	⇨	연합 한다.	⇨	총괄 한다.	⇨	응용 시킨다.

(3) 톨만(Tolman)의 기호형태설 ✖

- 학습은 환경에 대한 인지 지도를 신경조직 속에 형성시키는 것이다.
- 학습은 자극과 자극 사이에 형성된 결속이다.
  [S-S(Sign-Signification)이론]
- 톨만은 문제사태의 인지를 학습에 있어서 가장 필요한 조건이라고 생각하였다. 그는 학습의 목표를 의미체라 하고 그것을 달성하는 수단이 되는 대상을 기호라고 부르고, 이 양자간의 수단, 목적 관계를 기호-형태라고 칭하였다.

(4) 학습지도의 원리 ✖

① 자발성의 원리 : 학습자 스스로가 능동적으로 학습활동에 의욕을 가지고 참여하도록 하는 원리
② 개별화의 원리 : 학습자를 존중하고, 학습자 개개인의 능력, 소질, 성향 등 모든 발달가능성을 신장시키려는 원리
③ 목적의 원리 : 학습자는 학습목표가 분명하게 인식되었을 때 자발적이고 적극적인 학습활동을 하게 된다.
④ 사회화의 원리 : 학교교육을 통하여 학생들이 사회화되어 유용한 사회인으로 육성시키고자 하는 교육이다.

⑤ 통합화의 원리 : 학습자를 전체적 인격체로 보고 그에게 내제하여 있는 모든 능력을 조화적으로 발달시키기 위한 생활중심의 통합교육을 원칙으로 하는 원리

(5) 학습경험선정의 원리

① 기회의 원리 : 교육목표를 달성하기 위해서는 학습자가 스스로 해볼 수 있는 기회를 가져야 한다.
② 만족의 원리(동기유발의 원리) : 학생들이 해보는 과정에서 만족감을 느낄 수가 있어야 한다.
③ 가능성의 원리 : 학생들에게 요구되는 행동이 현재능력 성취 발달 수준에 맞아야 한다.
④ 다목적달성의 원리 : 여러 가지의 목표를 동시에 달성하는 데 도움을 주도록 한다.
⑤ 협동의 원리 : 함께 활동할 수 있는 기회를 주어야 한다.

(6) 존 듀이(John Dewey)의 5단계 사고 과정

① 1단계 : 문제의 제기 – 시사 받는다.(Suggestion)
② 2단계 : 문제의 인식 – 머리로 생각한다.(Intellectualization)
③ 3단계 : 현상 분석(조사) – 가설을 설정한다.(Hypothesis)
④ 4단계 : 가설 정렬 – 추론한다.(Reasoning)
⑤ 5단계 : 가설 검증 – 행동에 의해 가설을 검토한다.

3 학습조건

(1) 전이 ✦

한 상황에서 실시한 학습이 다른 상황의 학습에 영향을 끼치는 현상

앞에 실시한 교육이 뒤에 실시한 학습을 방해하는 조건 ✦

① 학습의 정도 : 앞의 학습이 불완전할 경우
② 유사성 : 앞뒤의 학습내용이 비슷한 경우
③ 시간적 간격
 • 뒤의 학습을 앞의 학습 직후에 실시하는 경우
 • 앞의 학습내용을 제어하기 직전에 실시하는 경우
④ 학습자의 태도
⑤ 학습자의 지능

> **참고**
> ＊ 학습경험 조직의 원리
> ① 계속성의 원리 : 중요한 학습경험을 반복을 통해 강화하는 것
> ② 계열성의 원리 : 학습경험의 요인들이 깊이와 넓이에 있어 점진적으로 증가하는 것
> ③ 통합성의 원리 : 여러 학습경험들 간에 상호 보완적 관계를 유지하고 여러 과목을 조화롭게 배열하는 것
> ④ 균형성의 원리 : 학습경험의 균형
> ⑤ 다양성의 원리 : 학생들의 요구나 흥미, 능력이 반영될 수 있도록 다양하고 융통성 있는 학습경험을 조직하도록 한다.
> ⑥ 보편성의 원리 : 건전한 민주시민의 요소를 기를 수 있도록 학습경험이 조직되어야 한다.

> **문제**
> 경험한 내용이나 학습된 행동을 다시 생각하여 작업에 적용하지 아니하고 방치함으로써 경험의 내용이나 인상이 약해지거나 소멸되는 현상은?
> ㉮ 착각
> ㉯ 훼손
> ㉰ 망각
> ㉱ 단절
>
> [해설]
> 경험의 내용이나 인상이 약해지거나 소멸되는 현상→망각
>
> 정답 ㉰

(2) 기억의 과정 ✖

| 기명 | ⇨ | 파지 | ⇨ | 재생 | ⇨ | 재인 |

① **기억** : 과거 행동이 미래 행동에 영향을 줌
② **기명** : 사물의 인상을 마음에 간직함
③ **파지** : 인상이 보존됨
④ **재생** : 보존된 인상이 떠오름
⑤ **재인** : 과거에 경험했던 것과 비슷한 상황에서 떠오르는 현상

(3) 망각

경험한 내용이나 학습된 내용을 다시 생각하여 작업에 적용하지 아니하고 방치함으로써 경험의 내용이나 인상이 약해지거나 소멸되는 현상

① 학습된 내용은 학습 직후의 망각률이 가장 높다.
② 의미 없는 내용은 의미 있는 내용보다 빨리 망각한다.
③ 사고를 요하는 내용이 단순한 지식보다 망각이 적다.
④ 연습은 학습한 직후에 시키는 것이 효과가 있다.

(4) 적응기제 ✖

방어적 기제		도피적 기제	
• 보상	• 합리화	• 고립	• 퇴행
• 동일시	• 승화	• 억압	• 백일몽

○기출

＊ 역할 갈등의 원인
① 역할 마찰
② 역할 부적합
③ 역할 모호성
④ 역할 긴장

(5) 슈퍼(SUPER D.E)의 역할이론 ✖

① 역할 연기(Role playing)
   자아 탐색인 동시에 자아실현의 수단이다.
② 역할 기대(Role expection)
   자기 자신의 역할을 기대하고 감수하는 자는 자기 직업에 충실하다고 본다.
③ 역할 조성(Role shaping)
   여러 가지 역할이 발생 시 그 중 어떤 역할에는 불응 또는 거부감을 나타내거나 또 다른 역할에는 적응하여 실현키 위해 일을 구할 때 발생한다.
④ 역할 갈등(R. K troubling)
   작업 중 서로 상반된 역할이 기대될 경우 갈등이 발생한다.

02 교육방법

1 OJT와 OFF JT의 특징 ✄

(1) OJT(On The Job Training)

직속 상사가 부하 직원에게 일상 업무를 통하여 지식, 기능, 문제해결 능력 및 태도 등을 교육하는 방법으로 개별교육에 적합하다.

(2) OFF JT(Off The Job Training)

외부 강사를 초청하여 근로자를 일정한 장소에 집합시켜 실시하는 교육 형태로서 집합교육에 적합하다.

OJT의 특징 ✄	① 개개인에게 적절한 훈련이 가능하다. ② 직장의 실정에 맞는 훈련이 가능하다. ③ 교육효과가 즉시 업무에 연결된다. ④ 훈련에 대한 업무의 계속성이 끊어지지 않는다. ⑤ 상호 신뢰 이해도가 높다.
OFF JT의 특징 ✄	① 다수의 근로자들에게 훈련을 할 수 있다. ② 훈련에만 전념하게 된다. ③ 특별설비기구 이용이 가능하다. ④ 많은 지식이나 경험을 교류할 수 있다. ⑤ 교육 훈련 목표에 대하여 집단적 노력이 흐트러질 수 있다.

2 전습법과 분습법

(1) 전습법

① 망각이 적다.   ② 반복이 적다.
③ 연합이 생긴다. ④ 시간과 노력이 적다.

용어정의
* 전습법
  학습내용을 처음부터 끝까지 완전히 습득할 때까지 학습하는 방법

(2) 분습법

① 학습효과가 빠르다.

② 길고 복잡한 학습에 적합하다.

③ 주의와 집중력의 범위를 좁히는데 적합하다.

3 관리감독자 대상 교육

(1) TWI(Training Within Industry) ✄

① 대상 : 일선관리감독자 대상 교육

② 교육시간 : 1일 2시간씩 5일간(총 10시간) 실시한다.

③ 교육방법 : 토의식과 실연법을 중심으로 한다.

TWI 교육과정(교육내용) ✄✄
① 작업 방법 기법(Job Method Training : JMT)
② 작업 지도 기법(Job Instruction Training : JIT)
③ 인간 관계관리 기법 or 부하통솔법(Job Relations Training : JRT)
④ 작업 안전 기법(Job Safety Training : JST)

(2) MTP(Management Training Program)

① 대상 : 중간계층관리자 대상 교육

② 교육시간 : 2시간씩 20회에 걸쳐 40시간 훈련한다.

(3) ATT(American Telephone & Telegraph Company)

① 대상 : 한정되어 있지 않고 한 번 교육을 이수한 자는 부하에게 지도가 가능하다.

② 교육시간 : 1차 훈련은 1일 8시간씩 2주간 실시하며, 2차 과정은 문제가 발생할 때마다 실시한다.

③ 토의식 방식으로 진행한다.

(4) CCS(Civil Communication Section)

① 대상 : 최고층 관리감독자 대상 교육

② 교육시간 : 매주 4일, 4시간씩으로 8주간(합계 128시간) 실시

③ 강의법에 토의법이 가미된 방식

4 학습목적

(1) 학습목적의 3요소

① 학습목표(goal) : 학습을 통하여 달성하려는 지표를 말한다.
(학습목적의 핵심)

② 주제(subject) : 목적달성을 위한 중심내용을 의미한다.

③ 학습정도(level of learning) : 주제를 학습시킬 때 내용범위와 내용의 정도를 뜻한다.

[학습의 정도 4단계 ✦]

① 인지(to acquaint)	~을 인지하여야 한다.
② 지각(to know)	~을 알아야 한다.
③ 이해(to understand)	~을 이해하여야 한다.
④ 적용(to apply)	~을 ~에 적용할 수 있어야 한다.

(2) 학습의 전개과정

① 쉬운 것부터 어려운 것으로 학습한다.

② 과거에서 현재, 미래의 순으로 학습한다.

③ 많이 사용하는 것에서 적게 사용하는 순으로 학습한다.

④ 간단한 것에서 복잡한 것으로 학습한다.

⑤ 전체에서 부분으로 학습한다.

⑥ 기지에서 미지로 학습한다.

5 교육의 단계

(1) 교육의 3요소 ✦

	교육의 주체	교육의 객체	교육의 매개체
형식적 교육	강사	학생(수강자)	교재(학습내용)
비형식적 교육	부모, 형, 선배, 사회인사	자녀와 미성숙자	교육적 환경 인간관계

(2) 교육의 3단계 ✦

① 제1단계(지식교육)

강의 및 시청각 교육 등을 통하여 지식을 전달하는 단계

② 제2단계(기능교육)

시범, 견학, 현장실습 교육 등을 통하여 경험을 체득하는 단계

기출 ★

* 학습성과
학습 목적을 세분화하여 구체적으로 결정한 것을 말한다.

기출

* 학습성과 설정 시 유의사항
① 객관적 입장에서 구체적으로 서술
② 학습목적에 적합하고 타당해야 한다.
③ 주제가 포함되어야 한다.
④ 학습정도가 포함되어야 한다.

참고

1. 엔드라고지 모델에 기초한 학습자로서의 성인의 특징
① 성인들은 과제(문제) 중심적으로 학습하고자 한다.
② 성인들은 자기 주도적으로 학습하고자 한다.
③ 성인들은 많은 다양한 경험을 가지고 학습에 참여한다.
④ 성인들은 왜 배워야 하는지에 대해 알고자 하는 욕구를 가지고 있다.

2. 성인학습의 원리
① 자기주도성의 원리
② 자발학습의 원리
③ 상호학습의 원리
④ 참여교육의 원리

기출

* 기능교육의 3원칙
• 준비철저
• 위험작업의 규제
• 안전작업의 표준화

참고

* 교육지도의 5단계
  • 1단계 : 원리의 제시
  • 2단계 : 관련된 개념의 분석
  • 3단계 : 가설의 설정
  • 4단계 : 자료의 평가
  • 5단계 : 결론

③ 제3단계(태도교육)

작업 동작 지도 등을 통하여 안전 행동을 습관화 하는 단계

[태도교육 실시 순서 ✗]

청취한다. ⇨ 이해, 납득 시킨다. ⇨ 모범을 보인다. ⇨ 권장한다. ⇨ 평가한다. (상과 벌)

(3) 교육진행 4단계 ✗

단계	교육방법
제 1단계 : 도입 (학습할 준비를 시킨다)	• 마음을 안정시킨다. • 무슨 작업을 할 것인가를 말해준다. • 그 작업에 대해 알고 있는 정도를 확인한다. • 작업을 배우고 싶은 의욕을 갖게 한다. • 정확한 위치에 자리잡게 한다.
제 2단계 : 제시 (작업을 설명한다)	• 주요 단계를 하나씩 설명해주고, 시범해 보이고, 그려 보인다. • 급소를 강조한다. • 확실하게, 빠짐없이, 끈기 있게 지도한다.
제 3단계 : 적용 (작업을 시켜본다)	• 작업을 지켜보고 잘못을 고쳐준다. • 작업을 시키면서 설명하게 한다. • 다시 한 번 시키면서 급소를 말하게 한다. • 확실히 알았다고 할 때까지 확인한다. • 이해할 수 있는 능력 이상으로 강요하지 않는다.
제 4단계 : 확인 (가르친 뒤 살펴본다)	• 일에 임하도록 한다. • 모르는 것이 있을 때는 물어 볼 사람을 정해 둔다. • 질문을 하도록 분위기를 조성한다. • 점차 지도 횟수를 줄여간다.

기출

교시법의 4단계
도입
(준비단계)
↓
실연
(일을 하여 보이는 단계)
↓
실습
(일은 시켜보는 단계)
↓
확인
(보습지도의 단계)

기출

안전교육의 효과 순서
지식변화 → 기능변화 →
태도변화 → 개인행동변화
→ 집단행동변화

03 교육실시 방법

주/요/내/용 알/고/가/기

1. 강의법의 장·단점
2. 토의법의 장·단점
3. 실연법과 모의법의 정의
4. 프로그램학습법의 장·단점
5. 토의식 교육법의 종류별 특징

1 교육실시 방법의 종류

(1) 강의법

강사가 중심이 되어 학습자들에게 지식, 개념, 사실 등의 정보를 제공하는 것을 목적으로 하여 해설방식으로 진행하는 학습지도 형태

[강의법의 장·단점]

장점	• 새로운 기술, 지식, 정보를 체계적으로 전달할 수 있다. • 많은 양의 정보를 전달할 수 있다. • 한 사람의 강사가 많은 학생을 지도할 수 있다. (교육의 경제성이 높다) • 구체적인 사실적 정보의 제공과 요점을 파악하기에 효율적이다.
단점	• 학습자의 이해수준을 알 수가 없다. • 학습자의 성향을 고려할 수 없다. • 학습자의 능동적 참여를 기대할 수 없다. • 강사의 지식 수준에서 모든 것이 이루어지기 때문에 학습자에게 끼치는 영향이 크다. • 상대적으로 피드백이 부족하다.

◉기출

* 강의법 ★
제시단계에서 가장 많은 시간을 소비한다.

* 토의법 ★
적용단계에서 가장 많은 시간을 소비한다.

(2) 토의법

• 집단구성원들이 특정한 문제에 대하여 서로 의견을 발표하면서 올바른 결론에 도달하는 학습방법이나.
• 간단한 정보나 지식의 습득보다는 인지능력의 함양에 적합하다.

[토의법의 장·단점]

장점	• 학습자의 적극적인 참여를 통해 학습동기와 흥미를 유발시킬 수 있다. • 자기 스스로 사고하는 능력 및 표현력을 키울 수 있다. • 자신의 생각에 대한 타당성을 검증하는 기회를 얻을 수 있다. • 사회적 기능 및 태도를 형성시킬 수 있다. • 강사가 학습자의 이해 정도를 파악하기 쉽다.
단점	• 시간이 많이 소요된다. • 철저한 사전준비와 체계적인 관리에도 불구하고 예측하지 못한 상황이 발생할 수 있다. • 집단 구성원 수에 한계가 있다. • 다양하고 많은 양의 정보를 다루기에 어려움이 있다. • 내용에 대한 사전 지식이 필요하다.

참고

※ 모의법의 단점
1. 단위시간 당 교육비가 비싸고 시간의 소비가 많다.
2. 시설의 유지비가 많다.
3. 학생 대 교사의 비율이 높다.

(3) 실연법 ✈

학습자가 이미 설명을 듣거나 시범을 보고 알게 된 지식이나 기능을 강사의 감독 아래 직접적으로 연습해 적용케 하는 교육방법이다.

(4) 모의법 ✈

실제의 장면이나 상태와 극히 유사한 사태를 인위적으로 만들어 그 속에서 학습토록 하는 교육방법이다.

(5) 프로그램 학습법

학생이 혼자서 자기능력과 시간, 학습속도에 맞추어 학습할 수 있도록 프로그램 학습자료를 이용하여 학습하는 형태이다.

[프로그램 학습법의 장·단점 ✈]

장점	• 기본 개념학습이나 논리적인 학습에 유리하다. • 지능, 학습속도 등 개인차를 고려할 수 있다. • 수업의 모든 단계에 적용이 가능하다. • 수강자들이 학습이 가능한 시간대의 폭이 넓다. • 매 학습마다 피드백을 할 수 있다. • 학습자의 학습과정을 쉽게 알 수 있다.
단점	• 한 번 개발된 프로그램 자료는 변경이 어렵다. • 개발비가 많이 들고 제작 과정이 어렵다. • 교육 내용이 고정되어 있다. • 학습에 많은 시간이 걸린다. • 집단 사고의 기회가 없다.

(6) 시청각 교육법

• 라디오·텔레비전·견학 등 다양한 시청각 교육매체를 이용하여 학습자의 감각기관을 통해 학습효과를 높이기 위한 학습방법
• 교육 대상자수가 많고 교육 대상자의 학습능력의 차가 큰 경우 집단 안전교육 방법으로 가장 효과적이다. ✈
• 학습자들에게 공통의 경험을 형성시켜 줄 수 있다.

기출

※ 구안법(Project method)의 장점
① 창조력이 생긴다.
② 동기부여가 충분하다.
③ 현실적인 학습방법이다.

[Project method의 실시 순서]

1단계		2단계		3단계		4단계
목적	⇨	계획	⇨	수행	⇨	평가

(7) 구안법(Project method)

학습자가 마음 속에 생각하고 있는 것(자신의 목표)을 구체적으로 실천하기 위하여 스스로 계획을 세워 수행하는 학습활동이다.

(8) 문제법(Problem Method)

• 새로운 문제에 당면했을 때 그 문제를 해결하는 과정에서 이루어지는 학습방법

- 학생이 현실에서 당면하는 여러 문제들을 해결해가는 과정 중 지식, 기능, 태도 등을 종합적으로 획득하도록 하는 학습법이다.

[Problem Method의 실시 순서]

1단계		2단계		3단계		4단계		5단계
문제의 인식	⇨	해결방법의 연구 계획	⇨	자료의 수집	⇨	해결방법의 실시	⇨	정리와 결과의 검토

② 토의식 교육법의 종류 ✖

(1) 사례연구법(Case Study : Case Method)

- 먼저 사례를 제시, 문제적 사실들과 그의 상호관계에 대해서 검토하고 대책을 토의하는 학습법이다. ✖
- 하버드대학에서 개발한 기법으로 고도의 판단력을 양성할 수 있다.

사례연구법의 장점
• 학습에 흥미가 있고, 학습동기를 유발할 수 있다. • 현실적인 문제의 학습이 가능하다. • 관찰력과 분석력을 높일 수 있다. • 의사소통 기술이 향상된다. • 문제를 다양한 관점에서 바라보게 된다.

(2) 롤 플레잉(Role Playing)

롤 플레잉(역할연기)은 참가자에게 일정한 역할을 주어서 실제적으로 연기를 시켜봄으로써 자기의 역할을 보다 확실히 인식시키는 방법이다.

(3) 포럼(Forum) ✖

새로운 자료나 교재를 제시, 거기서의 문제점을 피교육자로 하여금 제기하게 하여 발표하고 토의하는 방법이다.

(4) 심포지엄(Symposium) ✖

몇 사람의 전문가에 의하여 과제에 관한 견해를 발표한 뒤 참가자로 하여금 의견이나 질문을 하게 하여 토의하는 방법이다.

(5) 패널 디스커션(Panel discussion) ✖

패널 멤버(교육과제에 정통한 전문가 4~5명)가 피교육자 앞에서 토의를 하고, 뒤에 피교육자 전원이 참가하여 사회자의 사회에 따라 토의하는 방법이다.

(6) 버즈 세션(Buzz Session) ✖

- 6-6 회의
- 사회자와 기록계를 선출한 후 6명씩의 소집단으로 구분하고, 소집단별로 6분씩 자유토의를 행하여 의견을 종합하는 방법이다.

> **✎참고**
>
> ✽ 롤 플레잉의 장점
> - 관찰능력을 높이고 감수성이 향상된다.
> - 자기의 태도에 반성과 창조성이 생긴다.
> - 의견 발표에 자신이 생기고 고찰력이 풍부해진다.

04 | 안전보건 교육

1 안전보건관리책임자 등에 대한 직무교육 ✖

참고

* 사업장 내 안전 · 보건 교육을 통한 근로자 체득 능력

① 잠재위험 발견 능력
② 비상사태 대응 능력
③ 직면한 문제의 사고 발생 가능성 예지 능력

다음 각 호의 어느 하나에 해당하는 사람은 해당 직위에 선임(위촉의 경우를 포함)되거나 채용된 후 3개월(보건관리자가 의사인 경우는 1년) 이내에 직무를 수행하는 데 필요한 신규교육을 받아야 하며, 신규교육을 이수한 후 매 2년이 되는 날을 기준으로 전후 6개월 사이에 고용노동부장관이 실시하는 안전보건에 관한 보수교육을 받아야 한다.

① 안전보건관리책임자
② 안전관리자(「기업활동 규제완화에 관한 특별조치법」에 따라 안전관리자로 채용된 것으로 보는 사람을 포함한다)
③ 보건관리자
④ 안전보건관리담당자
⑤ 안전관리전문기관 또는 보건관리전문기관에서 안전관리자 또는 보건관리자의 위탁 업무를 수행하는 사람
⑥ 건설재해예방전문지도기관에서 지도업무를 수행하는 사람
⑦ 안전검사기관에서 검사업무를 수행하는 사람
⑧ 자율안전검사기관에서 검사업무를 수행하는 사람
⑨ 석면조사기관에서 석면조사 업무를 수행하는 사람

2 안전보건 교육의 교육시간 ✿✿✿

(1) 사업주가 근로자에게 실시해야 하는 안전보건교육의 교육시간

교육과정	교육대상		교육시간
가. 정기교육	1) 사무직 종사 근로자		매반기 6시간 이상
	2) 그 밖의 근로자	가) 판매업무에 직접 종사하는 근로자	매반기 6시간 이상
		나) 판매업무에 직접 종사하는근로자 외의 근로자	매반기 12시간 이상
나. 채용 시의 교육	1) 일용근로자 및 근로계약기간이 1주일 이하인 기간제근로자		1시간 이상
	2) 근로계약기간이 1주일 초과 1개월 이하인 기간제근로자		4시간 이상
	3) 그 밖의 근로자		8시간 이상
다. 작업내용 변경 시의 교육	1) 일용근로자 및 근로계약기간이 1주일 이하인 기간제근로자		1시간 이상
	2) 그 밖의 근로자		2시간 이상
라. 특별교육	1) 일용근로자 및 근로계약기간이 1주일 이하인 기간제 근로자(타워크레인신호작업에 종사하는 근로자 제외)		2시간 이상
	2) 일용근로자 및 근로계약기간이 1주일 이하인 기간제 근로자 중 타워크레인신호작업에 종사하는 근로자		8시간 이상
	3) 일용근로자 및 근로계약기간이 1주일 이하인 기간제 근로자를 제외한 근로자		가) 16시간 이상(최초 작업에 종사하기 전 4시간 이상 실시하고 12시간은 3개월 이내에서 분할하여 실시 가능) 나) 단기간 작업 또는 간헐적 작업인 경우에는 2시간 이상
마. 건설업 기초안전·보건교육	건설 일용근로자		4시간

(2) 관리감독자 안전보건교육

교육과정	교육시간
가. 정기교육	연간 16시간 이상
나. 채용 시 교육	8시간 이상
다. 작업내용 변경 시 교육	2시간 이상
라. 특별교육	16시간 이상(최초 작업에 종사하기 전 4시간 이상 실시하고, 12시간은 3개월 이내에서 분할하여 실시 가능)
	단기간 작업 또는 간헐적 작업인 경우에는 2시간 이상

(3) 안전보건관리책임자 등에 대한 교육(직무교육)

교육대상	교육시간	
	신규교육	보수교육
가. 안전보건관리책임자	6시간 이상	6시간 이상
나. 안전관리자, 안전관리전문기관의 종사자	34시간 이상	24시간 이상
다. 보건관리자, 보건관리전문기관의 종사자	34시간 이상	24시간 이상
라. 건설재해예방 전문지도기관 종사자	34시간 이상	24시간 이상
마. 석면조사기관 종사자	34시간 이상	24시간 이상
바. 안전보건관리담당자	–	8시간 이상
사. 안전검사기관, 자율안전검사기관의 종사자	34시간 이상	24시간 이상

(4) 특수형태 근로 종사자에 대한 안전보건교육

교육과정	교육시간
가. 최초 노무제공 시 교육	2시간 이상(단기간 작업 또는 간헐적 작업에 노무를 제공하는 경우에는 1시간 이상 실시하고, 특별교육을 실시한 경우는 면제)
나. 특별교육	16시간 이상(최초 작업에 종사하기 전 4시간 이상 실시하고 12시간은 3개월 이내에서 분할하여 실시 가능)
	단기간 작업 또는 간헐적 작업인 경우에는 2시간 이상

(5) 검사원 성능검사 교육

교육과정	교육대상	교육시간
성능검사 교육	–	28시간 이상

3 사업주가 근로자에게 실시해야 하는 안전보건교육의 대상별 교육내용

(1) 근로자 정기안전·보건교육 ✿✿✿

근로자의 정기교육 내용

① 산업안전 및 사고 예방에 관한 사항
② 산업보건 및 직업병 예방에 관한 사항
③ 유해·위험 작업환경 관리에 관한 사항
④ 산업안전보건법령 및 산업재해보상보험제도에 관한 사항
⑤ 직무스트레스 예방 및 관리에 관한 사항
⑥ 직장 내 괴롭힘, 고객의 폭언 등으로 인한 건강장해 예방 및 관리에 관한 사항
⑦ 건강증진 및 질병 예방에 관한 사항
⑧ 위험성 평가에 관한 사항

실력이 되고! 합격이 되는! 특급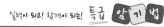

> **공통 항목(관리감독자, 근로자)**
> 1. 근로자는 **법, 산재보상제도**를 알자.
> 2. 근로자는 **건강을 보존(산업보건)**하고 직업병, 스트레스, 괴롭힘, 폭언 예방하자!
> 3. 근로자는 **유해위험 환경을 관리**해서 **안전**하고 **사고예방**하자!
> 4. 근로자는 **위험성을 평가**하자!
>
> **근로자 정기교육의 특징**
> 1. 근로자는 **건강증진**하고 **질병예방**하자!

근로자 채용 시 교육 및 작업내용 변경 시 교육내용

① 산업안전 및 사고 예방에 관한 사항
② 산업보건 및 직업병 예방에 관한 사항
③ 산업안전보건법령 및 산업재해보상보험제도에 관한 사항
④ 직무스트레스 예방 및 관리에 관한 사항
⑤ 직장 내 괴롭힘, 고객의 폭언 등으로 인한 건강장해 예방 및 관리에 관한 사항
⑥ 기계·기구의 위험성과 작업의 순서 및 동선에 관한 사항
⑦ 물질안전보건자료에 관한 사항
⑧ 작업 개시 전 점검에 관한 사항
⑨ 정리정돈 및 청소에 관한 사항
⑩ 사고 발생 시 긴급조치에 관한 사항
⑪ 위험성 평가에 관한 사항

근로자 채용 시 교육 및 작업내용 변경 시 교육내용

실력이 되고! 합격이 되는! 특급 암기법

공통 항목
1. 신규자는 **법, 산재보상제도**를 알자!
2. 신규자는 **건강을 보존(산업보건)**하고 **직업병, 스트레스, 괴롭힘, 폭언 예방**하자!
3. 신규자는 **안전**하고 **사고예방**하자!
4. 신규자는 **위험성을 평가**하자!

신규채용자는 회사에 처음 입사해서 처음 일을 하는 근로자, 안전하게 일하기 위한 기본내용을 교육한다.
1. 신규자는 **기계기구 위험성, 작업순서, 동선**을 알자!
2. 신규자는 취급**물질의 위험성(물질안전보건자료)**을 알자!
3. 신규자는 **작업 전 점검**하자!
4. 신규자는 항상 **정리정돈 청소**하자!
5. 신규자는 **사고 시 조치**를 알자!

(2) 관리감독자의 정기안전·보건교육 ✿✿✿

관리감독자의 정기교육 내용

① 산업안전 및 사고 예방에 관한 사항
② 산업보건 및 직업병 예방에 관한 사항
③ 유해·위험 작업환경 관리에 관한 사항
④ 산업안전보건법령 및 산업재해보상보험 제도에 관한 사항
⑤ 직무스트레스 예방 및 관리에 관한 사항
⑥ 직장 내 괴롭힘, 고객의 폭언 등으로 인한 건강장해 예방 및 관리에 관한 사항
⑦ 위험성평가에 관한 사항
⑧ 작업공정의 유해·위험과 재해 예방대책에 관한 사항
⑨ 표준안전 작업방법 결정 및 지도·감독 요령에 관한 사항
⑩ 비상시 또는 재해 발생 시 긴급조치에 관한 사항
⑪ 사업장 내 안전보건관리체제 및 안전·보건조치 현황에 관한 사항
⑫ 현장근로자와의 의사소통능력 및 강의능력 등 안전보건교육 능력 배양에 관한 사항
⑬ 그 밖의 관리감독자의 직무에 관한 사항

실력이 되고! 합격이 되는! 특급 암기법

공통 항목(관리감독자, 근로자)
1. 관리자는 **법, 산재보상제도**를 알자.
2. 관리자는 **건강을 보존(산업보건)**하고 **직업병, 스트레스, 괴롭힘, 폭언 예방**하자!
3. 관리자는 **유해위험 환경을 관리**해서 **안전**하고 **사고예방**하자!
4. 관리자는 **위험성을 평가**하자!

관리감독자의 정기교육 내용

실력이 되고! 합격이 되는! 특급 암기법

관리감독자 정기교육의 특징
1. 관리자는 유해위험의 재해예방대책 세우자!
2. 관리자는 안전 작업방법 결정해서 감독하자!
3. 관리자는 재해발생 시 긴급조치하자!
4. 관리자는 안전보건 조치하자!
5. 관리자는 안전보건교육 능력 배양하자!

관리감독자의 채용 시 교육 및 작업내용 변경 시 교육내용

① 산업안전 및 사고 예방에 관한 사항
② 산업보건 및 직업병 예방에 관한 사항
③ 산업안전보건법령 및 산업재해보상보험 제도에 관한 사항
④ 직무스트레스 예방 및 관리에 관한 사항
⑤ 직장 내 괴롭힘, 고객의 폭언 등으로 인한 건강장해 예방 및 관리에 관한 사항
⑥ 위험성평가에 관한 사항
⑦ 기계·기구의 위험성과 작업의 순서 및 동선에 관한 사항
⑧ 작업 개시 전 점검에 관한 사항
⑨ 물질안전보건자료에 관한 사항
⑩ 사업장 내 안전보건관리체제 및 안전·보건조치 현황에 관한 사항
⑪ 표준안전 작업방법 결정 및 지도·감독 요령에 관한 사항
⑫ 비상시 또는 재해 발생 시 긴급조치에 관한 사항
⑬ 그 밖의 관리감독자의 직무에 관한 사항

실력이 되고! 합격이 되는! 특급 암기법

공통 항목 - 채용시 근로자 교육과 동일
1. 신규 관리자는 법, 산재보상제도를 알자!
2. 신규 관리자는 건강을 보존(산업보건)하고 직업병, 스트레스, 괴롭힘, 폭언 예방하자!
3. 신규 관리자는 안전하고 사고예방하자!
4. 신규 관리자는 위험성을 평가하자!

채용시 근로자 교육 중 "정리정돈 청소"제외
1. 신규 관리자는 기계기구 위험성, 작업순서, 동선을 알자!
2. 신규 관리자는 취급물질의 위험성(물질안전보건자료)을 알자!
3. 신규 관리자는 작업 전 점검하자!

신규 관리자 내용 추가
1. 신규 관리자는 안전보건 조치하자!
2. 신규 관리자는 안전 작업방법 결정해서 감독하자!
3. 신규 관리자는 재해 시 긴급조치하자!

(3) 건설업 기초안전·보건교육에 대한 내용 및 시간 ✄

교육 내용	시간
1. 건설공사의 종류(건축, 토목 등) 및 시공 절차	1시간
2. 산업재해 유형별 위험요인 및 안전보건조치	2시간
3. 안전보건관리체제 현황 및 산업안전보건 관련 근로자 권리·의무	1시간

(4) 특수형태근로종사자에 대한 안전보건교육(최초 노무제공 시 교육)

교육 내용
아래의 내용 중 특수형태근로종사자의 직무에 적합한 내용을 교육해야 한다. ① 교통안전 및 운전안전에 관한 사항 ② 보호구 착용에 대한 사항 ③ 산업안전 및 사고 예방에 관한 사항 ④ 산업보건 및 직업병 예방에 관한 사항 ⑤ 건강증진 및 질병 예방에 관한 사항 ⑥ 유해·위험 작업환경 관리에 관한 사항 ⑦ 기계·기구의 위험성과 작업의 순서 및 동선에 관한 사항 ⑧ 작업 개시 전 점검에 관한 사항 ⑨ 정리정돈 및 청소에 관한 사항 ⑩ 사고 발생 시 긴급조치에 관한 사항 ⑪ 물질안전보건자료에 관한 사항 ⑫ 직무스트레스 예방 및 관리에 관한 사항 ⑬ 직장 내 괴롭힘, 고객의 폭언 등으로 인한 건강장해 예방 및 관리에 관한 사항 ⑭ 산업안전보건법령 및 산업재해보상보험 제도에 관한 사항

실력이 되고! 합격이 되는! 특급

채용 시 교육 내용 + 근로자 정기교육 내용 + 보호구 + 교통, 운전안전(위험성평가 제외)

(5) 물질안전보건 자료에 관한 교육 ✄

교육 내용	• 대상 화학물질의 명칭(또는 제품명) • 물리적 위험성 및 건강 유해성 • 취급상의 주의사항 • 적절한 보호구 • 응급조치 요령 및 사고 시 대처 방법 • 물질안전보건자료 및 경고표지를 이해하는 방법

참고

특수형태근로종사자로부터 노무를 제공받는 자 중 안전·보건교육을 실시하여야 하는 자 ✄

1. 「건설기계관리법」에 따라 등록된 건설기계를 직접 운전하는 사람
2. 「체육시설의 설치·이용에 관한 법률」에 따라 직장체육시설로 설치된 골프장 또는 체육시설업의 등록을 한 골프장에서 골프경기를 보조하는 골프장 캐디
3. 한국표준직업분류표의 세분류에 따른 택배원으로서 택배사업(소화물을 집화·수송 과정을 거쳐 배송하는 사업을 말한다)에서 집화 또는 배송 업무를 하는 사람
4. 한국표준직업분류표의 세분류에 따른 택배원으로서 고용노동부장관이 정하는 기준에 따라 주로 하나의 퀵서비스업자로부터 업무를 의뢰받아 배송 업무를 하는 사람
5. 고용노동부장관이 정하는 기준에 따라 주로 하나의 대리운전업자로부터 업무를 의뢰받아 대리운전 업무를 하는 사람

(6) 특별교육 대상 작업별 교육내용

작업명	교육 내용
<공통내용> 제1호부터 제38호까지의 작업	"채용 시의 교육 및 작업내용 변경 시의 교육" 내용
<개별내용> 1. 고압실 내 작업(잠함공법이나 그 밖이 압기공법으로 대기압을 넘는 기압인 작업실 또는 수갱 내부에서 하는 작업만 해당한다)	• 고기압 장해의 인체에 미치는 영향에 관한 사항 • 작업의 시간·작업 방법 및 절차에 관한 사항 • 압기공법에 관한 기초지시 및 보호구 착용에 관한 사항 • 이상 발생 시 응급조치에 관한 사항 • 그 밖에 안전·보건관리에 필요한 사항
2. 아세틸렌 용접장치 또는 가스집합 용접장치를 사용하는 금속의 용접·용단 또는 가열작업(발생기·도관 등에 의하여 구성되는 용접장치만 해당한다) ✄	• 용접 흄, 분진 및 유해광선 등의 유해성에 관한 사항 • 가스용접기, 압력조정기, 호스 및 취관두(불꽃이 나오는 용접기의 앞부분) 등의 기기점검에 관한 사항 • 작업방법·순서 및 응급처치에 관한 사항 • 안전기 및 보호구 취급에 관한 사항 • 화재예방 및 초기대응에 관한 사항 • 그 밖에 안전·보건관리에 필요한 사항

작업명	교육 내용
3. 밀폐된 장소(탱크 내 또는 환기가 극히 불량한 좁은 장소를 말한다)에서 하는 용접작업 또는 습한 장소에서 하는 전기용접 작업	• 작업순서, 안전작업방법 및 수칙에 관한 사항 • 환기설비에 관한 사항 • 전격 방지 및 보호구 착용에 관한 사항 • 질식 시 응급조치에 관한 사항 • 작업환경 점검에 관한 사항 • 그 밖에 안전·보건관리에 필요한 사항
4. 폭발성·물반응성·자기반응성·자기발열성 물질, 자연발화성 액체·고체 및 인화성 액체의 제조 또는 취급작업(시험연구를 위한 취급작업은 제외한다) ✖	• 폭발성·물반응성·자기반응성·자기발열성 물질, 자연발화성 액체·고체 및 인화성 액체의 성질이나 상태에 관한 사항 • 폭발 한계점, 발화점 및 인화점 등에 관한 사항 • 취급방법 및 안전수칙에 관한 사항 • 이상 발견 시의 응급처치 및 대피 요령에 관한 사항 • 화기·정전기·충격 및 자연발화 등의 위험방지에 관한 사항 • 작업순서, 취급주의사항 및 방호거리 등에 관한 사항 • 그 밖에 안전·보건관리에 필요한 사항
5. 액화석유가스·수소가스 등 인화성 가스 또는 폭발성 물질 중 가스의 발생장치 취급작업	• 취급가스의 상태 및 성질에 관한 사항 • 발생장치 등의 위험 방지에 관한 사항 • 고압가스 저장설비 및 안전취급방법에 관한 사항 • 설비 및 기구의 점검 요령 • 그 밖에 안전·보건관리에 필요한 사항
6. 화학설비 중 반응기, 교반기·추출기의 사용 및 세척작업	• 각 계측장치의 취급 및 주의에 관한 사항 • 투시창·수위 및 유량계 등의 점검 및 밸브의 조작 주의에 관한 사항 • 세척액의 유해성 및 인체에 미치는 영향에 관한 사항 • 작업 절차에 관한 사항 • 그 밖에 안전·보건관리에 필요한 사항
7. 화학설비의 탱크 내 작업	• 차단장치·정지장치 및 밸브 개폐장치의 점검에 관한 사항 • 탱크 내의 산소농도 측정 및 작업환경에 관한 사항 • 안전보호구 및 이상 발생 시 응급조치에 관한 사항 • 작업절차·방법 및 유해·위험에 관한 사항 • 그 밖에 안전·보건관리에 필요한 사항
8. 분말·원재료 등을 담은 호퍼(하부가 깔대기 모양으로 된 저장통)·저장창고 등 저장탱크의 내부작업	• 분말·원재료의 인체에 미치는 영향에 관한 사항 • 저장탱크 내부작업 및 복장보호구 착용에 관한 사항 • 작업의 지정·방법·순서 및 작업환경 점검에 관한 사항 • 팬·풍기(風旗) 조작 및 취급에 관한 사항 • 분진 폭발에 관한 사항 • 그 밖에 안전·보건관리에 필요한 사항

작업명	교육 내용
9. 다음 각 목에 정하는 설비에 의한 물건의 가열·건조작업 가. 건조설비 중 위험물 등에 관계되는 설비로 속부피가 1세제곱미터 이상인 것 나. 건조설비 중 가목의 위험물 등 외의 물질에 관계되는 설비로서, 연료를 열원으로 사용하는 것(그 최대연소소비량이 매 시간당 10킬로그램 이상인 것만 해당한다) 또는 전력을 열원으로 사용하는 것(정격소비전력이 10킬로와트 이상인 경우만 해당한다)	• 건조설비 내외면 및 기기기능의 점검에 관한 사항 • 복장보호구 착용에 관한 사항 • 건조 시 유해가스 및 고열 등이 인체에 미치는 영향에 관한 사항 • 건조설비에 의한 화재·폭발 예방에 관한 사항
10. 다음 각 목에 해당하는 집재장치(집재기·가선·운반기구·지주 및 이들에 부속하는 물건으로 구성되고, 동력을 사용하여 원목 또는 장작과 숯을 담아 올리거나 공중에서 운반하는 설비를 말한다)의 조립, 해체, 변경 또는 수리작업 및 이들 설비에 의한 집재 또는 운반 작업 가. 원동기의 정격출력이 7.5킬로와트를 넘는 것 나. 지간의 경사거리 합계가 350미터 이상인 것 다. 최대사용하중이 200킬로그램 이상인 것	• 기계의 브레이크 비상정지장치 및 운반경로, 각종 기능 점검에 관한 사항 • 작업 시작 전 준비사항 및 작업방법에 관한 사항 • 취급물의 유해·위험에 관한 사항 • 구조상의 이상 시 응급처치에 관한 사항 • 그 밖에 안전·보건관리에 필요한 사항

작업명	교육 내용
11. 동력에 의하여 작동되는 프레스기계를 5대 이상 보유한 사업장에서 해당 기계로 하는 작업	• 프레스의 특성과 위험성에 관한 사항 • 방호장치 종류와 취급에 관한 사항 • 안전작업방법에 관한 사항 • 프레스 안전기준에 관한 사항 • 그 밖에 안전·보건관리에 필요한 사항
12. 목재가공용 기계(둥근톱기계, 띠톱기계, 대패기계, 모떼기기계 및 라우터기(목재를 자르거나 홈을 파는 기계)만 해당하며, 휴대용은 제외한다)를 5대 이상 보유한 사업장에서 해당 기계로 하는 작업	• 목재가공용 기계의 특성과 위험성에 관한 사항 • 방호장치의 종류와 구조 및 취급에 관한 사항 • 안전기준에 관한 사항 • 안전작업방법 및 목재 취급에 관한 사항 • 그 밖에 안전·보건관리에 필요한 사항
13. 운반용 등 하역기계를 5대 이상 보유한 사업장에서의 해당 기계로 하는 작업	• 운반하역기계 및 부속설비의 점검에 관한 사항 • 작업순서와 방법에 관한 사항 • 안전운전방법에 관한 사항 • 화물의 취급 및 작업신호에 관한 사항 • 그 밖에 안전·보건관리에 필요한 사항
14. 1톤 이상의 크레인을 사용하는 작업 또는 1톤 미만의 크레인 또는 호이스트를 5대 이상 보유한 사업장에서 해당 기계로 하는 작업	• 방호장치의 종류, 기능 및 취급에 관한 사항 • 걸고리·와이어로프 및 비상정지장치 등의 기계·기구 점검에 관한 사항 • 화물의 취급 및 안전작업방법에 관한 사항 • 신호방법 및 공동작업에 관한 사항 • 인양 물건의 위험성 및 낙하·비래(飛來)·충돌 재해 예방에 관한 사항 • 인양물이 적재될 지반의 조건, 인양하중, 풍압 등이 인양물과 타워크레인에 미치는 영향 • 그 밖에 안전·보건관리에 필요한 사항
15. 건설용 리프트·곤돌라를 이용한 작업	• 방호장치의 기능 및 사용에 관한 사항 • 기계, 기구, 달기체인 및 와이어 등의 점검에 관한 사항 • 화물의 권상·권하 작업방법 및 안전작업 지도에 관한 사항 • 기계·기구에 특성 및 동작원리에 관한 사항 • 신호방법 및 공동작업에 관한 사항 • 그 밖에 안전·보건관리에 필요한 사항

작업명	교육 내용
16. 주물 및 단조(금속을 두들기거나 눌러서 형체를 만드는 일) 작업	• 고열물의 재료 및 작업환경에 관한 사항 • 출탕·주조 및 고열물의 취급과 안전작업방법에 관한 사항 • 고열작업의 유해·위험 및 보호구 착용에 관한 사항 • 안전기준 및 중량물 취급에 관한 사항 • 그 밖에 안전·보건관리에 필요한 사항
17. 전압이 75볼트 이상인 정전 및 활선작업	• 전기의 위험성 및 전격 방지에 관한 사항 • 해당 설비의 보수 및 점검에 관한 사항 • 정전작업·활선작업 시의 안전작업방법 및 순서에 관한 사항 • 절연용 보호구, 절연용 보호구 및 활선작업용 기구 등의 사용에 관한 사항 • 그 밖에 안전·보건관리에 필요한 사항
18. 콘크리트 파쇄기를 사용하여 하는 파쇄작업(2미터 이상인 구축물의 파쇄작업만 해당한다)	• 콘크리트 해체 요령과 방호거리에 관한 사항 • 작업안전조치 및 안전기준에 관한 사항 • 파쇄기의 조작 및 공통작업 신호에 관한 사항 • 보호구 및 방호장비 등에 관한 사항 • 그 밖에 안전·보건관리에 필요한 사항
19. 굴착면의 높이가 2미터 이상이 되는 지반 굴착(터널 및 수직갱 외의 갱 굴착은 제외한다)작업	• 지반의 형태·구조 및 굴착 요령에 관한 사항 • 지반의 붕괴재해 예방에 관한 사항 • 붕괴 방지용 구조물 설치 및 작업방법에 관한 사항 • 보호구의 종류 및 사용에 관한 사항 • 그 밖에 안전·보건관리에 필요한 사항
20. 흙막이 지보공의 보강 또는 동바리를 설치하거나 해체하는 작업	• 작업안전 점검 요령과 방법에 관한 사항 • 동바리의 운반·취급 및 설치 시 안전작업에 관한 사항 • 해체작업 순서와 안전기준에 관한 사항 • 보호구 취급 및 사용에 관한 사항 • 그 밖에 안전·보건관리에 필요한 사항
21. 터널 안에서의 굴착작업(굴착용 기계를 사용하여 하는 굴착작업 중 근로자가 칼날 밑에 접근하지 않고 하는 작업은 제외한다) 또는 같은 작업에서의 터널 거푸집 지보공의 조립 또는 콘크리트 작업	• 작업환경의 점검 요령과 방법에 관한 사항 • 붕괴 방지용 구조물 설치 및 안전작업 방법에 관한 사항 • 재료의 운반 및 취급·설치의 안전기준에 관한 사항 • 보호구의 종류 및 사용에 관한 사항 • 소화설비의 설치장소 및 사용방법에 관한 사항 • 그 밖에 안전·보건관리에 필요한 사항

작업명	교육 내용
22. 굴착면의 높이가 2미터 이상이 되는 암석의 굴착작업	• 폭발물 취급 요령과 대피 요령에 관한 사항 • 안전거리 및 안전기준에 관한 사항 • 방호물의 설치 및 기준에 관한 사항 • 보호구 및 신호방법 등에 관한 사항 • 그 밖에 안전·보건관리에 필요한 사항
23. 높이가 2미터 이상인 물건을 쌓거나 무너뜨리는 작업(하역기계로만 하는 작업은 제외한다)	• 원부재료의 취급 방법 및 요령에 관한 사항 • 물건의 위험성·낙하 및 붕괴재해 예방에 관한 사항 • 적재방법 및 전도 방지에 관한 사항 • 보호구 착용에 관한 사항 • 그 밖에 안전·보건관리에 필요한 사항
24. 선박에 짐을 쌓거나 부리거나 이동시키는 작업	• 하역 기계·기구의 운전방법에 관한 사항 • 운반·이송경로의 안전작업방법 및 기준에 관한 사항 • 중량물 취급 요령과 신호 요령에 관한 사항 • 작업안전 점검과 보호구 취급에 관한 사항 • 그 밖에 안전·보건관리에 필요한 사항
25. 거푸집 동바리의 조립 또는 해체작업	• 동바리의 조립방법 및 작업 절차에 관한 사항 • 조립재료의 취급방법 및 설치기준에 관한 사항 • 조립 해체 시의 사고 예방에 관한 사항 • 보호구 착용 및 점검에 관한 사항 • 그 밖에 안전·보건관리에 필요한 사항
26. 비계의 조립·해체 또는 변경작업	• 비계의 조립순서 및 방법에 관한 사항 • 비계작업의 재료 취급 및 설치에 관한 사항 • 추락재해 방지에 관한 사항 • 보호구 착용에 관한 사항 • 비계상부 작업 시 최대 적재하중에 관한 사항 • 그 밖에 안전·보건관리에 필요한 사항
27. 건축물의 골조, 다리의 상부구조 또는 탑의 금속제의 부재로 구성되는 것(5미터 이상인 것만 해당한다)의 조립·해체 또는 변경작업	• 건립 및 버팀대의 설치순서에 관한 사항 • 조립 해체 시의 추락재해 및 위험요인에 관한 사항 • 건립용 기계의 조작 및 작업신호 방법에 관한 사항 • 안전장비 착용 및 해체순서에 관한 사항 • 그 밖에 안전·보건관리에 필요한 사항
28. 처마 높이가 5미터 이상인 목조건축물의 구조 부재의 조립이나 건축물의 지붕 또는 외벽 밑에서의 설치작업	• 붕괴·추락 및 재해 방지에 관한 사항 • 부재의 강도·재질 및 특성에 관한 사항 • 조립·설치 순서 및 안전작업방법에 관한 사항 • 보호구 착용 및 작업 점검에 관한 사항 • 그 밖에 안전·보건관리에 필요한 사항

작업명	교육 내용
29. 콘크리트 인공구조물(그 높이가 2미터 이상인 것만 해당한다)의 해체 또는 파괴작업	• 콘크리트 해체기계의 점검에 관한 사항 • 파괴 시의 안전거리 및 대피 요령에 관한 사항 • 작업방법 · 순서 및 신호 방법 등에 관한 사항 • 해체 · 파괴 시의 작업안전기준 및 보호구에 관한 사항 • 그 밖에 안전 · 보건관리에 필요한 사항
30. 타워크레인을 설치(상승작업을 포함한다) · 해체하는 작업	• 붕괴 · 추락 및 재해 방지에 관한 사항 • 설치 · 해체 순서 및 안전작업방법에 관한 사항 • 부재의 구조 · 재질 및 특성에 관한 사항 • 신호방법 및 요령에 관한 사항 • 이상 발생 시 응급조치에 관한 사항 • 그 밖에 안전 · 보건관리에 필요한 사항
31. 보일러(소형 보일러 및 다음 각 목에서 정하는 보일러는 제외한다)의 설치 및 취급 작업 가. 몸통 반지름이 750밀리미터 이하이고 그 길이가 1,300밀리미터 이하인 증기보일러 나. 전열면적이 3제곱미터 이하인 증기보일러 다. 전열면적이 14제곱미터 이하인 온수보일러 라. 전열면적이 30제곱미터 이하인 관류보일러 (물관을 사용하여 가열시키는 방식의 보일러)	• 기계 및 기기 점화장치 계측기의 점검에 관한 사항 • 열관리 및 방호장치에 관한 사항 • 작업순서 및 방법에 관한 사항 • 그 밖에 안전 · 보건관리에 필요한 사항
32. 게이지 압력을 제곱센티미터당 1킬로그램 이상으로 사용하는 압력용기의 설치 및 취급작업	• 안전시설 및 안전기준에 관한 사항 • 압력용기의 위험성에 관한 사항 • 용기 취급 및 설치기준에 관한 사항 • 작업안전 점검 방법 및 요령에 관한 사항 • 그 밖에 안전 · 보건관리에 필요한 사항

작업명	교육 내용
33. 방사선 업무에 관계되는 작업(의료 및 실험용은 제외한다)	• 방사선의 유해·위험 및 인체에 미치는 영향 • 방사선의 측정기기 기능의 점검에 관한 사항 • 방호거리·방호벽 및 방사선물질의 취급 요령에 관한 사항 • 응급처치 및 보호구 착용에 관한 사항 • 그 밖에 안전·보건관리에 필요한 사항
34. 밀폐공간에서의 작업 ✄	• 산소농도 측정 및 작업환경에 관한 사항 • 사고 시의 응급처치 및 비상 시 구출에 관한 사항 • 보호구 착용 및 보호 장비 사용에 관한 사항 • 작업 내용·안전 작업 방법 및 절차에 관한 사항 • 장비·설비 및 시설 등의 안전점검에 관한 사항 • 그 밖에 안전·보건 관리에 필요한 사항
35. 허가 및 관리 대상 유해물질의 제조 또는 취급작업	• 취급물질의 성질 및 상태에 관한 사항 • 유해물질이 인체에 미치는 영향 • 국소배기장치 및 안전설비에 관한 사항 • 안전작업방법 및 보호구 사용에 관한 사항 • 그 밖에 안전·보건관리에 필요한 사항
36. 로봇작업	• 로봇의 기본원리·구조 및 작업방법에 관한 사항 • 이상 발생 시 응급조치에 관한 사항 • 안전시설 및 안전기준에 관한 사항 • 조작방법 및 작업순서에 관한 사항
37. 석면해체·제거작업	• 석면의 특성과 위험성 • 석면해체·제거의 작업방법에 관한 사항 • 장비 및 보호구 사용에 관한 사항 • 그 밖에 안전·보건관리에 필요한 사항
38. 가연물이 있는 장소에서 하는 화재위험작업	• 작업준비 및 작업절차에 관한 사항 • 작업장 내 위험물, 가연물의 사용·보관·설치 현황에 관한 사항 • 화재위험작업에 따른 인근 인화성 액체에 대한 방호조치에 관한 사항 • 화재위험작업으로 인한 불꽃, 불티 등의 흩날림 방지 조치에 관한 사항 • 인화성 액체의 증기가 남아 있지 않도록 환기 등의 조치에 관한 사항 • 화재감시자의 직무 및 피난교육 등 비상조치에 관한 사항 • 그 밖에 안전·보건관리에 필요한 사항

작업명	교육 내용
39. 타워크레인을 사용하는 작업 시 신호업무를 하는 작업 ✄	• 타워크레인의 기계적 특성 및 방호장치 등에 관한 사항 • 화물의 취급 및 안전작업방법에 관한 사항 • 신호방법 및 요령에 관한 사항 • 인양 물건의 위험성 및 낙하 · 비래 · 충돌재해 예방에 관한 사항 • 인양물이 적재될 지반의 조건, 인양하중, 풍압 등이 인양물과 타워크레인에 미치는 영향 • 그 밖에 안전 · 보건관리에 필요한 사항

CHAPTER 06

산업안전 관계법규

01 작업 시작 전 점검 ✿✿✿

작업의 종류	점검 내용
1. 프레스 등을 사용하여 작업을 할 때	가. 클러치 및 브레이크의 기능 나. 크랭크축·플라이휠·슬라이드·연결봉 및 연결 나사의 풀림 여부 다. 1행정 1정지기구·급정지장치 및 비상정지장치의 기능 라. 슬라이드 또는 칼날에 의한 위험방지 기구의 기능 마. 프레스의 금형 및 고정볼트 상태 바. 방호장치의 기능 사. 전단기(剪斷機)의 칼날 및 테이블의 상태
2. 로봇의 작동 범위에서 그 로봇에 관하여 교시등(로봇의 동력원을 차단하고 하는 것은 제외한다)의 작업을 할 때	가. 외부 전선의 피복 또는 외장의 손상 유무 나. 매니퓰레이터(manipulator) 작동의 이상 유무 다. 제동장치 및 비상정지장치의 기능
3. 공기압축기를 가동할 때	가. 공기저장 압력용기의 외관 상태 나. 드레인밸브(drain valve)의 조작 및 배수 다. 압력방출장치의 기능 라. 언로드밸브(unloading valve)의 기능 마. 윤활유의 상태 바. 회전부의 덮개 또는 울의 상태 사. 그 밖의 연결 부위의 이상 유무
4. 크레인을 사용하여 작업을 하는 때	가. 권과방지장치·브레이크·클러치 및 운전장치의 기능 나. 주행로의 상측 및 트롤리(trolley)가 횡행하는 레일의 상태 다. 와이어로프가 통하고 있는 곳의 상태
5. 이동식 크레인을 사용하여 작업을 할 때	가. 권과방지장치나 그 밖의 경보장치의 기능 나. 브레이크·클러치 및 조정장치의 기능 다. 와이어로프가 통하고 있는 곳 및 작업장소의 지반상태
6. 리프트를 사용하여 작업을 할 때	가. 방호장치·브레이크 및 클러치의 기능 나. 와이어로프가 통하고 있는 곳의 상태
7. 곤돌라를 사용하여 작업을 할 때	가. 방호장치·브레이크의 기능 나. 와이어로프·슬링와이어(sling wire) 등의 상태
8. 양중기의 와이어로프·달기체인·섬유로프·섬유벨트 또는 훅·샤클·링 등의 철구를 사용하여 고리걸이작업을 할 때	와이어로프 등의 이상 유무

작업의 종류	점검 내용
9. 지게차를 사용하여 작업을 하는 때	가. 제동장치 및 조종장치 기능의 이상 유무 나. 하역장치 및 유압장치 기능의 이상 유무 다. 바퀴의 이상 유무 라. 전조등·후미등·방향지시기 및 경보장치 기능의 이상 유무
10. 구내운반차를 사용하여 작업을 할 때	가. 제동장치 및 조종장치 기능의 이상 유무 나. 하역장치 및 유압장치 기능의 이상 유무 다. 바퀴의 이상 유무 라. 전조등·후미등·방향지시기 및 경음기 기능의 이상 유무 마. 충전장치를 포함한 홀더 등의 결합상태의 이상 유무
11. 고소작업대를 사용하여 작업을 할 때	가. 비상정지장치 및 비상하강 방지장치 기능의 이상 유무 나. 과부하 방지장치의 작동 유무(와이어로프 또는 체인구동방식의 경우) 다. 아웃트리거 또는 바퀴의 이상 유무 라. 작업면의 기울기 또는 요철 유무 마. 활선작업용 장치의 경우 홈·균열·파손 등 그 밖의 손상 유무
12. 화물자동차를 사용하는 작업을 하게 할 때	가. 제동장치 및 조종장치의 기능 나. 하역장치 및 유압장치의 기능 다. 바퀴의 이상 유무
13. 컨베이어 등을 사용하여 작업을 할 때	가. 원동기 및 풀리(pulley) 기능의 이상 유무 나. 이탈 등의 방지장치 기능의 이상 유무 다. 비상정지장치 기능의 이상 유무 라. 원동기·회전축·기어 및 풀리 등의 덮개 또는 울 등의 이상 유무
14. 차량계 건설기계를 사용하여 작업을 할 때	브레이크 및 클러치 등의 기능
14 2. 용접 용단 작업 등의 회재 위험작업을 할 때 (제2편 제2장 제2절)	가. 작업 준비 및 작업 절차 수립 여부 나. 화기작업에 따른 인근 가연성물질에 대한 방호조치 및 소화기구 비치 여부 다. 용접불티 비산방지덮개 또는 용접방화포 등 불꽃·불티 등의 비산을 방지하기 위한 조치 여부 라. 인화성 액체의 증기 또는 인화성 가스가 남아 있지 않도록 하는 환기 조치 여부 마. 작업근로자에 대한 화재예방 및 피난교육 등 비상조치 여부 실력이 되고! 합격이 되는! 특급 암기법 작업준비, 절차수립 → 불꽃비산방지 → 환기 → 소화기구 → 화재예방, 피난교육
15. 이동식 방폭구조(防爆構造) 전기기계·기구를 사용할 때	전선 및 접속부 상태

작업의 종류	점검 내용
16. 근로자가 반복하여 계속적으로 중량물을 취급하는 작업을 할 때	가. 중량물 취급의 올바른 자세 및 복장 나. 위험물이 날아 흩어짐에 따른 보호구의 착용 다. 카바이드·생석회(산화칼슘) 등과 같이 온도상승이나 습기에 의하여 위험성이 존재하는 중량물의 취급방법 라. 그 밖에 하역운반기계 등의 적절한 사용방법
17. 양화장치를 사용하여 화물을 싣고 내리는 작업을 할 때	가. 양화장치(揚貨裝置)의 작동상태 나. 양화장치에 제한하중을 초과하는 하중을 실었는지 여부
18. 슬링 등을 사용하여 작업을 할 때	가. 훅이 붙어 있는 슬링·와이어슬링 등이 매달린 상태 나. 슬링·와이어슬링 등의 상태(작업시작 전 및 작업 중 수시로 점검)

02 관리감독자의 유해위험방지업무

작업의 종류	직무수행 내용
1. 프레스 등을 사용하는 작업	가. 프레스 등 및 그 방호장치를 점검하는 일 나. 프레스 등 및 그 방호장치에 이상이 발견 되면 즉시 필요한 조치를 하는 일 다. 프레스 등 및 그 방호장치에 전환스위치를 설치했을 때 그 전환스위치의 열쇠를 관리하는 일 라. 금형의 부착·해체 또는 조정작업을 직접 지휘하는 일
2. 목재가공용 기계를 취급하는 작업	가. 목재가공용 기계를 취급하는 작업을 지휘하는 일 나. 목재가공용 기계 및 그 방호장치를 점검하는 일 다. 목재가공용 기계 및 그 방호장치에 이상이 발견된 즉시 보고 및 필요한 조치를 하는 일 라. 작업 중 지그(jig) 및 공구 등의 사용 상황을 감독하는 일
3. 크레인을 사용하는 작업 ✿	가. 작업방법과 근로자 배치를 결정하고 그 작업을 지휘하는 일 나. 재료의 결함 유무 또는 기구 및 공구의 기능을 점검하고 불량품을 제거하는 일 다. 작업 중 안전대 또는 안전모의 착용 상황을 감시하는 일
4. 위험물을 제조하거나 취급하는 작업	가. 작업을 지휘하는 일 나. 위험물을 제조하거나 취급하는 설비 및 그 설비의 부속설비가 있는 장소의 온도·습도·차광 및 환기 상태 등을 수시로 점검하고 이상을 발견하면 즉시 필요한 조치를 하는 일 다. 나목에 따라 한 조치를 기록하고 보관하는 일
5. 건조설비를 사용하는 작업 ✿	가. 건조설비를 처음으로 사용하거나 건조방법 또는 건조물의 종류를 변경했을 때에는 근로자에게 미리 그 작업방법을 교육하고 작업을 직접 지휘하는 일 나. 건조설비가 있는 장소를 항상 정리정돈하고 그 장소에 가연성 물질을 두지 않도록 하는 일
6. 아세틸렌 용접장치를 사용하는 금속의 용접·용단 또는 가열 작업	가. 작업방법을 결정하고 작업을 지휘하는 일 나. 아세틸렌 용접장치의 취급에 종사하는 근로자로 하여금 다음의 작업요령을 준수하도록 하는 일 (1) 사용 중인 발생기에 불꽃을 발생시킬 우려가 있는 공구를 사용하거나 그 발생기에 충격을 가하지 않도록 할 것 (2) 아세틸렌 용접장치의 가스누출을 점검할 때에는 비눗물을 사용하는 등 안전한 방법으로 할 것 (3) 발생기실의 출입구 문을 열어 두지 않도록 할 것 (4) 이동식 아세틸렌 용접장치의 발생기에 카바이드를 교환할 때에는 옥외의 안전한 장소에서 할 것

작업의 종류	직무수행 내용
	다. 아세틸렌 용접작업을 시작할 때에는 아세틸렌 용접장치를 점검하고 발생기 내부로부터 공기와 아세틸렌의 혼합가스를 배제하는 일
	라. 안전기는 작업 중 그 수위를 쉽게 확인할 수 있는 장소에 놓고 1일 1회 이상 점검하는 일
	마. 아세틸렌 용접장치 내의 물이 동결되는 것을 방지하기 위하여 아세틸렌 용접장치를 보온하거나 가열할 때에는 온수나 증기를 사용하는 등 안전한 방법으로 하도록 하는 일
	바. 발생기 사용을 중지하였을 때에는 물과 잔류 카바이드가 접촉하지 않은 상태로 유지하는 일
	사. 발생기를 수리·가공·운반 또는 보관할 때에는 아세틸렌 및 카바이드에 접촉하지 않은 상태로 유지하는 일
	아. 작업에 종사하는 근로자의 보안경 및 안전장갑의 착용 상황을 감시하는 일
7. 가스집합용접장치의 취급작업	가. 작업방법을 결정하고 작업을 직접 지휘하는 일 나. 가스집합장치의 취급에 종사하는 근로자로 하여금 다음의 작업요령을 준수하도록 하는 일 　(1) 부착할 가스용기의 마개 및 배관 연결부에 붙어 있는 유류·찌꺼기 등을 제거할 것 　(2) 가스용기를 교환할 때에는 그 용기의 마개 및 배관 연결부 부분의 가스누출을 점검하고 배관 내의 가스가 공기와 혼합되지 않도록 할 것 　(3) 가스누출 점검은 비눗물을 사용하는 등 안전한 방법으로 할 것 　(4) 밸브 또는 콕은 서서히 열고 닫을 것 다. 가스용기의 교환작업을 감시하는 일 라. 작업을 시작할 때에는 호스·취관·호스밴드 등의 기구를 점검하고 손상·마모 등으로 인하여 가스나 산소가 누출될 우려가 있다고 인정할 때에는 보수하거나 교환하는 일 마. 안전기는 작업 중 그 기능을 쉽게 확인할 수 있는 장소에 두고 1일 1회 이상 점검하는 일 바. 작업에 종사하는 근로자의 보안경 및 안전장갑의 착용 상황을 감시하는 일
8. 거푸집 동바리의 고정·조립 또는 해체 작업/지반의 굴착작업/흙막이 지보공의 고정·조립 또는 해체 작업/터널의 굴착작업/건물 등의 해체작업	가. 안전한 작업방법을 결정하고 작업을 지휘하는 일 나. 재료·기구의 결함 유무를 점검하고 불량품을 제거하는 일 다. 작업 중 안전대 및 안전모 등 보호구 착용 상황을 감시하는 일
9. 높이 5미터 이상의 비계(飛階)를 조립·해체하거나 변경하는 작업(해체작업의 경우 가목은 적용 제외)	가. 재료의 결함 유무를 점검하고 불량품을 제거하는 일 나. 기구·공구·안전대 및 안전모 등의 기능을 점검하고 불량품을 제거하는 일 다. 작업방법 및 근로자 배치를 결정하고 작업 진행 상태를 감시하는 일 라. 안전대와 안전모 등의 착용 상황을 감시하는 일

작업의 종류	직무수행 내용
10. 달비계 작업	가. 작업용 섬유로프, 작업용 섬유로프의 고정점, 구명줄의 조정점, 작업대, 고리걸이용 철구 및 안전대 등의 결손 여부를 확인하는 일 나. 작업용 섬유로프 및 안전대 부착 설비용 로프가 고정점에 풀리지 않는 매듭 방법으로 결속되었는지 확인하는 일 다. 근로자가 작업대에 탑승하기 전 안전모 및 안전대를 착용하고 안전대를 구명줄에 체결했는지 확인하는 일 라. 작업 방법 및 근로자 배치를 결정하고 작업 진행 상태를 감시하는 일
11. 발파작업 ✄	가. 점화 전에 점화작업에 종사하는 근로자가 아닌 사람에게 대피를 지시하는 일 나. 점화작업에 종사하는 근로자에게 대피장소 및 경로를 지시하는 일 다. 점화 전에 위험구역 내에서 근로자가 대피한 것을 확인하는 일 라. 점화순서 및 방법에 대하여 지시하는 일 마. 점화신호를 하는 일 바. 점화작업에 종사하는 근로자에게 대피신호를 하는 일 사. 발파 후 터지지 않은 장약이나 남은 장약의 유무, 용수(湧水)의 유무 및 암석·토사의 낙하 여부 등을 점검하는 일 아. 점화하는 사람을 정하는 일 자. 공기압축기의 안전밸브 작동 유무를 점검하는 일 차. 안전모 등 보호구 착용 상황을 감시하는 일
12. 채석을 위한 굴착작업 ✄	가. 대피방법을 미리 교육하는 일 나. 작업을 시작하기 전 또는 폭우가 내린 후에는 토사 등의 낙하·균열의 유무 또는 함수(含水)·용수(湧水) 및 동결의 상태를 점검하는 일 다. 발파한 후에는 발파장소 및 그 주변의 토사 등의 낙하·균열의 유무를 점검하는 일
13. 화물취급작업 ✄	가. 작업방법 및 순서를 결정하고 작업을 지휘하는 일 나. 기구 및 공구를 점검하고 불량품을 제거하는 일 다. 그 작업장소에는 관계 근로자가 아닌 사람의 출입을 금지하는 일 라. 로프 등의 해체작업을 할 때에는 하대(荷臺) 위의 화물의 낙하위험 유무를 확인하고 작업의 착수를 지시하는 일
14. 부두와 선박에서의 하역작업	가. 작업 방법을 결정하고 작업을 지휘하는 일 나. 통행 설비·하역기계·보호구 및 기구·공구를 점검·정비하고 이들의 사용 상황을 감시하는 일 다. 주변 작업자 간의 연락을 조정하는 일
15. 전로 등 전기작업 또는 그 지지물의 설치, 점검, 수리 및 도장 등의 작업	가. 작업 구간 내의 충전전로 등 모든 충전 시설을 점검하는 일 나. 작업 방법 및 그 순서를 결정(근로자 교육 포함)하고 작업을 지휘하는 일 다. 작업근로자의 보호구 또는 절연용 보호구 착용 상황을 감시하고 감전재해 요소를 제거하는 일

작업의 종류	직무수행 내용
	라. 작업 공구, 절연용 방호구 등의 결함 여부와 기능을 점검하고 불량품을 제거하는 일
	마. 작업장소에 관계 근로자 외에는 출입을 금지하고 주변 작업자와의 연락을 조정하며 도로작업 시 차량 및 통행인 등에 대한 교통통제 등 작업전반에 대해 지휘·감시하는 일
	바. 활선작업용 기구를 사용하여 작업할 때 안전거리가 유지되는지 감시하는 일
	사. 감전재해를 비롯한 각종 산업재해에 따른 신속한 응급처치를 할 수 있도록 근로자들을 교육하는 일
16. 관리대상 유해물질을 취급하는 작업	가. 관리대상 유해물질을 취급하는 근로자가 물질에 오염되지 않도록 작업방법을 결정하고 작업을 지휘하는 업무
	나. 관리대상 유해물질을 취급하는 장소나 설비를 매월 1회 이상 순회점검하고 국소배기장치 등 환기설비에 대해서는 다음 각 호의 사항을 점검하여 필요한 조치를 하는 업무. 단, 환기설비를 점검하는 경우에는 다음의 사항을 점검
	(1) 후드(hood)나 덕트(duct)의 마모·부식, 그 밖의 손상 여부 및 정도
	(2) 송풍기와 배풍기의 주유 및 청결 상태
	(3) 덕트 접속부가 헐거워졌는지 여부
	(4) 전동기와 배풍기를 연결하는 벨트의 작동 상태
	(5) 흡기 및 배기 능력 상태
	다. 보호구의 착용 상황을 감시하는 업무
	라. 근로자가 탱크 내부에서 관리대상 유해물질을 취급하는 경우에 다음의 조치를 했는지 확인하는 업무
	(1) 관리대상 유해물질에 관하여 필요한 지식을 가진 사람이 해당 작업을 지휘
	(2) 관리대상 유해물질이 들어올 우려가 없는 경우에는 작업을 하는 설비의 개구부를 모두 개방
	(3) 근로자의 신체가 관리대상 유해물질에 의하여 오염되었거나 작업이 끝난 경우에는 즉시 몸을 씻는 조치
	(4) 비상시에 작업설비 내부의 근로자를 즉시 대피시키거나 구조하기 위한 기구와 그 밖의 설비를 갖추는 조치
	(5) 작업을 하는 설비의 내부에 대하여 작업 전에 관리대상 유해물질의 농도를 측정하거나 그 밖의 방법으로 근로자가 건강에 장해를 입을 우려가 있는지를 확인하는 조치
	(6) 제(5)에 따른 설비 내부에 관리대상 유해물질이 있는 경우에는 설비 내부를 충분히 환기하는 조치
	(7) 유기화합물을 넣었던 탱크에 대하여 제(1)부터 제(6)까지의 조치 외에 다음의 조치
	(가) 유기화합물이 탱크로부터 배출된 후 탱크 내부에 재유입되지 않도록 조치
	(나) 물이나 수증기 등으로 탱크 내부를 씻은 후 그 씻은 물이나 수증기 등을 탱크로부터 배출

작업의 종류	직무수행 내용
	(다) 탱크 용적의 3배 이상의 공기를 채웠다가 내보내거나 탱크에 물을 가득 채웠다가 내보내거나 탱크에 물을 가득 채웠다가 배출 마. 나목에 따른 점검 및 조치 결과를 기록·관리하는 업무
17. 허가대상 유해물질 취급작업	가. 근로자가 허가대상 유해물질을 들이마시거나 허가대상 유해물질에 오염되지 않도록 작업수칙을 정하고 지휘하는 업무 나. 작업장에 설치되어 있는 국소배기장치나 그 밖에 근로자의 건강장해 예방을 위한 장치 등을 매월 1회 이상 점검하는 업무 다. 근로자의 보호구 착용 상황을 점검하는 업무
18. 석면 해체·제거작업	가. 근로자가 석면분진을 들이마시거나 석면분진에 오염되지 않도록 작업방법을 정하고 지휘하는 업무 나. 작업장에 설치되어 있는 석면분진 포집장치, 음압기 등의 장비의 이상 유무를 점검하고 필요한 조치를 하는 업무 다. 근로자의 보호구 착용 상황을 점검하는 업무
19. 고압작업	가. 작업방법을 결정하여 고압작업자를 직접 지휘하는 업무 나. 유해가스의 농도를 측정하는 기구를 점검하는 업무 다. 고압작업자가 작업실에 입실하거나 퇴실하는 경우에 고압작업자의 수를 점검하는 업무 라. 작업실에서 공기조절을 하기 위한 밸브나 콕을 조작하는 사람과 연락하여 작업실 내부의 압력을 적정한 상태로 유지하도록 하는 업무 마. 공기를 기압조절실로 보내거나 기압조절실에서 내보내기 위한 밸브나 콕을 조작하는 사람과 연락하여 고압작업자에 대하여 가압이나 감압을 다음과 같이 따르도록 조치하는 업무 (1) 가압을 하는 경우 1분에 제곱센티미터당 0.8킬로그램 이히의 속도로 함 (2) 감압을 하는 경우에는 고용노동부장관이 정하여 고시하는 기준에 맞도록 함 바. 작업실 및 기압조절실 내 고압작업자의 건강에 이상이 발생한 경우 필요한 조치를 하는 업무
20. 밀폐공간작업 ✈	가. 산소가 결핍된 공기나 유해가스에 노출되지 않도록 작업 시작 전에 해당 근로자의 작업을 지휘하는 업무 나. 작업을 하는 장소의 공기가 적절한지를 작업 시작 전에 측정하는 업무 다. 측정장비·환기장치 또는 송기마스크 등을 작업 시작 전에 점검하는 업무 라. 근로자에게 송기마스크 등의 착용을 지도하고 착용 상황을 점검하는 업무

⚑참고

* 특수형태 근로종사자의 범위

1. 보험을 모집하는 사람으로서 다음 각 목의 어느 하나에 해당하는 사람
   가. 「보험업법」에 따른 보험설계사
   나. 「우체국예금·보험에 관한 법률」에 따른 우체국보험의 모집을 전업(專業)으로 하는 사람
2. 「건설기계관리법」에 따라 등록된 건설기계를 직접 운전하는 사람
3. 「통계법」에 따라 통계청장이 고시하는 직업에 관한 표준분류의 세세분류에 따른 학습지 교사
4. 「체육시설의 설치·이용에 관한 법률」에 따라 직장체육시설로 설치된 골프장 또는 체육시설업의 등록을 한 골프장에서 골프경기를 보조하는 골프장 캐디
5. 한국표준직업분류표의 세분류에 따른 택배원으로서 택배사업(소화물을 집화·수송 과정을 거쳐 배송하는 사업을 말한다)에서 집화 또는 배송 업무를 하는 사람
6. 한국표준직업분류표의 세분류에 따른 택배원으로서 고용노동부장관이 정하는 기준에 따라 주로 하나의 퀵서비스업자로부터 업무를 의뢰받아 배송 업무를 하는 사람
7. 「대부업 등의 등록 및 금융이용자 보호에 관한 법률」에 따른 대출모집인
8. 「여신전문금융업법」에 따른 신용카드회원 모집인
9. 고용노동부장관이 정하는 기준에 따라 주로 하나의 대리운전업자로부터 업무를 의뢰받아 대리운전 업무를 하는 사람

03 기타 산업안전보건법규 내용

> **주/요/내/용 알/고/가/기**
>
> 1. 공정안전보고서의 제출 대상
> 2. 공정안전보고서의 내용
> 3. 물질안전보건자료의 작성·비치 등에 관한 사항
> 4. 물질안전보건자료의 작성항목
> 5. 물질안전보건자료 작성 제외 대상
> 6. 건설공사 중 유해위험방지계획서 작성대상 공사
> 7. 건설공사 유해위험방지계획서 제출 서류

1 그 밖의 고용형태에서의 산업재해 예방

(1) 특수형태 근로종사자에 대한 안전조치 및 보건조치

1) 계약의 형식에 관계없이 근로자와 유사하게 노무를 제공하여 업무상의 재해로부터 보호할 필요가 있음에도 「근로기준법」 등이 적용되지 아니하는 자로서 다음 각 호의 요건을 모두 충족하는 사람("특수형태 근로종사자")의 노무를 제공받는 자는 특수형태 근로종사자의 산업재해 예방을 위하여 필요한 안전조치 및 보건조치를 하여야 한다.

① 대통령령으로 정하는 직종에 종사할 것
② 주로 하나의 사업에 노무를 상시적으로 제공하고 보수를 받아 생활할 것
③ 노무를 제공할 때 타인을 사용하지 아니할 것

2) 대통령령으로 정하는 특수형태 근로종사자로부터 노무를 제공받는 자는 고용노동부령으로 정하는 바에 따라 안전 및 보건에 관한 교육을 실시하여야 한다.

> **참고 특수형태 근로종사자로부터 노무를 제공받는 자 중 안전·보건교육을 실시하여야 하는 자** ✖
>
> 1. 「건설기계관리법」에 따라 등록된 건설기계를 직접 운전하는 사람
> 2. 「체육시설의 설치·이용에 관한 법률」에 따라 직장체육시설로 설치된 골프장 또는 체육시설업의 등록을 한 골프장에서 골프경기를 보조하는 골프장 캐디
> 3. 한국표준직업분류표의 세분류에 따른 택배원으로서 택배사업(소화물을 집화·수송 과정을 거쳐 배송하는 사업을 말한다)에서 집화 또는 배송 업무를 하는 사람

4. 한국표준직업분류표의 세분류에 따른 택배원으로서 고용노동부장관이 정하는 기준에 따라 주로 하나의 퀵서비스업자로부터 업무를 의뢰받아 배송 업무를 하는 사람

5. 고용노동부장관이 정하는 기준에 따라 주로 하나의 대리운전업자로부터 업무를 의뢰받아 대리운전 업무를 하는 사람

(2) 가맹본부의 산업재해 예방 조치

가맹본부 중 대통령령으로 정하는 가맹본부는 가맹점사업자에게 가맹점의 설비나 기계, 원자재 또는 상품 등을 공급하는 경우에 가맹점사업자와 그 소속 근로자의 산업재해 예방을 위하여 다음 각 호의 조치를 하여야 한다.

산업재해 예방 조치를 하여야 하는 가맹본부	가맹본부의 산업재해 예방 조치
「가맹사업거래의 공정화에 관한 법률」에 따라 등록한 정보공개서(직전 사업연도 말 기준으로 등록된 것을 말한다)상 업종이 다음 각 호의 어느 하나에 해당하는 경우로서 가맹점의 수가 200개 이상인 가맹본부를 말한다. 1. 대분류가 외식업인 경우 2. 대분류가 도소매업으로서 중분류가 편의점인 경우	1. 다음의 내용을 포함한 가맹점의 안전 및 보건에 관한 프로그램의 마련·시행 　① 가맹본부의 안전보건경영방침 및 안전보건활동 계획 　② 가맹본부의 프로그램 운영 조직의 구성, 역할 및 가맹점사업자에 대한 안전보건교육 지원 체계 　③ 가맹점 내 위험요소 및 예방대책 등을 포함한 가맹점 안전보건 매뉴얼 　④ 가맹점의 재해 발생에 대비한 가맹본부 및 가맹점사업자의 조치사항 2. 가맹본부가 가맹점에 설치하거나 공급하는 설비·기계 및 원자재 또는 상품 등에 대하여 가맹점사업자에게 안전 및 보건에 관한 정보의 제공

② 공정안전보고서

(1) 공정안전보고서의 작성·제출

1) 사업주는 사업장에 대통령령으로 정하는 유해하거나 위험한 설비가 있는 경우 그 설비로부터의 위험물질 누출, 화재 및 폭발 등으로 인하여 사업장 내의 근로자에게 즉시 피해를 주거나 사업장 인근 지역에 피해를 줄 수 있는 사고로서 대통령령으로 정하는 사고("중대산업사고")를 예방하기 위하여 대통령령으로 정하는 바에 따라 공정안전보고서를 작성하고 고용노동부장관에게 제출하여 심사를 받아야 한다. 이 경우 공정안전보고서의 내용이 중대산업사고를 예방하기 위하여 적합하다고 통보받기 전에는 관련된 유해하거나 위험한 설비를 가동해서는 아니 된다. ✄

2) 사업주는 공정안전보고서를 작성할 때 산업안전보건위원회의 심의를 거쳐야 한다. 다만, 산업안전보건위원회가 설치되어 있지 아니한 사업장의 경우에는 근로자대표의 의견을 들어야 한다. ✄

3) 공정안전보고서의 제출 시기 ✄

사업주는 유해·위험설비의 설치·이전 또는 주요 구조부분의 변경공사의 착공 30일 전까지 공정안전보고서를 2부 작성하여 공단에 제출하여야 한다.

(2) 공정안전보고서의 심사

1) 공단은 공정안전보고서를 제출받은 경우에는 제출받은 날부터 30일 이내에 심사하여 1부를 사업주에게 송부하고, 그 내용을 지방고용노동관서의 장에게 보고해야 한다.

2) 심사결과 구분 ✄✄

적정	보고서의 심사기준을 충족시킨 경우
조건부 적정	보고서의 심사기준을 대부분 충족하고 있으나 부분적인 보완이 필요하다고 판단할 경우
부적정	보고서의 심사기준을 충족시키지 못한 경우

(3) 공정안전보고서의 확인

1) 사업주는 심사를 받은 공정안전보고서의 내용을 실제로 이행하고 있는지 여부에 대하여 고용노동부령으로 정하는 바에 따라 고용노동부장관의 확인을 받아야 한다.

2) 공정안전보고서를 제출하여 심사를 받은 사업주는 다음 각 호의 시기별로 공단의 확인을 받아야 한다. 다만, 화공안전 분야 산업안전지도사 또는 대학에서 조교수 이상으로 재직하고 있는 사람으로서 화공 관련 교과를 담당하고 있는 사람, 그 밖에 자격 및 관련 업무 경력 등을 고려하여 고용노동부장관이 정하여 고시하는 요건을 갖춘 사람에게 자체감사를 하게 하고 그 결과를 공단에 제출한 경우에는 공단은 확인을 하지 아니할 수 있다.

공정안전보고서의 확인 시기 ☆	
신규로 설치될 유해 · 위험설비	설치 과정 및 설치 완료 후 시운전단계 각 1회
기존에 설치되어 사용 중인 유해 · 위험설비	심사 완료 후 6개월 이내
유해 · 위험설비와 관련한 공정의 중대한 변경의 경우	변경 완료 후 1개월 이내
유해 · 위험설비 또는 이와 관련된 공정에 중대한 사고 또는 결함이 발생한 경우	1개월 이내

3) 공단은 사업주로부터 확인요청을 받은 날부터 1개월 이내에 내용이 현장과 일치하는지 여부를 확인하고, 확인한 날부터 15일 이내에 그 결과를 사업주에게 통보하고 지방고용노동관서의 장에게 보고해야 한다.

적합	현장과 일치하는 경우
부적합	현장과 일치하지 아니하는 경우
조건부 적합	현장과 불일치하는 사항 또는 조건부 적정 사항 중 확인일 이후에 조치하여도 안전상에 문제가 없는 경우

(4) 공정안전보고서 이행상태 평가

1) 고용노동부장관은 고용노동부령으로 정하는 바에 따라 공정안전보고서의 이행 상태를 정기적으로 평가할 수 있다.

2) 고용노동부장관은 공정안전보고서의 확인(신규로 설치되는 유해·위험설비의 경우에는 설치완료 후 시운전 단계에서의 확인을 말한다) 후 1년이 지난 날 부터 2년 이내에 공정안전보고서 이행상태평가를 하여야 한다.

3) 고용노동부장관은 이행상태평가 후 4년마다 이행상태평가를 하여야 한다. 다만, 다음 각 호의 어느 하나에 해당하는 경우에는 1년 또는 2년마다 실시할 수 있다.

　① 이행상태평가 후 사업주가 이행상태평가를 요청하는 경우
　② 사업장에 출입하여 검사 및 안전·보건점검 등을 실시한 결과 변경요소 관리계획 미준수로 공정안전보고서 이행상태가 불량한 것으로 인정되는 경우 등 고용노동부장관이 정하여 고시하는 경우

(5) 공정안전보고서의 제출 대상 ✿✿✿

"공정안전보고서를 작성하여야 하는 유해·위험설비"란 다음 각 호의 어느 하나에 해당하는 사업을 하는 사업장의 경우에는 그 보유설비를 말하고, 그 외의 사업을 하는 사업장의 경우에는 유해·위험물질 중 하나 이상을 규정량 이상 제조·취급·사용·저장하는 설비 및 그 설비의 운영과 관련된 모든 공정설비를 말한다.

공정안전보고서 제출 대상 ✿✿✿

① 원유 정제처리업
② 기타 석유정제물 재처리업
③ 석유화학계 기초화학물 제조업 또는 합성수지 및 기타 플라스틱물질 제조업
④ 질소 화합물, 질소·인산 및 칼리질 화학비료 제조업 중 질소질 비료 제조
⑤ 복합비료 및 기타 화학비료 제조업 중 복합비료 제조(단순혼합 또는 배합에 의한 경우는 제외한다)
⑥ 화학 살균·살충제 및 농업용 약제 제조업[농약 원제(原劑) 제조만 해당한다]
⑦ 화약 및 불꽃제품 제조업

실력이 되고! 합격이 되는! 특급 **암기법**

화재·폭발 – 원유, 석유정제물, 화약 및 불꽃제품
중독·질식 – 농약, 비료(복합비료, 질소질 비료)

---

(6) 다음 각 호의 설비는 유해·위험설비로 보지 아니한다.

> **공정안전보고서 제출 제외 대상 설비** ✿✿
>
> ① 원자력 설비
> ② 군사시설
> ③ 사업주가 해당 사업장 내에서 직접 사용하기 위한 난방용 연료의 저장설비 및 사용설비
> ④ 도매·소매시설
> ⑤ 차량 등의 운송설비
> ⑥ 「액화석유가스의 안전관리 및 사업법」에 따른 액화석유가스의 충전·저장시설
> ⑦ 「도시가스사업법」에 따른 가스공급시설
> ⑧ 그 밖에 고용노동부장관이 누출·화재·폭발 등으로 인한 피해의 정도가 크지 않다고 인정하여 고시하는 설비

(7) 공정안전보고서의 내용 ✿✿✿

① 공정안전자료
② 공정위험성 평가서
③ 안전운전계획
④ 비상조치계획
⑤ 그 밖에 공정상의 안전과 관련하여 고용노동부장관이 필요하다고 인정하여 고시하는 사항

③ 물질안전보건자료(MSDS)

(1) 물질안전보건자료의 작성 및 제출 ✖✖

① 화학물질 또는 이를 함유한 혼합물로서 "물질안전보건자료대상물질"을 제조하거나 수입하려는 자는 다음 각 호의 사항을 적은 물질안전보건자료를 고용노동부령으로 정하는 바에 따라 작성하여 고용노동부장관에게 제출하여야 한다. 이 경우 고용노동부장관은 고용노동부령으로 물질안전보건자료의 기재 사항이나 작성 방법을 정할 때 「화학물질관리법」 및 「화학물질의 등록 및 평가 등에 관한 법률」과 관련된 사항에 대해서는 환경부장관과 협의하여야 한다.

② 물질안전보건자료대상물질을 제조ㆍ수입하려는 자가 물질안전보건자료를 작성하는 경우에는 그 물질안전보건자료의 신뢰성이 확보될 수 있도록 인용된 자료의 출처를 함께 적어야 한다.

③ 물질안전보건자료 및 화학물질의 명칭 및 함유량에 관한 자료는 물질안전보건자료대상물질을 제조하거나 수입하기 전에 공단에 제출해야 한다.

④ 물질안전보건자료를 공단에 제출하는 경우에는 공단이 구축하여 운영하는 물질안전보건자료시스템을 통한 전자적 방법으로 제출해야 한다. 다만, 물질안전보건자료시스템이 정상적으로 운영되지 않거나 신청인이 물질안전보건자료시스템을 이용할 수 없는 등의 부득이한 사유가 있는 경우에는 전자적 기록매체에 수록하여 직접 또는 우편으로 제출할 수 있다.

물질안전보건자료에 적어야 하는 사항 ✖✖

1. 제품명
2. 물질안전보건자료대상물질을 구성하는 화학물질 중 유해인자의 분류 기준에 해당하는 화학물질의 명칭 및 함유량
3. 안전 및 보건상의 취급 주의 사항
4. 건강 및 환경에 대한 유해성, 물리적 위험성
5. 물리ㆍ화학적 특성 등 고용노동부령으로 정하는 사항
   ① 물리ㆍ화학적 특성
   ② 독성에 관한 정보
   ③ 폭발ㆍ화재 시의 대처방법
   ④ 응급조치 요령
   ⑤ 그 밖에 고용노동부장관이 정하는 사항

물질안전보건자료의 작성항목(Data Sheet 16가지 항목) ✿✿

1. 화학제품과 회사에 관한 정보
2. 유해·위험성
3. 구성성분의 명칭 및 함유량
4. 응급조치요령
5. 폭발·화재 시 대처방법
6. 누출사고 시 대처방법
7. 취급 및 저장방법
8. 노출방지 및 개인보호구
9. 물리화학적 특성
10. 안정성 및 반응성
11. 독성에 관한 정보
12. 환경에 미치는 영향
13. 폐기 시 주의사항
14. 운송에 필요한 정보
15. 법적규제 현황
16. 기타 참고사항

물질안전보건자료 작성 제외 대상 ✿✿

1. 「건강기능식품에 관한 법률」에 따른 건강기능식품
2. 「농약관리법」에 따른 농약
3. 「마약류 관리에 관한 법률」에 따른 마약 및 향정신성의약품
4. 「비료관리법」에 따른 비료
5. 「사료관리법」에 따른 사료
6. 「생활주변방사선 안전관리법」에 따른 원료물질
7. 「생활화학제품 및 살생물제의 안전관리에 관한 법률」에 따른 안전확인대상 생활화학제품 및 살생물제품 중 일반소비자의 생활용으로 제공되는 제품
8. 「식품위생법」에 따른 식품 및 식품첨가물
9. 「약사법」에 따른 의약품 및 의약외품
10. 「원자력안전법」에 따른 방사성물질
11. 「위생용품 관리법」에 따른 위생용품
12. 「의료기기법」에 따른 의료기기
12의2. 「첨단재생의료 및 첨단바이오의약품 안전 및 지원에 관한 법률」에 따른 첨단바이오의약품
13. 「총포·도검·화약류 등의 안전관리에 관한 법률」에 따른 화약류
14. 「폐기물관리법」에 따른 폐기물
15. 「화장품법」에 따른 화장품
16. 제1호부터 제15호까지의 규정 외의 화학물질 또는 혼합물로서 일반소비자의 생활용으로 제공되는 것(일반소비자의 생활용으로 제공되는 화학물질 또는 혼합물이 사업장 내에서 취급되는 경우를 포함한다)
17. 고용노동부장관이 정하여 고시하는 연구·개발용 화학물질 또는 화학제품. 이 경우 법 제110조 제1항부터 제3항까지의 규정에 따른 자료의 제출만 제외된다.
18. 그 밖에 고용노동부장관이 독성·폭발성 등으로 인한 위해의 정도가 적다고 인정하여 고시하는 화학물질

실력이 되고! 합격이 되는! 특급

비료로 **농** **사**지은 **식품, 건강식품, 위생용품 폐기물**에서 **화약, 방사성 원료물질** 나와서 **소비자용 의료기기, 첨단 의약품, 마약, 화장품**으로 치료했다.

(2) 물질안전보건자료의 게시 및 교육 ✦✦

① 물질안전보건자료대상물질을 취급하는 사업주는 다음 각 호의 어느 하나에 해당하는 장소 또는 전산장비에 항상 물질안전보건 자료를 게시하거나 갖추어 두어야 한다. 다만, 장비에 게시하거나 갖추어 두는 경우에는 고용노동부장관이 정하는 조치를 해야 한다.

물질안전보건자료를 게시 또는 비치하여야 하는 장소 ✦

- 물질안전보건자료대상물질을 취급하는 작업공정이 있는 장소
- 작업장 내 근로자가 가장 보기 쉬운 장소
- 근로자가 작업 중 쉽게 접근할 수 있는 장소에 설치된 전산장비

② 사업주는 물질안전보건자료대상물질을 취급하는 작업공정별로 고용노동부령으로 정하는 바에 따라 물질안전보건자료대상물질의 관리요령을 게시하여야 한다.(작업공정별 관리 요령은 유해성 · 위험성이 유사한 물질안전보건자료대상물질의 그룹별로 작성하여 게시할 수 있다)

물질안전보건자료대상물질의 작업공정별 관리요령에 포함사항 ✦✦

- 제품명
- 건강 및 환경에 대한 유해성, 물리적 위험성
- 안전 및 보건상의 취급주의 사항
- 적절한 보호구
- 응급조치 요령 및 사고 시 대처방법

🔎 **비교합시다!** **물질안전보건자료에 적어야 하는 사항** ✦✦

1. 제품명
2. 물질안전보건자료대상물질을 구성하는 화학물질 중 유해인자의 분류기준에 해당하는 화학물질의 명칭 및 함유량
3. 안전 및 보건상의 취급 주의 사항
4. 건강 및 환경에 대한 유해성, 물리적 위험성
5. 물리 · 화학적 특성 등 고용노동부령으로 정하는 사항
   ① 물리 · 화학적 특성
   ② 독성에 관한 정보
   ③ 폭발 · 화재 시의 대처방법
   ④ 응급조치 요령
   ⑤ 그 밖에 고용노동부장관이 정하는 사항

③ 사업주는 작업장에서 취급하는 물질안전보건자료대상물질의 내용을 근로자에게 교육하고 교육을 실시하였을 때에는 교육시간 및 내용 등을 기록하여 보존해야 한다. 이 경우 교육받은 근로자에 대해서는 해당 교육 시간만큼 안전 · 보건교육을 실시한 것으로 본다.(유해성 · 위험성이 유사한 물질안전보건자료대상물질을 그룹별로 분류하여 교육할 수 있다)

물질안전보건자료에 관한 교육내용 ✄
① 대상화학물질의 명칭(또는 제품명)
② 물리적 위험성 및 건강 유해성
③ 취급상의 주의사항
④ 적절한 보호구
⑤ 응급조치 요령 및 사고 시 대처방법
⑥ 물질안전보건자료 및 경고표지를 이해하는 방법

(3) 물질안전보건자료대상물질 용기 등의 경고표시 ✄✄

① 물질안전보건자료대상물질을 양도하거나 제공하는 자는 고용노동부령으로 정하는 방법에 따라 이를 담은 용기 및 포장에 경고표시를 하여야 한다. 다만, 용기 및 포장에 담는 방법 외의 방법으로 물질안전보건자료대상물질을 양도하거나 제공하는 경우에는 고용노동부장관이 정하여 고시한 바에 따라 경고표시 기재 항목을 적은 자료를 제공하여야 한다.

② 사업주는 사업장에서 사용하는 물질안전보건자료대상물질을 담은 용기에 고용노동부령으로 정하는 방법에 따라 경고표시를 하여야 힌다. 다민, 용기에 이미 경고표시가 되어있는 등 고용노동부령으로 정하는 경우에는 그러하지 아니하다.

> ✎참고 ★
>
> ※ 물질안전보건자료대상물질의 내용을 근로자에게 교육하여야 하는 경우
> ① 물질안전보건자료대상물질을 제조 · 사용 · 운반 또는 저장하는 작업에 근로자를 배치하게 된 경우
> ② 새로운 물질안전보건자료대상물질이 도입된 경우
> ③ 유해성 · 위험성 정보가 변경된 경우

4 유해 · 위험방지계획서

(1) 유해 · 위험방지계획서의 작성 · 제출

1) 사업주는 다음 각 호의 어느 하나에 해당하는 경우에는 유해위험방지계획서를 작성하여 고용노동부령으로 정하는 바에 따라 고용노동부장관에게 제출하고 심사를 받아야 한다. 다만, 사업주 중 산업재해 발생률 등을 고려하여 고용노동부령으로 정하는 기준에 해당하는 사업주는 유해위험방지계획서를 스스로 심사하고, 그 심사결과서를 작성하여 고용노동부장관에게 제출하여야 한다.

① 대통령령으로 정하는 사업의 종류 및 규모에 해당하는 사업으로서 해당 제품의 생산 공정과 직접적으로 관련된 건설물 · 기계 · 기구 및 설비 등 일체를 설치 · 이전하거나 그 주요 구조부분을 변경하려는 경우

② 유해하거나 위험한 작업 또는 장소에서 사용하거나 건강장해를 방지하기 위하여 사용하는 기계 · 기구 및 설비로서 대통령령으로 정하는 기계 · 기구 및 설비를 설치 · 이전하거나 그 주요 구조부분을 변경하려는 경우

③ 대통령령으로 정하는 크기, 높이 등에 해당하는 건설공사를 착공하려는 경우

2) 대통령령으로 정하는 크기, 높이 등에 해당하는 건설공사를 착공하려는 사업주는 유해위험방지계획서를 작성할 때 건설안전 분야의 자격 등 고용노동부령으로 정하는 자격을 갖춘 자의 의견을 들어야 한다.

유해 · 위험방지계획서 작성 자격을 갖춘 자
① 건설안전 분야 산업안전지도사
② 건설안전기술사 또는 토목 · 건축 분야 기술사
③ 건설안전산업기사 이상으로서 건설안전 관련 실무경력이 7년(기사는 5년) 이상인 사람

3) 사업주가 공정안전보고서를 고용노동부장관에게 제출한 경우에는 해당 유해 · 위험설비에 대해서는 유해위험방지계획서를 제출한 것으로 본다.

4) 공단은 유해위험방지계획서 및 그 첨부 서류를 접수한 경우에는 접수일부터 15일 이내에 심사하여 사업주에게 그 결과를 알려야 한다. 다만, 자체심사 및 확인업체가 유해위험방지계획서 자체 심사서를 제출한 경우에는 심사를 하지 않을 수 있다.

📝참고

* 설비의 "주요 구조부분의 변경"이란 다음 각 목의 어느 하나에 해당하는 경우를 말한다.

① 생산량의 증가, 원료 또는 제품의 변경을 위하여 반응기(관련설비 포함)를 교체 또는 추가로 설치하는 경우

② 변경된 생산설비 및 부대설비의 해당 전기정격용량이 300킬로와트 이상 증가한 경우(유해 · 위험물질의 누출 · 화재 · 폭발과 무관한 자동화창고 · 조명설비 등은 제외)

③ 플레어스택을 설치 또는 변경하는 경우

유해위험방지계획서 심사 결과의 구분 ✿✿

① 적정 : 근로자의 안전과 보건을 위하여 필요한 조치가 구체적으로 확보되었다고 인정되는 경우
② 조건부 적정 : 근로자의 안전과 보건을 확보하기 위하여 일부 개선이 필요하다고 인정되는 경우
③ 부적정 : 기계·설비 또는 건설물이 심사기준에 위반되어 공사착공 시 중대한 위험발생의 우려가 있거나 계획에 근본적 결함이 있다고 인정되는 경우

---

(2) 유해·위험방지계획서 작성대상 사업 ✿✿✿

"대통령령으로 정하는 업종 및 규모에 해당하는 사업"이란 다음 각 호의 어느 하나에 해당하는 사업으로서 전기사용설비의 정격용량의 합이 300킬로와트 이상인 사업을 말한다. ✿✿

유해·위험방지계획서 작성대상(제조업) ✿✿✿

1. 1차 금속 제조업
2. 금속가공제품(기계 및 가구는 제외한다) 제조업
3. 비금속 광물제품 제조업
4. 목재 및 나무제품 제조업
5. 화학물질 및 화학제품 제조업
6. 기타 기계 및 장비 제조업
7. 자동차 및 트레일러 제조업
8. 고무제품 및 플라스틱제품 제조업
9. 기타 제품 제조업
10. 식료품 제조업
11. 반도체 제조업
12. 가구 제조업
13. 전자부품 제조업

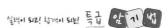
실력이 되고! 합격이 되는! 특급 암기법

1차 금속으로 **금속가공제품, 비금속광물제품** 제조하여 **나무, 화학물질** 섞어서 **기계장비, 자동차 트레일러** 만들고, **고무풀**(고무 및 플라스틱)로 **기타 식료품** 만들었더니 **도대체**(반도체)**가**(가구) **전부**(전자부품) **유해·위험**(유해·위험방지계획서)하다.

---

(3) 유해·위험방지계획서 작성대상(기계·기구 및 설비)

유해·위험방지계획서 작성대상(기계·기구 및 설비) ✕✕✕

① 금속이나 그 밖의 광물의 용해로
② 화학설비
③ 건조설비
④ 가스집합 용접장치
⑤ 근로자의 건강에 상당한 장해를 일으킬 우려가 있는 물질로서 고용노동
　부령으로 정하는 물질의 밀폐·환기·배기를 위한 설비

유해·위험방지계획서 작성대상(건설공사) ✕✕✕

① 다음 각 목의 어느 하나에 해당하는 건축물 또는 시설 등의 건설·개조 또는
　해체공사
　가. 지상높이가 31미터 이상인 건축물 또는 인공구조물
　나. 연면적 3만 제곱미터 이상인 건축물
　다. 연면적 5천 제곱미터 이상인 시설로서 다음의 어느 하나에 해당하는 시설
　　　1) 문화 및 집회시설(전시장 및 동물원·식물원은 제외한다)
　　　2) 판매시설, 운수시설(고속철도의 역사 및 집배송시설은 제외한다)
　　　3) 종교시설
　　　4) 의료시설 중 종합병원
　　　5) 숙박시설 중 관광숙박시설
　　　6) 지하도상가
　　　7) 냉동·냉장 창고시설
② 연면적 5천제곱미터 이상의 냉동·냉장창고시설의 설비공사 및 단열공사
③ 최대 지간길이(다리의 기둥과 기둥의 중심사이의 거리)가 50미터 이상인
　교량 건설 등 공사
④ 터널 건설 등의 공사
⑤ 다목적댐, 발전용댐 및 저수용량 2천만톤 이상의 용수 전용 댐, 지방상수도
　전용 댐 건설 등의 공사
⑥ 깊이 10미터 이상인 굴착공사

실력이 되고! 합격이 되는! 특급 암기법

- 지상높이 31m, 연면적 3만m², 사람 많은 시설 연면적 5,000m²
- 연면적 5,000m² 냉동·냉장창고시설
- 최대 지간길이가 50미터 이상 교량
- 터널
- 저수용량 2천만 톤 이상 댐
- 10미터 이상인 굴착

(4) 제출서류 등

1) 사업주가 제조업 대상 사업, 대상기계·기구 설비에 해당하는 유해·위험방지계획서를 제출하려면 다음 각 호의 서류를 첨부하여 해당 작업 시작 15일 전까지 공단에 2부를 제출하여야 한다. ✖

유해·위험방지계획서 제출서류(제조업 및 대상 기계·기구설비) ✖	
제조업 대상 사업 첨부서류	① 건축물 각 층의 평면도 ② 기계·설비의 개요를 나타내는 서류 ③ 기계·설비의 배치도면 ④ 원재료 및 제품의 취급, 제조 등의 작업방법의 개요 ⑤ 그 밖에 고용노동부장관이 정하는 도면 및 서류
대상 기계·기구 설비 첨부서류	① 설치장소의 개요를 나타내는 서류 ② 설비의 도면 ③ 그 밖에 고용노동부장관이 정하는 도면 및 서류

2) 사업주가 건설공사에 해당하는 유해·위험방지계획서를 제출하려면 건설공사 유해·위험방지계획서 다음 각 호 서류를 첨부하여 해당 공사의 착공 전날까지 공단에 2부를 제출하여야 한다. ✖

유해·위험방지계획서 첨부서류(건설공사) ✖
1. 공사 개요 및 안전보건관리계획 　가. 공사 개요서 　나. 공사현장의 주변 현황 및 주변과의 관계를 나타내는 도면 　　(매설물 현황을 포함) 　다. 건설물, 사용 기계설비 등의 배치를 나타내는 도면 　라. 전체 공정표 　마. 산업안전보건관리비 사용계획 　바. 안전관리 조직표 　사. 재해 발생 위험 시 연락 및 대피방법 **2. 작업공사 종류별 유해·위험방지계획**

MEMO

PART

02

Engineer Industrial Safety

인간공학 및
위험성 평가 · 관리

안전과 인간공학

01 인간공학의 정의

> 주/요/내/용 알/고/가/기
>
> 1. 인간 - 기계의 기능 비교
> 2. 인간 - 기계 통합시스템(man-machine system)의 정보처리 기능
> 3. 인간 - 기계 통합시스템(man-machine system)의 유형별 특징
> 4. 기계설비 고장 유형
> 5. 체계 기준의 요건
> 6. 작업설계(job design)

1 인간공학의 정의

(1) 정의

- 인간의 특성과 한계능력을 공학적으로 분석·평가하여 이를 복잡한 체계의 설계에 응용함으로써 효율을 최대로 활용할 수 있도록 하는 학문 분야
- 인간공학은 기계와 그 기계조작 및 환경조건을 인간의 특성에 맞추어 설계하기 위한 수단을 연구하는 학문이다.

2 인간 - 기계체계

(1) 인간 - 기계의 기능 비교 ✿

구 분	인간의 장점	기계의 장점
감지기능	• 저에너지 자극감지 • 다양한 자극 식별 • 예기치 못한 사건 감지	• 인간의 감지범위 밖의 자극 감지 • 인간, 기계의 모니터 기능
정보처리 결정	• 많은 양의 정보를 장시간 보관 • 귀납적, 다양한 문제 해결	• 정보를 신속, 대량 보관 • 연역적, 정량적 문제 해결

(2) 인간 - 기계 통합시스템(man-machine system)의 정의

사람 + 기계 + 환경으로 구성된 시스템으로 인간만으로 또는 기계만으로 발휘하는 그 이상의 큰 능력을 나타내는 시스템을 말한다.

용어정의

※ 인간-기계 시스템
(man-machine system)
• 인간이 기계를 사용해서 작업할 때 이를 하나의 시스템으로 생각하는 경우를 말한다.
• 인간-기계 시스템에서 기계는 인간이 만든 모든 것을 말한다.

기출

※ 인간이 현존하는 기계를 능가하는 기능
① 원칙을 적용하여 다양한 문제를 해결한다.
② 관찰을 통해서 일반화하고 귀납적으로 추리한다.
③ 주위의 이상하거나 예기치 못한 사건들을 감지한다.
④ 어떤 운용방법이 실패할 경우 새로운 다른 방법을 선택할 수 있다.

(3) **인간 – 기계시스템 설계원칙**

① 배열을 고려한 설계 ② 양립성에 맞게 설계
③ 인체특성에 적합한 설계

(4) **인간 – 기계 통합시스템(man-machine system)의 정보처리 기능** ✿✿

① 감지 기능 : 인간은 감각기관, 기계는 전자장치 및 기계장치를 통하여 감지한다.
② 정보보관 기능 : 인간은 두뇌, 기계는 자기테이프 및 천공카드에 보관한다.
③ 정보처리 및 의사결정 기능 : 기억된 내용을 근거로 간단하거나 복잡한 과정을 통해 의사 결정을 내리는 과정이다.
④ 행동 기능 : 결정된 사항의 실행과 조정을 하는 과정이다.
　　• 인간의 행동기능 : 신체제어
　　• 기계의 행동기능 : 음성, 신호, 출력 등 ✿

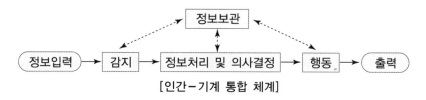

[인간-기계 통합 체계]

(5) **인간 – 기계 통합시스템(man-machine system)의 유형** ✿✿

① 수동시스템
　　• 사용자가 손공구나 기타 보조물 등을 사용하여 자기의 신체적 힘을 동력원으로 하여 작업을 수행하는 시스템이다.
　　• 가장 다양성이 높은 체계이다.
　　　예 상인과 공구
② 기계시스템(반자동 시스템)
　　• 여러 종류의 동력 공작 기계와 같이 고도로 통합된 부품들로 구성되어 있다.
　　• 인간의 역할은 제어 기능을 담당하고, 힘에 대한 공급은 기계가 담당한다.
　　• 운전자의 조종에 의해 운용되며 융통성이 없는 시스템이다.
　　　예 자동차, 공작기계 등
③ 자동시스템
　　• 기계가 감지, 정보 처리 및 의사 결정, 행동 기능 및 정보 보관 등 모든 임무를 미리 설계된 대로 수행하게 된다.
　　• 인간은 감시, 감독, 보전 등의 역할을 담당하게 된다.
　　　예 컴퓨터, 자동교환대 등

기출

* 인간전달 함수의 결점
　① 입력의 협소성
　② 불충분한 직무 묘사
　③ 시점적 제약성

* 인간과 기계와의 조화성
　① 신체적 조화성
　② 지적 조화성
　③ 감성적 조화성

PART 02

참고

* 인간과 기계의 능력에 대한 실용성 한계
① 기능의 수행이 유일한 기준은 아니다.
② 상대적인 비교는 항상 변하기 마련이다.
③ 일반적인 인간과 기계의 비교가 항상 적용되는 것은 아니다.
④ 최선의 성능을 마련하는 것이 항상 중요한 것은 아니다.

(6) 기계설비 고장 유형 ✦✦

① 초기고장(감소형)

- 설계상 · 구조상 결함, 불량 제조 · 생산 과정 등의 품질관리 미비로 생기는 고장 형태
- 점검 작업이나 시운전 작업 등으로 사전에 방지할 수 있는 고장
- 욕조곡선(Bathtub) : 예방보전을 하지 않을 때의 곡선은 서양식 욕조 모양과 비슷하게 나타나는 현상

[예방보전(PM : Preventive Maintenance) 기간 ✦]

디버깅(Debugging) 기간	기계의 결함을 찾아내 단시간 내 고장률을 안정시키는 기간
번인(Burn in) 기간	기계를 장시간 가동하여 그동안에 고장 난 것을 제거하는 기간
에이징(Aging)	비행기에서 3년 이상 시운전하는 기간
스크리닝(screening)	기기의 신뢰성을 높이기 위하여 품질이 떨어지는 것이나 고장 발생 초기의 것을 선별, 제거하는 것

② 우발고장(일정형)

- 예측할 수 없을 때에 생기는 고장의 형태
- 사용자의 실수, 천재지변, 우발적 사고 등이 원인이다.
- 기계마다 일정하게 발생되며 고장률이 가장 낮다.

우발고장의 고장 원인	• 안전계수가 낮기 때문 • 사용자의 과오 때문 • 최선의 검사방법으로도 탐지되지 않는 결함 때문에

③ 마모고장(증가형)

- 기계적 요소나 부품의 마모, 사람의 노화 현상 등에 의해 고장률이 상승하는 형이다.
- 고장이 일어나기 직전에 교환, 안전 진단 및 적당한 보수에 의해서 방지할 수 있는 고장이다.

④ 기계설비의 고장 유형 곡선 ✦✦

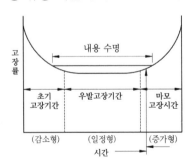

[욕조곡선(Bathtub curve)]

3 체계(system)설계와 인간요소

(1) 체계분석 및 설계의 인간공학적 가치

① 성능의 향상 : 적절한 유능한 운용자

② 훈련비용의 절감 : 숙련도

③ 인력이용률의 향상 : 인력자원의 효과적 이용

④ 사고 및 오용으로부터의 손실감소 : 인간공학 원칙 적용

⑤ 생산 및 보전의 경제성 증대 : 설계 단순화 및 인간공학 원칙 적용

⑥ 사용자의 수용도 향상 : 운용 및 보전성 용이

(2) 체계기준(system criteria)

① 체계기준의 요건(인간공학 연구조사에 사용되는 기준의 구비조건) ✈

- 적절성 : 의도된 목적에 적합하여야 한다.
- 무오염성 : 측정하고자 하는 변수 외의 다른 변수의 영향을 받아서는 안된다.
- 신뢰성 : 반복실험시 재현성이 있어야 한다.(반복성)
- 민감도 : 예상차이점에 비례하는 단위로 측정하여야 한다.

② 인간기준 : 인간성능(Human Performance)에 의한 판단 기준

- 인간성능 척도 : 여러 가지 감각활동, 정신활동, 근육활동에 의해 판단(자극에 대한 반응시간)

인간성능 척도		
− 빈도수 척도	− 지연성 척도	− 지속성 척도

- 생리학적 지표 : 맥박, 혈압, 뇌파, 호흡수 등으로 판단
- 주관적인 반응 : 개인성능 평점, 체계설계에 대한 대안, 평점 등 주관적 평가로 판단
- 사고빈도 : 사고나 상해발생 빈도에 의해 판단

(3) 신뢰성 설계

① 중복(Redundancy)설계 : 일부에 고장이 발생해도 전체 고장이 일어나지 않도록 여력인 부분을 추가하여 중복 설계한다.(병렬설계)

② 부품의 단순화와 표준화

③ 인간공학적 설계와 보전성 설계

(4) 작업설계(job design) : 작업 만족도를 위한 설계

① 작업확대 : 수평적 확대(범위)

② 작업윤택화 : 수직적 확대(깊이)

③ 작업만족도 : 작업 설계 시의 딜레마

④ 작업순환 : 작업능률, 생산성 강조(인간요소적 접근방법)

참고

* 체계(system)의 특성
① 집합성
② 관련성
③ 목적추구성

참고

* 체계기준
① 신뢰도(Reliability : Rt) : 체계 또는 부품이 주어진 운용조건하에서 의도하는 사용기간 중에 의도한 목적에 만족스럽게 작동할 확률
② 가용도(Availability : At) : 체계가 어떤 시점에서 만족스럽게 작동할 수 있는 확률
③ 정비도(Maintainability : Mt) : 고장난 체계가 일정한 시간 안에 수리될 확률
④ 고장률(Hazard rate : ht) : 단위시간당 시간구간 초에 정상 작동하던 체계가 그 시간구간 내에 고장나는 비율
⑤ 고장률함수 ★
$$h(t) = \frac{f_{(t)}}{R_{(t)}}$$
⑥ 고장밀도함수(Failure density functtion : ft) : 단위시간당 고장이 발생하는 체계의 비율

문제

다음 중 신뢰성 설계기술이 아닌 것은?

㉮ 신뢰성 추출(Sampling)
㉯ 중복(Redundancy)설계
㉰ 부품의 단순화와 표준화
㉱ 인간공학적 설계와 보전성 설계

정답 ㉮

[기출]
＊ 인간의 신뢰성 3요소
① 주의력
② 긴장 수준
③ 의식 수준

[참고]
＊ 차피니스(Chapanis)의
인간에러의 분류
① 신호의 에러
② 작업 공간의 에러
③ 지시의 에러
④ 예측의 에러
⑤ 연속 응답의 에러

＊ L.W.Rock의 인간에러
의 분류
① 설계 에러
② 제작 에러
③ 검사 에러
④ 시간 에러
⑤ 조작 에러
⑥ 취급 에러

[참고]
＊ 순서오류
sequential error 또는
sequencial error
• sequential(미국, 영국)
: 잇따라 일어나는
• sequencial(포르투갈어)
: 잇따라 일어나는

◎기출
1. 작위오류(행동오류) :
하지 말아야 할 행동을
하여 생긴 오류
• 순서오류
• 과잉행동오류
• 시간오류
• 선택오류

2. 부작위오류 : 마땅히
하여야 할 행동을 하지
않아 생긴 오류
• 생략오류

4 인간요소와 휴먼에러

(1) 인간 실수의 분류

[휴먼에러의 심리적 분류(Swain의 분류) ✿✿✿]

① omission error(누설오류, 생략오류, 부작위오류)	필요한 작업 또는 절차를 수행하지 않는데 기인한 에러
② time error(시간오류)	필요한 작업 또는 절차의 수행 지연으로 인한 에러
③ commission error (작위오류)	필요한 작업 또는 절차의 불확실한 수행으로 인한 에러
④ sequential error (순서오류)	필요한 작업 또는 절차의 순서 착오로 인한 에러
⑤ extraneous error (과잉행동오류)	불필요한 작업 또는 절차를 수행함으로써 기인한 에러

[원인의 레벨적 분류 ✿✿✿]

① primary error(1차 에러)	작업자 자신으로부터 발생한 에러
② secondary error (2차 에러)	작업형태, 작업조건 중 문제가 생겨 필요한 사항을 실행할 수 없어 발생한 에러
③ command error	실행하고자 하여도 필요한 물품, 정보, 에너지 등이 공급되지 않아서 작업자가 움직일 수 없는 상태에서 발생한 에러

(2) 인간실수의 형태적 특성

1) 행동과정을 통한 분류

① 입력 에러(input error) : 감각 또는 지각 입력의 에러

② 정보처리 에러(information processing error) : 중재(mediation) 또는 정보처리 절차의 에러

③ 출력 에러(output error) : 신체적 반응의 출력 에러

④ 피드백 에러(feedback error) : 인간 제어의 에러

⑤ 의사결정 에러(decision making error) : 주어진 의사결정 과정에서의 에러

2) 대뇌 정보처리 에러

① 제1단계 : 인지단계 – 인지(확인) 에러(입력에러)
외계로부터 작업정보의 습득으로부터 감각 중추로 인지되기까지 일어날 수 있는 에러이며, 확인 착오도 이에 포함된다.

② 제2단계 : 판단단계 – 판단(기억) 에러
중추신경의 의사과정에서 일으키는 에러로써 의사결정의 착오나

기억에 관한 실패도 여기에 포함된다.

② 제3단계 : 조작단계 – 조작(동작) 에러(반응에러)

운동 중추에서 올바른 지령이 주어졌으나 동작 도중에 일어난 에러이다.

[인간의 정보처리 과정에서 발생되는 에러]

Mistake (착오, 착각)	• 인지 과정과 의사결정 과정에서 발생하는 에러 • 상황해석을 잘못하거나 틀린 목표를 착각하여 행하는 경우
Lapse (건망증)	• 저장단계에서 발생하는 에러 • 어떤 행동을 잊어버리고 안하는 경우
Slip (실수, 미끄러짐)	• 실행단계에서 발생하는 에러 • 상황(목표)해석은 제대로 하였으나 의도와는 다른 행동을 하는 경우
Violation (위반)	• 알고 있음에도 의도적으로 따르지 않거나 무시한 경우

3) 휴먼 에러의 배후요인(4M) ✖✖✖

① Man(인간)	본인 외의 사람, 직장의 인간관계 등
② Machine(기계)	기계, 장치 등의 물적 요인
③ Media(매체)	작업정보, 작업방법 등(인간과 기계를 연결하는 매개체이다)
④ Management(관리)	작업관리, 법규준수, 단속, 점검 등

(3) 인간실수 예방기법

1) 페일세이프(Fail-Safe) ✖✖✖

기계 설비에 결함이 발생되더라도 사고가 발생되지 않도록 2중, 3중으로 통제를 가한다.

[페일세이프의 구분 ✖✖✖]

① Fail Passive	부품의 고장 시 기계장치는 정지 상태로 옮겨간다.
② Fail active	부품이 고장 나면 경보를 울리며 짧은 시간 운전이 가능하다.
③ Fail operational	부품의 고장이 있어도 다음 정기점검까지 운전이 가능하다.

2) 풀프루프(Fool-proof) ✖✖✖

인간의 실수가 있더라도 사고로 연결되지 않도록 2중, 3중으로 통제를 가한다.

기출
* Temper proof
안전장치를 제거하는 경우 제품이 작동되지 않도록 하는 설계

기출
* lock system
① interlock system : 기계중심의 lock system
② translock system : 인간-기계 사이 lock system
③ intralock system : 인간중심의 lock system

위험성 파악 · 결정

CHAPTER 02

01 시스템 위험성 추정 및 결정

┌─────────────────────────────┐
│ 주/요/내/용 알/고/가/기 │
└─────────────────────────────┘

1. 시스템 안전성 확보책
2. 시스템 안전관리
3. 시스템 안전프로그램의 목표 사항
4. 시스템 위험분석기법의 종류별 특징
5. FTA의 논리기호 및 사상기호
6. FTA에 의한 재해사례 연구 순서
7. 설비의 신뢰도(직렬연결, 병렬연결)
8. 발생확률의 계산
9. 컷셋과 패스셋 구하기

✿참고

* system이란?
① 요소의 집합에 의해
구성되고
② system 상호 간에
관계를 유지하면서
③ 정해진 조건 아래에서
④ 어떤 목적을 위하여
작용하는 집합체라
할 수 있다.

용어정의

* 시스템 안전공학
시스템 내의 위험성을
적시에 식별하고 그 예
방 또는 필요한 조치를
도모하기 위한 시스템
공학의 한 분야

용어정의

* 시스템 안전프로그램
(System safety
program)
: 시스템의 전 수명단계
를 통하여 가장 적합
할 때에 가장 효율적이
고 경제적인 방법으로
시스템 안전요건을 만
족시킴으로써 시스템의
효용성을 높이려는 안
전관리 활동들의 추진
계획을 말한다.

* 수명주기(Life cycle)
: 생산시스템의 구상단
계에서 시작하여 완전
히 폐기될 때까지의 안
전성을 평가함에 있어
서 고려되어야 하는 전
체기간을 말한다.

① 시스템위험분석 및 관리

(1) 시스템 안전의 정의

어떤 시스템에 있어서 가능시간, 코스트(cost) 등의 제약조건하에서 인원 및 설비가 당하는 상해 및 손상을 최소한으로 줄이는 것이다.

시스템의 계획 → 설계 → 제조 → 운용 등의 단계를 통하여 시스템의 안전관리 및 시스템 안전공학을 정확히 적용시키는 것이 필요하다.

(2) 시스템 안전성 확보책

① 위험 상태의 존재 최소화
② 안전 장치의 채택
③ 경보 장치의 채택
④ 특수 수단 개발, 표식의 규격화

② 시스템 위험분석기법

(1) 예비 위험 분석(PHA : Preliminary Hazards Analysis)

모든 시스템 안전프로그램의 최초 단계(설계단계, 구상단계)에서 실시하는 분석법으로서 시스템 내의 위험요소가 얼마나 위험한 상태에 있는가를 정성적으로 평가하는 기법이다. ✕✕

[PHA 카테고리 분류 ✕]

Class 1. 파국적(catastrophic)	사망, 시스템 손상
Class 2. 위기적(critical)	심각한 상해, 시스템 중대 손상
Class 3. 한계적(marginal)	경미한 상해, 시스템 성능 저하
Class 4. 무시(negligible)	경미한 상해 및 시스템 저하 없음

(2) 결함위험분석(FHA : Fault Hazards Analysis)

1) 한 계약자만으로 모든 시스템의 설계를 담당하지 않고 몇 개의 공동 계약자가 분담할 경우 서브시스템(subsystem)의 해석에 사용되는 분석법이다. ✕✕

2) FHA의 기재사항

- 서브시스템의 요소
- 그 요소의 고장형
- 고장형에 대한 고장률
- 요소 고장 시 시스템의 운용 형식
- 서브시스템에 대한 고장의 영향
- 2차 고장
- 고장형을 지배하는 뜻밖의 일
- 위험성의 분류
- 전 시스템에 대한 고장의 영향
- 기타

◎기출 ★

1. 고장형태와 영향분석
   (FMEA)의 평가요소

① 고장발생의 빈도
② 고장방지의 가능성
③ 기능적 고장 영향의
   중요도

2. FMEA의 고장 평점을
   결정하는 5가지 평가
   요소

① 신규설계의 정도
② 고장발생의 빈도
③ 고장방지의 가능성
④ 영향을 미치는 시스템의
   범위
⑤ 기능적 고장 영향의
   중요도

(3) 고장형태와 영향분석(FMEA : Failure Modes and Effects Analysis)

1) 시스템에 영향을 미치는 모든 요소의 고장을 형태별로 분석하여 그 영향을 검토하는 정성적, 귀납적 분석법이다. ✖✖

2) FMEA 고장영향과 발생확률(β)에 따른 위험성 분류 ✖

FMEA 고장영향과 발생확률(β)에 따른 분류	위험성 분류 표시
• 실제손실 $\beta = 1.00$ • 예상되는 손실 $0.1 < \beta < 1.00$ • 가능한 손실 $0 < \beta \leq 0.1$ • 영향 없음 $\beta = 0$	• category 1 : 생명 또는 가옥의 상실 • category 2 : 임무 수행의 실패 • category 3 : 활동의 지연 • category 4 : 손실과 영향없음

3) FMEA의 실시절차 ✖

1단계 : 대상 시스템의 분석	• 기기 및 시스템의 구성 및 기능의 전반적 파악 • FMEA의 실시를 위한 기본방침의 설정 • 기능 BLOCK과 신뢰성 BLOCK도의 작성
2단계 : 고장형과 그 영향의 검토	• 고장 모드의 예측과 설정 • 고장 원인의 상정 • 상위 아이템에 대한 고장 영향의 검토 • 고장 검지법의 검토 • 고장에 대한 보상법과 대응법의 검토 • FMEA WORK SHEET에 관한 기입 • 고장등급의 평가
3단계 : 치명도 해석과 개선책의 검토	• 치명도 해석 • 해석결과의 정리

4) FMEA의 기재사항

① 요소의 명칭　　　　② 고장의 형
③ 다른 요소 및 전 시스템에 대한 고장의 영향
④ 위험성의 분류　　　⑤ 고장의 발견방법
⑥ 시정방법

☲참고

※ ETA : 사건수(사상수)
  분석법

(4) ETA(Event Tree Analysis)와 DT(Dicision Trees)

1) ETA(Event Tree Analysis) ✖✖

사상의 안전도를 사용하여 시스템의 안전도를 나타내는 귀납적, 정량적인 분석법이다.

2) DT(Dicision Trees) ✖✖

요소의 신뢰도를 이용하여 시스템의 신뢰도를 나타내는 기법으로 귀납적이고, 정량적인 분석 방법이다.

(5) 치명도 분석(CA : Criticality Analysis)

1) 고장이 직접 시스템의 손실과 인명의 사상에 연결되는 높은 위험도를 가진 요소나 고장의 형태에 따른 분석법이다. ✰✰✰

2) 고장이 시스템에 얼마나 치명적인 영향을 끼치는지에 대한 고장을 정량적으로 분석하는 기법이다. ✰✰

3) 정성적 방법에 의한 FMEA에 대해 정량적 성격을 부여한다.

(6) 인간에러율 예측기법
(THERP : Technique of Human Error Rate Prediction)

1) 인간의 과오(human error)를 정량적으로 평가하기 위하여 1963년 Swain 등에 의해 개발된 기법이다. ✰✰✰✰

2) 인간의 과오율 추정법 등 5개의 스텝으로 되어 있다.

(7) MORT(Management Oversight and Risk Tree)

1) 1970년 이후 미국의 W. G. Johnson 등에 의해 개발된 최신 시스템 안전프로그램으로서 원자력 산업의 고도 안전 달성을 위해 개발된 분석 기법이다.

2) 관리, 설계, 생산, 보전 등의 광범위한 안전을 도모하기 위한 연역적이고, 정량적인 분석법이다. ✰✰✰✰

(8) 운용 및 지원위험 분석(O&S : operating & support 또는 OSHA)

1) 시스템의 모든 사용단계에서 생산, 보전, 시험, 운반, 구출, 구조, 훈련 및 폐기 등에 사용되는 인원, 순서, 설비에 관하여 위험을 동정하고 그것들의 안전요건을 결정하기 위한 분석법이다. ✰✰✰✰

2) 시스템이 저장되어 이동되고 실행됨에 따라 발생하는 작동시스템의 기능이나 과업, 활동으로부터 발생되는 위험에 초점을 맞춘 위험분석 차트이다.

> 참고
> * 치명도 분석법 (CA : Criticality Analysis) 사고의 위험성만 분석하는 방법으로 각 요소가 전체 시스템에 미치는 영향을 분석하기가 곤란하다.
> 따라서, FMEA와 함께 사용된다.(FMEA-CA)
> ① 먼저, 고장형태를 해석하여 시스템에 끼치는 영향을 해석하고
> ② 하나의 치명적인 고장을 결정하여 위험성을 분석하고
> ③ 여러 고장의 위험성을 구분하여 위험성이 높은 것을 우선적으로 개선한다.

> 참고
> 고장형태 및 영향분석 (FMEA) + 치명도 분석 (CA) → FMECA

(9) FAFR(Fatal Accident Frequency Rate)

1) 위험도를 표시하는 단위로 10^8 (1억)시간당 사망자 수를 나타낸다.

2)

$$\text{FAFR} = \frac{\text{사 망 자 수}}{\text{총 작 업 시 간 수}} \times 10^8 \; ✪$$

(10) HAZOP(Hazard and Operability, 위험 및 운전성 검토)

각각의 장비에 대해 잠재된 위험이나 기능저하 등 시설에 결과적으로 미칠 수 있는 영향을 평가하기 위하여 공정이나 설계도 등에 체계적인 검토를 행하는 것을 말한다.

1) 용어의 정의

① 의도 : 어떤 부분이 어떻게 작동되리라고 기대된 것을 의미하는 것으로 서술적일 수도 있고 도면화될 수도 있다.

② 이상 : 의도에서 벗어난 것을 의미하며 유인어를 체계적으로 적용하여 얻어진다.

③ 원인 : 이상이 발생한 원인을 의미한다.

④ 결과 : 이상이 발생할 경우 그것에 대한 결과이다.

⑤ 위험 : 손실, 손상, 부상 등을 초래할 수 있는 결과를 의미한다.

⑥ 유인어 : 간단한 용어로서 창조적 사고를 유도하고 이상을 발견하고 의도를 한정하기 위해 사용된다.

2) 유인어의 종류 ✪

유인어의 종류와 뜻
• No 또는 Not : 완전한 부정
• More 또는 Less : 양의 증가 및 감소
• As Well As : 성질상의 증가, 설계의도 외의 다른 변수가 부가되는 경우
• Part of : 일부 변경(설계의도대로 완전히 이루어지지 않은 상태), 성질상의 감소
• Reverse : 설계의도의 논리적인 역, 설계의도와 정반대로 나타나는 현상
• Other Than : 완전한 대체, 설계의도대로 되지 않거나 유지되지 않은 상태

③ 결함수분석(FTA : Fault Tree Analysis)

(1) FTA의 특징

시스템 고장을 발생시키는 사상과 원인과의 관계를 논리기호(AND와 OR)를 사용하여 나뭇가지 모양의 그림(Tree)으로 나타낸 FT(Fault Tree)를 만들고 이에 의거하여 시스템의 고장확률을 구함으로서 취약 부분을 찾아내어 시스템의 신뢰도를 개선하는 정량적 고장해석 및 신뢰성 평가 방법이다.

[FTA의 장점 ✄]

① 사고원인 규명의 간편화	사고의 세부적인 원인목록을 작성하여 전문지식이 부족한 사람도 목록만을 가지고 해당 사고의 구조를 파악할 수 있다.
② 사고원인 분석의 일반화	재해 발생의 모든 원인들의 연쇄를 한눈에 알기 쉽게 Tree상으로 표현할 수 있다.
③ 사고원인 분석의 정량화	FTA에 의한 재해발생 원인의 정량적 해석과 예측, 컴퓨터 처리 및 통계적인 처리가 가능하다.
④ 노력, 시간의 절감	FTA의 전산화를 통하여 사고 발생에의 기여도가 높은 중요원인을 분석 파악하여 사고 예방을 위한 노력과 시간을 절감할 수 있다.
⑤ 시스템의 결함 진단	복잡한 시스템 내의 결함을 최소 시간과 최소비용으로 효과적인 교정을 통하여 재해 발생 초기에 필요한 조치를 취할 수 있다.
⑥ 안전점검 Check List 작성	FTA에 의한 재해 원인 분석을 토대로 안전점검상 중점을 두어야 할 부분 등을 체계적으로 정리한 안전점검 Check List를 만들 수 있다.

[FTA의 단점]

① 숙련된 전문가 필요	FTA를 수행하기 위하여는 이 분야에 전문 지식을 가진 숙련자가 필요하다.
② 시간 및 경비의 소요	분석대상 시스템이나 공정의 크기에 따라 소요 시간과 경비는 차이가 있을 수 있으나 일반적으로 정성 평가에 비하여 막대한 시간과 경비가 소요된다.
③ 고장률 자료 확보	성공적인 FTA를 위하여 설비, 부품의 정확한 고장률 확보가 전제되어야 한다.
④ 단일 사고의 해석	FTA는 공정에서 발생 가능한 사고를 가정하여 그 발생 확률과 중요원인을 규명하는 방법으로서 예상치 못한 사고 또는 사소한 위험성은 간과하기 쉽다.
⑤ 논리게이트 선택의 신중	분석자의 의식 중에는 항상 사고확률의 감소라는 개념이 잠재되어 있다고 볼 수 있다. 따라서 특히 AND게이트 선택 시에는 논리적으로 타당한가를 신중히 검토하여야 정확한 FTA 결과를 도출할 수 있다.

참고

1. 기본사상 중 인간의 실수

2. 생략사상으로서 간소화

3. 생략사상 중 인간의 실수

(2) 논리기호 및 사상기호 ✿✿✿

기호	명명	기호 설명
◯	기본사상	더 이상 전개할 수 없는 사건의 원인
◇	생략사상	관련정보가 미비하여 계속 개발될 수 없는 특정 초기사상
⬠	통상사상	발생이 예상되는 사상
▭	결함사상 (정상사상, 중간사상)	한 개 이상의 입력에 의해 발생된 고장사상
⌂	OR게이트	한 개 이상의 입력이 발생하면 출력사상이 발생하는 논리게이트
⌂	AND게이트	입력사상이 전부 발생하는 경우에만 출력사상이 발생하는 논리게이트
또는 (동시발생)	배타적 OR게이트	입력사상 중 오직 한 개의 발생으로만 출력사상이 생성되는 논리게이트

참고

"OR"게이트
불 대수로 Q = A + B(논리합)와 같이 표시되며, Q가 일어나기 위해서는 사건 A 또는 B 중의 한 개, 또는 A, B사건 모두 일어나야 한다.

"AND"게이트
AND게이트는 게이트에 소속된 사건들의 상호교점을 나타내며, 불대수 기호로는 Q = A × B(논리곱)와 같이 표현된다.

기호	내용
AND Gate	하위의 사건을 모두 만족하는 경우에 사용하는 논리게이트
OR Gate	하위의 사건 중 하나라도 만족하면 사용하는 논리게이트

기호	명명	기호 설명
또는 Ai, Aj, Ak 순으로 Ai Aj Ak	우선적 AND게이트	입력사상이 특정 순서대로 발생한 경우에만 출력사상이 발생하는 논리게이트
2개의 출력 Ai Aj Ak	조합 AND게이트	3개 이상의 입력 중 2개가 일어나면 출력이 생긴다.
△	전이기호	다른 부분에 있는 게이트와의 연결 관계를 나타내기 위한 기호
△	전이기호(IN)	삼각형 정상의 선은 정보의 전입루트를 나타낸다.
△	전이기호(OUT)	삼각형 옆의 선은 정보의 전출루트를 나타낸다.
▽	전이기호 (수량이 다르다)	
억제게이트	억제게이트	이 게이트의 출력사상은 한 개의 입력사상에 의해 발생하며, 입력사상이 출력사상을 생성하기 전에 특정조건을 만족하여야 하는 논리게이트
◯	조건부사상	논리게이트에 연결되어 사용되며, 논리에 적용되는 조건이나 제약 등을 명시한다.
A	부정게이트	입력과 반대현상의 출력 생김
위험지속기간	위험지속 AND게이트	입력이 생겨서 일정시간이 지속될 때 출력이 생긴다.

◎기출

＊ 한국산업 표준상 결함나무 분석(FTA) 시의 사상기호

1. 공사상(Zero event) : 발생할 수 없는 사상

2. 심층분석사상 : 추후 다른 결함나무에서 심층분석되는 사상

3. 기본사상 : 세분될 수 없는 사상

4. 통상사상 : 확실히 발생하였거나, 발생할 사상

◉기출

＊ FTA기법의 순서
• 1단계 : 시스템의 정의
• 2단계 : FT의 작성
• 3단계 : 정성적 평가
• 4단계 : 정량적 평가

＊ FTA기법의 절차
시스템 정의 → 기초OR
GATE사상 분석→ 논리
게이트를 이용한 도해(FT
작성) → 결정된 사상이 조
금 더 전개가 가능한지
검사→FT 간소화→ 정성
적 평가→ 정량적 평가

◉기출

결함수 분석의 최소 컷셋
과 관련된 알고리즘
① Boolean Algebra
② Fussell Algorithm
③ Limnios & Ziani
   Algorithm

(3) FTA에 의한 재해사례 연구 순서 ✄✄

1단계 : 톱사상의 설정
2단계 : 재해 원인 규명
3단계 : FT도의 작성
4단계 : 개선계획의 작성

(4) 컷셋과 패스셋

1) 컷셋(Cut Set) ✄✄

- 정상사상을 발생시키는 기본사상의 집합
- 모든 기본사상이 일어났을 때 정상사상을 일으키는 기본사상들의 집합이다.

2) 미니멀 컷(Minimal Cut Set) ✄✄

- 정상사상을 일으키기 위한 기본사상의 최소집합
- 컷셋 중 타켓셋을 포함하고 있는 것을 배제하고 남은 컷셋들을 의미(최소한의 컷)
- 시스템의 위험성을 나타낸다.
- 반복사상이 없는 경우 일반적으로 퍼셀(Fussell) 알고리즘을 이용하여 구한다.

3) 패스셋(Path Set) ✄✄

- 시스템의 고장을 일으키지 않는 기본사상들의 집합
- 포함된 기본사상이 일어나지 않을 때 처음으로 정상 사상이 일어나지 않는 기본 사상들의 집합이다.

4) 미니멀 패스(Minimal Path Set) ✄✄

- 시스템의 기능을 살리는 최소한의 집합(최소한의 패스)
- 시스템의 신뢰성 나타낸다.

4 정성적, 정량적 분석 및 신뢰도의 계산

(1) 설비의 신뢰도 ✗✗✗

① 직렬연결
- 요소 중 하나가 고장이면 전체 시스템은 고장이다.
- 전체 시스템의 수명은 요소 중 가장 짧은 것으로 결정된다.

신뢰도 $R_s = R_1 \times R_2 \times R_3$

② 병렬연결
- 요소 중 하나만 정상이라도 전체 시스템은 정상 가동된다.
- 전체 시스템의 수명은 요소 중 가장 긴 것으로 결정된다.

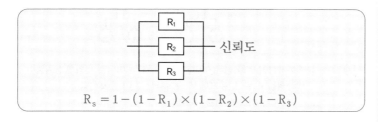

신뢰도

$$R_s = 1 - (1 - R_1) \times (1 - R_2) \times (1 - R_3)$$

(2) 확률사상의 계산 ✗✗✗

1) 논리곱의 확률(독립사상)

$$A(B \cdot C \cdot D) = AB \cdot AC \cdot AD$$

2) 논리합의 확률(독립사상)

$$A(B+C+D) = 1-(1-AB)(1-AC)(1-AD)$$

3) 불대수의 법칙

① 동정 법칙 : $A + A = A$, $AA = A$

② 교환 법칙 : $AB = BA$, $A + B = B + A$

③ 흡수 법칙 : $A(AB) = (AA)B = AB$ ✗

   $A + AB = A \cup (A \cap B) = (A \cup A) \cap (A \cup B) = A \cap (A \cup B) = A$

   $\overline{A \cdot B} = \overline{A} + \overline{B}$ ✗

④ 배분 법칙 : $A(B + C) = AB + AC$, $A+(BC) = (A+B) \cdot (A+C)$

⑤ 결합 법칙 : $A(BC) = (AB)C$, $A + (B + C) = (A + B) + C$

⑥ 항등 법칙 : $A + 0 = A$, $A + 1 = 1$, $A \times 1 = A$, $A \times 0 = 0$ ✗

🖫 **확인** ★

$\overline{A} + A = 1$
$\overline{A} \cdot A = 0$
$1 + A = 1$
$1 \cdot A = A$
$0 + A = A$
$0 \cdot A = 0$

문제

FTA에서 시스템의 안정성을 정량적으로 평가할 때, 이 평가에 포함되는 5개 항목에 대한 위험 점수가 합산해서 몇 점이면 FTA를 다시 하게 되는가?

㉮ 10점 이상
㉯ 14점 이상
㉰ 16점 이상
㉱ 20점 이상

[해설]
5개 항목에 대한 위험 점수가 16점 이상이면 FTA를 다시 해야 한다.

정답 ㉰

4) 드 모르간의 법칙 ✦

① $\overline{A + B} = \overline{A} \cdot \overline{B}$

② $A + \overline{A} \cdot B = A + B$

예제 01 ✦✦✦

①, ②, ③의 발생확률이 각각 0.1, 0.2, 0.3일 때
① G_1의 발생확률(고장확률)을 계산하라.
② G_1의 신뢰도를 계산하라.

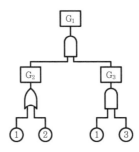

해설
1. 중복사상이 있을 경우 미니멀 컷을 구하여 미니멀 컷의 발생확률이 전체시스템의 발생확률이 된다.(문제에서 중복사상 ①이 존재한다.)
2. FT도에서 미니멀 컷을 구하면

$G_1 = G_2 \cdot G_3$

$= \begin{pmatrix} ① \\ ② \end{pmatrix}(①③) = (①①③)(②①③) = (①③)(①②③)$

미니멀 컷 (①③)

3. 미니멀 컷의 발생확률(G_1의 발생확률)

$= 0.1 \times 0.3 = 0.03$

4. G_1의 신뢰도

$= 1 - 0.03 = 0.97$

예제 **02** ☆☆☆

①, ②, ③, ④의 발생확률이 각각 0.1, 0.2, 0.3, 0.4일 때
① G_1의 발생확률(고장확률)을 계산하라.
② G_1의 신뢰도를 계산하라.

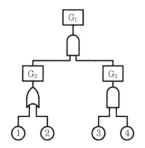

[해설] 중복사상이 없을 경우 공식에 의하여 계산한다.
① G_1의 발생확률(고장확률)의 계산
$G_1 = G_2 \times G_3$
$= \{1-(1-①)(1-②)\} \times (③ \times ④)$
$= \{1-(1-0.1)(1-0.2)\} \times (0.3 \times 0.4)$
$= 0.0336$
② G_1의 신뢰도의 계산
G_1의 발생확률(고장확률)이 0.0336이므로 고장나지 않을 확률(신뢰도)은
$1-0.0336 = 0.9664$

예제 **03** ☆☆☆

①, ②의 발생확률이 각각 0.1, 0.2일 때
① G_1의 발생확률(고장확률)을 계산하라.
② G_1의 신뢰도를 계산하라.

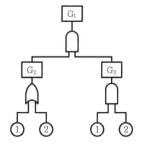

[해설] 1. 중복사상 ①, ②가 있으므로 미니멀 컷의 발생확률이 시스템의 발생확률이 된다.
2. FT도에서 미니멀 컷을 구하면
$G_1 = G_2 \cdot G_3$
$= \binom{①}{②}(①②) = (①①②)(②①②) = (①②)(①②)$
미니멀 컷 $(①②)$
3. 미니멀 컷의 발생확률(G_1의 발생확률)
$= 0.1 \times 0.2 = 0.02$
4. G_1의 신뢰도
$= 1-0.02 = 0.98$

┌─ 문제 ─
아래 그림의 결함수를 간략히 한 것은?

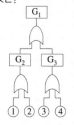

㉮

㉯

㉰

㉱

[해설]
G_1, G_2, G_3가 모두 OR게이트로 연결되어 있으므로 OR게이트로 모두 묶을 수 있다.

㉯

[참고]
만약 G_1, G_2, G_3가 모두 AND게이트로 연결되어 있다면 AND게이트로 모두 묶을 수 있다.

㉮

정답 ㉯

예제 04 ☆☆☆

그림과 같은 기초사건이 반복되지 않은 결함나무가 있다. 독립인 기초 사건들의 확률은 ① = 0.3, ② = 0.2, ③ = 0.1일 때 정상사건의 발생확률은?

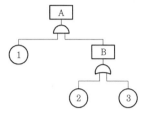

해설 $A = ① \times B$
$= ① \times \{1 - (1 - ②)(1 - ③)\}$
$= 0.3 \times \{1 - (1 - 0.2)(1 - 0.1)\}$
$= 0.084$

(3) 컷셋과 미니멀 컷 ☆☆☆

예제 01 ☆☆☆

다음 FT도에서 컷과 미니멀 컷을 구하라.

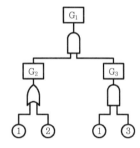

해설 $G_1 = G_2 \cdot G_3$

$= \begin{pmatrix} ① \\ ② \end{pmatrix} \cdot (① ③)$

$= (① ① ③)$
$(② ① ③)$

컷셋 : (① ③)(① ② ③)
미니멀 컷 : (① ③)
(미니멀 컷셋은 정상사상을 일으키는 최소한의 집합이다. 집합(① ③)은 (① ② ③)의 부분집합으로 (① ③)만으로도 정상사상이 발생하므로 미니멀 컷셋은 (① ③)이 된다.)

예제 02 ☆☆☆

다음 FT도에서 컷과 미니멀 컷을 구하라.

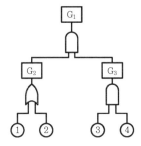

해설 $G_1 = G_2 \cdot G_3$

= (①②) · (③④) = (①③④)(②③④)

컷셋 : (①③④) (②③④)

미니멀 컷 : (①③④) 또는 (②③④)

(출력이 생긴 집합을 모두 모으면 컷셋이고, 출력이 생긴 집합 각각은 미니멀 컷이 된다.)

예제 03 ☆☆☆

다음 FT도에서 컷과 미니멀 컷을 구하라.

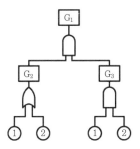

해설 $G_1 = G_2 \cdot G_3$

= (①②) · (①②)

= (①①②) = (①②)
  (②①②)   (①②)

컷셋 : (①②)

미니멀 컷 : (①②)

(출력이 생긴 집합을 모두 모으면 컷셋이고, 출력이 생긴 집합 각각은 미니멀 컷이 된다. 이 문제는 컷셋과 미니멀 컷셋이 동일한 경우이다.)

02 안전성 평가 및 설비의 유지관리

주/요/내/용 알/고/가/기

1. 안전성 평가 6단계
2. 정성적, 정량적 평가항목
3. 유해 · 위험방지 계획서 작성 대상 사업
4. 제출 시 첨부 서류
5. MTBF, MTTF, MTTR의 정의
6. 고장률의 계산
7. MTBF의 계산
8. 신뢰도 및 불신뢰도의 계산

1 안전성 평가의 개요

(1) 안전성 평가 6단계 ✿✿

1단계	관계 자료의 정비검토
2단계	정성적인 평가
3단계	정량적인 평가
4단계	안전대책 수립
5단계	재해사례에 의한 평가
6단계	FTA에 의한 재평가

① 1단계 : 관계자료의 정비검토(작성준비)

관계자료 조사 항목
• 입지조건과 관련된 지질도 등 입지에 관한 도표
• 화학설비 배치도
• 건조물(건물)의 평면도, 단면도 및 입면도
• 제조 공정의 개요
• 기계실 및 전기실의 평면도, 단면도 및 입면도
• 공정기기 목록
• 운전 요령
• 요원 배치 계획
• 배관이나 계장 등의 계통도
• 제조 공정상 일어나는 화학반응
• 원재료, 중간체, 제품 등의 물리화학적 성질 및 인체에 미치는 영향

② 2단계 : 정성적인 평가

정성적 평가항목 ✄	
① 입지 조건	② 공장 내의 배치
③ 소방 설비	④ 공정 기기
⑤ 수송 · 저장	⑥ 원재료
⑦ 중간체	⑧ 제품
⑨ 건조물(건물)	⑩ 공정

참고

설계관계 항목
• 입지조건
• 공장 내의 배치
• 건축물
• 소방용 설비 등

운전관계 항목
• 원재료, 중간체, 제품 등
• 공정
• 수송, 저장 등
• 공정 기기

③ 3단계 : 정량적인 평가
- 당해 화학설비의 취급물질, 화학설비의 용량, 온도, 압력, 조작의 5개 항목에 대해 A, B, C, D급으로 분류하고 A급은 10점, B급은 5점, C급은 2점, D급은 0점을 부여한 후, 점수들의 합을 구한다.

정량적 평가항목 ✄	
① 취급물질	② 화학설비의 용량
③ 온도	④ 압력
⑤ 조작	

- 합산결과에 의한 위험도 등급

등급	점수	내용
등급 Ⅰ	16점 이상	위험도가 높다.
등급 Ⅱ	11점 이상 15점 이하	–
등급 Ⅲ	10점 이하	주위상황, 다른 설비와 관련해서 평가위험도가 낮다.

④ 4단계 : 안전대책 수립
- 설비 등에 관한 대책(위험 등급 1·2등급의 물적 안전조치 사항)
- 위험 등급 3등급 시 설비 등에 관한 대책
- 관리적 대책

⑤ 5단계 : 재해사례에 의한 평가

⑥ 6단계 : FTA에 의한 재평가

(2) 설비도입 및 제품개발 단계에서의 안전성 평가

① 구상단계
- 시스템 안전계획의 작성
- 예비위험분석의 작성
- 안전성에 관한 정보 및 문서의 작성
- 구상단계 정식화 회의에의 참가

② 설계단계
- 구상단계에서 작성된 시스템 안전프로그램을 실시할 것
- 시스템의 설계에 반영할 안정성 설계기준을 결정하여 발표할 것
- 예비위험분석을 시스템안전 위험분석으로 바꾸어 완료시킬 것
- 사양서 중에 시스템 안전성 필요사항을 정의하여 포함시킬 것
- 안전성 결정사항을 문서로 하여 보존할 것

③ 제조, 조립, 시험단계
- 시스템 안전위험분석(SSHA)에서 지정된 전 조치의 실시를 보증하는 계통적인 감시 및 확인 프로그램을 확립하여 실시할 것
- 운용안전성분석(OSA)을 실시할 것
- 안전성이 손상되는 일이 없도록 제조, 조립, 시험방법 과정을 검토하고 평가할 것
- 제조환경이 제품의 안전설계를 손상하지 않도록 할 것
- 위험한 상태를 유발할 수 있는 모든 결함에 대해서는 정보의 피드백 시스템을 확립할 것
- 품질보증요원이 이용할 수 있는 안전성의 검사 및 확인에 관한 시험법을 정할 것
- 안전성을 보증하기 위하여 일어날 수 있는 변화를 예측하고 그것에 수반되는 재설계나 변경을 개시할 것

④ 운용단계
- 모든 운용, 보전 및 위급 시에 절차를 평가하여 그들이 설계 때에 고려된 바와 같은 타당성이 있느냐의 여부를 식별할 것
- 안전성에 손상이 일어나지 않도록 조작장치, 사용설명서의 변경과 수정을 요할 것
- 제조, 조립, 시험단계에서의 확립된 고장의 정보 피드백 시스템을 유지할 것
- 바람직한 운용 안전성 레벨의 유지를 보증하기 위하여 시스템 안전의 실증과 검사를 할 것
- 사고와 그 유발 사고를 조사하고 분석할 것
- 위험상태의 재발 방지를 위해 적절한 개량조치를 강구할 것

② 유해 · 위험방지 계획서 제출대상

(1) 유해 · 위험방지 계획서의 제출

사업주는 다음 각 호의 어느 하나에 해당하는 경우에는 유해위험방지 계획서를 작성하여 고용노동부령으로 정하는 바에 따라 고용노동부장 관에게 제출하고 심사를 받아야 한다. 다만, 사업주 중 산업재해발생 률 등을 고려하여 고용노동부령으로 정하는 기준에 해당하는 사업주 는 유해위험방지계획서를 스스로 심사하고, 그 심사결과서를 작성하 여 고용노동부장관에게 제출하여야 한다.

① 대통령령으로 정하는 사업의 종류 및 규모에 해당하는 사업으로서 해당 제품의 생산 공정과 직접적으로 관련된 건설물 · 기계 · 기구 및 설비 등 일체를 설치 · 이전하거나 그 주요 구조부분을 변경하려 는 경우

② 유해하거나 위험한 작업 또는 장소에서 사용하거나 건강장해를 방지하기 위하여 사용하는 기계 · 기구 및 설비로서 대통령령으로 정하는 기계 · 기구 및 설비를 설치 · 이전하거나 그 주요 구조부분 을 변경하려는 경우

③ 대통령령으로 정하는 크기, 높이 등에 해당하는 건설공사를 착공 하려는 경우

(2) 유해 · 위험방지 계획서 작성대상 사업 ✖✖✖

다음 각 호의 어느 하나에 해당하는 사업으로서 전기사용설비의 정격 용량의 합이 300킬로와트 이상인 사업을 말한다.

유해 · 위험방지 계획서 작성대상(제조업)
① 금속 가공제품(기계 및 가구는 제외한다) 제조업
② 비금속 광물제품 제조업
③ 기타 기계 및 장비 제조업
④ 자동차 및 트레일러 제조업
⑤ 식료품 제조업
⑥ 고무제품 및 플라스틱제품 제조업
⑦ 목재 및 나무제품 제조업
⑧ 기타 제품 제조업
⑨ 1차 금속 제조업
⑩ 가구 제조업
⑪ 화학물질 및 화학제품 제조업
⑫ 반도체 제조업
⑬ 전자부품 제조업

실력이 되고! 합격이 되는! 특급 암기법

1차 금속으로 금속 가공제품, 비금속 광물제품 제조하여 나무, 화학물질 섞어서 기계장비, 자동차 트레일러 만들고, 고무풀(고무 및 플라스틱)로, 기타 식료품 만들었더니 도대체(반도체)가(가구) 전부(전자부품) 유해·위험(유해·위험방지 계획서)하다.

다음 각 호의 어느 하나에 해당하는 기계·기구 및 설비를 말한다.

유해 · 위험방지 계획서 작성대상(기계 · 기구 및 설비) ✿✿
① 금속이나 그 밖의 광물의 용해로
② 화학설비
③ 건조설비
④ 가스집합 용접장치
⑤ 근로자의 건강에 상당한 장해를 일으킬 우려가 있는 물질로서 고용노동부령으로 정하는 물질의 밀폐 · 환기 · 배기를 위한 설비

(3) 제출 시 첨부서류

1) 사업주가 제조업 대상 사업, 대상기계·기구 설비에 해당하는 유해·위험방지계획서를 제출하려면 다음 각 호의 서류를 첨부하여 해당 작업 시작 15일 전까지 공단에 2부를 제출하여야 한다. ✬

제조업 대상 사업 첨부서류	① 건축물 각 층의 평면도 ② 기계·설비의 개요를 나타내는 서류 ③ 기계·설비의 배치도면 ④ 원재료 및 제품의 취급, 제조 등의 작업방법의 개요 ⑤ 그 밖에 고용노동부장관이 정하는 도면 및 서류
대상 기계·기구 설비 첨부서류	① 설치장소의 개요를 나타내는 서류 ② 설비의 도면 ③ 그 밖에 고용노동부장관이 정하는 도면 및 서류

2) 유해위험 방지계획서 심사 결과의 구분 ✬✬

① 적정 : 근로자의 안전과 보건을 위하여 필요한 조치가 구체적으로 확보되었다고 인정되는 경우
② 조건부 적정 : 근로자의 안전과 보건을 확보하기 위하여 일부 개선이 필요하다고 인정되는 경우
③ 부적정 : 기계·설비 또는 건설물이 심사기준에 위반되어 공사 착공 시 중대한 위험발생의 우려가 있거나 계획에 근본적 결함이 있다고 인정되는 경우

3 설비의 유지관리

(1) 설비 관리의 정의

기업의 생산성을 높이기 위하여 설비의 조사, 계획, 설계, 구축, 운전, 유지/보전을 거쳐 설비의 생애(Life-Cycle)를 통하여 설비의 기능 및 신뢰성을 향상하기 위한 제반 활동을 말한다.

참고

1. 지수분포 : 사건이 서로 독립적일 때, 일정 시간 동안 발생하는 사건의 횟수가 푸아송 분포를 따른다면, 다음 사건이 일어날 때까지 대기 시간, 고장 날 확률이 시간에 따라 일정한 경우는 지수분포를 따른다.
2. 와이블분포 : 연속확률분포로서 부품의 수명 추정 분석, 산업 현장에서 어떤 제품의 제조와 배달에 걸리는 시간, 날씨예보, 신뢰성공학에서 실패분석에 사용된다.
3. 이항분포 : 몇 번의 독립 시행에서 어떤 사건이 일어날 확률과 일어나지 않을 확률의 두 항을 써서 나타내는 확률분포이다.
4. 포아송 분포 : 특정 시간 또는 거리나 공간에서 독립적인 사건이 발생한 횟수를 확률변수로 하는 확률 분포이다.

문제

일정한 고장률을 가진 어떤 기계의 고장률이 0.004/시간일 때 10시간 이내에 고장을 일으킬 확률은?

㉮ $1+e^{0.04}$
㉯ $1-e^{-0.004}$
㉰ $1-e^{0.04}$
㉱ $1-e^{-0.04}$

[해설]
고장을 일으킬 확률= 불신뢰도
불신뢰도 = 1 - 신뢰도
① 신뢰도 $R(t) = e^{-\frac{t}{t_0}} = e^{-\lambda \times t}$
(t_0 : 평균 고장시간 or 평균 수명
t : 앞으로 고장 없이 사용할 시간
λ : 고장률)
신뢰도 $R(t) = e^{-0.004 \times 10}$
$= e^{-0.04}$
② 불신뢰도 $= 1 - e^{-0.04}$

정답 ㉱

(2) 설비의 운전 및 유지관리

1) MTBF(평균 고장 간격 : Mean Time Between Failures) ✿✿

수리 가능한 제품에서 고장~다음 고장까지 시간의 평균치(신뢰도)를 말한다.

[고장률과 신뢰도 ✿✿✿]

① 고장률	고장률$(\lambda) = \dfrac{\text{고장건수}}{\text{총 가동시간}}$ (건 / 시간)
② MTBF(평균 고장시간)	$\text{MTBF} = \dfrac{1}{\text{고장률}(\lambda)}$ (시간)
③ 신뢰도 (고장 나지 않을 확률)	신뢰도란 고장 나지 않을 확률을 말한다. $R(t) = e^{-\frac{t}{t_0}} = e^{-\lambda \times t}$ 여기서, t_0 : 평균 고장시간 or 평균 수명 t : 앞으로 고장 없이 사용할 시간 λ : 고장률
④ 불신뢰도(고장 날 확률)	1−신뢰도

2) MTTF (고장까지의 평균시간 : Mean Time to Failure) ✿✿

수리가 불가능한 제품에서 처음 고장날 때까지의 시간(평균수명)을 말한다.

[계의 수명 ✿✿]

① 직렬계의 수명	$\text{MTTF(MTBF)} \times \dfrac{1}{\text{요소갯수}(n)}$
② 병렬계의 수명	$\text{MTTF(MTBF)} \times \left(1 + \dfrac{1}{2} + \dfrac{1}{3} + \cdots + \dfrac{1}{n}\right)$ 여기서, n : 요소의 개수

3) MTTR (Mean Time to Repair) ✖✖

평균 수리에 소요되는 시간을 말한다.

[MTTR과 설비가동률 ✖]

① MTTR	$MTTR = \dfrac{\text{수리시간 합계}}{\text{수리횟수}}$ (시간)
② 설비가동률	설비가동률 $= \dfrac{MTBF}{MTBF + MTTR} = \dfrac{\dfrac{1}{\lambda}}{\dfrac{1}{\lambda} + \dfrac{1}{\mu}}$ 여기서, λ : 고장률, μ : 수리율

④ 보전성 공학

(1) 예방보전(PM : Preventive maintenance)

시스템 또는 부품의 사용 중 고장 또는 정지와 같은 사고를 미리 방지하거나, 품목을 사용 가능 상태로 유지하기 위하여 계획적으로 하는 보전 활동이다.

정기 보전	• 적정 주기를 정하고 주기에 따라 수리, 교환 등을 행하는 활동 • 시간기준보전(TBM : Timed Based Maintenance) : 설비의 열화에 따른 수리주기를 정하고 그 주기에 맞추어 수리를 실시한다.
예지 보전	• 설비의 열화의 상태를 알아보기 위한 점검이나 점검에 따른 수리를 행하는 활동 • 상태기준보전(CBM : Condition Based Maintenance) : 설비의 열화상태가 미리 정한 기준에 도달하면 수리를 행한다.

(2) 사후보전(BM : Break-down maintenance)

시스템 내지 부품이 고장에 의해 정지 또는 유해한 성능저하를 초래한 뒤 수리를 하는 보전 활동이다.

[기출]

※ 설비고장 도수율
$= \dfrac{\text{설비 고장 건수}}{\text{설비 가동시간}}$

※ 설비고장 강도율
$= \dfrac{\text{설비 고장 정지시간}}{\text{설비 가동시간}}$

※ 설비의 가용도
$= \dfrac{\text{작동가능시간}}{\text{작동가능시간} + \text{작동불능시간}}$

PART 02

참고

※ TPM(Total Productive Maintenance)
: 전사적 설비보전활동
• 설비고장을 없애고 설비효율을 극대화하는 것을 목표로 전원이 참가하는 생산보전활동이다.

기출

※ 설비보전 평가식
① 성능가동률 = 속도가동률 × 정미가동률
② 시간가동률 = (부하시간 - 정지시간) / 부하시간
③ 설비종합효율 = 시간가동률 × 성능가동률 × 양품률
④ 정미가동률 = (생산량 × 실제 사이클 타임) / (부하시간-정지시간)

(3) 보전예방(MP : Maintenance Prevention)

- 신규설비의 계획과 건설을 할 때 보전정보나 새로운 기술을 도입하여 열화 손실을 적게 하는 보전 활동이다.
- 우수한 설비의 선정, 조달 또는 설계를 통하여 궁극적으로 설비의 설계, 제작 단계에서 보전활동이 불필요한 체제를 목표로 한 보전 활동이다.

(4) 개량보전(CM : Corrective maintenance)

설비의 신뢰성, 보전성, 경제성, 조작성, 안전성, 에너지 절약, 유용성 등의 향상을 목적으로 설비의 재질이나 형상의 개량, 설계변경 등을 행하는 보전활동이다.

(5) 일상보전(RM : Routine maintenance)

설비의 열화를 방지하고 그 진행을 지연시켜 수명을 연장하기 위한 목적으로 매일 설비의 점검, 청소, 주유 및 교체 등을 행하는 보전 활동이다.

(6) 생산보전(PM : Production Maintenance)

미국의 GE사가 처음으로 사용한 보전으로 설계에서 폐기에 이르기까지 기계설비의 전 과정에서 소요되는 설비의 열화손실과 보전비용을 최소화하여 생산성을 향상시키는 보전방법

(7) 보전성 설계의 고려 사항

① 고장이나 결함이 발생한 부분에 접근이 좋을 것
② 고장이나 결함의 징조를 쉽게 검출할 수 있을 것
③ 고장, 결합부품 및 재료의 교환이 신속하고 쉬울 것

위험성 감소대책 수립 · 실행

01 위험성 평가

> 주/요/내/용 알/고/가/기
>
> 1. 위험성 평가의 정의
> 2. 위험성 평가의 방법
> 3. 위험성 평가의 절차

1 위험성 평가의 정의 및 개요

(1) 위험성 평가의 정의

"위험성 평가"란 사업주가 스스로 유해 · 위험요인을 파악하고 해당 유해 · 위험요인의 위험성 수준을 결정하여, 위험성을 낮추기 위한 적절한 조치를 마련하고 실행하는 과정을 말한다.

(2) 위험성 평가의 대상

① 위험성 평가의 대상이 되는 유해 · 위험요인은 업무 중 근로자에게 노출된 것이 확인되었거나 노출될 것이 합리적으로 예견 가능한 모든 유해 · 위험요인이다. 다만, 매우 경미한 부상 및 질병만을 초래할 것으로 명백히 예상되는 유해 · 위험요인은 평가 대상에서 제외할 수 있다.

② 사업주는 사업장 내 부상 또는 질병으로 이어질 가능성이 있었던 상황(이하 "아차사고"라 한다)을 확인한 경우에는 해당 사고를 일으킨 유해 · 위험요인을 위험성 평가의 대상에 포함시켜야 한다.

③ 사업주는 사업장 내에서 중대재해가 발생한 때에는 지체 없이 중대재해의 원인이 되는 유해 · 위험요인에 대해 위험성 평가를 실시하고, 그 밖의 사업장 내 유해 · 위험요인에 대해서는 위험성 평가 재검토를 실시하여야 한다.

(3) 위험성 평가의 실시 시기

1) 사업주는 사업이 성립된 날(사업 개시일을 말하며, 건설업의 경우 실착공일을 말한다)로부터 1개월이 되는 날까지 위험성 평가의 대상이 되는 유해·위험요인에 대한 최초 위험성 평가의 실시에 착수하여야 한다. 다만, 1개월 미만의 기간 동안 이루어지는 작업 또는 공사의 경우에는 특별한 사정이 없는 한 작업 또는 공사 개시 후 지체 없이 최초 위험성 평가를 실시하여야 한다.

2) 사업주는 다음 각 호의 어느 하나에 해당하여 추가적인 유해·위험요인이 생기는 경우에는 해당 유해·위험요인에 대한 수시 위험성 평가를 실시하여야 한다. 다만, 제5호에 해당하는 경우에는 재해발생 작업을 대상으로 작업을 재개하기 전에 실시하여야 한다.

수시평가를 하여야 하는 경우
① 사업장 건설물의 설치·이전·변경 또는 해체
② 기계·기구, 설비, 원재료 등의 신규 도입 또는 변경
③ 건설물, 기계·기구, 설비 등의 정비 또는 보수(주기적·반복적 작업으로서 이미 위험성 평가를 실시한 경우에는 제외)
④ 작업방법 또는 작업절차의 신규 도입 또는 변경
⑤ 중대산업사고 또는 산업재해(휴업 이상의 요양을 요하는 경우에 한정한다) 발생
⑥ 그 밖에 사업주가 필요하다고 판단한 경우

(4) 평가항목

1) 사업장 위험성 평가의 방법 ✈

① 안전보건관리책임자 등 해당 사업장에서 사업의 실시를 총괄 관리하는 사람에게 위험성 평가의 실시를 총괄 관리하게 할 것

② 사업장의 안전관리자, 보건관리자 등이 위험성 평가의 실시에 관하여 안전보건관리책임자를 보좌하고 지도·조언하게 할 것

③ 유해·위험요인을 파악하고 그 결과에 따른 개선조치를 시행할 것

④ 기계·기구, 설비 등과 관련된 위험성 평가에는 해당 기계·기구, 설비 등에 전문 지식을 갖춘 사람을 참여하게 할 것

⑤ 안전·보건관리자의 선임의무가 없는 경우에는 업무를 수행할 사람을 지정하는 등 그 밖에 위험성 평가를 위한 체제를 구축할 것

2) 사업주는 사업장의 규모와 특성 등을 고려하여 다음 각 호의 위험성 평가 방법 중 한 가지 이상을 선정하여 위험성 평가를 실시할 수 있다. ✈

① 위험 가능성과 중대성을 조합한 빈도 · 강도법
② 체크리스트(Checklist)법
③ 위험성 수준 3단계(저 · 중 · 고) 판단법
④ 핵심요인 기술(One Point Sheet)법
⑤ 그 외 공정 위험성 평가 기법

(5) 위험성 평가의 절차 ✈

사업주는 위험성 평가를 다음의 절차에 따라 실시하여야 한다. 다만, 상시근로자 5인 미만 사업장(건설공사의 경우 1억원 미만)의 경우 제1호의 절차를 생략할 수 있다.

① 사전준비
② 유해 · 위험요인 파악
③ 위험성 결정
④ 위험성 감소대책 수립 및 실행
⑤ 위험성 평가 실시내용 및 결과에 관한 기록 및 보존

(6) 유해 · 위험요인의 파악

① 사업주는 사업장 내의 유해 · 위험요인을 파악하여야 한다. 이때 업종, 규모 등 사업장 실정에 따라 다음 각 호의 방법 중 어느 하나 이상의 방법을 사용하되, 특별한 사정이 없으면 제1호에 의한 방법을 포함하여야 한다.
가. 사업장 순회점검에 의한 방법
나. 근로자들의 상시적 제안에 의한 방법
다. 설문조사 · 인터뷰 등 청취조사에 의한 방법
라. 물질안전보건자료, 작업환경측정결과, 특수건강진단결과 등 안전보건 자료에 의한 방법
마. 안전보건 체크리스트에 의한 방법
바. 그 밖에 사업장의 특성에 적합한 방법

(7) 위험성 평가의 공유

① 사업주는 위험성 평가를 실시한 결과 중 다음 각 호에 해당하는 사항을 근로자에게 게시, 주지 등의 방법으로 알려야 한다.

위험성 평가 결과 중 근로자에게 알려야 하는 사항
① 근로자가 종사하는 작업과 관련된 유해 · 위험요인
② 위험성 결정 결과
③ 유해 · 위험요인의 위험성 감소대책과 그 실행 계획 및 실행 여부
④ 위험성 감소대책에 따라 근로자가 준수하거나 주의하여야 할 사항

② 사업주는 위험성 평가 결과 중대재해로 이어질 수 있는 유해 · 위험 요인에 대해서는 작업 전 안전점검회의(TBM : Tool Box Meeting) 등을 통해 근로자에게 상시적으로 주지시키도록 노력하여야 한다.

(8) 기록 및 보존

① 위험성 평가의 결과와 조치사항을 기록 · 보존할 때에는 다음 각 호의 사항이 포함되어야 한다. ✪

위험성 평가 기록에 포함사항
① 위험성 평가 대상의 유해 · 위험요인
② 위험성 결정의 내용
③ 위험성 결정에 따른 조치의 내용
④ 위험성 평가를 위해 사전조사 한 안전보건정보
⑤ 그 밖에 사업장에서 필요하다고 정한 사항

② 사업주는 제1항에 따른 자료를 3년간 보존해야 한다. ✪

02 위험성 감소대책 수립 및 실행

📍 주/요/내/용 알/고/가/기 ▶

1. 위험성 개선대책의 종류
2. 위험성의 결정
3. 허용 가능한 위험 여부의 결정
4. 위험성 감소대책 수립 및 실행

1 위험성 개선대책(공학적·관리적)의 종류

(1) 위험성 개선대책의 종류

제거 · 대체 (본질적 · 근원적 대책)	① 위험한 작업의 폐지 · 변경 ② 유해위험물질 또는 유해위험요인이 보다 적은 재료로의 대체 ③ 설계나 계획단계에서 위험성을 제거 또는 저감하는 조치
공학적 대책	① 인터록장치 설치 ② 안전장치(방호장치)의 설치 ③ 방호문 설치 ④ 국소배기장치 등의 설치
관리적 대책	① 매뉴얼 정비 ② 출입금지 ③ 노출관리 ④ 교육훈련 등
개인보호구	제거 · 대체, 공학적 대책, 관리적 대책의 조치를 취하더라도 제거 · 감소할 수 없었던 위험성에 대해서만 실시

(2) 위험성 감소대책 수립 및 실행

1) 위험성 감소대책 수립 시의 순서

① 법령 등에 규정된 사항이 있는지를 검토하여 법령에 규정된 방법으로 조치를 실시하는 것이 최우선이다.

② 위험한 작업을 아예 폐지하거나, 기계·기구, 물질의 변경 또는 대체를 통해 위험을 본질적으로 제거하는 방안을 우선 고려한다.

③ 인터록, 안전장치, 방호문, 국소배기장치 설치 등 유해·위험요인의 유해성이나 위험에의 접근 가능성을 줄이는 공학적 방법을 검토한다.

④ 작업매뉴얼 정비, 출입금지·작업허가 제도 도입, 근로자들에게 주의사항 교육 등 관리적 방법을 검토한다.

⑤ 위의 모든 조치들로도 줄이기 어려운 위험에 대해 최후의 방법으로 개인보호구의 사용을 검토하여야 합니다.

2) 위험성 감소대책 수립·실행 시의 고려사항

① 위험성의 크기가 큰 것부터 위험성 감소대책의 대상으로 한다. 위험성 감소를 위한 우선도를 결정하는 방법은 위험성 평가 1단계인 사전준비 단계에서 미리 설정해 두는 것이 바람직하다.

② 안전보건 상 중대한 문제가 있는 것은 위험성 감소 조치를 즉시 실시하여야 한다.

③ 위험성 감소대책의 구체적 내용은 법령에 규정된 사항이 있는 경우에는 그것을 반드시 실시해야 한다.

④ 이 경우, ④의 조치로 ①~③의 조치를 대체해서는 안 되며, 비용 대비 효과 측면에서 현저한 불균형이 있는 경우를 제외하고는 보다 상위의 감소대책을 실시할 필요가 있다.

근골격계질환 예방관리

01 근골격계 유해요인

주/요/내/용 알/고/가/기

1. 근골격계 질환의 정의
2. 근골격계 질환(누적 외상성 질환, CTDs)의 발생 요인
3. 영상표시단말기 작업으로 인한 관련 증상(VDT 증후군)

1 근골격계 질환의 정의 및 유형

(1) 근골격계 질환의 정의

1) 근골격계질환

반복적인 동작, 부적절한 작업자세, 무리한 힘의 사용, 날카로운 면과의 신체접촉, 진동 및 온도 등의 요인에 의하여 발생하는 건강장해로서 목, 어깨, 허리, 팔·다리의 신경·근육 및 그 주변 신체조직 등에 나타나는 질환을 말한다.

2) 누적외상질환

① 주로 상지(팔, 上肢)를 반복하여 움직이는 작업(동적 부담)이나 상지 및 목을 특정 위치로 고정시켜 일하는 작업(정적 부담)에 의해서 주로 발생한다.
② 뒷머리, 목, 어깨, 팔, 손 및 손가락의 어느 부분 또는 전체에 걸쳐 결림, 저림, 아픔 등의 불편함이 나타나는 것을 말한다.

3) 근골격계부담작업

단순반복작업 또는 인체에 과도한 부담을 주는 작업으로서 작업량·작업속도·작업강도 및 작업장 구조 등에 따라 고용노동부장관이 정하여 고시하는 작업을 말한다.

4) 근골격계질환 예방관리 프로그램

유해요인 조사, 작업환경 개선, 의학적 관리, 교육·훈련, 평가에 관한
사항 등이 포함된 근골격계질환을 예방관리하기 위한 종합적인 계획
을 말한다.

(2) 근골격계질환(누적외상성질환, CTDs)의 발생요인 ✦

① 반복적인 동작
② 부적절한 작업 자세
③ 무리한 힘의 사용
④ 날카로운 면과의 신체접촉
⑤ 진동 및 온도(저온)

(3) 근골격계 질환의 특징

① 노동력 손실에 따른 경제적 피해가 크다.
② 근골격계 질환의 최우선 관리목표는 발생의 최소화이다.
③ 자각증상으로 시작되며 환자 발생이 집단적이다.
④ 손상의 정도 측정이 어렵다.
⑤ 단편적인 작업환경개선으로 좋아지지 않는다.
⑥ 회복과 악화가 반복된다.(한번 악화되어도 회복은 가능하다.)

(4) 근골격계 질환의 유형 ✦

① 점액낭염(윤활낭염 : bursitis) : 관절 사이의 윤활액을 싸고 있는
   윤활낭에 염증이 생기는 질병을 말한다.
② 건초염(tenosynovitis), 건염(tendonitis) : 건초염은 건막에 염증
   이 생기는 질환이며 건염(tendonitis)은 건에 염증이 생기는 질환
   으로 건염과 건초염을 정확히 구분하기 어렵다.
③ 손목뼈터널 증후군(수근관 증후군 : carpal tunnel sysdrome) : 반
   복적이고 지속적인 손목의 압박, 무리한 힘 등으로 인해 수근관 내
   부에 정중신경이 손상되어 발생한다. ✦
④ 내상과염(golfer elbow), 외상과염(tennis elbow) : 과다한 손목
   동작, 손가락 동작으로 점액낭에 염증이 생긴 질환으로 팔꿈치 관
   절 내·외부에서 통증이 발생한다.
⑤ 수완진동증후군(hand-arm vibration syndrome : HAVS) : 진동
   공구의 진동으로 인해 손가락 혈관이 수축되어 손가락이 하얗게
   변하며 감각마비, 저린 증상 등을 일으킨다.

⑥ 거북목 증후군(경추자세 증후군) : 뒷목과 어깨의 지속적인 긴장이 원인으로 가만히 있어도 머리가 거북이처럼 구부정하게 앞으로 나와 있는 자세가 나타나며 장시간 컴퓨터 모니터를 사용하는 사무직 종사자에게 흔한 질환이다.

⑦ 요부 염좌(lumbar sprain) : 요추부의 인대나 근육이 늘어나거나 파열되는 질환을 말한다.

⑧ 추간판 탈출증(디스크) : 디스크(척추와 척추 사이에 있는 연골)의 수핵이 갑자기 또는 서서히 후방으로 탈출되면서 다리로 내려가는 신경근을 압박하여 요통 및 좌골신경통을 일으키는 질환이다.

⑨ 결절종(ganglion) : 관절 부위의 얇은 막이나 건초부분의 낭종이나 활액을 채우고 있는 건초가 부풀어 오르는 현상으로, 손목의 윗부분이나 요골 부위가 붓거나 혹이 생기는 질환을 말한다.

2 VDT 증후군

(1) 영상표시단말기 작업으로 인한 관련 증상(VDT 증후군)의 정의

"영상표시단말기 작업으로 인한 관련 증상(VDT 증후군)"이란 영상표시단말기를 취급하는 작업으로 인하여 발생되는 경견완증후군 및 기타 근골격계 증상·눈의 피로·피부증상·정신신경계증상 등을 말한다.

(2) VDT증후군의 발생 요인 ✦

① 나이, 시력, 경력, 작업수행도 등
② 책상, 의자, 키보드 등에 의한 작업 자세
③ 반복적인 작업, 부적절한 휴식시간
④ 조명, 채광 등 부적합한 작업환경

(3) 영상표시단말기 작업으로 인한 관련 증상(VDT 증후군) ✄

1) **근골격계 증상**

목, 어깨, 팔꿈치, 손목 및 손가락 등에 나타나는 통증과 저림, 쑤심 등의 증상

2) **눈의 피로**

3) **피부 증상**

날씨가 건조할 때 화면에서 발생되는 정전기에 의해 민감한 피부반응이 나타나는 경우가 있다.

4) **정신적 스트레스**

정서적 불편(초조, 근심, 착란, 긴장, 무기력감)과 생리적 반응(혈압 상승, 소화불량, 심박수 증가, 아드레날린 분비 촉진, 두통) 등의 증상

5) **전자파 장해**

컴퓨터 화면으로부터 발생되는 전자기파(EMF)에 의한 장해

(4) 컴퓨터 단말기 조작업무에 대한 조치 ✄

① 실내는 명암의 차이가 심하지 않도록 하고 직사광선이 들어오지 않는 구조로 할 것
② 저 휘도형(低輝度型)의 조명기구를 사용하고 창·벽면 등은 반사되지 않는 재질을 사용할 것
③ 컴퓨터 단말기와 키보드를 설치하는 책상과 의자는 작업에 종사하는 근로자에 따라 그 높낮이를 조절할 수 있는 구조로 할 것
④ 연속적으로 컴퓨터 단말기 작업에 종사하는 근로자에 대하여 작업시간 중에 적절한 휴식시간을 부여할 것

◎기출
＊ 컴퓨터 단말기 작업 시 적정 실내조도
① 바탕화면이 흰색계통일 경우 :
   500~700Lux
② 바탕화면이 검은색계통일 경우 :
   300~500Lux
③ 영상표시 단말기(VDT)화면과 주변과의 광도비 = 1 : 3

③ 근골격계 부담작업의 범위

(1) 근골격계 부담작업 ✄

"근골격계 부담작업"이라 함은 다음 각 호의 1에 해당하는 작업을 말한다. 다만, 단기간작업 또는 간헐적인 작업은 제외한다.

① 하루에 4시간 이상 집중적으로 자료입력 등을 위해 키보드 또는 마우스를 조작하는 작업
② 하루에 총 2시간 이상 목, 어깨, 팔꿈치, 손목 또는 손을 사용하여 같은 동작을 반복하는 작업

③ 하루에 총 2시간 이상 머리 위에 손이 있거나, 팔꿈치가 어깨 위에 있거나, 팔꿈치를 몸통으로부터 들거나, 팔꿈치를 몸통 뒤쪽에 위치하도록 하는 상태에서 이루어지는 작업

④ 지지되지 않은 상태이거나 임의로 자세를 바꿀 수 없는 조건에서, 하루에 총 2시간 이상 목이나 허리를 구부리거나 비트는 상태에서 이루어지는 작업

⑤ 하루에 총 2시간 이상 쪼그리고 앉거나 무릎을 굽힌 자세에서 이루어지는 작업

⑥ 하루에 총 2시간 이상 지지되지 않은 상태에서 1kg 이상의 물건을 한손의 손가락으로 집어 옮기거나, 2kg 이상에 상응하는 힘을 가하여 한손의 손가락으로 물건을 쥐는 작업

⑦ 하루에 총 2시간 이상 지지되지 않은 상태에서 4.5kg 이상의 물건을 한손으로 들거나 동일한 힘으로 쥐는 작업

⑧ 하루에 10회 이상 25kg 이상의 물체를 드는 작업

⑨ 하루에 25회 이상 10kg 이상의 물체를 무릎 아래에서 들거나, 어깨 위에서 들거나, 팔을 뻗은 상태에서 드는 작업

⑩ 하루에 총 2시간 이상, 분당 2회 이상 4.5kg 이상의 물체를 드는 작업

⑪ 하루에 총 2시간 이상 시간당 10회 이상 손 또는 무릎을 사용하여 반복적으로 충격을 가하는 작업

실력이 되고! 합격이 되는! 특급 암기법

- 키보드 입력 4시간, 나머지 2시간
- 2시간 4.5kg 한손 쥐기 / 2시간 1kg 손가락 집어 옮기기, 2kg 손가락 쥐기 /10회 25kg, 25회 10kg 무릎 아래, 2시간 분당 2회 4.5kg 들기 / 2시간 시간당 10회 반복 충격

02 인간공학적 유해요인 평가

주/요/내/용 알/고/가/기

1. 유해요인 평가기법의 종류 및 특징
2. OWAS, RULA, REBA, SI 기법의 특징

1 근골격계질환의 유해요인 평가기법

(1) 인간공학적 작업부하 평가 기법

관찰적 작업자세 평가 기법	① 작업 장면을 관찰 / 촬영한 다음 분석을 통해 작업 부하를 평가하고, 조치하는 단계로 이루어진다. ② 전신 : OWAS, RULA, REBA, QEC 등 ③ 손 중심 작업 : SI, ACGIH Hand Activity Level
작업 특성별 부하 평가 기법	① 들기 작업 혹은 진동 등 작업 특성에 따라 특정 항목을 평가하는 기법이다. ② 들기작업 : NIOSH 들기식(NLE), 3DSSPP, ACGIH Lifting TLVs ③ 들기 / 내리기 / 밀기 / 당기기 / 운반 : 스눅 테이블 ④ 진동 : ACGIH Hand Arm Vibration TLVs, Whole Body Vibration TLVs
실험적 작업부하 평가 기법	① 실험실에서 전용 장비를 사용하여 작업부하를 정밀하게 평가하는 기법이다. ② 인체 역학적 부하 평가 : 근력, 관절 모멘트, 반발력 등 ③ 생리학적 작업부하 평가 : 심박수, 근전도, 산소 소비량 등 심ㆍ물리학적 작업부하 평가

(1) OWAS(Ovako Working posture Analysis System) : 작업부하 평가기법

1) OWAS 평가도구의 특징

① 근력을 발휘하기에 부적절한 작업자세를 구별해내기 위한 목적으로 개발하였다.

② OWAS는 작업자세로 인한 작업부하를 평가하는데 초점이 맞추어져 있다.

③ 작업 자세에는 상지(팔), 하지(다리), 허리, 하중으로 구분하여 각 부위의 자세를 코드로 표현한다. ✗

④ OWAS는 신체 부위의 자세뿐만 아니라 중량물의 사용도 고려하여 평가다.

⑤ OWAS 활동 점수표는 4단계 조치단계로 구분된다.

2) OWAS의 장 · 단점 ✗

장점	단점
① 특별한 기구 없이 관찰에 의해서만 작업 자세를 평가할 수 있다. ② 전반적인 작업으로 인한 위해도를 쉽고 간단하게 조사할 수 있다. ③ 여러 작업 중에서 개선을 필요로 하는 작업을 우선적으로 선정할 수 있다. ④ 상지와 하지의 작업분석이 가능하며, 작업 대상물의 무게를 분석요인에 포함할 수 있다.	① 작업 자세 특성이 정적인 자세에 초점이 맞추어져 있다. ② 상지나 하지 등 몸의 일부의 움직임이 적으면서도 반복하여 사용하는 작업에서는 차이를 파악하기 어렵다. ③ 중량물 취급 작업 외에는 작업에 소요되는 힘과 반복성에 대한 위험성이 평가에 반영되지 않는다. ④ 지속 시간을 검토할 수 없으므로 보관유지자세의 평가는 어렵다.

(2) RULA(Rapid Upper Limb Assessment)

1) RULA 평가도구의 특징

① 어깨, 팔목, 손목, 목 등 상지에 초점을 맞춘 작업자세로 인한 작업부하를 쉽고 빠르게 평가하기 위해 개발되었다. ✗

② 나쁜 작업 자세로 인한 상지의 상애(Disorders)를 안고 있는 작업자의 비율이 어느 정도인지를 쉽고 빠르게 파악하는 방법을 제시한다.

③ 근육의 피로에 영향을 주는 작업 자세나 정적인 또는 반복적인 작업 여부, 작업을 수행하는데 필요한 힘의 크기 등 작업으로 인한 근육 부하를 평가한다.

④ 비교적 사용이 용이하고 인간공학 전문가의 정확한 분석 이전에 일차적인 분석 도구로 유용하다.

(3) REBA(Rapid Entire Body Assessment)

1) REBA 평가도구의 특징

① OWAS기법과 RULA기법의 문제점을 보완하여 가장 최근에 만들어졌지만 아직 그 타당성이 증명되지 않았다. ✄

② REBA는 보건관리와 다른 서비스 산업에서 발견되는 예측할 수 없는 작업 자세에 민감하게 잘 적용하기 위해 개발되었다.

③ 작업자의 움직임 단계를 관찰한 후 신체 부위를 분할하여 각 신체 부위에 부위별 점수를 부여 한 후 점수 코드 체제를 이용하여 평가하는 분석 하는 방법이다. ✄

(4) SI(Strain Index) : 작업부하지수

1) SI 평가도구의 특징

① 상지 질환에 대한 정량적 평가방법으로 인간공학적 작업 분석의 도구로서 생리학 및 인체역학(biomechanics)의 과학적 근거를 바탕으로 개발되었다. ✄

② 검증 과정을 통해서 의학적인 진단 결과와도 매우 유의한 타당성이 인정되었다는 장점이 있다.

③ 손목의 특이적인 위험성만이 강조되었고, 진동에 대한 위험 요인이 배제되었으며, 신뢰도가 검증되지 않았다는 한계점이 있다. ✄

④ 각 요소는 근육사용 힘, 근육사용 기간, 빈도, 자세, 작업속도, 하루 작업시간으로 구성되어 있다.

03 근골격계 유해요인 관리

주/요/내/용 알/고/가/기

1. 근골격계 질환 유해요인 조사
2. 근골격계 질환 예방관리 프로그램
3. 작업환경 개선방법

(1) 근골격계 질환 유해요인 조사 ✯

1) 상시근로자 1인 이상의 근로자를 사용하는 사업주는 근로자가 근골 격계부담작업을 하는 경우에 3년마다 다음 각 호의 사항에 대한 유 해요인조사를 하여야 한다. 다만, 신설되는 사업장의 경우에는 신설 일로 부터 1년 이내에 최초의 유해요인 조사를 하여야 한다.

① 설비 · 작업공정 · 작업량 · 작업속도 등 작업장 상황
② 작업시간 · 작업자세 · 작업방법 등 작업조건
③ 작업과 관련된 근골격계질환 징후와 증상 유무 등

2) 다음 각 호의 어느 하나에 해당하는 사유가 발생하였을 경우에 지체 없이 유해요인 조사를 하여야 한다. 다만, 근골격계 부담작업이 아닌 작업에서 발생한 경우를 포함한다.

① 임시건강진단 등에서 근골격계 질환자가 발생하였거나 근로자가 근골격계 질환으로 업무상 질병으로 인정받은 경우
② 근골격계 부담작업에 해당하는 새로운 작업 · 설비를 도입한 경우
③ 근골격계 부담작업에 해당하는 업무의 양과 작업공정 등 작업환경 을 변경한 경우

3) 유해요인 조사는 사업장 내 근골격계 부담작업 전체에 대한 전수 조사를 원칙으로 한다.

4) 사업주는 유해요인 조사에 근로자 대표 또는 해당 작업 근로자를 참여시켜야 한다.

(2) 유해요인조사 방법

1) 유해요인조사는 근골격계 질환자가 발생·인정된 작업 또는 근골격계 부담작업에 해당하는 각각의 작업에 대해 실시하되, 근로자와의 면담, 증상 설문조사, 인간공학적 측면을 고려한 조사 등 적절한 방법으로 한다.

2) 유해요인조사는 사업장 내 근골격계 부담작업 각각에 대하여 실시한다. 다만, 동일한 작업형태와 동일한 작업조건의 근골격계 부담작업이 존재하는 경우에는 근골격계 부담작업의 종류와 수에 대한 대표성, 조사 실시 주기 또는 연도 등을 고려하여 단계적으로 일부 작업에 대해서 조사할 수 있다.

① 한 단위작업에 10개 이하의 근골격계 부담작업이 동일 작업으로 이루어지는 경우에는 작업강도가 가장 높은 2개 이상의 작업을 표본으로 선정한다.

② 만일, 한 단위작업에 동일 근골격계 부담작업의 수가 10개를 초과하는 경우에는 초과하는 5개의 작업 당 1개의 작업을 표본으로 추가한다.

(3) 유해요인조사 내용 ✿

작업장 상황조사	① 작업공정 ② 작업설비 ③ 작업량 ④ 작업속도 및 최근 업무의 변화 등
작업조건 조사	① 반복동작 ② 부적절한 자세 ③ 과도한 힘 ④ 접촉스트레스 ⑤ 진동 ⑥ 기타 요인(예 극저온, 직무 스트레스)
증상 설문조사	① 증상과 징후 ② 직업력(근무력) ③ 근무형태(교대제 여부 등) ④ 취미활동 ⑤ 과거질병력 등

(4) 근골격계 질환 예방관리 프로그램 시행 ✕

1) 다음 각 호의 어느 하나에 해당하는 경우에 근골격계 질환 예방관리 프로그램을 수립하여 시행하여야 한다.

① 근골격계 질환으로 업무상 질병으로 인정받은 근로자가 연간 10명 이상 발생한 사업장 또는 5명 이상 발생한 사업장으로서 발생 비율이 그 사업장 근로자 수의 10퍼센트 이상인 경우

② 근골격계 질환 예방과 관련하여 노사 간 이견(異見)이 지속되는 사업장으로서 고용노동부장관이 필요하다고 인정하여 근골격계 질환 예방관리 프로그램을 수립하여 시행할 것을 명령한 경우

2) 사업주는 근골격계 질환 예방관리 프로그램을 작성·시행할 경우에 노사협의를 거쳐야 한다.

3) 사업주는 근골격계 질환 예방관리 프로그램을 작성·시행할 경우에 인간공학·산업의학·산업위생·산업간호 등 분야별 전문가로부터 필요한 지도·조언을 받을 수 있다.

4) 근골격계질환 예방관리프로그램의 주요 구성요소

① 인간공학적 분석
② 유해요인에 대한 작업환경 개선
③ 의학적 관리
④ 교육 및 훈련
⑤ 평가

유해요인 관리

01 물리적 유해요인 관리

주/요/내/용 알/고/가/기 ▶

1. 물리적 유해요인의 생체작용
2. 물리적 유해요인의 노출기준

1 소음

(1) 소음의 정의

① 원하지 않는 소리
② 심리적으로 불쾌감을 주고 신체에 장애를 일으키는 소리를 말한다.

(2) 소음작업의 정의(산업안전보건법의 정의) ✖✖

하루 8시간 동안 85dB 이상의 소음이 발생하는 작업을 말한다.

(3) 강렬한 소음작업의 정의(종류) ✖✖

① 하루 8시간 동안 90dB 이상의 소음이 발생하는 작업
② 하루 4시간 동안 95dB 이상의 소음이 발생하는 작업
③ 하루 2시간 동안 100dB 이상의 소음이 발생하는 작업
④ 하루 1시간 동안 105dB 이상의 소음이 발생하는 작업
⑤ 하루 30분 동안 110dB 이상의 소음이 발생하는 작업
⑥ 하루 15분 동안 115dB 이상의 소음이 발생하는 작업

(4) 충격소음의 정의 ✖✖

최대 음압 수준에 120dB(A) 이상인 소음이 1초 이상의 간격으로 발생하는 것을 말한다.

(5) C$_5$ – dip 현상 ✄

소음성 난청의 초기 단계로서 4,000Hz 부근의 음에 대한 청력 저하가 심하게 생기게 되는 현상을 말한다.

(6) 소음성 난청(청력 손실)에 영향을 미치는 요소

① 개인의 감수성 : 개인의 감수성에 따라 소음 반응이 다양하다.

② 음의 강도 : 음압수준이 높을수록 유해하다.

③ 폭로 시간(노출시간) : 계속적 노출이 간헐적 노출보다 더 유해하다.

④ 음의 물리적 특성

　• 고주파 음이 저주파 음보다 더 유해하다.

　• 충격음 및 연속음의 유해성이 더 크다.

⑤ 심한 소음에 반복하여 노출되면 일시적 청력 변화는 영구적 청력 변화로 변한다.

2 진동

착암기, 손망치 등의 공구를 사용함으로써 발생되는 백랍병 · 레이노현상 · 말초순환장애 등의 국소 진동 및 차량 등을 이용함으로써 발생되는 관절통 · 디스크 · 소화장애 등의 전신 진동을 말한다.

(1) 전신진동의 특징

① 전신진동은 신체 전신에 전파되는 진동을 말한다.

② 비행기와 선박, 트럭과 같은 교통차량, 트랙터 및 흙 파는 기계와 같은 각종 영농기계에 탑승하였을 때 발생하는 진동 등이 해당된다.

③ 전신진동은 2~100Hz(저주파)에서 장해를 유발한다.

④ 진동수가 클수록, 가속도가 클수록 장해와 진동감각이 증가한다.

(2) 전신진동이 인체에 미치는 영향

① 전신진동의 영향이나 장해는 자율신경 특히 순환기에 크게 나타난다.

② 평형기관에 영향을 주어 구토감, 현기증, 두통, 생식기의 기능 이상 등을 일으킨다.(위장장해, 내장하수증, 척추 이상)

③ 말초혈관이 수축되고, 혈압상승과 맥박이 증가(산소소비량과 폐환기량이 증가)한다.

④ 전신진동은 100Hz까지 문제이나 대개는 30Hz에서 문제가 되고 60~90Hz에서는 시력장해가 온다.

(3) 국소진동의 특징

① 국소적으로 손, 발 등 신체의 특정 부위로 전달되는 진동을 말한다.

② 착암기, 분쇄기(그라인더), 연마기 등 진동공구 작업 등에서 발생한다.

③ 국소진동은 8~1,500Hz(고주파)에서 장해를 유발한다.

④ 진동이 심한 기계조작 등으로 혈관신경계장해를 초래하며 손가락 마비, 근육통, 관절통, 관절운동 장애를 초래한다.

(4) 레이노(Raynaud's phenonmenon) 현상 ✄

국소진동으로 인하여 말초혈관운동 장애가 발생하여 수지가 창백해지고 손이 차며 통증이 오는 현상으로 추운 환경에서 더 잘 발생한다.

③ 방사선

① 직접 · 간접으로 공기 또는 세포를 전리하는 능력을 가진 알파선 · 베타선 · 감마선 · 엑스선 · 중성자선 등의 전자선을 말한다.

② 인간 생체에서 이온화시키는 데 필요한 최소에너지를 기준으로 전리방사선과 비전리방사선으로 구분한다.

(1) 전리방사선(이온화 방사선)의 종류

① 전자기 방사선(X -Ray, γ선)

② 입자 방사선(α, β입자, 중성자)

(2) 비전리방사선(비이온화방사선)의 정의

① 긴 파장을 가지고 있어 원자를 이온화시키지 못하여(전리시키지 못함) 비이온화방사선이라고도 한다.

② 주파수가 감소하는 순서에 따라 자외선, 가시광선, 적외선, 마이크로파, 라디오파, 초저주파, 극저주파가 있다.

(3) 자외선의 인체 영향(생물학적 작용)

① 화학선 : 눈과 피부 등에 화학변화를 일으킨다.

② 광화학적 반응 : 산소분자를 해리하여 오존을 생성한다.

③ 피부작용

- 피부암, 피부 홍반 형성 및 색소 침착, 피부 비후를 일으킨다.
- 옥외작업을 하면서 콜타르의 유도체, 벤조피렌, 안트라센 화합물과 상호작용하여 피부암을 유발시킨다.

④ 눈에 대한 영향 : 결막염, 백내장, 급성 각막염 발생시킴

⑤ 비타민 D 생성

⑥ 살균작용

⑦ 전신 건강장해

(4) 적외선의 인체영향(생물학적 작용)

① 적외선이 신체에 조사되면 일부는 피부에서 반사되고 나머지는 조직에 흡수된다.

② 적외선이 흡수되면 화학반응을 일으키는 것이 아니라 구성분자의 운동에너지를 증가시키므로 조직온도가 상승한다.

③ 적외선 백내장을 초자공, 대장공 백내장이라 한다.(초자공, 용광로의 근로자들과 대장공들에게 백내장이 수정체의 뒷부분에서 발병)

④ 장기간 조사 시 두통, 자극작용이 있으며, 강력한 적외선은 뇌막자극 증상(의식상실, 열사병) 등을 유발할 수 있다.

4 이상기압

"이상기압"이란 압력이 제곱센티미터당 1킬로그램 이상인 기압을 말한다.

(1) 고압환경에서의 생체영향

1차적 가압현상	① 생체와 환경 사이의 압력(기압) 차이로 인한 기계적 작용을 말한다. ② 울혈, 부종, 출혈, 동통이 생기며 기압 증가에 따른 부비강, 치아의 압박 장애를 일으킨다.
2차적 가압현상 : 고압 하의 대기 가스의 독성 때문에 나타나는 현상	① 질소의 마취작용 : 질소가스는 정상기압에서는 비활성이지만 4기압 이상에서는 마취작용을 나타낸다. ② 산소중독 증세 : 산소분압이 2기압을 넘으면 산소중독 증세가 나타난다. ③ 이산화탄소의 작용 : 산소의 독성과 질소의 마취작용을 증가시킨다.

(2) 감압병(decompression : 잠함병, 케이슨병) ✄

급격한 감압 시에 혈액 속의 질소가 혈액과 조직에 기포를 형성하여 종격기종, 기흉 등의 혈액순환 장해와 조직 손상을 일으킨다.

(3) 저기압(저압환경)에서의 인체영향

1) 고공 증상

신경장애, 동통성 관절 장해, 항공치통, 항공이염, 항공부비감염 등을 일으킨다.

2) 폐수종

① 진해성 기침과 호흡 곤란이 나타나고 폐동맥 혈압이 상승하다가 산소 공급과 해면으로의 귀환으로 급속히 소실된다.
② 어른보다 순화적응속도가 느린 어린이에게 많이 발생한다.

3) 고산병

극도의 우울증, 두통, 식욕 상실을 보이는 임상 증세군이며 가장 특징적인 것은 흥분성이다.

(4) 저산소증(Hypoxia : 산소결핍증)

① 저기압에서 가장 문제가 되는 것은 저산소증(산소결핍증)이다.
② 체내 조직의 산소가 결핍된 상태를 저산소증이라 한다.
③ 산소결핍에 가장 민감한 조직은 뇌(대뇌피질)이다.

④ 생체 내에서 산소공급정지가 2분 이상이 되면 활동성이 회복되지 않는 비가역적인 파괴가 일어난다.

⑤ 고산지대나 지역이 높은 곳에서 발생하며 판단력 장해, 행동장해, 권태감 등을 일으킨다.

5 이상기온

① 고열 : 열에 의하여 근로자에게 열경련, 열탈진 또는 열사병 등의 건강장해를 유발할 수 있는 더운 온도를 말한다.

② 한랭 : 냉각원(冷却源)에 의하여 근로자에게 동상 등의 건강장해를 유발할 수 있는 차가운 온도를 말한다.

③ 다습 : 습기로 인하여 근로자에게 피부질환 등의 건강장해를 유발할 수 있는 습한 상태를 말한다.

(1) 습구흑구온도지수(Wet-Bulb Globe Temperature : WBGT)

근로자가 고열환경에 종사함으로써 받는 열 스트레스 또는 위해를 평가하기 위한 도구(단위 : ℃)로써 기온, 기습 및 복사열을 종합적으로 고려한 지표를 말한다.

(2) 온열요소(인체의 열 교환에 영향을 미치는 요소)

① 기온(온도)

② 기습(습도)

③ 기류(대류, 풍속)

④ 복사열

(3) 고온의 생체작용

고온의 일차적 생리적 현상	고온의 이차적 생리적 현상
① 발한(땀)	① 심혈관 장애
② 불감발한	② 신장 장애
③ 피부혈관의 확장	③ 위장 장애
④ 체표면적 증가	④ 신경계 장애
⑤ 호흡증가	⑤ 피부기능 변화
⑥ 근육이완	⑥ 수분 및 염분 부족

(4) 고열장애 분류 ✦

열성발진 (heat rashes), 열성 혈압증	① 가장 흔히 발생하는 피부장해로서 땀띠(plickly heat)라고도 한다. ② 한선(땀샘)에 염증이 생기고 피부에 작은 수포가 형성된다.(범위가 넓어지면 발한에 장애를 줌)
열쇠약 (heat prostration)	① 고열작업장에서의 만성적인 건강장해 ② 전신권태, 위장장애, 불면, 빈혈 등의 증상이 있다.
열경련 (heat cramp) ✦	① 전형적인 열 중증의 형태로 고온환경에서 심한 육체적인 노동을 할 때 혈중 염분농도 저하가 원인이 된다. ② 근육경련, 현기증, 이명, 두통, 구역, 구토 등의 증상이 있다. ③ 수분 및 NaCl 보충(생리식염수 0.1% 공급)한다. (일시에 염분농도가 높으면 흡수 저하가 일어나므로 식염정제를 공급해서는 안 된다)
열피로 (heat exhaustion), 열탈진, 열피비 ✦	① 고온 환경에서 장시간 힘든 노동을 할 때 고열에 순환되지 않은 작업자에게 많이 발생한다. ② 과다 발한으로 인한 수분과 염분 손실 및 탈수로 인한 혈장량 감소가 원인이다. ③ 심할 경우 허탈로 빠져 의식을 잃을 수도 있다. ④ 휴식 후 5% 포도당을 정맥주사 한다.
열허탈 (heat collapse), 열실신 (heat synoope) ✦	① 고열작업장에 순화되지 못한 작업자가 고열작업을 수행(중근 작업을 2시간 이상 하였을 때)하는 경우에 혈액순환 장애로 인하여 신체 말단부에 혈액이 과다하게 저류되며 뇌의 혈액 흐름이 좋지 못하여 대뇌피질의 혈류량이 부족(뇌의 산소 부족)하여 발생한다. ② 저혈압, 뇌의 산소 부족으로 실신, 현기증을 느낀다. ③ 시원한 그늘에서 휴식시키고 염분과 수분을 경구로 보충한다.
열사병 ✦	① 태양의 복사열에 직접 노출 시에 뇌의 온도 상승으로 체온조절 중추기능 장애(중추신경 마비)를 일으켜서 체내에 열이 축적되어 발생한다. ② 중추신경계의 장애 : 신체 내부의 체온조절계통이 기능을 잃어 발생한다. ③ 전신적인 발한정지 : 피부는 땀이 나지 않아 건조하다. ④ 응급처치법 : 체온을 급히 하강(얼음물에 몸을 담가서 체온을 39℃ 이하로 유지)시킨 후 체열생산 억제를 위하여 항신진대사제를 투여한다.

실력이 되고! 합격이 되는! 특급

- 열성발진(땀띠) → 열쇠약 → 열경련(혈중 염분농도 저하) → 열피로, 열탈진(탈수로 인한 혈장량 감소) → 열허탈(대뇌피질의 혈류량 부족)
- 열사병 : 체온조절 중추 기능 장해

(5) 저온의 생체작용

저온 환경의 일차적인 생리적 변화	저온 환경의 이차적인 생리적 반응
① 근육 긴장의 증가 및 떨림(전율) ② 피부혈관의 수축 ③ 말초혈관의 수축 ④ 화학적 대사 작용의 증가 　(갑상선 호르몬 분비 증가) ⑤ 체표면적의 감소	① 말초 냉각 : 말초혈관의 수축으로 표면 조직의 냉각이 진행된다. ② 식욕 변화 : 저온에서는 근육 활동, 조직 대사의 증진으로 식욕이 항진된다. ③ 혈압 변화 : 피부혈관 수축으로 혈압은 일시적으로 상승한다. ④ 순환 기능 : 피부혈관의 수축으로 순환 기능이 감소된다.

(6) 저온한랭 환경에 의한 건강장해

1) 전신체온강화(저체온증 : general hypothermia)

전신 체온 강하는 장시간의 한랭 노출과 체열 상실에 따라 발생하는 급성 중증장해이다.

2) 동상(frostbite)

제1도 동상 (발적)	가려우며 혈관 확장으로 국소 발적이 생긴다.
제2도 동상 (수포형성과 염증)	수포와 함께 광범위한 삼출성 염증이 생긴다.
제3도 동상 (조직괴사 및 괴저)	심부조직까지 동결되어 조직의 괴사로 인한 괴저기 발생한다.

3) 참호족(참수족, 침수족 : trench foot, immersion foot)

① 한랭 환경에 장기간 노출됨과 동시에 발이 지속적으로 습기나 물에 잠길 경우 발생한다. (침수족이 참호족보다 노출시간이 길 때 발생)

② 지속적인 국소의 산소결핍이 원인이며, 모세혈관 벽이 손상되어 부종, 작열감, 가려움, 심한 동통 등이 나타나며 수포, 궤양이 형성되기도 한다.

6 물리적 인자의 노출 기준

(1) 소음

1) 소음의 노출 기준(충격 소음 제외) ✿✿✿

1일 노출시간(hr)	8	4	2	1	1/2	1/4
소음 강도 dB(A)	90	95	100	105	110	115

주 : 115dB(A)를 초과하는 소음 수준에 노출되어서는 안 됨

2) 충격 소음의 노출 기준 ✿✿

1일 노출 회수	100	1,000	10,000
충격 소음의 강도 dB(A)	140	130	120

주 : 1. 최대 음압 수준이 140dB(A)를 초과하는 충격 소음에 노출되어서는 안 됨
　　 2. 충격 소음이라 함은 최대 음압 수준에 120dB(A) 이상인 소음이 1초 이상의
　　　 간격으로 발생하는 것을 말함

3) 소음의 노출 정도 평가

1. 노출지수 $(EI) = \dfrac{C_1}{T_1} + \dfrac{C_2}{T_2} + \dots + \dfrac{C_n}{T_n}$

　여기서,
　C : 소음의 실제 노출시간
　T : 소음의 노출기준

2. 평가

　$EI > 1$: 노출기준을 초과함
　$EI < 1$: 노출기준을 초과하지 않음

(2) 고온

1) 고온의 노출 기준 (단위 : ℃, WBGT)

작업 강도 작업 휴식시간 비	경작업	중등작업	중작업
계 속 작 업	30.0	26.7	25.0
매시간 75% 작업, 25% 휴식	30.6	28.0	25.9
매시간 50% 작업, 50% 휴식	31.4	29.4	27.9
매시간 25% 작업, 75% 휴식	32.2	31.1	30.0

주 : 1. 경작업 : 200kcal까지의 열량이 소요되는 작업을 말하며, 앉아서 또는 서서 기계의 조정을 하기 위하여 손 또는 팔을 가볍게 쓰는 일 등을 뜻함

　　2. 중등작업 : 시간당 200~350kcal의 열량이 소요되는 작업을 말하며, 물체를 들거나 밀면서 걸어다니는 일 등을 뜻함

　　3. 중작업 : 시간당 350~500kcal의 열량이 소요되는 작업을 말하며, 곡괭이질 또는 삽질하는 일 등을 뜻함

2) 고온의 노출기준 표시단위는 습구흑구온도지수(WBGT)를 사용하며 다음 각 호의 식에 따라 산출한다.

습구흑구온도지수(WBGT)의 산출

1. 옥외(태양광선이 내리쬐는 장소)

　WBGT(℃) = 0.7 × 자연습구온도 + 0.2 × 흑구온도 + 0.1 × 건구온도

2. 옥내 또는 옥외(태양광선이 내리쬐지 않는 장소)

　WBGT(℃) = 0.7 × 자연습구온도 + 0.3 × 흑구온도

3. 평균 $WBGT(℃) = \dfrac{WBGT_1 \times t_1 + \cdots + WBGT_n \times t_n}{t_1 + \cdots + t_n}$

　$WBGT_n$: 각 습구흑구온도지수의 측정치(℃)

　T_n : 각 습구흑구온도지수 치의 발생시간(분)

(3) 라돈의 노출기준

작업장 농도(Bq/m³)
600

02 화학적 유해요인 관리

주/요/내/용 알/고/가/기 ▶

1. 입자상 물질의 종류 및 정의
2. 노출지수 및 허용농도
3. 작업환경 개선대책

(1) 입자상 물질의 종류 및 정의

흄 (fume)	금속의 증기가 공기 중에서 응고되어 화학변화(산화)를 일으켜 만들어진 고체의 미립자(금속산화물)
미스트 (mist)	공기 중에 부유, 비산되는 액체 미립자를 말하며 입자의 크기는 보통 100㎛ 이하이다.
먼지 (dust)	입자의 크기는 1~100㎛ 정도의 고체의 미립자가 공기 중에 부유하고 있는 것
연기 (smoke)	유해물질이 연소 시에 불완전 연소의 결과로 생기는 미립자로 액체나 고체의 2가지 상태로 존재할 수 있다. (크기는 0.01~1.0㎛ 정도)
안개 (fog)	증기가 응축되어 생성된 액체 입자로 크기는 1~10㎛ 정도이다.
스모그 (smog)	smoke(연기)와 fog(안개)가 결합된 상태를 말한다.
에어로졸 (aerosol)	유기물의 불완전 연소에 의한 액체와 고체의 미세한 입자가 공기 중에 부유되어 있는 혼합체를 말한다.
섬유 (fiber)	길이가 5㎛ 이상이고 길이 대 너비의 비가 3 : 1 이상인 가늘고 긴 먼지로 석면 섬유, 식물섬유, 유리섬유, 암면 등이 있다.
검댕 (soot)	탄소함유 물질의 불완전연소로 생성된 탄소입자의 응집체

(2) 노출기준

1. 노출지수 $EI = \dfrac{C_1}{T_1} + \dfrac{C_2}{T_2} + ... + \dfrac{C_n}{T_n}$

   여기서 C : 화학물질 각각의 측정치

   T : 화학물질 각각의 노출기준

   판정 : $R > 1$경우 노출기준을 초과함

2. 혼합물의 TLV-TWA

   $$TLV-TWA = \dfrac{C_1 + C_2 + ... + C_n}{EI}$$

3. 액체 혼합물의 구성성분(%)을 알 때 혼합물의 허용농도(노출기준)

   혼합물의 노출기준(mg/m^3)

   $$= \dfrac{1}{\dfrac{f_a}{TLV_a} + \dfrac{f_b}{TLV_b} + ... + \dfrac{f_n}{TLV_n}}$$

   여기서, f_a, f_b, f_n : 액체 혼합물에서의 각 성분 무게(중량) 구성비(%)

   TLV_a, TLV_b, TLV_n : 해당 물질의 노출기준(mg/m^3)

(3) 화학적 유해요인의 관리대책

1) 유해물 취급상의 안전조치

① 유해물 발생원의 봉쇄

② 유해물의 위치, 작업공정의 변경

③ 작업공정의 은폐 및 작업장의 격리

2) 작업환경 개선대책

대치(대체)	격리(Isolation)	환기	교육
① 공정의 변경	① 저장물질의 격리	① 국소환기	올바른 작업방법에 대한 교육과 습관화
② 유해물질 변경	② 시설의 격리	② 전체환기	
③ 시설의 변경	③ 공정의 격리		
	④ 작업자의 격리		

03 생물학적 유해요인 관리

📖 주/요/내/용 알/고/가/기 ▶

1. 생물학적 유해인자의 정의
2. 생물학적 유해인자의 분류기준

---

1 생물학적 유해요인 파악

(1) 생물학적 유해인자

1) 생물체 또는 생물체로부터 방출된 입자, 휘발성분에 의해 건강장해를 유발하는 물질을 말한다.

2) 바이오에어로졸 : 살아있거나, 살아있는 생물체를 포함하거나 또는 살아있는 생물체로부터 방출된 0.01~100㎛ 입경 범위의 부유 입자, 거대 분자 또는 휘발성 성분을 말한다.

3) 생물학적 유해요인에 노출되면 세균 및 병원성 바이러스에 감염되거나 알레르기 반응 또는 독성반응을 일으킬 수 있다.

(2) 생물학적 인자의 분류기준

1) 혈액매개 감염인자

인간면역결핍바이러스, B형ㆍC형간염바이러스, 매독바이러스 등 혈액을 매개로 다른 사람에게 전염되어 질병을 유발하는 인자를 말한다.

2) 공기매개 감염인자

결핵ㆍ수두ㆍ홍역 등 공기 또는 비말감염 등을 매개로 호흡기를 통하여 전염되는 인자를 말한다.

3) 곤충 및 동물매개 감염인자

쯔쯔가무시증, 렙토스피라증, 유행성출혈열 등 동물의 배설물 등에 의하여 전염되는 인자 및 탄저병, 브루셀라병 등 가축 또는 야생동물로부터 사람에게 감염되는 인자를 말한다.

(3) 곤충 및 동물매개 감염병 고위험작업의 종류

① 습지 등에서의 실외 작업

② 야생 설치류와의 직접 접촉 및 배설물을 통한 간접 접촉이 많은 작업

③ 가축 사육이나 도살 등의 작업

② 생물학적 유해요인 노출기준

(1) 사무실 공기관리지침의 오염물질 관리기준

사업주는 쾌적한 사무실 공기를 유지하기 위해 사무실 오염물질은 다음 기준에 따라 관리한다.

오염물질	관리기준
미세먼지(PM10)	100 $\mu g/m^3$
초미세먼지(PM2.5)	50 $\mu g/m^3$
이산화탄소(CO_2)	1,000 ppm
일산화탄소(CO)	10 ppm
이산화질소(NO_2)	0.1 ppm
포름알데히드(HCHO)	100 $\mu g/m^3$
총 휘발성유기화합물(TVOC)	500 $\mu g/m^3$
라돈(radon)	148 Bq/m^3
총 부유세균	800 CFU/m^3
곰팡이	500 CFU/m^3

* 라돈은 지상 1층을 포함한 지하에 위치한 사무실에만 적용한다.
* 관리기준 : 8시간 시간가중평균농도 기준
* PM 10이란 입경이 $10\mu m$ 이하인 먼지를 의미한다.
* 총 부유세균의 단위는 CFU/m^3로, $1m^3$ 중에 존재하고 있는 집락형성 세균 개체수를 의미한다.

실력이 되고! 합격이 되는! 특급 암기법

이질 0.1, 일탄 10/ 초먼 50, 포름알·미먼 100/ 라돈 148, 휘유, 곰팡이 500/ 부유 800, 이탄 1,000
(부유 CFU/m^3, 초먼·미먼·포름알·휘유 $\mu g/m^3$, 나머지 ppm)

CHAPTER 06 작업환경 관리

합 격 의 key

01 인체 계측 및 체계 제어

📍 주/요/내/용 알/고/가/기

1. 인체계측자료의 응용 3원칙
2. 인간에 대한 모니터링 방법
3. 피드백제어(feedback control)
4. 통제표시비(C / D비) 계산 및 설계시 고려사항
5. 양립성

1 인체 계측

(1) 인체 계측 방법

① 정적 인체 계측(구조적 인체치수) : 정지상태에서의 신체를 계측하는 방법
② 동적 인체 계측(기능적 인체치수) : 체위의 움직임에 따른 계측하는 방법

(2) 인체 계측자료의 응용 3원칙 ✦

① 최대치수와 최소치수 설계(극단치 설계)

최대치수 또는 최소치수를 기준으로 하여 설계한다.

최대치수 설계의 예	최소치수 설계의 예
• 위험구역의 울타리 높이 • 출입문의 높이 • 그네줄의 인장강도	• 물건을 올리는 선반의 높이 • 조정장치를 조정하는 힘 • 조정장치까지의 조정거리

② 조절(조정)범위(조절식 설계)
  • 체격이 다른 여러 사람에게 맞도록 설계한다.
    예 침대, 의자 높낮이 조절, 자동차의 운전석 위치조정

③ 평균치를 기준으로 한 설계
  • 최대치수나 최소치수, 조절식으로 하기가 곤란할 때 평균치를 기준으로 하여 설계한다. 예 은행의 창구 높이

📝참고

※ 최대집단치 설계
정규분포도 상에 95% 이상의 최대치를 적용하여 설계하는 방법

※ 최소집단치 설계
정규분포도 상에 5% 이하의 최소치를 적용하여 설계하는 방법

※ 평균치에 의한 설계
정규분포도 상에 5% ~ 95% 사이의 가장 분포도가 많은 구간을 적용하여 설계하는 방법

⊙기출

※ 인체측정자료의 설계에 적용 순서
조절식 설계 → 극단치 설계 → 평균치 설계

(3) 인간에 대한 모니터링 방법 ✄

① 셀프 모니터링(자기 감지)

지각에 의해서 자신의 상태를 알고 행동하는 감시방법

② 생리학적 모니터링

맥박수, 호흡속도, 체온, 뇌파 등으로 인간의 상태를 모니터링 하는 방법

③ 비주얼 모니터링(시각적 모니터링)

동작자의 태도 보고 동작자의 상태를 파악하는 방법

④ 반응에 대한 모니터링

자극(시각, 청각, 촉각)을 가하여 이에 대한 반응을 보고 정상, 비정상을 판단하는 방법

⑤ 환경의 모니터링

환경조건의 개선으로 기분을 좋게 하여 정상 작업할 수 있도록 하는 방법

2 제어장치

(1) 제어장치의 유형

① 시퀀스 제어

미리 정해진 순서 또는 일정한 논리에 따라 제어의 각 단계를 진행시켜 가는 제어

② 서보시스템

물체의 위치·방위·자세 등의 변위를 제어량(출력)으로 하고, 목표값(입력)의 임의의 변화에 추종하도록 한 제어

③ 개방루프제어(open loop control)

출력이 다시 입력에 연결되지 않고 입력에 영향을 끼치지 않는 시스템

④ 피드백제어(feedback control), 폐쇄루프제어(cloesd loop control) ✄

출력 결과를 입력측으로 되돌려, 이것을 목표값과 비교하면서 목표값과 출력결과가 일치할 때까지 제어를 되풀이하여 제어량이 목표값과 일치하도록 하는 제어

> 🔍 **용어정의**
>
> ✻ 제어장치(controller)
> 물체, 프로세스, 기계 등을 제어, 조정하는 데 필요한 신호를 공급하는 장치

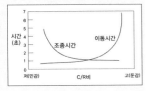

(2) 통제표시비(C / R 비 또는 C / D 비) ✖✖

통제기기와 시각적 표시장치의 관계를 나타내며, 연속 조종장치에만 적용된다.

1) 통제표시비의 계산 ✖✖

①
$$C/R비 = \frac{X}{Y}$$

여기서, X : 통제 기기의 변위량(cm)
Y : 표시 계기 지침의 변위량(cm)

②
$$C/R비 = \frac{\frac{a}{360} \times 2\pi L}{Y}$$

여기서, a : 조종 장치의 움직인 각도
L : 조종 장치의 반경

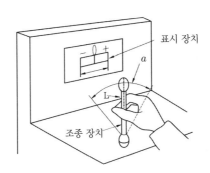

2) 통제표시비 설계 시 고려사항 ✖

① 계기의 크기
② 목측거리(목시거리)
③ 조작시간
④ 방향성
⑤ 공차

3) 최적 C/R비는 1.18 ～ 2.42 정도이다.

(3) 기계의 통제기능

① 양의 조절에 의한 통제(연속조종장치) : 노브, 크랭크, 핸들, 레버, 페달 등
② 개폐에 의한 통제(단속조종장치) : 푸시 버튼, 토글스위치, 로터리 스위치 등
③ 반응에 의한 통제 : 자동경보 시스템 등

3 양립성 ✰✰

(1) 양립성 : 자극과 반응의 관계가 인간의 기대와 모순되지 않는 성질

① 개념적 양립성
  • 외부자극에 대해 인간의 개념적 현상의 양립성
    예 빨간 버튼은 온수, 파란 버튼은 냉수

② 공간적 양립성
  • 표시장치, 조종장치의 형태 및 공간적 배치의 양립성
    예 오른쪽 조리대는 오른쪽 조절장치로, 왼쪽 조리대는 왼쪽 조절장치로 조정한다.

③ 운동의 양립성
  • 표시장치, 조종장치 등의 운동 방향의 양립성
    예 조종장치를 오른쪽으로 돌리면 표시장치 지침이 오른쪽으로 이동한다.

④ 양식 양립성
  • 직무에 알맞은 자극과 응답양식의 존재에 대한 양립성
    예 음성과업에 대해서는 청각적 자극 제시와 이에 대한 음성응답 과업에서 갖는 양립성이다.

02 표시장치 및 신체활동의 생리학적 측정법

주/요/내/용 알/고/가/기 ▶

1. 부호의 3가지 유형
2. 암호 체계의 일반적 사항
3. 경계 및 경보신호 설계지침
4. 청각적표시의 설계원리
5. 청각장치와 시각장치의 비교
6. 생리학적 측정방법
7. R.M.R.의 계산
8. 휴식시간의 계산

⑨ 확인 ★

※ 명조응
눈이 빛에 적응하는 기간
으로 극장 안에서 밖으로
나왔을 때 눈이 부신 현상
이다.(1~3분 소요)

※ 암조응
눈이 어두움에 적응하는
기간으로 밝은 곳에서 극
장 안으로 들어갔을 때 앞
이 잘 보이지 않는 현상이
다.(약 30분 정도 소요)

☆ 참고

※ 시각과정
동공은 원형인데 그 크기
는 홍채 근육의 작용으로
변한다. 동공을 통과한 광
선은 수정체에서 굴절되
고 정상시력이나 교정시
력인 사람의 수정체는 눈
후면의 감광표면인 망막
위에 빛의 초점을 맞춘
다.(망막은 카메라의 필
름에 해당한다)

◎ 기출

1. 맥락막 : 암갈색을 띠며
   망막내면을 덮고 있는
   것으로 빛의 산란을 막
   는 암실역할을 한다.
2. 각막 : 안구의 가장 바
   깥쪽 표면으로 눈에서
   빛이 가장 먼저 통과하
   는 부분이다.
3. 망막 : 인간의 눈의 부
   위 중에서 실제로 빛을
   수용하여 두뇌로 전달
   하는 역할
4. 수정체 : 빛을 굴절시
   켜서 망막에 상이 맺히
   게 하는 역할(카메라 렌
   즈 역할)
5. 초자체 : 안구 중심부
   의 공간을 채우며 투명
   한 젤의 형태로 존재,
   안구의 구조를 유지하
   는 데 중요한 역할

⑨1 시각적 표시장치

데이터 시각적으로 표시하는 장치를 말하며 정량적 표시, 정성적 표시, 상태 표시, 신호 및 경보등, 묘사적 표시, 문자-숫자 및 관련 표시장치, 시각적 암호, 부호 및 기호 등으로 구분한다.

(1) 표시장치의 유형

① 정적 표시장치
  • 시간에 따라 변화하지 않는 표시장치
    예 간판, 도표, 그래프 등
② 동적 표시장치
  • 시간에 따라 변화하는 표시장치
    예 기압계, 고도계, 온도조절기 등

(2) 시식별에 영향을 주는 조건 및 물체가 잘 보이는 조건

시식별에 영향을 주는 조건	• 광속발산도 • 조도 • 반사율 • 대비	• 휘도 • 광도 • 노출 시간
물체가 잘 보이는 조건	• 색상 • 채도	• 명도 • 대비

2 시각적 표시장치의 종류

(1) 정량적 표시장치 ✦

온도나 속도와 같이 동적으로 변화하는 변수나 자로 재는 길이와 같은 정적 변수의 계량값에 관한 정보를 제공하는데 사용된다.

① **정목동침형** : 눈금은 고정, 지침이 움직이는 형태
② **정침동목형** : 지침은 고정, 눈금이 움직이는 형태
③ **계수형** : 전력계, 택시요금 계기와 같이 숫자가 정확히 표시되는 형태

지침의 설계요령

① 선각이 20도 정도되는 뾰족한 지침을 사용한다.
② 지침의 끝은 작은 눈금과 맞닿되, 겹쳐지지 않아야 한다.
③ 원형 눈금의 경우 지침의 색은 선단에서 눈금의 중심까지 칠한다.
④ 지침은 눈금과 밀착시킨다.

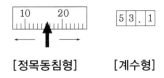

[정목동침형]　　　[계수형]

(2) 정성적 표시장치

온도, 압력, 속도와 같이 연속적으로 변하는 변수의 대략적인 값이나 변화 추세, 비율 등을 알고자 할 때 주로 사용한다.

① 색 이용
② 상태 점검

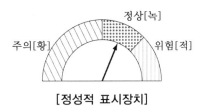

[정성적 표시장치]

(3) 상태 표시기(status indicator)

체계의 상황이나 상태를 나타낸다.

(4) 신호, 경고등

비상 또는 위험상황, 물체의 존재 유무 등을 나타낸다.

▶기출

＊ 정량적 표시장치
① 정확한 값을 읽어야 하는 경우 아날로그장치보다 디지털장치가 유리하다.
② 동목(moving scale)형 아날로그 표시장치는 표시장치의 면적을 최소화 할 수 있는 장점이 있다.
③ 연속적으로 변화하는 양을 나타내는 데에는 일반적으로 디지털보다 아날로그 표시장치가 유리하다.
④ 동침(moving pointer)형 아날로그 표시장치는 바늘의 진행 방향과 증감속도에 대한 인식적인 암시 신호를 얻는 것이 가능하다.

▶기출

＊ 정량적 자료를 정성적 판독의 근거로 사용할 수 있는 경우
① 변수의 상태나 조건이 미리 정해놓은 몇 개의 범위 중 어디에 속하는지를 판독할 때(예 라디오의 다이얼 계기판)
② 바람직한 어떤 범위의 값을 유지하려고 할 때(예 자동차의 시속을 50~60으로 유지하려고 할 때)
③ 변화추세나 율을 관찰하고자 할 때(예 비행고도의 변화율을 볼 때)

문제

일반적인 조건에서 정량적 표시장치의 두 눈금 사이의 간격은 0.13m를 추천하고 있다. 다음 중 142cm 시야 거리에서 가장 적당한 눈금 사이의 간격은 얼마인가?

① 0.065cm　② 0.13cm
③ 0.26cm　　④ 0.39cm

[해설]
1. 정상 시야 거리 71cm에서 눈금 간격(눈금 길이)은 0.13cm
2. 142cm에서의 눈금 간격
$71 : 0.13 = 142 : x$
$71 \times x = 0.13 \times 142$
$x = \dfrac{0.13 \times 142}{71}$
$= 0.26(cm)$

정답 ③

◎기출

＊동목(moving scale)
형 표시장치의 설계
① 눈금과 손잡이가 같은 방향으로 회전하도록 설계한다.
② 눈금의 숫자는 우측으로 증가하도록 설계한다.
③ 꼭지의 시계 방향 회전이 지시치를 증가시키도록 설계한다.

✐참고

＊아날로그(analog) 표시장치의 선택 시 고려해야 할 사항
① 일반적으로 고정눈금에서 지침이 움직이는 것이 좋다.(동침형 선호)
② 온도계나 고도계에 사용되는 눈금이나 지침은 수직표시가 바람직하다.
③ 눈금의 증가는 시계 방향이 적합하다.
④ 수동조절이 필요할 때에는 눈금보다 지침으로 조절한다.

◎기출

＊항공기 위치 표시장치의 설계원칙
① 표시의 현실성 : 표시장치의 이미지(상하, 좌우, 깊이)는 현실 공간과 일치하게 표시한다.
② 통합 : 관련된 모든 정보를 통합하여 상호관계를 바로 인식할 수 있도록 한다.
③ 양립적 이동 : 항공기의 이동 부분의 영상은 고정된 눈금이나 좌표계에 나타내는 것이 바람직하다.
④ 추종표시 : 원하는 목표와 실제 지표가 공통 눈금이나 좌표계에서 이동하게 한다.

✐참고

＊비행 자세 표시 장치
① 항공기 이동형(외견형)(outside-in) : 지평선 고정, 항공기가 움직이는 형태
② 지평선 이동형(내견형)(inside-out) : 항공기 고정, 지평선이 움직이는 형태
③ 빈도 분리형 : 내견＋외견 혼합용

신호 및 경보등의 빛의 검출성에 영향을 미치는 인자

① 광원의 크기 : 배경보다 2배 이상의 밝기를 가진다.
② 광속발산도 및 노출시간
③ 색광(검출 효과가 빠른 순서 : 적색－녹색－황색－백색)
④ 점멸속도 : 주의를 끌기 위해서는 초당 3~10회의 점멸속도와 지속시간은 0.05초 이상이 적당하다.
⑤ 배경광
⑥ 조작자의 정상시선 30도 내에 위치한다.
⑦ 경고등은 점멸하는 형태가 좋다.

(5) 묘사적 표시장치

해석이 필요치 않은 표현을 위한 표시장치로서 사물 재현 (TV화 항공 사진) 및 도해 및 상징 등이 예이다.

[묘사적 표시장치]

(6) 문자 – 숫자 표시장치

문자, 숫자 및 관련된 여러 형태의 암호화 부호를 사용하는 장치

획폭비 (문자나 숫자의 높이 : 획 굵기의 비)	종횡비 (문자나 숫자의 폭 : 높이의 비)
• 검은 바탕에 흰 숫자 1 : 13.3 • 흰 바탕에 검은 숫자 1 : 8	• 문자 1 : 1 • 숫자 3 : 5(0.6 : 1) • 영문 대문자 0.7 : 1

3 부호 및 기호, 시각적 암호

(1) 부호의 3가지 유형 ✈

① 임의적 부호
  • 부호가 이미 고안되어 있으므로 이를 배워야 하는 부호
    예 안전표지판의 원형 – 금지, 삼각형 – 경고표지 등
② 묘사적 부호
  • 사물의 행동을 단순하고 정확하게 묘사한 부호
    예 위험표지판의 해골과 뼈, 보도 표지판의 걷는 사람
③ 추상적 부호
  • 전언의 기본요소를 도식적으로 압축한 부호

(2) 암호 체계의 일반적 사항 ✄

① 암호의 검출성 : 암호화한 자극은 검출이 가능할 것

② 암호의 변별성 : 다른 암호 표시와 구별될 수 있을 것

③ 부호의 양립성 : 자극 – 반응의 관계가 인간의 기대와 모순되지 않는 성질

[양립성의 종류]

공간 양립성	표시 장치나 조종 장치에서 물리적 형태나 공간적인 배치의 양립성 예 오른쪽 조리대는 오른쪽 조절장치로, 왼쪽 조리대는 왼쪽 조절장치로 조정한다.
운동 양립성	표시 장치, 조종 장치, 체계 반응의 운동 방향의 양립성 예 조종장치를 오른쪽으로 돌리면 표시장치 지침이 오른쪽으로 이동한다.
개념 양립성	인간이 가지는 개념적 연상의 양립성 예 빨간 버튼은 온수, 파란 버튼은 냉수
양식 양립성	직무에 알맞은 자극과 응답 양식의 존재에 대한 양립성 예 음성과업에 대해서는 청각적 자극제시와 이에 대한 음성 응답 등의 양립성이다.

④ 부호의 의미 : 암호를 사용할 때는 그 사용자가 그 뜻을 분명히 알 수 있어야 한다.

⑤ 암호의 표준화 : 암호를 표준화하여 다른 상황으로 변화하더라도 쉽게 이용할 수 있어야 한다.

⑥ 다차원 암호의 사용 : 2가지 이상의 암호를 조합해서 사용하면 정보 전달이 촉진된다.

4 청각적 표시장치

데이터를 청각으로 표시하는 장치를 말하며 신호원 자체가 음일 때, 무선기 신호, 항로정보 등과 같이 연속적으로 변하는 정보를 제시할 때 사용한다.

(1) 청각적 표시장치의 3가지 기능

① 검출성 : 신호의 존재여부를 결정

② 상대식별 : 2가지 이상의 신호가 근접하여 제시되었을 때 이를 구별하는 능력

③ 절대식별 : 특정한 신호가 단독으로 제시되었을 때 이를 구별하는 능력으로 절대식별 능력이 가장 좋은 감각기관은 후각이다.

참고

＊ HUD

• 자동차나 항공기의 앞 유리 혹은 차양판 등에 정보를 중첩 투사하는 표시장치

• 도형과 숫자, 글자로 조종사에게 현재의 속도, 고도, 방향 등과 같은 다양한 정보들을 알려준다.

기출

＊ 명료도 지수

통화 이해도를 추정할 수 있는 근거로 사용된다. 각 옥타브 대의 음성과 소음의 dB값에 가중치를 곱하여 합계를 구한 것이다. 음성통신계통의 명료도지수가 약 0.3 이하이면 음성통신자료를 전송하기에는 부적당한 것으로 본다.

참고

＊ 귀의 구조

① 귀는 소리를 전기적 자극으로 전환시켜 주는 청각기관과, 우리 몸의 균형과 자세를 유지시켜 주는 평형기관으로 구성된다.

② 귀의 구조는 외이, 중이, 내이 등의 3부위로 나눌 수 있다.

③ 외이는 바깥의 귓바퀴(이개)와 귀구멍(외이도)으로 구성된다.

④ 중이는 외이와 중이를 나누는 고막을 경계로 하여, 중이강, 유양동, 이관으로 구분된다.

⑤ 내이는 미로(迷路)라고도 하며 청각을 담당하는 와우와 몸의 평형을 담당하는 전정과 세반고리관의 세 부분으로 구성되며 난원창, 청신경으로 이루어져 있다.

⑥ 달팽이관은 나선형으로 생긴 관으로 기저막이 진동한다.

⑦ 고막은 외이도와 중이의 경계부위에 위치해 있으며 음파를 진동으로 바꾼다.

⑧ 중이에는 인두와 교통하여 고실 내압을 조절하는 유스타키오관이 존재한다.

(2) 경계 및 경보신호 설계지침 ✖

① 귀는 중음역에 민감하므로 500~3,000Hz의 진동수 사용

② 300m 이상 장거리용 신호는 1,000Hz 이하의 진동수 사용

③ 장애물 및 칸막이 통과시는 500Hz 이하의 진동수 사용

④ 주의를 끌기 위해서는 변조된 신호 사용

⑤ 배경 소음의 진동수와 구별되는 신호 사용

⑥ 경보효과를 높이기 위해서 개시시간이 짧은 고감도 신호를 사용

⑦ 가능하면 확성기, 경적 등과 같은 별도의 통신계통을 사용

(3) 청각적 표시의 설계원리 ✖

① 양립성 : 긴급용 신호일 때는 높은 주파수를 사용한다.
   • 가능한 한 사용자가 알고 있거나 자연스러운 신호를 선택한다.
   • 긴급용 신호일 때는 높은 주파수를 사용한다.

② 근사성 : 복잡한 정보를 나타내고자 할 때는 다음과 같이 2단계
   신호를 고려한다.
   • 주의 신호 : 주의를 끌어서 정보의 일반적 부류를 식별하게 한다.
   • 지정 신호 : 주의 신호로 식별된 신호의 정확한 정보를 지정하는
     것으로 처음 신호 후에 나타낸다.

③ 분리성 : 두 가지 이상의 채널을 듣고 있다면 각 채널의 주파수가
   분리되어야 한다.
   • 청각신호는 기존 입력과 쉽게 식별되는 것이어야 한다.
   • 두 가지 이상의 채널을 듣고 있다면 각 채널의 주파수가 분리되
     어야 한다.

④ 검약성 : 조작자에 대한 입력신호는 꼭 필요한 정보만을 제공한다.

⑤ 불변성 : 동일한 신호는 항상 동일한 정보를 지정하도록 한다.

(4) 청각장치와 시각장치의 비교 ✖

청각장치	시각장치
① 전언이 짧고, 간단할 때	① 전언이 길고, 복잡할 때
② 재참조되지 않는다.	② 재참조 된다.
③ 시간적인 사상을 다룬다.	③ 공간적인 위치를 다룬다.
④ 즉각적인 행동을 요구할 때	④ 즉각적 행동을 요구하지 않을 때
⑤ 시각계통이 과부하일 때	⑤ 청각계통이 과부하일 때
⑥ 주위가 너무 밝거나 암조응일 때	⑥ 주위가 너무 시끄러울 때
⑦ 자주 움직이는 경우	⑦ 한곳에 머무르는 경우

5 신체활동의 생리학적 측정법

(1) 생리학적 측정방법 ✖

감각기능, 반사기능, 대사기능 등을 이용한 측정법

① EMG(electromyogram ; 근전도) : 근육활동 전위차의 기록
② ECG(electrocardiogramme ; 심전도) : 심장근 활동 전위차의 기록
③ ENG 또는 EEG(electroencephalogram ; 뇌전도) : 신경활동 전위차의 기록
④ EOG(electrooculogram ; 안전도) : 안구(眼球)운동 전위차의 기록
⑤ 산소소비량
⑥ 에너지 소비량(RMR)
⑦ 피부전기반사(GSR)
⑧ 점멸융합주파수(플리커법, 어름거림 검사)

(2) 에너지 대사율(RMR) ✖✖

① 작업강도는 에너지 대사율로 나타낸다.

에너지 대사율(RMR)의 계산 ✖✖
$\text{RMR} = \dfrac{\text{노동대사량}}{\text{기초대사량}} = \dfrac{\text{작업시의 소비 energy} - \text{안정시 소비 energy}}{\text{기초대사량}}$

② 작업 시의 소비에너지는 작업 중에 소비한 산소의 소모량으로 측정한다.
③ 안정 시의 소비에너지는 의자에 앉아서 호흡하는 동안에 소비한 산소의 소모량으로 측정한다.

(3) 작업강도 구분에 따른 RMR ✖✖

① 경작업(輕작업), 가벼운 작업 : 1~2
② 중작업(中작업), 보통 작업 : 2~4
③ 중작업(重작업), 힘든 작업 : 4~7
④ 초중작업(超重작업), 굉장히 힘든 작업 : 7 이상

◎기출

＊ 힉의 법칙(힉–하이만)의 법칙
사용자들이 결정을 내리는데 걸리는 시간은 주어진 선택 가능한 선택지의 수에 따라 결정된다는 법칙

PART 02

🕮참고

＊ 작업효율(%)
$\dfrac{\text{작업출력}}{\text{에너지소비량}} \times 100$

＊ 짐을 들어올리는 방법 중 양손으로 들기 작업이 가장 힘이 든다.

＊ 산소소비량 및 기초대사량
① 보통 사람의 산소소비량 : 50ml/min
② 기초대사량 : 1,500~1,800kcal/day
③ 기초대사와 여가에 필요한 대사량 : 2,300kcal/day

◎기출

＊ 정신적 작업 부하 척도
① 심박수(부정맥)
② 뇌전위(점멸융합주파수)
③ 동공반응(눈 깜박임률)
④ 호흡수

🕮참고

＊ 시각적 점멸융합주파수 (VFF)
계속되는 자극들이 점멸하는 것 같이 보이지 않고 연속적으로 느껴지는 주파수

(4) 휴식시간 ✄✄

휴식시간의 계산

$$\text{휴식시간 (R)} = \frac{60 \times (E-5)}{E-1.5}\,[\text{분}]$$

- 1.5 : 휴식 중의 에너지 소비량
- 5(kcal/분) : 기초대사를 포함한 보통 작업에 대한 평균 에너지
        (기초대사를 제외한 경우 4kcal/분)
- 60(분) : 작업시간
- E(kcal/분) : 문제에서 주어진 작업을 수행하는데 필요한 에너지

참고 **작업에 대한 평균 에너지**

- 하루 동안 보통 사람이 낼 수 있는 에너지 : 4,300kcal/day
- 기초대사와 여가에 필요한 대사량 : 2,300kcal/day
- 보통 작업할 때 사용할 수 있는 에너지 : 4,300−2,300=2,000kcal/day
- 8시간으로 나누면 : 4kcal/min
  (기초대사를 포함한 에너지의 상한은 5kcal/min이다)

03 작업공간 및 작업 자세

주/요/내/용 알/고/가/기

1. 작업공간 포락면, 파악한계
2. 정상 작업역, 최대 작업역
3. 부품배치의 원칙
4. 동작경제의 3원칙
5. 의자설계의 원칙

1 작업공간 및 작업 자세

(1) 작업공간

① **포락면** : 한 장소에 앉아서 수행하는 작업에서 작업하는데 사용하는 공간
② **파악한계** : 앉은 작업자가 특정한 수작업 기능을 수행할 수 있는 공간의 외곽한계
③ **특수작업역** : 특정 공간에서 작업하는 구역

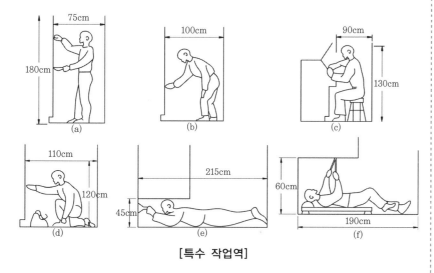

[특수 작업역]

(2) 수평 작업대 ✖

① 정상 작업역
• 상완을 자연스럽게 늘어뜨린 채 전완만으로 뻗어 파악할 수 있는 구역
• 팔을 굽히고도 편하게 작업을 하면서 좌우의 손을 움직여 생기는 작은 원호형의 영역

※참고

＊ 수평 작업대
책상, 탁자, 조리대, 세공대 등과 같이 수평면 상에서 수행하는 작업 할 때 사용하는 작업대

② 최대 작업역
- 전완과 상완을 곧게 펴서 파악할 수 있는 구역
- 어깨로부터 팔을 펴서 수평면상에 원을 그릴 때 부채꼴 원호의 내부지역

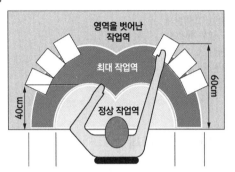

(3) 작업대의 높이

① 석식 작업대 높이
- 작업대 높이는 의자 높이, 작업대 두께, 대퇴여유 등을 고려하여 설계하여야 한다.
- 작업의 성격에 따라 작업대 높이도 달라지며 가벼운 작업일수록 높아야 하고, 거친 작업에는 약간 낮은 편이 낫다.
- 의자 높이, 작업대 높이, 발걸이 등을 조절할 수 있도록 하는 것이 바람직하다.

② 입식 작업대 높이
- 경(經) 작업 시 작업대의 높이는 팔꿈치 높이보다 5~10cm 정도 낮은 것이 적당하다. ✄
- 중(重) 작업 시 작업대의 높이는 팔꿈치 높이보다 10~20cm 정도 낮은 것이 적당하다. ✄
- 정밀 작업 시 작업대의 높이는 팔꿈치 높이보다 5~10cm 정도 높은 것이 적당하다.

(4) 신체의 기본동작 ✄

굴곡(flexion, 굽히기)	관절각이 감소하는 움직임
신전(extension, 펴기)	관절각이 증가하는 움직임
외전(abduction, 벌리기)	신체 중심선으로부터 밖으로 이동
내전(adduction, 모으기)	신체 중심선으로 이동
외선(external rotation)	신체 중심선으로부터 밖으로 회전
내선(internal rotation)	신체 중심선으로 회전

②　부품배치의　원칙 ✿✿

(1) **중요성의　원칙** : 부품을　작동하는　성능이　체계의　목표　달성에　중요한　정도에　따라　우선순위를　결정한다.

(2) **사용빈도의　원칙** : 부품을　사용하는　빈도에　따라　우선순위를　결정한다.

(3) **기능별　배치의　원칙** : 기능적으로　관련된　부품들(표시장치,　조정장치 등)을　모아서　배치한다.

(4) **사용　순서의　원칙** : 사용　순서에　따라　장치들을　가까이에　배치한다.

③　동작경제의　3원칙(바안즈,　Barnes) ✿

(1) **인체　사용에　관한　원칙**

　　① 두　손을　동시에　동작하기　시작하여　동시에　끝나도록　하여야　한다.
　　② 휴식　시간　중이　아니면　두　손을　동시에　쉬어서는　안　된다.
　　③ 두　팔의　동작들은　서로　반대　방향에서　대칭적으로　움직인다.
　　④ 손과　신체의　동작은　작업을　원만하게　수행할　수　있는　범위　내에서 가장　낮은　동작　등급을　사용한다.　인체의　사용　범위가　넓을수록　피로가　더하고　시간도　낭비된다.
　　⑤ 가능한　한　관성(Momentum)을　이용해야　하며　작업자가　관성을　억제해야　하는　경우　관성을　최소한도로　줄인다.
　　⑥ 손의　동작은　부드러운　연속동작으로　하고　급격한　방향　전환을　가지는　직선　동작은　피한다.

(2) **작업장의　배치에　관한　원칙**

　　① 모든　공구　및　재료는　정위치에　배치해야　한다.
　　② 공구,　재료　및　조정기는　사용위치에　가까이　두어야　한다.
　　③ 가능하면　낙하식　운반법을　사용한다.
　　④ 재료와　공구들은　자기　위치에　있도록　한다.

(3) **공구　및　설비의　설계에　관한　원칙**

　　① 치공구,　발로　조정하는　장치에　의해서　수행할　수　있는　작업에는 손의　부담을　덜어주어야　한다.(발로　수행할　수　있는　작업은　손을　사용하지　않음)
　　② 공구를　결합하여　사용한다.
　　③ 공구　및　재료는　가능한　한　작업자　앞에　둔다.

PART 02

> 🔘기출
> ＊ 부품의　일반적　위치　내에서　구체적인　배치를　결정하는　기준 ★
> • 사용　순서의　원칙
> • 기능별　배치의　원칙

> 🔘기출
> ＊ 개선의　4원칙(ECRS)
> ① Eliminate
> 　(생략과　배제의　원칙)
> 　불필요한　공정이나　작업의　배제,　생략
> ② Combine
> 　(합과　분리의　원칙)
> 　공정이나　공구,　부품　등의　결합으로　간단하고　단순화된　형태로　접근
> ③ Rearrange(재편성과　재배열의　원칙)
> 　공정,　작업　순서의　변경,　재배열
> ④ Simplify
> 　(단순화의　원칙)
> 　공정,　작업　수단,　방법　등을　간단하고　용이하게　하거나　이동거리를　짧게,　중량을　가볍게　하는　등의　단순화

> 🔘기출 ★
> ＊ 동작경제의　3원칙
> 　(길브레드 Gilbrett)
> (1) 작업량　절약의　원칙
> ① 적게　운동한다.
> ② 재료나　공구는　취급하는　부근에　정돈한다.
> ③ 동작의　수를　줄인다.
> ④ 동작의　양을　줄인다.
>
> (2) 동작개선의　원칙
> ① 동작이　자동적으로　리드미컬한　순서로　한다.
> ② 양손은　동시에　반대의　방향으로　좌우　대칭적으로　운동한다.
> ③ 가급적　관성,　중력,　기계력　등을　이용한다.
> ④ 작업점의　높이를　적당히　하고　피로를　줄인다.
> ⑤ 물건을　장시간　취급할　때는　장구를　사용한다.
>
> (3) 동작능　활용의　원칙
> ① 발　또는　왼손으로　할　수　있는　일은　오른손을　사용하지　않는다.
> ② 양손으로　동시에　작업을　시작하고　동시에　끝낸다.

4 의자 설계 원칙

(1) 의자 설계의 일반 원리 ✄

① 요추의 전만곡선을 유지할 것
② 디스크의 압력을 줄인다.
③ 등근육의 정적부하를 감소시킨다.
④ 자세고정을 줄인다.
⑤ 쉽게 조절할 수 있도록 설계할 것

(2) 의자 설계의 원칙

① 체중 분포
 • 의자에 앉았을 때 체중이 주로 좌골결절에 실려야 한다.

② 의자 좌판의 높이
 • 좌판 앞부분이 대퇴를 압박하지 않도록 오금높이보다 높지 않아야 한다.
 • 치수는 5% 오금높이로 한다.

③ 의자 좌판의 깊이(길이)와 폭
 • 일반적으로 좌판의 폭은 큰 사람에게 맞도록 설계한다.
 • 깊이는 장딴지 여유를 주고 대퇴를 압박하지 않도록 작은 사람에게 맞도록 설계한다.

④ 몸통의 안정
 • 의자 좌판의 각도는 3°, 등판의 각도는 100°가 몸통에 안정적이다.
 • 좌판의 앞 모서리 부분은 5cm 정도 낮아야 한다.
 • 좌판과 등받이 사이의 각도는 90~105°를 유지하도록 한다.

04 작업환경과 인간공학

┌─────────────────────────────
│ 📍 주/요/내/용 알/고/가/기 ▶
└─────────────────────────────

1. 반사율 및 조도의 계산
2. 법적 조도기준
3. 소음의 계산
4. 소음작업
5. 복합소음과 마스킹 현상
6. 열평형 방정식
7. 옥스퍼드 지수와 실효온도

1 조명방식 및 조명수준

(1) 전반조명과 국부조명

① 전반조명

조명 기구를 일정한 높이와 간격으로 배치하여 작업장 전체를 균일하게 밝히는 조명방식

② 국부조명

필요한 곳만을 강하게 조명하는 조명법으로 정밀한 작업 또는 시력을 집중시켜 줄 수 있는 일에 사용하는 조명방식이다.

(2) 직접조명과 간접조명

① 직접조명

등기구에서 발산되는 광속의 90% 이상을 직접 작업 면에 투사하는 조명방식

② 간접조명

등기구에서 발산되는 광속의 90% 이상을 천장이나 벽에 투사시켜 이로부터 반사 확산된 광속을 이용하는 조명방식

2 반사율과 휘광

(1) 휘광 : 눈부심

① 광원으로부터 직사휘광 처리법 ✄

• 광원의 휘도를 줄이고 광원 수를 늘인다.
• 광원을 시선에서 멀게 한다.

- 휘광원 주위를 밝게 하여 광속 발산비(휘도)를 줄인다.
- 가리개, 갓, 차양을 사용한다.

(2) **반사율** : 반사광의 에너지와 입사광의 에너지의 비율을 말한다.

① 반사율(%) $= \dfrac{\text{광속발산도}(fL)}{\text{조명}(fc)} \times 100$ ★

② 조명(fc) $= \dfrac{\text{광속발산도}(fL)}{\text{반사율}(\%)} \times 100$

③ 대비(%) $= \dfrac{\text{배경 반사율}(Lb) - \text{표적물체 반사율}(Lt)}{\text{배경 반사율}(Lb)} \times 100$ ★

④ 옥내 최적 반사율(천장 : 바닥 반사율 비율 = 3 : 1 이상 유지)
- 천장(80~91%) > 벽(40~60%) > 가구(25~45%) > 바닥(20~40%)
- 옥내의 반사율은 천정으로 올라갈수록 높고 바닥으로 내려갈수록 낮아져야 한다. ★

3 조도와 광도

(1) 조도(lux) $= \dfrac{\text{광도}}{(\text{거리})^2}$ ★

① 단위 fc(foot-candle)
- 1촉광의 점광원으로부터 1foot 떨어진 곡면에 비추는 광밀도 (1 lumen/ft^2)

② Lux(meter-candle)
- 1촉광의 점광원으로부터 1m 떨어진 곡면에 비추는 광밀도 (1 1umen/m^2)
- 1fc = 10Lux

(2) **법적 조도 기준** ★★

① 초정밀 작업 : 750Lux 이상

② 정밀 작업 : 300Lux 이상

③ 보통 작업 : 150Lux 이상

④ 기타 작업 : 75Lux 이상

(3) **광도**

① 일정한 방향에서 물체 전체의 밝기를 나타내는 양

② 단위 : 촉광(燭光), 칸델라(candela)

참고

1. 조도(Lux)
   물체나 표면에 도달하는 빛의 단위면적당 밀도
2. 광속 발산도(휘도)(luminance)
   단위면적당 표면에서 방사되거나 방출되는 빛의 양

* foot-Lambert(fL)
완전방사 및 반사하는 표면의 1fc로 조명될 때의 조도와 같은 광속 발산도

* Lambert(L)
완전발산 및 반사하는 표면이 표준촛불로 1cm 거리에서 조명될 때의 조도와 같은 광속 발산도

4 소음과 청력손실

(1) 소음과 청력손실 ✄

① 진동수가 높아짐에 따라 청력손실도 심해진다.
② 청력손실의 정도는 노출 소음 수준에 따라 증가한다.
③ 초기 청력손실은 4,000Hz에서 가장 크게 나타난다. ✄
④ 강한 소음에 대해서는 노출기간에 따라 청력손실이 증가하지만 약한 소음과는 관계가 없다.

소음을 내는 기계로부터 거리가 d_2만큼 떨어진 곳의 소음 계산 ✄

$$dB_2 = dB_1 - 20 \times \log\left(\frac{d_2}{d_1}\right)$$

소음기계로부터 d_1 떨어진 곳의 소음 : dB_1
소음기계로부터 d_2 떨어진 곳의 소음 : dB_2

(2) 음량수준 측정 척도 ✄

① phone에 의한 음량수준
② sone에 의한 음량수준
③ 인식소음 수준

5 소음기준 및 소음노출한계

(1) 소음작업 : 하루 8시간 동안 85dB 이상의 소음이 발생하는 작업 ✄

(2) 강렬한 소음작업 ✄

① 하루 8시간 동안 90dB 이상의 소음이 발생하는 작업
② 하루 4시간 동안 95dB 이상의 소음이 발생하는 작업
③ 하루 2시간 동안 100dB 이상의 소음이 발생하는 작업
④ 하루 1시간 동안 105dB 이상의 소음이 발생하는 작업
⑤ 하루 30분 동안 110dB 이상의 소음이 발생하는 작업
⑥ 하루 15분 동안 115dB 이상의 소음이 발생하는 작업

(3) 충격소음

최대음압 수준에 120dB(A) 이상인 소음이 1초 이상의 간격으로 발생하는 것

(4) 복합소음 ✄

① 두 소음 수준차가 10dB 이내일 때 : 복합소음 발생
② 같은 소음 수준의 기계 2대일 때 : 3dB 소음이 증가하는 현상을 말한다.

◎기출

* 1phone ★
1,000Hz, 1dB 음의 크기

* 1sone ★
1,000Hz, 40dB 음의 크기
$$S(\text{sone}) = 2^{\frac{(p-40)}{10}}$$
(단, P = phone)
즉, 40phon = 1sone

◎기출

*소음의 노출기준

1일 노출 시간(hr)	소음수준 [dB(A)]
8	90
4	95
2	100
1	105
1/2	110
1/4	115

─문제─

어떤 소리가 1,000Hz, 60dB인 음과 같은 높이임에도 4배 더 크게 들린다면, 이 소리의 음압수준은 얼마인가?

[해설]
• 음압수준이 10dB 증가하면
  → 소리는 2배 크게 들린다.
• 음압수준이 20dB 증가하면
  → 소리는 4배 크게 들린다.
• 60dB + 20dB = 80dB

(5) 은폐현상(Masking 현상) ✄

① 두음의 차가 10dB 이상인 경우 발생한다.
② 높은 음이 낮은 음을 상쇄시켜 높은 음만 들리는 현상이다.

(6) 소음의 노출기준(충격소음 제외) ✄✄

1일 노출시간(hr)	8	4	2	1	1/2	1/4
소음강도 dB(A)	90	95	100	105	110	115

주 : 115dB(A)를 초과하는 소음 수준에 노출되어서는 안 됨

6 소음의 처리

(1) 소음 대책

① 소음원 통제 : 기계에 고무받침대 부착, 차량에 소음기 부착 등
② 소음의 격리 : 씌우개, 방, 장벽, 창문 등으로 격리
③ 차폐장치, 흡음제 사용
④ 음향처리제 사용
⑤ 적절한 배치(Layout)
⑥ 배경음악
⑦ 보호구 사용 : 귀마개, 귀덮개

(2) 난청발생에 따른 조치

사업주는 소음으로 인하여 근로자에게 소음성 난청 등의 건강장해가
발생하였거나 발생할 우려가 있는 경우에 다음 각 호의 조치를 하여야
한다.
① 해당 작업장의 소음성 난청 발생 원인 조사
② 청력손실을 감소시키고 청력손실의 재발을 방지하기 위한 대책 마련
③ ②에 따른 대책의 이행 여부 확인
④ 작업전환 등 의사의 소견에 따른 조치

7 열교환 과정과 열압박

(1) 열평형 방정식

열교환 과정은 다음과 같이 열평형 방정식으로 나타낼 수 있다.

열평형 방정식(인체의 열교환 과정) ✄
S(열 축적) = M(대사 열) − E(증발) ± R(복사) ± C(대류) − W(한 일)
여기서, S는 열이득 및 열손실량이며, 열평형 상태에서는 0이다.

8 Oxford 지수와 실효온도

(1) Oxford 지수 ✗

습건(WD) 지수라고도 하며, 습구·건구 온도의 가중 평균치로서 다음과 같이 나타낸다.

옥스퍼드 지수(습·건지수)
WD = 0.85W + 0.15d(℃)
여기서, W : 습구온도　　d : 건구온도

(2) 실효온도(감각온도, effective temperature)

① 실효온도는 온도, 습도 및 공기 유동이 인체에 미치는 열 효과를 하나의 수치로 통합한 경험적 감각지수로 상대습도 100%일 때의 건구온도에서 느끼는 것과 동일한 온감(溫感)이다. ✗

② 실효온도의 결정 요소 : 온도, 습도, 대류(공기 유동) ✗

9 진동

(1) 전신진동이 인간성능에 끼치는 영향

① 진동은 진폭에 비례하여 시력을 손상하며, 10~25Hz의 경우에 가장 심하다.

② 진동은 진폭에 비례하여 추적능력을 손상하며, 5Hz 이하의 낮은 진동수에서 가장 심하다.

③ 안정되고, 정확한 근육조절을 요하는 작업은, 진동에 의해서 저하된다.

④ 반응시간, 감시, 형태식별 등 주로 중앙신경처리에 달린 임무는 진동의 영향이 적다.

10 색채

(1) 색의 3속성

① 색상　　　　　　② 명도　　　　　　③ 채도

(2) 물체가 잘 보이는 조건 : 색상, 명도, 채도, 대비 등

ⓞ기출

1. 고장형태와 영향분석 (FMEA)의 평가요소
① 고장발생의 빈도
② 고장방지의 가능성
③ 기능적 고장 영향의 중요도

2. FMEA의 고장 평점을 결정하는 5가지 평가요소
① 신규설계의 정도
② 고장발생의 빈도
③ 고장방지의 가능성
④ 영향을 미치는 시스템의 범위
⑤ 기능적 고장 영향의 중요도

ⓞ기출 ★

✱ 공기의 온열조건
온도, 습도, 대류, 복사

ⓞ기출 ★

✱ 진동의 영향이 가장 큰 작업 : 추적능력

✱ 진동의 영향이 가장 작은 작업 : 형태식별

▨참고

✱ 조명 3속성
휘도, 광도, 조도

✱ 무채색 3요소
흑색, 백색, 회색

(3) 시력

시각의 계산 ✄

$$시각(분) = \frac{57.3 \times 60 \times L}{D}$$

여기서, D : 물체와 눈 사이의 거리
　　　　L : 시선과 직각으로 측정한 물체의 크기

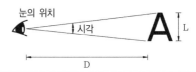

눈의 위치　시각　　A │ L
　　　　　D

① 동(動) 시력
- 움직이는 물체를 식별할 수 있는 시각적 능력을 말한다.
- 초당 물체 이동속도가 $60°$ 이상이면 시력은 급격히 감소한다.
- 정상인의 수평면 시계 : $200°$
- 시력 $= \dfrac{1}{시각}$

② 유효시야
안구운동만으로 정보를 주시하고 정보를 수용할 수 있는 범위를 말한다.

(4) 디옵터

- 렌즈의 굴절력을 나타내는 단위로, 초점거리(m로 표시)의 역수이다.
- D의 값이 클수록 도수가 높다.
- 디옵터 $= \dfrac{1}{초점거리}$

PART

03

Engineer Industrial Safety

기계 · 기구 및
설비 안전 관리

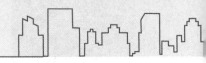

기계공정의 안전

CHAPTER 01

합 격 의 key

01 기계공정의 특수성 분석

📍 주/요/내/용 알/고/가/기 ▶

1. 파레토도, 특성요인도, 클로즈 분석, 관리도
2. 안전작업절차서
3. 공정관리
4. 공정분석

① 파레토도, 특성요인도, 클로즈 분석, 관리도

(1) **파레토도(Pareto Diagram)** : 사고 유형, 기인물 등 데이터를 분류하여 그 항목값이 큰 순서대로 정리하여 막대그래프로 나타낸다.

(2) **특성요인도(Characteristic Diagram)** : 재해와 그 요인의 관계를 어골상으로 세분화하여 나타낸다.

(3) **크로스(cross) 분석** : 2가지 또는 2개 항목 이상의 요인이 상호관계를 유지할 때 문제를 분석하는데 사용된다.

(4) **관리도(Control Chart)** : 시간 경과에 따른 재해 발생 건수 등 대략적인 추이 파악에 사용된다.

② 표준안전작업 절차서

(1) **안전작업 절차서**

① 작업/활동이 재해 위험성을 줄이는 방법으로 수행되도록 위험요인, 위험성 및 관련 통제조치를 제시하는 작업 절차서를 말한다.
② 작업안전분석(JSA), 작업위험분석(JHA), 안전작업방법 기술서(SWMS)와 같은 안전작업 절차는 표준화된 안전작업 수행방법을 위험성평가에 기반하여 기술한 절차서이다.

③ 안전작업 절차서는 작업 수행 시 발생하는 재해 위험성의 감소를 보장하기 위하여 위험요인, 위험성 평가, 위험관리 방법을 기술한다.

④ 안전작업 절차는 특히 작업을 수행하는 인원을 안전하게 하는데 목적이 있다.

⑤ 표준 운전절차서와 같은 기타 공통문서는 장비손상을 방지하기 위하여 장비를 올바르게 사용하게 하는 것과 관련이 있으나, 반드시 근로자의 안전과 관련이 있는 것은 아니다.

⑥ 신규 근로자들을 안전하게 작업/활동을 수행하게 할 수 있도록 도울 뿐만 아니라 신규 근로자들이 교육 및 오리엔테이션을 통해 수행할 작업의 위험성을 파악하는데 도움을 준다.

(2) 안전작업 절차가 제공하는 정보

① 작업 수행방법에 대한 설명

② 안전·환경에 위험성이 있다고 평가되는 작업의 확인

③ 안전·환경 위험성에 대한 기술

④ 작업 시에 적용되어야 하는 관리조치에 대한 기술

⑤ 안전·환경적으로 보장된 작업을 수행하기 위해 필요한 조치에 대한 기술

⑥ 준수하여야 할 법령, 기준, 지침 등을 기술

⑦ 작업에 사용되는 장비, 장비 운용자의 자격, 안전 작업방법에 대한 교육 등에 대하여 기술

(3) 인진직업 절차서의 개발 단계

① 작업/활동을 관찰한다.

② 관련 법적 요구사항을 검토한다.

③ 기본적인 업무순서를 기록한다.

④ 단계별 잠재적인 위험요인을 기록한다.

⑤ 위험요인 제거 및 관리 방법을 식별한다.

3 공정도를 활용한 공정분석 기술

(1) 공정관리의 정의

"공장에 있어서 원재료로부터 최종제품에 이르기까지의 자재, 부품의 조립 및 종합조립의 흐름을 순서정연하게 능률적인 방법으로 계획하고, 공정을 결정하고(Routing), 일정을 세워(Scheduling), 작업을 할당하고(Dispatching), 신속하게 처리하는(Expediting) 절차"라고 정의하고 있다.

(2) 공정관리의 목표

1) 대내적인 목표

생산과정에 있어서 작업자의 대기나 설비의 유휴에 의한 손실시간을 감소시켜서 가동률을 향상시키고, 또한 자재의 투입에서부터 제품이 출하되기까지의 시간을 단축함으로써 재공품(제조 대기 중인 미완성품)의 감소와 생산속도의 향상을 목적으로 하는 것

2) 대외적인 목표

납기 또는 일정기간 중에 필요로 하는 생산량의 요구조건을 준수하기 위해 생산과정을 합리화 하는 것

(3) 공정관리의 기능

1) 계획기능

생산계획을 통칭하는 것으로서 공정계획을 행하여 작업의 순서와 방법을 결정하고, 일정계획을 통해 공정별 부하를 고려한 개개 작업의 착수시기와 완성일자를 결정하며 납기를 유지케 한다.

2) 통제기능

계획기능에 따른 실제 과정의 지도, 조정 및 결과와 계획을 비교하고 측정, 통제하는 것을 뜻한다.

3) 감사기능

계획과 실행의 결과를 비교 검토하여 차이를 찾아내고 그 원인을 추적하여 적절한 조치를 취하며, 개선해 나감으로써 생산성을 향상시키는 기능이다.

(4) 공정분석 기호

1) 길브레스(Gilbreth) 기호

◯	가공
◦	운반 : 가공의 1/2원으로 나타냄
☐	검사
▽	저장 또는 정체

2) ASME 기호

ASME에서는 길브레스의 기호의 운반을 작은 원 대신에 화살표를 쓰고 정체기호를 첨가하여 5가지를 표준으로 설정하여 현재는 이 5가지가 광범위하게 채택되고 있다.

◯	가공
⇨	운반
☐	검사
D	정체
▽	저장

3) 기본 공정 분석기호

요소 공정	기호의 명칭	기호	의 미
가공	가공	○	원료, 재료, 부품 또는 제품의 형상, 품질에 변화를 주는 과정
운반	운반	⇨	원료, 재료, 부품 또는 제품의 위치에 변화를 주는 과정
검사	수량검사	□	원료, 재료, 부품 또는 제품의 양이나 개수를 세어 그 결과를 기준과 비교하여 차이를 파악하는 과정
	품질검사	◇	원료, 재료, 부품 및 제품품질 특성을 시험하고 그 결과를 기준과 비교하여 합·불, 양호, 불량 판정하는 과정
정체	저장	▽	원료, 재료, 부품 또는 제품을 계획에 의해 쌓아두는 과정
	대기	D	원료, 재료, 부품 또는 제품이 계획의 차질로 체류된 상태
보조 기호	관리구분	〰	관리 구분 또는 책임구분으로 나타냄
	담당구분	┼	담당자 또는 작업자의 책임구분으로 나타냄
	생략	╪	공정계열의 일부 생략을 나타냄
	폐기	⤬	원재료, 부품 또는 제품의 일부를 폐기하는 경우
복합기호	품질/수량검사	◇□	품질검사를 주로 하면서 수량검사도 함
	수량/품질검사	□◇	수량검사를 주로 하면서 품질검사도 함
	가공/수량검사	○□	가공을 주로 하면서 수량검사도 함
	수량검사	○⇨	가공을 주로 하면서 운반도 함

02 기계의 위험 안전조건 분석

1 기계의 위험요인

(1) 위험점 분류 ✿✿✿

① 협착점 : 왕복운동 부분과 고정부분 사이에서 형성되는 위험점
🔖 프레스기, 전단기, 성형기 등

② 끼임점 : 고정부분과 회전하는 동작 부분 사이에서 형성되는
위험점
🔖 연삭숫돌과 덮개, 교반기 날개와 하우징 등

③ 절단점 : 회전하는 운동부 자체, 운동하는 기계부분 자체의 위험점

　　예 날, 커터를 가진 기계

절단점부분

④ 물림점 : 회전하는 두 개의 회전체에 물려 들어가는 위험점

　　예 롤러와 롤러, 기어와 기어 등

물림위치

⑤ 접선 물림점 : 회전하는 부분의 접선 방향으로 물려 들어가는 위험

　　예 벨트와 풀리, 체인과 스프로킷, 랙과 피니언 등

접선물림점

⑥ 회전 말림점 : 회전하는 물체에 작업복, 머리카락 등이 말려 들어가는 위험점

　　예 회전축, 커플링 등

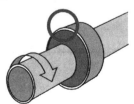

2 기계의 일반적인 안전사항

(1) 원동기·회전축 등의 위험 방지 ✖✖

① 기계의 원동기·회전축·기어·풀리·플라이 휠·벨트 및 체인 등 근로자에게 위험을 미칠 우려가 있는 부위에는 덮개·울·슬리브 및 건널다리 등을 설치하여야 한다.

② 회전축·기어·풀리 및 플라이 휠 등에 부속하는 키·핀 등의 기계 요소는 묻힘형으로 하거나 해당 부위에 덮개를 설치하여야 한다.

③ 벨트의 이음 부분에는 돌출된 고정구를 사용하여서는 아니된다.

④ 건널다리에는 안전난간 및 미끄러지지 아니하는 구조의 발판을 설치하여야 한다.

(2) 리미트 스위치 ✖

기계가 한계를 벗어나 과도하게 작동하는 것을 제한하는 장치를 말한다.

① 과부하방지 장치   ② 권과방지 장치
③ 과전류차단 장치   ④ 압력제한 장치

(3) 기계설비의 Layout 시 유의사항

① 작업 흐름에 따라 배치한다.
② 통로를 확보한다.
③ 장래의 확장을 고려하여 설계, 배치한다.
④ 기계설비의 간격을 유지한다.
⑤ 유해, 위험공정으로부터 작업자를 격리한다.
⑥ 운반작업을 기계 작업화 한다.
⑦ 원재료, 제품저장소 등의 공간을 확보한다.

3 기계 설비의 안전조건(근원적 안전) ✖✖

(1) 외관상 안전화

① 회전부에 덮개 설치
② 안전색채 사용
    예 기계의 시동 버튼 : 녹색, 정지 버튼 : 적색

(2) 기능적 안전화

① 전압 강하에 따른 오동작 방지
② 정전 및 단락에 따른 오동작 방지
③ 사용 압력 변동 시 등의 오동작 방지

PART 03

(3) 구조부분 안전화(구조부분 강도적 안전화)

① 설계상의 결함 방지

사용 도중 재료의 강도가 열화될 것을 감안하여 설계하여야 한다.

② 재료의 결함 방지

재료 자체의 균열, 부식, 강도 저하 등 결함에 대하여 적절한 재료로 대체하여야 한다.

③ 가공 결함 방지

재료의 가공 도중에 발생되는 결함을 열처리 등을 통하여 사전에 예방하여야 한다.

(4) 작업의 안전화

작업환경, 작업방법을 검토하고 작업위험분석을 실시하여 작업을 표준 작업화한다.

예 · 조작 장치는 조작이 쉽게 설계
  · 적당한 수공구의 사용
  · 불필요한 동작을 배제하고 작업의 표준화
  · 급정지장치 등을 설치할 것

(5) 보수유지의 안전화(보전성 향상을 위한 고려 사항)

예 · 보전용 통로와 작업장 확보
  · 기계는 분해하기 쉽게
  · 부품 교환이 용이한 구조
  · 보수, 점검이 용이하도록
  · 주유 방법 쉽게 개선

(6) 표준화

4 기계 설비의 본질안전 조건 ✈

근로자의 실수나 기계설비에 이상이 발생하여도 재해가 발생되지 않도록 설계되는 기본적 개념을 말한다.

(1) 안전기능을 기계설비 내에 내장할 것

(2) 풀프루프(fool proof) 기능을 가질 것

작업자의 실수가 있더라도 사고로 연결되지 않도록 2중, 3중 통제를 한다.

(3) 페일세이프(fail safe) 기능을 가질 것

기계, 설비가 고장 나더라도 사고로 연결되지 않도록 2중, 3중 통제를 한다.

5 방호장치의 분류

(1) 위험장소에 따른 분류 ✈

격리형 방호장치	• 위험한 작업점과 작업자 사이에 서로 접근되어 일어날 수 있는 재해를 방지하기 위해 차단벽이나 망을 설치하는 방호장치 🔲 완전 차단형 방호장치, 덮개형 방호장치, 방책 등
위치 제한형 방호장치	• 작업자의 신체 부위가 위험한계 밖에 있도록 기계의 조작 장치를 위험한 작업점에서 안전거리 이상 떨어지게 하거나 조작장치를 양손으로 동시 조작하게 함으로써 위험한계에 접근하는 것을 제한하는 방호장치 🔲 프레스의 양수조작식 방호장치
접근 거부형 방호장치	• 작업자의 신체부위가 위험한계 내로 접근하였을 때 기계적인 작용에 의하여 접근을 못하도록 저지하는 방호장치 🔲 프레스의 수인식, 손 쳐내기식 방호장치
접근 반응형 방호장치	• 작업자의 신체부위가 위험한계 또는 그 인접한 거리 내로 들어오면 이를 감지하여 그 즉시 기계의 동작을 정지시키고 경보 등을 발하는 방호장치 🔲 프레스의 광전자식 방호장치

(2) 위험원에 따른 분류 ✈

포집형 방호장치	• 위험장소에 설치하여 위험원이 비산하거나 튀는 것을 포집하여 작업자로부터 위험원을 차단하는 방호장치 🔲 목재가공용 둥근톱의 반발예방장치, 연삭기의 덮개 등
감지형 방호장치	• 이상 온도, 이상 기압, 과부하 등 기계의 부하가 안전한계치를 초과하는 경우에 이를 감지하고 자동으로 안전상태가 되도록 조정하거나 기계의 작동을 중지시키는 방호장치

기계설비 위험요인 분석

01 공작기계의 안전

> **주/요/내/용 알/고/가/기**
>
> 1. 선반의 방호장치
> 2. 밀링, 플레이너, 세이퍼 작업의 안전사항
> 3. 연삭기의 방호장치
> 4. 연삭기 덮개 노출각도
> 5. 연삭숫돌 파괴 원인
> 6. 연삭기 회전속도의 계산

1 공작기계 작업의 안전 ✄

① 움직이는 기계 위에 공구, 재료를 올려놓지 않는다.
② 기계 이송을 건 채 기계를 정지시키지 않는다.
③ 기계 회전을 손이나 공구로 멈추지 않는다.
④ 절삭공구의 장착은 정확하게 한다.
⑤ 절삭공구를 짧게 장착하고, 절삭성 나쁘면 바꾼다.
⑥ 보안경을 착용하고, 차폐막을 설치한다.
⑦ 절삭분 제거는 기계를 정지하고 브러시나 봉을 사용한다.
 (손 사용 금지)
⑧ 회전이나 절삭 중에는 공작물 측정, 점검, 주유 등의 작업을 금지
 한다.(운전을 정지하고 실시한다)
⑨ 장갑은 절대 착용 금지한다.

2 선반의 안전

(1) 선반의 특징

주축에 일감을 고정하고 회전시키며 일감을 절삭하는 공작 기계로
가장 많이 사용되는 공작 기계이다.

(2) 선반의 방호장치 ✄

① **쉴드(Shield)** : 칩 및 절삭유의 비산을 방지하기 위해 설치하는
 플라스틱 덮개
② **칩 브레이커** : 칩을 짧게 절단하는 장치
③ **척 커버** : 기어 등을 복개하는 장치
④ **브레이크** : 선반의 일시 정지 장치

◆용어정의

✱ 절삭가공
바이트로 깎거나 자르는
가공법

◉기출

✱ 선반 작업 시 주의사항
① 회전 중에 가공물을
직접 만지지 않는다.
② 공작물의 설치가 끝나
면, 척에서 렌치류는 곧
바로 제거한다.
③ 칩(chip)이 비산할 때
는 보안경을 쓰고 방호
판을 설치하여 사용
한다.
④ 돌리개는 적정 크기의
것을 선택하고, 심압대
스핀들은 가능하면 짧
게 나오도록 한다.

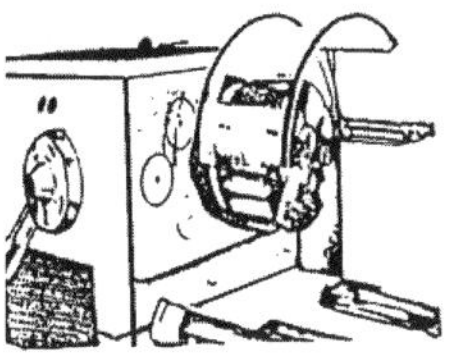

[척 방호장치]

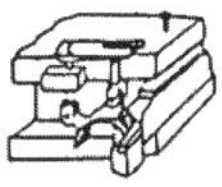

[칩 브레이크]

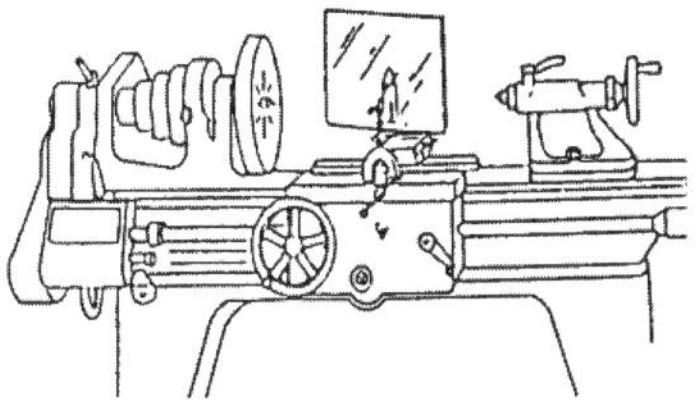

[칩 비산방지장치]

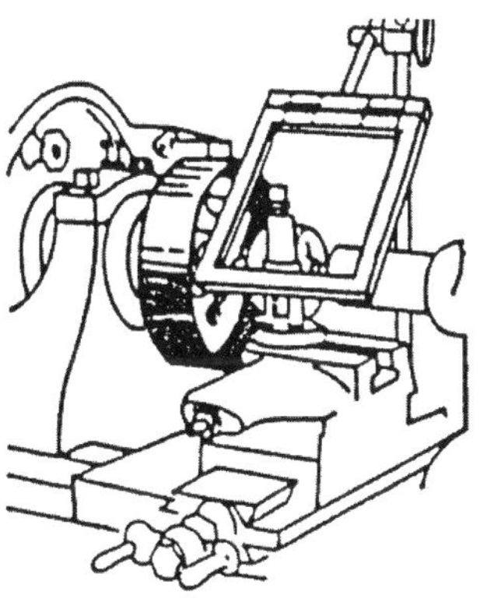

[쉴드]

(3) 선반의 안전 작업 방법

① 베드에는 공구를 올려놓지 말 것
② 칩 제거는 운전 정지 후 브러시를 이용할 것
③ 양센터 작업시에는 심압대에 윤활유를 자주 주입할 것
④ 공작물의 길이가 직경의 12~20배 이상일 때에는 방진구를 사용하여 재료를 고정할 것
⑤ 바이트는 끝을 짧게 할 것
⑥ 시동 전에 척 핸들을 빼둘 것
⑦ 반드시 보안경을 착용할 것

3 밀링(Milling) 작업의 안전

① 커터가 날카롭고 예리해서 칩이 가장 가늘고 예리하다.
② 반드시 보호안경 착용, 장갑은 절대 착용을 금지한다.
③ 칩 제거는 운전 정지 후 브러시를 이용한다.
④ 강력 절삭 시 일감을 바이스에 깊게 물린다.
⑤ 제품을 측정, 풀어낼 때는 반드시 운전을 정지한다.
⑥ 보링, 드릴, 내형 홈파기 작업이 가능하다.

4 플레이너(Planer : 평삭기) 작업의 안전

① 플레이너 운동 범위에 방책을 설치한다.
② 프레임 내 피트에 덮개를 설치한다.
③ 베드 위에 물건 등을 두지 않는다.
④ 바이트는 되도록 짧게 나오도록 설치한다.

용어정의

* 방진구 : 선반작업에서 가늘고 긴 공작물의 처짐이나 휨을 방지하는 부속장치
* 스핀들 : 절삭 공구의 장착에 사용되는 회전축

용어정의

* 밀링
밀링커터를 회전시켜 이송되어온 공작물을 절삭하는 공작기계로서 평면 절삭 · 홈절삭 · 절단 등 복잡한 절삭이 가능하며, 용도가 넓다.

참고

* 밀링의 절삭방법

1. 상향절삭 : 커터의 회전 방향과 반대 방향으로 일감을 이송
2. 하향절삭 : 커터의 회전 방향과 같은 방향으로 일감을 이송
3. 백래시 제거 장치 : 하향 절삭시 절삭력을 가하면 백래시 양만큼 급격한 이송으로 절삭상태가 불안정해지므로 백래시 제거용 암나사를 설치하여 핸들을 돌리면 나사기어에 의해 암나사가 돌아 백래시를 제거한다.

문제

밀링머신 작업의 안전작업 방법에 해당하지 않는 것은?

㉮ 강력절삭을 할 때는 일감을 바이스로부터 길게 물린다.
㉯ 일감을 측정할 때에는 반드시 정지시킨 다음에 한다.
㉰ 상하 이송장치의 핸들은 사용 후 반드시 빼두어야 한다.
㉱ 칩의 제거는 반드시 기계 정지 후 브러시를 사용한다.

[해설]
㉮ 강력절삭을 할 때는 일감을 바이스로부터 깊게 물린다.

정답 ㉮

PART 03

5 세이퍼(Shaper : 형삭기) 작업의 안전 ✪

① 램은 가급적 행정을 짧게 한다.
② 바이트를 짧게 물린다.
③ 재질에 따라 절삭속도를 결정한다.
④ 운전자는 바이트의 운동 방향(정면)에 서지 말고 측면에서 작업한다.
⑤ 세이퍼 운동 범위에 방책을 설치한다.

6 드릴(Drill) 작업의 안전

(1) 일감 고정 방법 ✪

① 일감 작을 때 : 바이스로 고정
② 일감이 크고 복잡할 때 : 볼트와 고정구
③ 대량 생산과 정밀도를 요할 때 : 전용의 지그 사용

(2) 드릴 안전 대책

① 드릴 작업 시에는 장갑 착용 금지
② 칩 제거 시에는 운전 정지 후 솔로서 제거
③ 큰 구멍을 뚫을 때에는 작은 구멍을 먼저 뚫은 후에 뚫을 것
④ 작업 시에는 보안경 착용
⑤ 자동 이송작업 중에는 기계를 멈추지 말 것

7 연삭기 작업의 안전

(1) 용어 정의

① "기계식 연삭기"란 제품외부 및 내부를 정밀하게 연삭할 목적으로 제작된 대형기계로 만능연삭기, 원통연삭기, 평면연삭기, 만능공구연삭기 등을 말한다.
② "탁상용 연삭기"란 일반적으로 많이 사용되는 연삭기로 가공물을 손에 들고 연삭숫돌에 접촉시켜 가공하는 연삭기 등을 말한다.
③ "휴대용 연삭기"란 손으로 연삭기를 휴대하고 공작물 표면에 연삭숫돌을 접촉시켜 가공하는 연삭기를 말한다.
④ "워크레스트(workrest)"란 탁상용 연삭기에 사용하는 것으로 공작물을 연삭할 때 가공물 지지점이 되도록 받쳐주는 것을 말한다.

(2) 연삭기에 의한 재해의 유형

① 연삭 숫돌에 신체의 접촉

② 숫돌 파괴에 의한 파편 비산

③ 연삭분이 튀어 눈에 들어가는 사고

④ 재료의 튕김

(3) 안전 대책 ✿✿

① 숫돌에 충격을 가하지 말 것

② 작업 시작 전 1분 이상, 숫돌 대체시 3분 이상 시운전할 것

③ 연삭 숫돌 최고사용 회전속도 초과 사용 금지

④ 측면을 사용하는 것을 목적으로 제작된 연삭기 이외에는 측면 사용 금지

⑤ 작업 시에는 숫돌의 원주면을 이용하고, 작업자는 숫돌의 측면에서 작업할 것

(4) 연삭기의 방호장치 ✿✿

1) 덮개 ✿✿

① 산업안전보건법에는 숫돌 직경이 5cm 이상인 것부터 반드시 설치하도록 되어 있다.

② 덮개의 설치

  • 숫돌의 외경이 125mm 이상인 연삭기 또는 연마기 : 숫돌의 절단면과 가드 사이의 거리가 5mm 이내이고 숫돌의 측면과의 간격이 10mm 이내가 되도록 조정할 것

참고

* 연삭숫돌 구성의 3요소
   ① 입자
   ② 기공
   ③ 결합제

* 연삭숫돌표기
   WA-80-K-7-V
   WA : 연삭입자
   (WA : 백색 용융알루미늄질)
   80 : 입도, 숫돌 입자의 크기
   (80 : 보통 가는 입도)
   K : 결합도(K : "연")
   7 : 조직, 연삭숫돌의 밀도
   (7 : 거친 것)
   V : 결합제 종류
   (V : 비트리파이드 결합제)

참고

자율안전확인 연삭기 덮개에는 규칙에 따른 표시 외에 다음 각 목의 사항을 추가로 표시하여야 한다.
가. 숫돌사용 주속도
나. 숫돌회전방향

PART 03

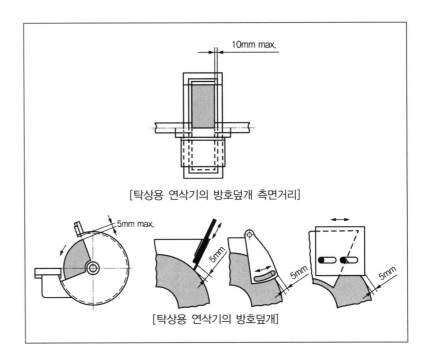

[탁상용 연삭기의 방호덮개 측면거리]

[탁상용 연삭기의 방호덮개]

2) 가공물 받침대(워크레스트) 및 유도·고정장치
(위험 기계·기구 자율안전확인 고시)

① 연삭기 또는 연마기에는 가공물이 움직이지 않도록 가공물 고정
장치를 설치해야 한다.

② 탁상용 및 절단용 연삭기에는 아래 요건에 적합한 조절 가능한 가
공물 받침대를 설치해야 한다.

• 연삭숫돌의 외주면과 받침대 사이의 거리는 2mm를 초과하지 않
을 것 ✿
• 연삭기에서 사용토록 설계된 연삭숫돌 폭 이상의 크기일 것
• 연삭기에 견고히 고정될 것

③ 동력작동식 고정장치가 부착된 연삭기 또는 연마기는 고정용 동력
이 차단되는 경우 가공물의 투입 및 전진작동이 되지 않도록 연동
되어야 한다.

> **참고**
>
> 탁상용 연삭기의 덮개에는 워크레스트 및 조정편을 구비하여야 하며, 워크레스트는 연삭숫돌과의 간격을 3밀리미터 이하로 조정할 수 있는 구조이어야 한다.
>
>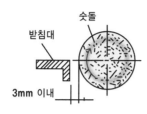
>
> 받침대의 간격
>
> [방호장치 자율안전기준 고시]

3) 투명 비산방지판(안전 실드, 방호 스크린)

연삭분의 비산을 방지하기 위하여 투명한 비산방지판을 설치한다.

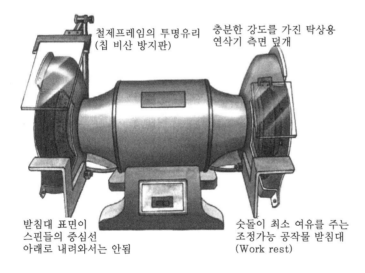

철제프레임의 투명유리
(칩 비산 방지판)

충분한 강도를 가진 탁상용
연삭기 측면 덮개

받침대 표면이
스핀들의 중심선
아래로 내려와서는 안됨

숫돌이 최소 여유를 주는
조정가능 공작물 받침대
(Work rest)

(5) 덮개 노출각도 ✿✿

① 탁상용

- 상부를 사용하는 경우 : 60° 이내
- 수평면 이하에서 연삭 : 125° 이내
- 최대 원주 속도가 초당 50m 이하인 경우 : 90° 이내(주축면 위로 50°)
- 그 외 탁상용 연삭기 : 80° 이내(주축면 위로 65°)

② 절단기, 평면형 연삭기 : 150° 이내

③ 휴대용, 원통형 연삭기 : 180° 이내

① 상부를 사용하는 경우 : 60° 이내

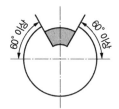

② 수평면 이하에서 연삭할 경우 : 노출 각도를 125° 까지 증가시킬
수 있다.

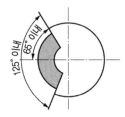

**탁상용
연삭기**

①, ② 외의 탁상용 연삭기 : 80° 이내(주축면 위로 65°)

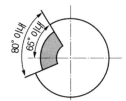

③ 최대 원주 속도가 초당 50m 이하인 탁상용 연삭기 : 90° 이내
(주축면 위로 50°)

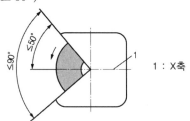

1 : X축

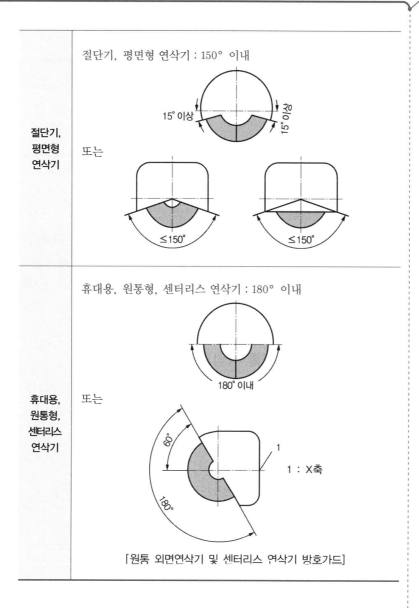

절단기, 평면형 연삭기	절단기, 평면형 연삭기 : 150° 이내 15° 이상 ～ 15° 이상 또는 ≤150°　　≤150°
휴대용, 원통형, 센터리스 연삭기	휴대용, 원통형, 센터리스 연삭기 : 180° 이내 180° 이내 또는 60°　　180°　　1 : X축 [원통 외면연삭기 및 센터리스 연삭기 방호가드]

(6) 연삭기 숫돌 파괴 원인 ✿✿

① 숫돌의 회전 속도가 너무 빠를 때(회전력이 결합력보다 클 때)
② 숫돌 자체에 균열이 있을 때
③ 숫돌의 측면을 사용하여 작업할 때
④ 숫돌에 과대한 충격을 가할 때
⑤ 플랜지가 현저히 작을 때(플랜지는 숫돌 지름의 1/3 이상일 것)
⑥ 숫돌 불균형, 베어링 마모에 의한 진동이 있을 때
⑦ 반지름 방향의 온도변화가 심할 때

(7) 연삭기의 회전속도(원주속도) 계산

참고

* 연삭기의 회전속도
(원주속도) 계산

1. 원주속도(회전속도)
$V = \frac{\pi \times D \times N}{1,000}$ (m/min)
D : 롤러의 직경(mm)
N : 회전수(rpm)

2. 원주속도(회전속도)
$V = \pi \times D \times N$ (m/min)
D : 롤러의 직경(m)
N : 회전수(rpm)

3. 원주속도(회전속도)
$V = \pi \times D \times N$ (mm/min)
D : 롤러의 직경(mm)
N : 회전수(rpm)

연삭기 회전속도의 계산 ✄✄
회전속도 $V = \dfrac{\pi \times D \times N}{1,000}$ (m/min) D : 롤러의 직경(mm)　　　N : 회전수(rpm)

8 비파괴검사의 실시 ✄

사업주는 고속회전체(회전축의 중량이 1톤을 초과하고 원주속도가 매 초당 120미터 이상인 것에 한한다)의 회전시험을 하는 때에는 미리 회전축의 재질 및 형상 등에 상응하는 종류의 비파괴검사를 실시하여 결함유무를 확인하여야 한다.

9 목재가공용 둥근톱 작업의 안전

(1) 목재 가공용 둥근톱 기계의 방호장치 ✄✄✄

① 날접촉 예방장치(덮개)
② 반발예방장치
　• 분할날
　• 반발 방지 기구(finger)
　• 반발 방지 롤러

문제

둥근톱의 톱날 직경이 800mm 일 경우 분할날의 최소길이는 약 얼마인가?

㉮ 300mm
㉯ 350mm
㉰ 400mm
㉱ 420mm

[해설]
분할날 최소길이
$L = \frac{\pi \times D}{6}$ (mm)
(D : 톱날 직경(mm))
$L = \frac{\pi \times 800}{6} = 420$(mm)

정답 ㉱

분할날의 설치조건 ✄

• 분할날 두께는 톱 두께의 1.1배 이상이며 치진 폭보다 작을 것

$1.1\ t_1 \leqq t_2 < b$

여기서, t_1 : 톱 두께, t_2 : 분할날 두께, b : 치진 폭

• 톱날 후면과의 간격은 12mm 이내일 것
• 후면 날의 2/3 이상을 덮어 설치할 것
• 분할날 조임볼트는 2개 이상일 것
•

분할날 최소길이 $L(\mathrm{mm}) = \dfrac{\pi \times D}{6}$

여기서, D : 톱날 직경(mm)

• 직경이 610mm를 넘는 둥근 톱에는 현수식 분할날을 사용할 것

[분할날 구조]

10 동력식 수동대패 작업의 안전

(1) 용어의 정의

① "동력식 수동대패"란 가공할 판재를 손의 힘으로 송급하여 표면을 미끈하게 하는 동력기계를 말한다.

② "칼날 접촉 방지장치"란 인체가 대패날에 접촉하지 않도록 덮어주는 것을 말한다.

(2) 방호장치 : 칼날 접촉 방지장치 ✄✄✄

▶기출

＊ 동력식 수동대패
가공재와 테이블 간 틈
: 8mm 이하
덮개와 테이블 간 틈 :
25mm 이하로 조정한다.

PART 03

02 프레스 및 전단기의 안전

📍 주/요/내/용 알/고/가/기 ▶

1. 프레스의 본질안전 조건
2. 프레스의 방호장치 설치기준
3. 양수조작식 및 광전자식 방호장치의 안전거리 계산
4. 프레스의 작업 시작 전 점검

1 프레스의 작업점에 대한 방호방법

(1) 프레스의 본질안전 조건

> 본질안전 **조건**(No-hand in die **방식**, 금형 내 손이 들어가지 않는 구조) ✖✖
>
> ① 안전울을 부착한 프레스(프레스에 안전울 부착)
> ② 안전한 금형 사용
> ③ 전용 프레스 도입
> ④ 자동 프레스 도입(자동 송급·배출 기구가 있는 프레스,
>   자동 송급·배출장치를 부착한 프레스)

(2) hand in die 방식(금형 내 손이 들어가는 구조)

① 프레스기의 종류, 압력 능력, 매분 행정수, 행정 길이 및 작업
  방법에 따른 방호장치
  - 가드식 방호장치
  - 손쳐내기식 방호장치
  - 수인식 방호장치
② 프레스기의 정지 성능에 상응하는 방호장치
  - 양수 조작식 방호장치
  - 감응식(광전자식) 방호장치

2 프레스의 방호장치 설치기준

일행정 일정지식 프레스(크랭크 프레스)	• 양수 조작식 • 게이트 가드식
행정길이 40mm 이상, SPM 120 이하에서 사용	• 손쳐내기식 • 수인식
슬라이드 작동 중 정지 가능한 구조 ✖✖ (급정지장치 가짐)	• 감응식(광전자식) • 양수조작식
마찰 프레스에 사용가능하나 크랭크식 프레스에 사용 불가능	• 감응식(광전자식)

참고

종류	분류
광전자식	A-1 (급정지 기능을 가짐)
	A-2 (급정지 기능이 없음)
양수 조작식	B-1 (유·공압 밸브식)
	B-2 (전기버튼식)
가드식	C
손쳐 내기식	D
수인식	E

확인 ★

프레스 페달의 오작동을 방지하기 위해 페달에 U 자형 덮개(커버)를 설치하여여 한다.

3 프레스 방호장치의 종류 및 특징

(1) 양수조작식 방호장치 ✦

① 1행정 1정지식 프레스에 사용되는 것으로서 누름버튼을 양손으로 동시에 조작하지 않으면 기계가 동작하지 않으며, 한손이라도 떼어내면 기계를 정지시키는 방호장치

② 누름버튼의 상호간 내측거리는 300mm 이상이어야 한다.

③ 슬라이드 하강 중 정전 또는 방호장치의 이상 시에 정지할 수 있는 구조이어야 한다.

④ 방호장치는 릴레이, 리미트스위치 등의 전기부품의 고장, 전원전압의 변동 및 정전에 의해 슬라이드가 불시에 동작하지 않아야 하며, 사용전원전압의 ±(100분의 20)의 변동에 대하여 정상으로 작동되어야 한다.

⑤ 1행정 1정지 기구에 사용할 수 있어야 한다.

안전거리(위험점과 안전장치(버튼) 간의 설치거리)의 계산 ✦✦

1. (프레스, 전단기의 방호장치 의무안전인증 기준)

안전거리 $D(cm) = 160 \times$ 프레스 작동 후 작업점까지의 도달시간(초)

2. (프레스의 의무안전인증 기준)

$$안전거리 \ D(mm) = 1,600 \times (T_c + T_s)$$

- T_c : 방호장치의 작동시간[누름버튼으로부터 한 손이 떨어졌을 때부터 급정지기구가 작동을 개시할 때까지의 시간(초)]
- T_s : 프레스의 급정지시간[급정지기구가 작동을 개시했을 때부터 슬라이드가 정지할 때까지의 시간(초)]

📱 **비교합시다!** **양수기동식 방호장치 ✦✦**

① 버튼에서 손을 떼고 위험점에 접근 시에 슬라이드는 이미 하사점에 도달한 구조

② 안전거리(위험점과 버튼간의 설치거리)

$$Dm(mm) = 1.6 \times Tm = 1.6 \times \left(\frac{1}{클러치개소수} + \frac{1}{2} \right) \times \left(\frac{60,000}{매분행정수} \right)$$

여기서, Tm : 슬라이드가 하사점에 도달할 때까지의 시간(ms)

$$* \ ms = \frac{1}{1,000} 초$$

(2) 광전자식 방호장치 ✦

① 투광부, 수광부, 컨트롤 부분으로 구성된 것으로서 신체의 일부가 광선을 차단하면 기계를 급정지시키는 방호장치

📌참고

* 프레스 방호장치의 공통일반구조

① 방호장치의 표면은 벗겨짐 현상이 없어야 하며, 날카로운 모서리 등이 없어야 한다.

② 위험기계·기구 등에 장착이 용이하고 견고하게 고정될 수 있어야 한다.

③ 외부충격으로부터 방호장치의 성능이 유지될 수 있도록 보호덮개가 설치되어야 한다.

④ 각종 스위치, 표시램프는 매립형으로 쉽게 근로자가 볼 수 있는 곳에 설치해야 한다.

ㄱ문제

클러치 맞물림 개소수 4개, 300SPM(strokeper minute)의 동력프레스기(마찰 클러치) 양수기동식 안전장치의 안전거리는?

㉮ 360mm ㉯ 315mm
㉰ 240mm ㉱ 225mm

[해설]
Dm(mm)
$= 1.6 \times Tm$

$= 1.6 \times \left(\dfrac{1}{클러치개소수} + \dfrac{1}{2} \right)$

$\times \left(\dfrac{60,000}{매분 행정수} \right)$

(Tm : 슬라이드가 하사점에 도달할 때까지의 시간(ms))

$Dm = 1.6 \times \left(\dfrac{1}{4} + \dfrac{1}{2} \right)$

$\times \left(\dfrac{60,000}{300} \right)$

$= 240mm$

정답 ㉰

② 연속 차광폭 30mm 이하(다만, 12광축 이상으로 광축과 작업점과의 수평거리가 500mm를 초과하는 프레스에 사용하는 경우는 40mm 이하)

③ 슬라이드 하강 중 정전 또는 방호장치의 이상 시에 정지할 수 있는 구조이어야 한다.

④ 방호장치는 릴레이, 리미트 스위치 등의 전기부품의 고장, 전원 전압의 변동 및 정전에 의해 슬라이드가 불시에 동작하지 않아야 하며, 사용 전원전압의 ±(100분의 20)의 변동에 대하여 정상으로 작동되어야 한다.

안전거리(위험점과 안전장치 간의 설치거리)의 계산 ✄✄

1. (프레스, 전단기의 방호장치 안전인증기준)

안전거리 D(cm)= 160×프레스 작동 후 작업점까지의 도달시간(초)

2. (프레스의 안전인증 기준)

$$안전거리\ D(\mathrm{mm}) = 1600 \times (T_c + T_s)$$

- T_c : 방호장치의 작동시간[누름버튼으로부터 한 손이 떨어졌을 때부터 급정지기구가 작동을 개시할 때까지의 시간(초)]
- T_s : 프레스의 급정지시간[급정지기구가 작동을 개시했을 때부터 슬라이드가 정지할 때까지의 시간(초)]

---

(3) 손쳐내기식(Sweep Guard식) 방호장치

① 슬라이드의 작동에 연동시켜 위험상태로 되기 전에 손을 위험 영역에서 밀어내거나 쳐내는 방호장치

② 손쳐내기식 방호장치의 일반구조
- 슬라이드 하 행정거리의 3/4 위치에서 손을 완전히 밀어내야 한다.
- 손쳐내기 봉의 행정(Stroke) 길이를 조정할 수 있고 진동 폭은 금형 폭 이상이어야 한다.
- 방호판과 손쳐내기 봉은 경량이면서 충분한 강도를 가져야 한다.
- 방호판의 폭은 금형 폭의 1/2 이상이어야 하고, 행정길이가 300mm 이상의 프레스기계에는 방호판 폭을 300mm로 해야 한다.
- 손쳐내기 봉은 손 접촉 시 충격을 완화할 수 있는 완충재를 부착해야 한다.

(4) 수인식(Pull Out식) 방호장치 ✄

① 슬라이드와 작업자 손을 끈으로 연결하여 슬라이드 하강 시 작업자 손을 당겨 위험영역에서 빼낼 수 있도록 한 방호장치

◎기출

✽ 손쳐내기식 방호장치의 진동각도 및 진폭 시험

진동각도 및 진폭 시험방법은 프레스 기계의 행정 길이가 최소일 때는 링크 길이를 조절하고 손쳐내기봉의 진동 각도가 (60 ～ 90)° 정도, 행정 길이가 최대일 때는 (45 ～ 90)° 정도로 해야 한다.

② 수인식 방호장치의 일반구조
- 손목밴드(wrist band)의 재료는 유연한 내유성 피혁 또는 이와 동등한 재료를 사용해야 한다.
- 손목밴드는 착용감이 좋으며 쉽게 착용할 수 있는 구조이어야 한다.
- 수인끈의 재료는 합성섬유로 직경이 4mm 이상이어야 한다.
- 수인끈은 작업자와 작업공정에 따라 그 길이를 조정할 수 있어야 한다.

(5) 게이트가드식 방호장치 ✄✄

① 가드가 열려 있는 상태에서는 기계의 위험부분이 동작되지 않고 기계가 위험한 상태일 때에는 가드를 열 수 없도록 한 방호장치
② 가드가 열린 상태에서 슬라이드를 동작시킬 수 없고 또한 슬라이드 작동 중에는 게이트 가드를 열 수 없어야 한다.

4 프레스의 작업시작 전 점검 사항 ✄✄✄

프레스의 작업시작 전 점검 ✄✄✄
① 클러치 및 브레이크 기능 ② 크랭크축 · 플라이 휠 · 슬라이드 · 연결 봉 및 연결 나사의 볼트 풀림 유무 ③ 1행정 1정지 기구 · 급정지 장치 및 비상 정지 장치의 기능 ④ 슬라이드 또는 칼날에 의한 위험 방지 기구의 기능 ⑤ 프레스의 금형 및 고정 볼트 상태 ⑥ 당해 방호장치의 기능 ⑦ 전단기의 칼날 및 테이블의 상태

5 금형의 안전화

(1) 금형을 부착, 해체, 조정 작업할 때 신체 일부가 위험점 내에서 슬라이드 불시 하강으로 인한 위험을 방지할 목적으로 안전블럭을 설치한다. (금형 수리작업은 해당되지 않는다) ✄✄

(2) 금형설치 시 안전조치

① 금형 사이 안전망 설치
② 상, 하간의 틈새(펀치와 다이 틈새, 가이드 포스트와 부시와의 틈새, 상사점의 상형 · 하형 간격)를 8mm 이하로 하여 손가락이 들어가지 않도록 한다.

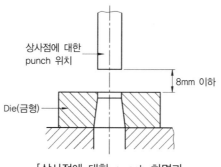

상사점에 대한 punch 위치

8mm 이하

Die(금형)

[상사점에 대한 punch 하면과 Die면이 8(mm) 이하]

⊙기출
* 게이트가드식 방호장치의 종류
① 하강식
② 도립식
③ 횡슬라이드식

📓참고
* 블랭킹(blanking) 검출성능보다 큰 물체가 검출영역에 있어도 출력신호개폐장치가 꺼지지 않도록 부분적으로 무효화하는 선택적 기능을 말한다.

🔑용어정의
* 금형 규격이 동일한 제품을 대량 생산하기 위해 금속재료를 사용해 만든 '틀'로 자동차, 휴대폰, 전기전자 제품은 물론 각종 산업기계, 생활용품 등을 만드는 데 활용된다.

📓참고
* 금형 설치, 해체 작업 시 안전사항
① 금형의 설치용구는 프레스의 구조에 적합한 형태로 한다.
② 고정볼트는 고정 후 가능하면 나사산이 3~4개 정도 짧게 남겨 슬라이드 면과의 사이에 협착이 발생하지 않도록 해야 한다.
③ 금형 고정용 브래킷을 고정시킬 때 고정용 브래킷은 수평이 되게 하고 고정볼트는 수직이 되게 고정하여야 한다.
④ 금형을 설치하는 프레스의 T홈의 안길이는 설치 볼트 직경의 2배 이상으로 한다.

📍 주/요/내/용 알/고/가/기 ▶

1. 롤러기 가드의 개구부 치수 계산
2. 롤러기의 급정지장치
3. 아세틸렌 용접장치 및 가스 집합 용접장치의 안전기
4. 보일러의 방호장치
5. 압력용기의 방호장치
6. 산업용 로봇의 방호장치

⓵ 롤러기

(1) "롤러기"란 2개 이상의 원통형을 한 조로 해서 각각 반대방향으로 회전하면서 가공재료를 롤러 사이로 통과시켜 롤러의 압력에 의하여 소성변형하거나 연화하는 기계·기구를 말한다.

(2) 가드의 설치 ✦✦

가드의 개구 간격	① X<160mm일 경우 Y = 6 + 0.15X
	② X≧160mm일 경우 Y = 30mm
	여기서, X : 안전거리(위험점에서 가드까지 거리)(mm) Y : 가드의 최대 개구 간격(mm)
일방 평행 보호망 및 위험점이 전동체인 경우의 개구 간격	① Y = 6 + 0.1X
	여기서, X : 안전거리(mm) Y : 가드의 최대 개구 간격(mm)

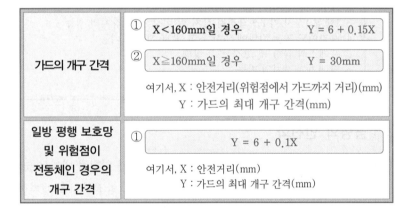

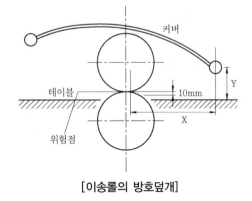

[이송롤의 방호덮개]

문제

롤러기의 맞물림점 전방에 12mm 개구 간격을 가진 가드를 설치할 때 맞물림점으로부터 가드까지의 설치 안전거리는?

㉮ 10mm   ㉯ 20mm
㉰ 30mm   ㉱ 40mm

[해설]
개구부 치수
① 가드일 경우 :
   Y = 6 + 0.15X
② 보호망일 경우 :
   Y = 6 + 0.1X
①에 의해
12 = 6 + 0.15X
0.15X = 12 − 6
$X = \dfrac{12 - 6}{0.15} = 40mm$

ㅡㅡㅡㅡ 정답 ㉱

기출

＊ 안내 롤러
사업주는 합판·종이·천 및 금속박 등을 통과시키는 롤러기로서 근로자에게 위험을 미칠 우려가 있는 부위에는 울 또는 안내 롤러 등을 설치하여야 한다.

(3) 롤러기의 방호장치명 : 급정지장치 ✿✿✿

급정지장치란 롤러기의 전면에 작업하고 있는 근로자의 신체 일부가 롤러 사이에 말려들어 가거나 말려 들어갈 우려가 있는 경우에 근로자가 손, 무릎, 복부 등으로 급정지 조작부를 동작시킴으로써 브레이크가 작동하여 급정지하게 하는 방호장치를 말한다.

(4) 조작부의 설치 위치에 따른 급정지장치의 종류 ✿✿✿

종 류	설치 위치	비 고
손 조작식	밑면에서 1.8m 이내	위치는 급정지장치의 조작부의 중심점을 기준
복부 조작식	밑면에서 0.8m 이상 1.1m 이내	
무릎 조작식	밑면에서 0.6m 이내 또는 (밑면으로부터 0.4m 이상 0.6m 이내)	

PART 03

┌문제─────────
롤러기의 방호장치 중 로프식 급정지 장치의 설치거리는?
㉮ 바닥에서 0.4~0.6m 이하
㉯ 바닥에서 1.1m 이하
㉰ 바닥에서 0.8~1.2m 이하
㉱ 바닥에서 1.8m 이하

[해설]
로프식(손조작식) 급정지 장치
: 바닥에서 1.8m 이하에 설치

─────── 정답 ㉱

(5) 앞면 롤러의 표면속도에 따른 급정지거리 ✿✿

앞면 롤러의 표면속도(m/min)	급정지거리
30 미만	앞면 롤러 원주의 1/3 이내($= \pi \times D \times \frac{1}{3}$)
30 이상	앞면 롤러 원주의 1/2.5 이내($= \pi \times D \times \frac{1}{2.5}$) (여기서 $\pi \times D$ = 앞면 롤러의 원주)

이때 표면속도의 산식은

$$V = \frac{\pi \cdot D \cdot N}{1,000} \, (m/min)$$

여기서, V : 표면속도(m/min) D : 롤러 원통의 직경(mm)
N : 1분 간에 롤러기가 회전되는 수(rpm)

2 원심기

(1) 원심력을 이용하여 액체 속의 고체 입자를 분리하거나 비중이 서로 다른 혼합액을 분리하기 위한 목적으로 쓰이는 동력에 의해 작동되는 원심기에 적용한다.

(2) 원심기의 방호장치 : 회전체 접촉 예방장치 ✿✿✿

3 아세틸렌 용접장치

(1) 아세틸렌 용접장치 및 가스집합용접장치의 방호장치
: 안전기(역화방지기) ✖✖✖

(2) 안전기의 역할 : 가스의 역화 및 역류 방지 ✖

역류	① 산소가 아세틸렌 호스 쪽으로 흘러가는 현상
	② 원인 • 팁의 끝이 막혔을 때 • 산소의 압력이 아세틸렌 압력보다 높을 때
역화	① 아세틸렌 가스의 압력이 부족할 경우 팁 끝에서 "빵빵" 소리를 내면서 불꽃이 들어갔다, 나왔다하는 현상
	② 원인 • 팁 끝이 막혔을 때 • 팁 끝이 과열되었을 때 • 가스 압력과 유량이 적당하지 않았을 때 • 팁의 조임이 풀려올 때 • 압력조정기가 불량일 때 • 토치의 성능이 좋지 않을 때 발생
	③ 방지 팁을 물에 담갔다 냉각시키면 방지된다.

(3) 안전기의 종류
① 수봉식 안전기
• 유효수주 ┌ 저압용 : 25mm 이상
　　　　　 └ 중압용 : 50mm 이상
② 건식 안전기(역화방지기)
• 소염소자식
• 우회로식

(4) 아세틸렌 용접장치를 사용하여 금속의 용접·용단 또는 가열작업을 하는 경우에는 게이지 압력이 127킬로파스칼(kPa)을 초과하는 압력의 아세틸렌을 발생시켜 사용해서는 아니 된다. ✖

(5) 안전기의 설치 ✖✖
① 아세틸렌 용접장치의 취관마다 안전기를 설치하여야 한다. 다만, 주관 및 취관에 가장 가까운 분기관마다 안전기를 부착한 경우에는 그러하지 아니하다.
② 가스용기가 발생기와 분리되어 있는 아세틸렌 용접장치에 대하여는 발생기와 가스용기 사이에 안전기를 설치하여야 한다.

◎기출
아세틸렌은 동 또는 동을 70% 이상 함유한 합금을 사용하여서는 안 된다.

◎기출
※ 수봉식 안전기의 취급 시 주의사항
① 안전기는 반드시 세워서 잘 보이는 곳에 설치할 것
② 안전기가 동결되었을 경우 따뜻한 물로 녹일 것(40℃)
③ 토치 1개당 안전기 1개를 사용할 것
④ 유효수주는 25mm 이상 유지할 것

(6) 아세틸렌 발생기실의 설치장소 ✗✗

① 아세틸렌 용접장치의 아세틸렌 발생기를 설치하는 경우에는 전용의 발생기실에 설치하여야 한다.

② 발생기실은 건물의 최상층에 위치하여야 하며, 화기를 사용하는 설비로부터 3미터를 초과하는 장소에 설치하여야 한다.

③ 발생기실을 옥외에 설치한 경우에는 그 개구부를 다른 건축물로부터 1.5미터 이상 떨어지도록 하여야 한다.

(7) 발생기실의 구조 ✗

① 벽은 불연성 재료로 하고 철근 콘크리트 또는 그 밖에 이와 같은 수준이거나 그 이상의 강도를 가진 구조로 할 것

② 지붕과 천장에는 얇은 철판이나 가벼운 불연성 재료를 사용할 것

③ 바닥면적의 16분의 1 이상의 단면적을 가진 배기통을 옥상으로 돌출시키고 그 개구부를 창이나 출입구로부터 1.5미터 이상 떨어지도록 할 것

④ 출입구의 문은 불연성 재료로 하고 두께 1.5밀리미터 이상의 철판이나 그 밖에 그 이상의 강도를 가진 구조로 할 것

⑤ 벽과 발생기 사이에는 발생기의 조정 또는 카바이드 공급 등의 작업을 방해하지 않도록 간격을 확보할 것

(8) 아세틸렌 용접장치의 관리

① 발생기(이동식 아세틸렌 용접장치의 발생기는 제외한다)의 종류, 형식, 제작업체명, 매 시 평균 가스발생량 및 1회 카바이드 공급량을 발생기실 내의 보기 쉬운 장소에 게시할 것

② 발생기실에는 관계 근로자가 아닌 사람이 출입하는 것을 금지할 것

③ 발생기에서 5미터 이내 또는 발생기실에서 3미터 이내의 장소에서는 흡연, 화기의 사용 또는 불꽃이 발생할 위험한 행위를 금지시킬 것 ✗✗

④ 도관에는 산소용과 아세틸렌용의 혼동을 방지하기 위한 조치를 할 것

⑤ 아세틸렌 용접장치의 설치장소에는 적당한 소화설비를 갖출 것

⑥ 이동식 아세틸렌 용접장치의 발생기는 고온의 장소, 통풍이나 환기가 불충분한 장소 또는 진동이 많은 장소 등에 설치하지 않도록 할 것

(9) 아세틸렌 가스의 생성

탄화칼슘(카바이트) +　물　→ 아세틸렌 + 소석회

$$CaC_2 + 2H_2O \rightarrow C_2H_2 + Ca(OH)_2$$

문제:

용접장치에 사용되는 가스 장치실의 구조에 대한 설명 중 틀린 것은?

㉮ 벽의 재료는 불연성의 재료를 사용할 것

㉯ 천정과 벽은 견고한 콘크리트 구조일 것

㉰ 가스누출시 당해 가스가 정체되지 않도록 할 것

㉱ 지붕 및 천정의 재료는 가벼운 불연성의 재료를 사용할 것

[해설]

㉯ 천정과 지붕은 가벼운 불연성 재료일 것

정답 ㉯

참고

아세틸렌은 동, 수은, 은과 반응하여 아세틸라이드(폭발성물질)를 생성한다.
아세틸렌 + 구리 → 아세틸라이드(폭발성물질) + 수소
$(C_2H_2 + 2Cu \rightarrow Cu_2C_2 + H_2)$
아세틸렌은 동 또는 동을 70% 이상 함유한 합금을 사용하여서는 안 된다.

기출

＊ 수봉식 안전기의 취급 시 주의사항

① 안전기는 반드시 세워서 잘 보이는 곳에 설치할 것

② 안전기가 동결되었을 경우 따뜻한 물로 녹일 것(40℃)

③ 토치 1개당 안전기 1개를 사용할 것

④ 유효수주는 25mm 이상 유지할 것

PART 03

4 가스집합용접장치

(1) 가스집합장치는 화기를 사용하는 설비로부터 5미터 이상 떨어진 장소에 설치하여야 한다. ✖✖

(2) 가스장치실의 구조 ✖

① 가스가 누출된 때에는 당해 가스가 정체되지 아니하도록 할 것
② 지붕 및 천장에는 가벼운 불연성의 재료를 사용할 것
③ 벽에는 불연성의 재료를 사용할 것

(3) 가스집합용접장치의 배관 ✖

① 플랜지·밸브·콕 등의 접합부에는 개스킷을 사용하고 접합면을 상호밀착 시키는 등의 조치를 할 것
② 주관 및 분기관에는 안전기를 설치할 것(이 경우 하나의 취관에 대하여 2개 이상의 안전기를 설치하여야 한다)

(4) 용해아세틸렌의 가스집합용접장치의 배관 및 부속기구는 동 또는 동을 70퍼센트 이상 함유한 합금을 사용하여서는 아니 된다.

(5) 충전가스 용기의 도색 ✖✖

가스용기의 색 ✖✖✖	
① 산소 → 녹색	② 수소 → 주황색
③ 탄산가스 → 청색	④ 염소 → 갈색
⑤ 암모니아 → 백색	⑥ 아세틸렌 → 황색
⑦ 그 외 가스 → 회색	

실력이 되고! 합격이 되는! 특급

산녹 수주 탄청 염갈 아황 암백

(6) 가스등의 용기 취급 시 주의사항 ✖

① 가스용기를 사용·설치·저장 또는 방치하지 않아야 하는 장소
  • 통풍 또는 환기가 불충분한 장소
  • 화기를 사용하는 장소 및 그 부근
  • 위험물 또는 인화성 액체를 취급하는 장소 및 그 부근
② 용기의 온도를 섭씨 40도 이하로 유지할 것
③ 전도의 위험이 없도록 할 것
④ 충격을 가하지 아니하도록 할 것

⑤ 운반할 때에는 캡을 씌울 것
⑥ 사용할 때에는 용기의 마개에 부착되어 있는 유류 및 먼지를 제거
　할 것
⑦ 밸브의 개폐는 서서히 할 것
⑧ 사용 전 또는 사용 중인 용기와 그 외의 용기를 명확히 구별하여 보
　관할 것
⑨ 용해아세틸렌의 용기는 세워 둘 것
⑩ 용기의 부식·마모 또는 변형상태를 점검한 후 사용할 것

(7) 용접결함의 종류

① 크랙 : 용접터짐, 균열이 발생하는 현상
② Blow hole(기공) : 용접부에 기공이 발생하는 현상
③ slag 혼입 : 융합부에 부스러기가 잔존하는 현상
④ Crater(항아리) : 용접 시 끝이 오목하게 패이는 현상
⑤ Under Cut : 과대전류가 원인, 용입부족으로 모재가 파이는 현상
⑥ pit : 용접부 표면에 생기는 작은 기포 구멍이 발생하는 현상
⑦ 용입 불량 : 모재가 완전 용입되지 않은 현상(녹지 않음)
⑧ fish eye(은점) : 반점이 발생하는 현상
⑨ over lap : 모재가 겹쳐지는 현상
⑩ over hang : 융착금속이 흘러내리는 현상
⑪ 스패터(Spatter) : 용융된 금속의 작은 입자가 튀어나와 모재에
　묻어있는 것

5 보일러

연료를 연소시켜 그 연소열에 의해서 물을 끓여 수증기로 바꾸는 장치를
말한다.

(1) 보일러의 과열 원인

① 내면에 스케일이 많이 쌓여 있을 때
② 보일러 수위 저하 시
③ 관수 중에 유지분이 섞여 있을 때
④ 화염이 국부적으로 진행 시

◎기출
* 기공(Blow hole)의
　생성 원인
① 융착부가 급냉을 할
　경우
② 모재에 유황성분이
　많은 경우
③ Arc분위기의 수소
　또는 일산화탄소가
　너무 많을 때
④ 과대전류를 사용할 때

◎기출
* 언더컷의 원인
① 용접전류가 너무 높
　을 때
② 위빙, 용접봉 각도 등
　이 부적당할 때(용접
　봉 취급의 부적당)
③ Arc길이가 너무 길
　때
④ 용접속도가 빠를 때

┌문제┐
용접부위의 구조상의 결함 중
기공(blow hole)이 생기는
원인을 열거한 내용 중 아닌
것은?
㉮ 융착부가 급냉을 할 경우
㉯ 부당한 용접봉을 사용한
　경우
㉰ 모재에 유황성분이 많은
　경우
㉱ Arc분위기의 수소 또는
　일산화탄소가 너무 많을 때

[해설]
기공(blow hole)이 생기는 원인
① 융착부가 급냉을 할 경우
② 모재에 유황성분이 많은 경우
③ Arc분위기의 수소 또는 일산
　화탄소가 너무 많을 때
④ 과대전류를 사용할 때

정답 ㉯

(2) 보일러 취급 시 이상 현상 ✖

① 포밍(foaming, 물거품 솟음)

보일러 수 중에 유지류, 용해 고형물, 부유물 등에 의해 보일러 수면에 거품이 생겨 올바른 수위를 판단하지 못하는 현상

② 플라이밍(priming, 비수 현상)

보일러 부하의 급변, 수위 상승 등에 의해 수분이 증기와 분리되지 않아 보일러 수면이 심하게 솟아올라 올바른 수위를 판단하지 못하는 현상

③ 캐리오버(carry over, 기수 공발)

보일러 수 중에 용해 고형분이나 수분이 발생, 증기 중에 다량 함유되어 증기의 순도를 저하시킴으로써 관내 응축수가 생겨 워터 해머의 원인이 되고 증기 과열기나 터빈 등의 고장 원인이 된다.

④ 수격 작용 : 물망치 작용(워터 해머, water hammer)

고여 있던 응축수가 밸브를 급격히 개폐시에 고온 고압의 증기에 이끌려 배관을 강하게 치는 현상으로 배관파열을 초래한다.

⑤ 역화(Back Fire) : 보일러 시동 시 연료가 나온 다음 시간을 두고 착화하는 등으로 인해 미연소가스가 노내에 잔류하며 비정상적인 폭발적 연소를 일으킨다.

(3) 보일러의 방호장치 ✖✖✖

① 압력방출 장치
② 압력제한 스위치
③ 기타 방호장치 : 고저 수위조절 장치, 화염검출기

(4) 압력방출장치의 설치 ✖✖✖

① 압력방출장치를 1개 또는 2개 이상 설치하고 최고사용압력 이하에서 작동되도록 하여야 한다. 다만, 압력방출장치가 2개 이상 설치된 경우에는 최고사용압력 이하에서 1개가 작동되고, 다른 압력방출장치는 최고사용압력 1.05배 이하에서 작동되도록 부착하여야 한다.

② 압력방출장치는 매년 1회 이상 "국가교정기관"으로부터 교정을 받은 압력계를 이용하여 토출압력을 시험한 후 납으로 봉인하여 사용하여야 한다. 다만, 공정안전보고서 제출대상으로서 공정안전관리 이행수준 평가결과가 우수한 사업장의 압력방출장치에 대하여 4년마다 1회 이상 토출압력을 시험할 수 있다.

(5) 압력제한스위치의 설치 ✗✗

보일러의 과열을 방지하기 위하여 최고사용압력과 상용압력 사이에서 보일러의 버너연소를 차단할 수 있도록 압력제한스위치를 부착하여야 한다.

(6) 고저 수위 조절장치의 설치

고저 수위 조절장치의 동작상태를 작업자가 쉽게 감시하도록 하기 위하여 고저수위지점을 알리는 경보등·경보음장치 등을 설치하여야 하며, 자동으로 급수 또는 단수되도록 설치하여야 한다.

(7) 운전방법의 교육

보일러의 안전운전을 위하여 다음 각 호의 사항을 근로자에게 교육하여야 한다.

① 가동 중인 보일러에는 작업자가 항상 정위치를 떠나지 아니할 것
② 압력방출장치·압력제한스위치·화염검출기의 설치 및 정상 작동 여부를 점검할 것
③ 압력방출장치의 봉인상태를 점검할 것
④ 고저 수위 조절장치와 급수펌프와의 상호기능상태를 점검할 것
⑤ 보일러의 각종 부속장치의 누설상태를 점검할 것
⑥ 노내의 환기 및 통풍장치를 점검할 것

6 압력용기

압력용기란 압력을 가지는 기체 및 액체를 저장하는 모든 용기를 말한다.

(1) 압력용기의 방호장치 : 압력방출장치 ✗✗✗

(2) 회전부의 덮개

압력용기 및 공기압축기 등에 부속하는 원동기·축이음·벨트·풀리의 회전 부위 등 근로자에게 위험을 미칠 우려가 있는 부위에는 덮개 또는 울 등을 설치하여야 한다.

참고

❋ 안전밸브
안전밸브(safety valve) : 밸브 입구 쪽의 압력이 설정압력에 도달하면 자동적으로 빠르게 작동하여 유체가 분출되고 일정압력 이하가 되면 정상상태로 복원되는 방호장치를 말한다.

❋ 파열판
판 입구측의 압력이 설정압력에 도달하면 파열되면서 유체가 분출되도록 설계된 금속판 또는 흑연제품의 방호장치를 말한다.

❋ 가용합금 안전밸브
온도가 상승하였을 때 금속의 일부분을 녹여 가스의 배출구를 만들어 압력을 분출시켜 용기의 폭발을 방지하는 안전장치

(3) 압력방출장치의 설치 ✿✿

① 압력용기 등에 과압으로 인한 폭발을 방지하기 위하여 압력방출장치를 설치하여야 한다.

② 다단형 압축기 또는 직렬로 접속된 공기압축기에는 과압방지 압력방출장치를 각단마다 설치하여야 한다.

③ 압력방출장치가 압력용기의 최고사용압력 이전에 작동되도록 설정하여야 한다.

④ 압력방출장치는 1년에 1회 이상 국가교정기관으로부터 교정을 받은 압력계를 이용하여 토출압력을 시험한 후 납으로 봉인하여 사용하여야 한다. 다만, 공정안전보고서 제출대상으로서 공정안전관리 이행수준 평가결과가 우수한 사업장은 압력방출장치에 대하여 4년에 1회 이상 토출압력을 시험할 수 있다.

⑤ 운전자가 토출압력을 임의로 조정하기 위하여 납으로 봉인된 압력방출장치를 해체하거나 조정할 수 없도록 조치하여야 한다.

7 공기압축기

동력에 의해 구동되고 다음 각 호의 어느 하나에 해당되는 공기압축기에 적용한다.

① 토출압력이 0.2MPa 이상으로서 몸통 내경이 200밀리미터 이상이거나 그 길이가 1,000밀리미터 이상인 것

② 토출압력이 0.2MPa 이상으로서 토출량이 분당 1세제곱미터 이상인 것

(1) 공기압축기의 방호장치 ✿✿

공기압축기에는 다음 각 호에 해당하는 압력방출장치를 설치하여야 한다.

① 공기 토출구의 차단밸브를 닫아도 용기의 압력이 설정압력 이하에서 작동하는 구조의 언로드밸브

② 다음 각 목의 요건에 적합한 안전밸브
가. 안전인증(KCs)을 받은 것일 것
나. 내후성이 좋고 장기간 정지하여도 밸브시트에 접착되지 않을 것

(2) 압력방출장치의 설치방법

① 압력방출장치는 검사가 용이한 위치의 용기본체 또는 그 본체에 부설되는 관에 압력방출장치의 밸브축이 수직되게 설치하여야 한다.

② 공기압축기의 언로드밸브는 공기탱크 등의 적합한 위치에 수직되게 설치하여야 한다.

③ 언로드밸브는 작동상태를 확인하기 쉽고 응축수 등에 의한 부식의 위험이 없는 위치에 설치하여야 한다.

④ 안전밸브는 다음 각 호의 요건에 적합해야 한다.

- 안전밸브의 조정너트는 임의로 조정할 수 없도록 봉인되어 있을 것
- 설정압력은 설계압력을 초과하지 아니하고, 작동압력은 설정압력치의 ±5% 이내일 것
- 설정압력 등이 포함된 표지를 식별이 쉬운 곳에 견고하게 부착할 것

(3) 공기압축기 작업시작 전 점검사항 ✿✿✿

공기압축기의 작업 시작 전 점검	
① 공기저장 압력용기의 외관상태	② 드레인밸브의 조작 및 배수
③ 압력방출장치의 기능	④ 언로드밸브의 기능
⑤ 윤활유의 상태	⑥ 회전부의 덮개 또는 울
⑦ 그 밖의 연결부위의 이상 유무	

8 산업용 로봇

"복합동작을 할 수 있는 산업용 로봇"이라 함은 매니퓰레이터 및 기억장치를 가지고 기억장치 정보에 의해 매니퓰레이터의 동작을 자동적으로 행할 수 있는 기계를 말한다.

(1) 산업용 로봇의 방호장치 : 안전매트 또는 광전자식 방호장치, 높이 1.8m 이상의 울타리 ✿✿✿

┌─ 문제 ─

동일한 조건의 경우 다음 로봇의 동작형태로 보아 운동범위이 넓어 방호조치에 특히 주의를 요하는 것은?

㉮ 극좌표 로봇
㉯ 다관절 로봇
㉰ 원통좌표 로봇
㉱ 직각좌표 로봇

[해설]
운동방향이 넓어 방호조치에 특히 주의를 요하는 것 → 다관절 로봇

─ 정답 ㉯

(2) 로봇 교시 등 작업 시의 안전 ✈

산업용 로봇의 작동범위 내에서 교시 등(매니퓰레이터의 작동순서, 위치·속도의 설정·변경 또는 그 결과를 확인하는 것을 말한다)의 작업을 하는 때에는 당해 로봇의 불의의 작동 또는 오조작에 의한 위험을 방지하기 위하여 다음 각 호의 조치를 하여야 한다.

로봇 교시 작업 시의 작업 지침 ✈
• 로봇의 조작방법 및 순서
• 작업 중의 매니퓰레이터의 속도
• 2인 이상의 근로자에게 작업을 시킬 때의 신호방법
• 이상을 발견한 때의 조치
• 이상을 발견하여 로봇의 운전을 정지시킨 후 이를 재가동시킬 때의 조치
• 그 밖에 로봇의 예기치 못한 작동 또는 오조작에 의한 위험을 방지하기 위하여 필요한 조치

① 작업에 종사하고 있는 근로자 또는 그 근로자를 감시하는 사람은 이상을 발견하면 즉시 로봇의 운전을 정지시키기 위한 조치를 할 것
② 작업을 하고 있는 동안 로봇의 기동스위치 등에 작업 중이라는 표시를 하는 등 작업에 종사하고 있는 근로자가 아닌 사람이 그 스위치 등을 조작할 수 없도록 필요한 조치를 할 것

(3) 수리 등 작업 시의 조치

로봇의 작동범위에서 해당 로봇의 수리·검사·조정(교시 등에 해당하는 것은 제외한다)·청소·급유 또는 결과에 대한 확인작업을 하는 경우에는 해당 로봇의 운전을 정지함과 동시에 그 작업을 하고 있는 동안 로봇의 기동스위치를 열쇠로 잠근 후 열쇠를 별도 관리하거나 해당 로봇의 기동스위치에 작업 중이란 내용의 표지판을 부착하는 등 해당 작업에 종사하고 있는 근로자가 아닌 사람이 해당 기동스위치를 조작할 수 없도록 필요한 조치를 하여야 한다.

(4) 로봇의 작업시작 전 점검사항

로봇의 작업시작 전 점검 ✈✈✈
① 외부전선의 피복 또는 외장의 손상 유무
② 매니퓰레이터(manipulator) 작동의 이상 유무
③ 제동장치 및 비상정지장치의 기능

(5) 운전 중 위험 방지 ✖✖

로봇의 운전(교시 등을 위한 로봇의 운전은 제외한다)으로 인하여 근로자에게 발생할 수 있는 부상 등의 위험을 방지하기 위하여 높이 1.8미터 이상의 울타리(로봇의 가동범위 등을 고려하여 높이로 인한 위험성이 없는 경우에는 높이를 그 이하로 조절할 수 있다)를 설치하여야 하며, 컨베이어 시스템의 설치 등으로 울타리를 설치할 수 없는 일부 구간에 대해서는 안전매트 또는 광전자식 방호장치 등 감응형(感應形) 방호장치를 설치하여야 한다.

광선식 안전장치

초음파 센서

안전매트

운전 중 위험 방지

> **참고**
>
> ＊ 안전매트
> 유효감지영역 내의 임의의 위치에 일정한 정도 이상의 압력이 주어졌을 때 이를 감지하여 신호를 발생시키는 장치를 말하며 감지기, 제어부 및 출력부로 구성된다.

PART 03

04 운반기계

1 운반기계

참고
※ 차량계 하역운반기계
지게차·구내운반차·
화물자동차 등

(1) 차량계 하역운반기계의 전도 방지조치 ✄✄

① 지반의 부동침하(불동침하) 방지
② 갓길의 붕괴 방지
③ 유도자 배치

(2) 차량계 하역운반기계에 화물적재 시의 조치 ✄

① 하중이 한쪽으로 치우치지 않도록 적재할 것
② 구내운반차 또는 화물자동차의 경우 화물의 붕괴 또는 낙하에 의한 위험을 방지하기 위하여 화물에 로프를 거는 등 필요한 조치를 할 것
③ 운전자의 시야를 가리지 않도록 화물을 적재할 것
④ 화물을 적재하는 경우에는 최대적재량을 초과해서는 아니 된다.

(3) 차량계 하역운반기계 운전위치 이탈 시의 조치 ✄✄

① 포크, 버킷, 디퍼 등의 장치를 가장 낮은 위치 또는 지면에 내려 둘 것
② 원동기를 정지시키고 브레이크를 확실히 거는 등 갑작스러운 주행이나 이탈을 방지하기 위한 조치를 할 것
③ 운전석을 이탈하는 경우에는 시동키를 운전대에서 분리시킬 것 다만, 운전석에 잠금장치를 하는 등 운전자가 아닌 사람이 운전하지 못하도록 조치한 경우에는 그러하지 아니하다.

(4) 수리 등의 작업 시 조치

차량계 하역운반기계 등의 수리 또는 부속장치의 장착 및 해체작업을 하는 때에는 해당 작업의 지휘자를 지정하여 다음 각 호의 사항을 준수하도록 하여야 한다.

① 작업순서를 결정하고 작업을 지휘할 것
② 안전지지대 또는 안전블록 등의 사용상황 등을 점검할 것

(5) 싣거나 내리는 작업 ✄

차량계 하역운반기계에 단위화물의 무게가 100킬로그램 이상인 화물을 싣는 작업 또는 내리는 작업을 하는 때에는 당해 작업의 지휘자를 지정하여 다음 각 호의 사항을 준수하도록 하여야 한다.

① 작업순서 및 작업방법을 정하고 작업을 지휘할 것
② 기구 및 공구를 점검하고 불량품을 제거할 것
③ 해당 작업을 하는 장소에 관계 근로자가 아닌 사람이 출입하는 것을 금지할 것
④ 로프 풀기 작업 또는 덮개 벗기기 작업은 적재함의 화물이 떨어질 위험이 없음을 확인한 후에 하도록 할 것

② 지게차

(1) 지게차에 의한 사고 유형

① 주행 시 지게차와 작업자의 충돌(가장 많다)
② 화물의 낙하
③ 지게차의 전도, 전락

(2) 지게차 안전조건

① 지게차가 전도되지 않고 안정되기 위해서는 물체의 모멘트 (M_1 = W×a)보다 지게차의 모멘트(M_2=G×b)가 더 커야 한다.

하물중량이 200kg, 지게차의
중량이 400kg, 앞바퀴에서 하
물의 중심까지의 최단 거리가
1m이면 지게차가 안정되기 위
한 앞바퀴에서 지게차의 중심
까지의 최단 거리는?

㉮ 0.2m 초과
㉯ 0.5m 초과
㉰ 1m 초과
㉱ 3m 이상

[해설]
W × a < G × b
(W : 화물중량
a : 앞바퀴 – 화물중심까지 거리
G : 지게차 자체 중량
b : 앞바퀴 – 차 중심까지 거리)
200 × 1 < 400 × b
∴ b > 0.5m

정답 ㉯

🔍 **용어**정의

＊ 지게차의 안정도
지게차의 하역시, 운반
시 전도에 대한 안전성
을 표시하는 수치이다.

문제

수평거리 20m이고, 높이가 5m
인 경우 지게차의 안정도는?
㉮ 20%　　㉯ 25%
㉰ 30%　　㉱ 35%

[해설]
비탈길에서의 지게차의 안정도

$= \dfrac{높이}{수평거리} \times 100$

$= \dfrac{5}{20} \times 100 = 25\%$

정답 ㉯

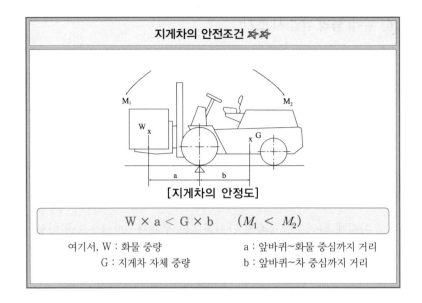

지게차의 안전조건 ✶✶

[지게차의 안정도]

$$W \times a < G \times b \qquad (M_1 < M_2)$$

여기서, W : 화물 중량　　　　　a : 앞바퀴~화물 중심까지 거리
　　　　G : 지게차 자체 중량　　b : 앞바퀴~차 중심까지 거리

② **전경사각** : 마스터의 수직위치에서 앞으로 기울인 경우 최대경사각
5~6° ✶

③ **후경사각** : 마스터의 수직위치에서 뒤로 기울인 경우 최대경사각
10~12° ✶

(3) 지게차 작업 시의 안정도 ✶✶

안정도		지게차의 상태	
하역작업 시의 전·후 안정도 : 4% 이내(5t 이상 : 3.5%)			(위에서 본 경우)
주행 시의 전·후 안정도 : 18% 이내			
하역작업 시의 좌·우 안정도 : 6% 이내			(밑에서 본 경우)
주행 시의 좌·우 안정도 : (15+1.1V)% 이내 최대 40%(V : 최고속도 km/h)			
안정도 $= \dfrac{h}{l} \times 100(\%)$			

(4) 방호장치 ✈✈

① 헤드가드 : 지게차에는 최대하중의 2배(4톤을 넘는 값에 대해서는 4톤으로 한다)에 해당하는 등분포정하중(等分布靜荷重)에 견딜 수 있는 강도의 헤드가드를 설치하여야 한다.

② 백레스트 : 지게차에는 포크에 적재된 화물이 마스트의 뒤쪽으로 떨어지는 것을 방지하기 위한 백레스트(backrest)를 설치하여야 한다.

③ 전조등, 후미등 : 지게차에는 7천5백칸델라 이상의 광도를 가지는 전조등, 2칸델라 이상의 광도를 가지는 후미등을 설치하여야 한다.

④ 안전벨트 : 다음 각 호의 요건에 적합한 안전벨트를 설치하여야 한다.

- 「산업표준화법에 따라 인증을 받은 제품」, 「품질경영 및 공산품 안전관리법」에 따라 안전인증을 받은 제품, 국제적으로 인정되는 규격에 따른 제품 또는 국토해양부장관이 이와 동등 이상이라고 인정하는 제품일 것
- 사용자가 쉽게 잠그고 풀 수 있는 구조일 것

(5) 설치방법 ✈✈

헤드가드	① 상부 틀의 각 개구의 폭 또는 길이는 16센티미터 미만일 것 ② 운전자가 앉아서 조작하거나 서서 조작하는 지게차의 헤드가드는 한국산업표준에서 정하는 높이 기준 이상일 것 (좌식 : 0.903m, 입식 : 1.88m)
백레스트	① 외부충격이나 진동 등에 의해 탈락 또는 파손되지 않도록 견고하게 부착할 것 ② 최대하중을 적재한 상태에서 마스트가 뒤쪽으로 경사지더라도 변형 또는 파손이 없을 것
전조등	① 좌우에 1개씩 설치할 것 ② 등광색은 백색으로 할 것 ③ 점등 시 차체의 다른 부분에 의하여 가려지지 아니할 것
후미등	① 지게차 뒷면 양쪽에 설치할 것 ② 등광색은 적색으로 할 것 ③ 지게차 중심선에 대하여 좌우대칭이 되게 설치할 것 ④ 등화의 중심점을 기준으로 외측의 수평각 45도에서 볼 때에 투영면적이 12.5제곱센티미터 이상일 것

참고

* 지게차의 안전기준
① 사업주는 전조등과 후미등을 갖추지 아니한 지게차를 사용해서는 아니 된다. 다만, 작업을 안전하게 수행하기 위하여 필요한 조명이 확보되어 있는 장소에서 사용하는 경우에는 그러하지 아니하다.
② 사업주는 지게차 작업 중 근로자와 충돌할 위험이 있는 경우에는 지게차에 후진경보기와 경광등을 설치하거나 후방감지기를 설치하는 등 후방을 확인할 수 있는 조치를 해야 한다.
③ 사업주는 적합한 헤드가드(head guard)를 갖추지 아니한 지게차를 사용해서는 아니 된다. 다만, 화물의 낙하에 의하여 지게차의 운전자에게 위험을 미칠 우려가 없는 경우에는 그러하지 아니하다.
④ 사업주는 백레스트(backrest)를 갖추지 아니한 지게차를 사용해서는 아니 된다. 다만, 마스트의 후방에서 화물이 낙하함으로써 근로자가 위험해질 우려가 없는 경우에는 그러하지 아니하다.
⑤ 사업주는 지게차에 의한 하역운반작업에 사용하는 팔레트(pallet) 또는 스키드(skid)는 다음 각 호에 해당하는 것을 사용하여야 한다.
- 적재하는 화물의 중량에 따른 충분한 강도를 가질 것
- 심한 손상·변형 또는 부식이 없을 것
⑥ 사업주는 앉아서 조작하는 방식의 지게차를 운전하는 근로자에게 좌석 안전띠를 착용하도록 하여야 한다.

PART 03

(6) 지게차 운전 중 주의 사항 ✖

① 정해진 하중 및 높이를 초과하여 적재를 금지한다.
② 운전자 이외에는 절대 탑승을 금지한다.
③ 급격한 후퇴를 피해야 한다.
④ 정해진 구역 외는 운전을 금지한다.
⑤ 견인 시 견인봉을 사용한다.
⑥ 짐을 싣고 비탈길을 내려갈 때에는 후진한다.

(7) 지게차의 작업시작 전 점검사항

지게차의 작업시작 전 점검 ✖✖✖
① 하역장치 및 유압장치 기능의 이상 유무
② 제동장치 및 조종장치 기능의 이상 유무
③ 바퀴의 이상 유무
④ 전조등, 후미등, 방향지시기, 경보장치 기능의 이상 유무

③ 구내운반차

(1) 제동장치 등

구내운반차(작업장 내 운반을 주목적으로 하는 차량에 한한다)를 사용하는 때에는 다음 각 호의 사항을 준수하여야 한다.

① 주행을 제동하고 또한 정지상태를 유지하기 위하여 유효한 제동장치를 갖출 것
② 경음기를 갖출 것
③ 운전석이 차 실내에 있는 것은 좌우에 한 개씩 방향지시기를 갖출 것
④ 전조등과 후미등을 갖출 것. 다만, 작업을 안전하게 하기 위하여 필요한 조명이 있는 장소에서 사용하는 구내운반차에 대해서는 그러하지 아니하다.

(2) 구내운반차의 작업시작 전 점검사항 ✖✖✖

① 제동장치 및 조종장치 기능의 이상 유무
② 하역장치 및 유압장치 기능의 이상 유무
③ 바퀴의 이상 유무
④ 전조등·후미등·방향지시기 및 경음기 기능의 이상 유무
⑤ 충전장치를 포함한 홀더 등의 결합상태의 이상 유무

4 고소작업대

(1) 고소작업대를 설치하는 때에는 다음 각 호에 해당하는 것을 설치하여야 한다.

① 작업대를 와이어로프 또는 체인으로 상승 또는 하강시킬 때에는 와이어로프 또는 체인이 끊어져 작업대가 낙하하지 아니하는 구조이어야 하며, 와이어로프 또는 체인의 안전율은 5 이상일 것 ✩

② 작업대를 유압에 의하여 상승 또는 하강시킬 때에는 작업대를 일정한 위치에 유지할 수 있는 장치를 갖추고 압력의 이상저하를 방지할 수 있는 구조일 것

③ 권과방지장치를 갖추거나 압력의 이상상승을 방지할 수 있는 구조일 것

④ 붐의 최대 지면경사각을 초과 운전하여 전도되지 않도록 할 것

⑤ 작업대에 정격하중(안전율 5 이상)을 표시할 것

⑥ 작업대에 끼임·충돌 등 재해를 예방하기 위한 가드 또는 과상승 방지장치를 설치할 것

⑦ 조작반의 스위치는 눈으로 확인할 수 있도록 명칭 및 방향표시를 유지할 것

(2) 악천후 시 작업 중지 ✩

비·눈 그 밖의 기상상태의 불안정으로 인하여 날씨가 몹시 나쁠 때에 10미터 이상의 높이에서 고소작업대를 사용함에 있어 근로자에게 위험을 미칠 우려가 있는 때에는 작업을 중지하여야 한다.

(3) 고소작업대의 작업시작 전 점검사항 ✩✩✩

① 비상정지장치 및 비상하강방지장치 기능의 이상 유무

② 과부하방지장치의 작동유무(와이어로프 또는 체인구동방식의 경우)

③ 아웃트리거 또는 바퀴의 이상 유무

④ 작업면의 기울기 또는 요철 유무

5 화물자동차

(1) 승강설비의 설치

바닥으로부터 짐 윗면까지의 높이가 2미터 이상인 화물자동차에 짐을 싣는 작업 또는 내리는 작업을 하는 때에는 추락에 의한 근로자의

위험을 방지하기 위하여 근로자가 바닥과 적재함의 짐 윗면과의 사이를 안전하게 상승 또는 하강하기 위한 설비를 설치하여야 한다.

(2) 화물자동차 작업시작 전 점검 사항 ✧✧✧

① 제동장치 및 조종장치의 기능
② 하역장치 및 유압장치의 기능
③ 바퀴의 이상 유무

6 컨베이어

◎기출
＊역회전 방지장치 형식
① 라쳇휠식
② 웜기어식
③ 벤드식 브레이크
④ 전기 브레이크
  (슬러스트 브레이크)
⑤ 롤러휠식

(1) 컨베이어의 방호장치 ✧✧✧

① 이탈 등의 방지장치

컨베이어 등을 사용하는 때에는 정전·전압강하 등에 의한 화물 또는 운반구의 이탈 및 역주행을 방지하는 장치를 갖추어야 한다. 다만, 무동력상태 또는 수평상태로만 사용하여 근로자가 위험해질 우려가 없는 경우에는 그러하지 아니하다.

② 비상정지장치

컨베이어 등에 근로자의 신체의 일부가 말려드는 등 근로자에게 위험을 미칠 우려가 있는 때 및 비상시에는 즉시 컨베이어 등의 운전을 정지시킬 수 있는 장치를 설치하여야 한다. 다만, 무동력상태로만 사용하여 근로자가 위험해질 우려가 없는 경우에는 그러하지 아니하다.

③ 덮개, 울의 설치

컨베이어 등으로부터 화물이 떨어져 근로자가 위험해질 우려가 있는 경우에는 해당 컨베이어 등에 덮개 또는 울을 설치하는 등 낙하 방지를 위한 조치를 하여야 한다.

(2) 건널다리의 설치 ✧

운전 중인 컨베이어 등의 위로 근로자를 넘어가도록 하는 때에는 위험을 방지하기 위하여 건널다리를 설치하는 등 필요한 조치를 하여야 한다.

(3) 컨베이어 작업시작 전 점검사항 ✖✖✖✖

① 원동기 및 풀리 기능의 이상 유무
② 이탈 등의 방지장치기능의 이상 유무
③ 비상정지장치 기능의 이상 유무
④ 원동기·회전축·기어 및 풀리 등의 덮개 또는 울 등의 이상 유무

7 차량계 건설기계

(1) 차량계 건설기계의 정의

"차량계 건설기계"라 함은 동력원을 사용하여 특정되지 아니한 장소로 스스로 이동이 가능한 건설기계를 말한다.

(2) 낙하물 보호구조의 설치 ✖

사업주는 암석이 떨어질 우려가 있는 등 위험한 장소에서 차량계 건설기계[불도저, 트랙터, 굴착기, 로더, 스크레이퍼, 덤프트럭, 모터그레이더, 롤러, 천공기, 항타기 및 항발기로 한정한다]를 사용하는 경우에는 해당 차량계 건설기계에 견고한 낙하물 보호구조를 갖춰야 한다.

(3) 차량계 건설기계 넘어짐(전도) 등의 방지 ✖✖

① 지반의 부동침하방지
② 갓길의 붕괴 방지
③ 유도하는 자 배치
④ 도로의 폭의 유지

(4) 차량계 건설기계 운전위치 이탈 시의 조치 ✖✖

① 포크, 버킷, 디퍼 등의 장치를 가장 낮은 위치 또는 지면에 내려둘 것
② 원동기를 정지시키고 브레이크를 확실히 거는 등 갑작스러운 주행이나 이탈을 방지하기 위한 조치를 할 것
③ 운전석을 이탈하는 경우에는 시동키를 운전대에서 분리시킬 것
다만, 운전석에 잠금장치를 하는 등 운전자가 아닌 사람이 운전하지 못하도록 조치한 경우에는 그러하지 아니하다.

비교 ★
※ 차량계 하역운반기계의 전도 방지조치
① 지반의 부동침하 방지
② 갓길의 붕괴 방지
③ 유도자 배치

비교 ★★
※ 차량계 하역운반기계 운전위치 이탈 시의 조치
① 포크, 버킷, 디퍼 등의 장치를 가장 낮은 위치 또는 지면에 내려둘 것
② 원동기를 정지시키고 브레이크를 확실히 거는 등 갑작스러운 주행이나 이탈을 방지하기 위한 조치를 할 것
③ 운전석을 이탈하는 경우에는 시동키를 운전대에서 분리시킬 것

(5) 붐 등의 강하에 의한 위험의 방지

차량계 건설기계의 붐·암 등을 올리고 그 밑에서 수리·점검작업 등을 하는 때에는 붐·암 등이 갑자기 내려옴으로써 발생하는 위험을 방지하기 위하여 해당 작업에 종사하는 근로자에게 안전지지대 또는 안전블록 등을 사용하도록 하여야 한다.

(6) 수리 등의 작업 시 조치

차량계 건설기계의 수리 또는 부속장치의 장착 및 제거 작업을 하는 때에는 해당 작업을 지휘하는 지휘자를 지정하여 다음 각 호의 사항을 준수하도록 하여야 한다.

① 작업순서를 결정하고 작업을 지휘할 것
② 안전지지대 또는 안전블록 등의 사용상황 등을 점검할 것

8 항타기, 항발기

(1) 항타기 또는 항발기의 무너짐을 방지하기 위한 준수사항 ✄ (무너짐 방지 조치)

① 연약한 지반에 설치하는 경우에는 아웃트리거·받침 등 지지구조물의 침하를 방지하기 위하여 깔판·받침목 등을 사용할 것
② 시설 또는 가설물 등에 설치하는 때에는 그 내력을 확인하고 내력이 부족한 때에는 그 내력을 보강할 것
③ 아웃트리거·받침 등 지지구조물이 미끄러질 우려가 있는 때에는 말뚝 또는 쐐기 등을 사용하여 해당 지지구조물을 고정시킬 것
④ 궤도 또는 차로 이동하는 항타기 또는 항발기에 대하여는 불시에 이동하는 것을 방지하기 위하여 레일클램프 및 쐐기 등으로 고정시킬 것
⑤ 상단 부분은 버팀대·버팀줄로 고정하여 안정시키고, 그 하단 부분은 견고한 버팀·말뚝 또는 철골 등으로 고정시킬 것

(2) 권상용 와이어로프의 길이

① 권상용 와이어로프는 추 또는 해머가 최저의 위치에 있는 때 또는 널말뚝을 빼어내기 시작한 때를 기준으로 하여 권상장치의 드럼에 적어도 2회 감기고 남을 수 있는 충분한 길이일 것 ★

② 권상용 와이어로프는 권상장치의 드럼에 클램프·클립 등을 사용하여 견고하게 고정할 것

③ 항타기의 권상용 와이어로프에 있어서 추·해머 등과의 연결은 클램프·클립 등을 사용하여 견고하게 할 것

(3) 도르래의 위치

① 항타기나 항발기에 도르래나 도르래 뭉치를 부착하는 경우에는 부착부가 받는 하중에 의하여 파괴될 우려가 없는 브라켓·샤클 및 와이어로프 등으로 견고하게 부착하여야 한다.

② 항타기 또는 항발기의 권상장치의 드럼축과 권상장치로부터 첫번째 도르래의 축과의 거리를 권상장치의 드럼폭의 15배 이상으로 하여야 한다. ✄

③ 도르래는 권상장치의 드럼의 중심을 지나야 하며 축과 수직면상에 있어야 한다. ✄

(4) 항타기, 항발기 조립하는 때 점검 사항 ✄

① 본체 연결부의 풀림 또는 손상의 유무
② 권상용 와이어로프·드럼 및 도르래의 부착상태의 이상 유무
③ 권상장치의 브레이크 및 쐐기 장치 기능의 이상 유무
④ 권상기의 설치 상태의 이상 유무
⑤ 리더(leader)의 버팀 방법 및 고정상태의 이상 유무
⑥ 본체·부속장치 및 부속품의 강도가 적합한지 여부
⑦ 본체·부속장치 및 부속품에 심한 손상·마모·변형 또는 부식이 있는지 여부

(5) 항타기 또는 항발기를 조립하거나 해체하는 경우 준수사항

① 항타기 또는 항발기에 사용하는 권상기에 쐐기장치 또는 역회전 방지용 브레이크를 부착할 것

② 항타기 또는 항발기의 권상기가 들리거나 미끄러지거나 흔들리지 않도록 설치할 것

③ 그 밖에 조립·해체에 필요한 사항은 제조사에서 정한 설치·해체 작업 설명서에 따를 것

05 양중기

1. 양중기의 종류 및 방호장치
2. 타워크레인 작업계획서 포함사항
3. 악천후 시 조치
4. 작업 시작 전 점검
5. 와이어로프의 안전계수
6. 와이어로프, 달기체인, 섬유로프의 사용금지 대상
7. 와이어로프의 안전율 계산

○기출

＊ 양중기의 표시사항
양중기(승강기는 제외한
다) 및 달기구를 사용하여
작업하는 운전자 또는 작
업자가 보기 쉬운 곳에 해
당 기계의 정격하중, 운전
속도, 경고표시 등을 부착
하여야 한다. 다만, 달기구
는 정격하중만 표시한다.

1 양중기

양중기란 동력을 사용하여 화물, 사람 등을 운반하는 기계, 설비를 말하며, 크레인, 이동식크레인, 리프트, 곤돌라, 승강기 등이 있다.

(1) 양중기의 종류(산업안전보건법 기준)

양중기의 종류 ☆☆☆
① 크레인[호이스트(hoist)를 포함한다] ② 이동식 크레인 ③ 리프트(이삿짐운반용 리프트의 경우에는 적재하중이 0.1톤 이상인 것으로 한정한다) ④ 곤돌라 ⑤ 승강기

(2) 크레인

"크레인"이란 동력을 사용하여 중량물을 매달아 상하 및 좌우로 운반하는 것을 목적으로 하는 기계 또는 기계장치를 말하며, "호이스트"란 훅이나 그 밖의 달기구 등을 사용하여 화물을 권상 및 횡행 또는 권상동작만을 하여 양중하는 것을 말한다.

[크레인의 종류 및 특징]

드래그 크레인 (drag crane)	① 크레인 선회부분을 고무 타이어의 트럭 위에 장치한 기계를 말한다. ② 연약지 작업이 불가능하나 기동성이 크고 미세한 인칭(inching)이 가능하다. ③ 고층 건물의 철골 조립, 자재의 적재, 운반, 항만 하역 작업 등에 사용한다.
휠 크레인 (wheel crane)	① 크롤러 크레인의 크롤러 대신 차륜을 장치한 것으로서 드래그 크레인보다 소형이며, 모빌 크레인이라고도 한다. ② 공장과 같이 작업범위가 제한되어 있는 장소나 고속 주행을 요할 경우에 적합하다.
크롤러 크레인 (crawler crane)	① 크롤러 셔블에 크레인 부속장치를 설치한 것으로서 안정성이 높으며 다목적이다. ② 고르지 못한 지형이나 연약 지반에서의 작업, 좁은 장소나 습지대 등에서도 작업이 가능하다.
케이블 크레인 (cable crane)	① 타워(tower)에 케이블을 쳐서 트롤리를 달아 운반물을 달아 올리는 기계이다. ② 댐 공사 등에서 콘크리트나 자재 운반 시에 이용한다.
천장주행 크레인	① 천장형 크레인에 주행 레일을 설치하여 이동하도록 한 기계이다. ② 콘크리트 빔의 제작이나 가공 현장 등에서 사용한다.
타워 크레인 (tower crane)	① 360° 회전이 가능하다. ② 주로 높이를 필요로 하는 건축 현장이나 빌딩 고층화 등에 사용한다.

* 적용 제외 : 이동식 크레인, 데릭, 엘리베이터, 간이 엘리베이터, 건설용 리프트는 크레인에 적용하지 않는다.

(3) 이동식 크레인

"이동식 크레인"이란 원동기를 내장하고 있는 것으로서 불특정 장소에 스스로 이동할 수 있는 크레인으로 동력을 사용하여 중량물을 매달아 상하 및 좌우로 운반하는 설비로서 기중기 또는 화물·특수 자동차의 작업부에 탑재하여 화물운반 등에 사용하는 기계 또는 기계 장치를 말한다.

(4) 리프트

"리프트"란 동력을 사용하여 사람이나 화물을 운반하는 것을 목적으로 하는 기계 설비를 말한다.

[리프트의 종류 및 특징] ✄

건설용 리프트	동력을 사용하여 가이드레일(운반구를 지지하여 상승 및 하강 동작을 안내하는 레일)을 따라 상하로 움직이는 운반구를 매달아 사람이나 화물을 운반할 수 있는 설비 또는 이와 유사한 구조 및 성능을 가진 것으로 건설 현장에서 사용하는 것을 말한다.
산업용 리프트	동력을 사용하여 가이드레일을 따라 상하로 움직이는 운반구를 매달아 화물을 운반할 수 있는 설비 또는 이와 유사한 구조 및 성능을 가진 것으로 건설 현장 외의 장소에서 사용하는 것을 말한다.
자동차정비용 리프트	동력을 사용하여 가이드레일을 따라 움직이는 지지대로 자동차 등을 일정한 높이로 올리거나 내리는 구조의 리프트로서 자동차 정비에 사용하는 것
이삿짐운반용 리프트	연장 및 축소가 가능하고 끝단을 건축물 등에 지지하는 구조의 사다리형 붐에 따라 동력을 사용하여 움직이는 운반구를 매달아 화물을 운반하는 설비로서 화물자동차 등 차량 위에 탑재하여 이삿짐 운반 등에 사용하는 것

(5) 곤돌라

"곤돌라"란 달기발판 또는 운반구, 승강장치, 그 밖의 장치 및 이들에 부속된 기계부품에 의하여 구성되고, 와이어로프 또는 달기강선에 의하여 달기발판 또는 운반구가 전용 승강장치에 의하여 오르내리는 설비를 말한다.

(6) 승강기

"승강기"란 건축물이나 고정된 시설물에 설치되어 일정한 경로에 따라 사람이나 화물을 승강장으로 옮기는 데에 사용되는 설비로서 다음 각 목의 것을 말한다.

[승강기의 종류 및 특징] ✄

승객용 엘리베이터	사람의 운송에 적합하게 제조·설치된 엘리베이터
승객화물용 엘리베이터	사람의 운송과 화물 운반을 겸용하는데 적합하게 제조·설치된 엘리베이터
화물용 엘리베이터	화물 운반에 적합하게 제조·설치된 엘리베이터로서 조작자 또는 화물취급자 1명은 탑승할 수 있는 것(적재용량이 300 킬로그램 미만인 것은 제외한다)
소형화물용 엘리베이터	음식물이나 서적 등 소형 화물의 운반에 적합하게 제조·설치된 엘리베이터로서 사람의 탑승이 금지된 것
에스컬레이터	일정한 경사로 또는 수평로를 따라 위·아래 또는 옆으로 움직이는 디딤판을 통해 사람이나 화물을 승강장으로 운송시키는 설비

PART
03

(7) 양중기의 방호장치 ✖✖

양중기의 방호장치

크레인	• 과부하방지장치 • 권과방지장치(捲過防止裝置) • 비상정지장치 • 제동장치 <기타 방호장치> 훅의 해지장치 안전밸브(유압식)
이동식 크레인	• 과부하방지장치 • 권과방지장치(捲過防止裝置) • 비상정지장치 • 제동장치 <기타 방호장치> 훅의 해지장치 안전밸브(유압식)
리프트 (자동차정비용 리프트 제외)	• 권과방지장치 • 과부하방지장치 • 비상정지장치 • 제동장치 • 조작반(盤) 잠금장치
곤돌라	• 과부하방지장치 • 권과방지장치(捲過防止裝置) • 비상정지장치 • 제동장치
승강기	• 과부하방지장치 • 권과방지장치(捲過防止裝置) • 비상정지장치 • 제동장치 • 파이널리미트스위치 • 출입문인터록 • 속도조절기(조속기)

실력이 되고! 합격이 되는! **특급 암기법**

• **양중기 공통 방호장치** : 과부하방지장치, 권과방지장치, 비상정지장치, 제동장치
• **추가 설치**
  리프트(자동차정비용 제외) : 조작반잠금장치
  승강기 : 파이널리미트스위치, 출입문인터록, 속도조절기(조속기)

(8) 타워크레인 작업

타워크레인 작업계획서 포함사항 ✄✄
① 타워크레인의 종류 및 형식 ② 설치·조립 및 해체순서 ③ 작업 도구·장비·가설설비(假設設備) 및 방호설비 ④ 작업 인원의 구성 및 작업근로자의 역할 범위 ⑤ 타워크레인 지지방법

(9) 악천후 시 조치

[타워크레인의 악천후 시 조치사항 ✄✄✄]

① 순간풍속이 매초당 10미터를 초과하는 경우	타워크레인의 설치·수리·점검 또는 해체작업을 중지
② 순간풍속이 매초당 15미터를 초과하는 경우	타워크레인의 운전작업을 중지
③ 순간풍속이 초당 30미터를 초과하는 바람이 불거나 중진(中震) 이상 진도의 지진이 있은 후	옥외에 설치되어 있는 양중기를 사용하여 작업을 하는 경우 미리 기계 각 부위에 이상이 있는지를 점검
④ 순간풍속이 초당 30미터를 초과하는 바람이 불어올 우려가 있는 경우	옥외에 설치되어 있는 주행 크레인에 대하여 이탈방지장치를 작동시키는 등 이탈방지를 위한 조치
⑤ 순간풍속이 초당 35미터를 초과하는 바람이 불어올 우려가 있는 경우	건설용 리프트(지하에 설치되어 있는 것은 제외) 및 승강기에 대하여 받침의 수를 증가시키는 등 승강기가 무너지는 것을 방지하기 위한 조치

(10) 승강기, 리프트의 설치·조립·수리·점검 또는 해체 작업을 하는 경우 조치사항

① 작업을 지휘하는 사람을 선임하여 그 사람의 지휘 하에 작업을 실시할 것

작업 지휘자의 이행사항 ✄
① 작업방법과 근로자의 배치를 결정하고 해당 작업을 지휘하는 일 ② 재료의 결함 유무 또는 기구 및 공구의 기능을 점검하고 불량품을 제거하는 일 ③ 작업 중 안전대 등 보호구의 착용 상황을 감시하는 일

② 작업을 할 구역에 관계 근로자가 아닌 사람의 출입을 금지하고 그 취지를 보기 쉬운 장소에 표시할 것

③ 비, 눈, 그 밖에 기상상태의 불안정으로 날씨가 몹시 나쁜 경우에는 그 작업을 중지시킬 것

(11) 작업시작 전 점검사항 ✿✿✿

크레인	• 권과방지장치·브레이크·클러치 및 운전장치의 기능 • 주행로의 상측 및 트롤리가 횡행(橫行)하는 레일의 상태 • 와이어로프가 통하고 있는 곳의 상태
이동식 크레인	• 권과방지장치 그 밖의 경보장치의 기능 • 브레이크·클러치 및 조정장치의 기능 • 와이어로프가 통하고 있는 곳 및 작업장소의 지반상태
리프트	• 방호장치·브레이크 및 클러치의 기능 • 와이어로프가 통하고 있는 곳의 상태
곤돌라	• 방호장치·브레이크의 기능 • 와이어로프·슬링와이어 등의 상태

2 양중기의 와이어로프 등

(1) 와이어로프 등의 안전계수

안전계수 : 달기구 절단하중의 값을 그 달기구에 걸리는 하중의 최대값으로 나눈 값 ✿

와이어로프의 안전계수 ✿✿✿
① 근로자가 탑승하는 운반구를 지지하는 달기와이어로프 또는 달기체인의 경우 : **10 이상**
② 화물의 하중을 직접 지지하는 달기와이어로프 또는 달기체인의 경우 : **5 이상**
③ 훅, 샤클, 클램프, 리프팅 빔의 경우 : **3 이상**
④ 그 밖의 경우 : **4 이상**

(2) 와이어로프의 절단방법

① 와이어로프를 절단하여 양중(揚重)작업 용구를 제작하는 경우 반드시 기계적인 방법으로 절단하여야 하며, 가스용단(鎔斷) 등 열에 의한 방법으로 절단해서는 아니 된다.

② 아크(arc), 화염, 고온부 접촉 등으로 인하여 열영향을 받은 와이어 로프를 사용해서는 아니 된다.

(3) 와이어로프 등의 사용금지 사항

와이어로프의 사용금지 사항 ✄✄

① 이음매가 있는 것

② 와이어로프의 한 꼬임(스트랜드: strand)에서 끊어진 소선의 수가 10퍼 센트 이상(비자전로프의 경우에는 끊어진 소선의 수가 와이어로프 호칭 지름의 6배 길이 이내에서 4개 이상이거나 호칭지름 30배 길이 이내에서 8개 이상)인 것

③ 지름의 감소가 공칭지름의 7퍼센트를 초과하는 것

④ 꼬인 것

⑤ 심하게 변형되거나 부식된 것

⑥ 열과 전기충격에 의해 손상된 것

---

(4) 늘어난 달기체인 등의 사용금지

달기체인의 사용금지 사항 ✄✄

① 달기 체인의 길이가 달기 체인이 제조된 때의 길이의 5퍼센트를 초과한 것

② 링의 단면지름이 달기 체인이 제조된 때의 해당 링의 지름의 10퍼센트를 초과하여 감소한 것

③ 균열이 있거나 심하게 변형된 것

---

(5) 섬유로프 등의 사용금지

섬유로프 또는 안전대의 섬유벨트의 사용금지 사항 ✄✄

① 꼬임이 끊어진 것

② 심하게 손상되거나 부식된 것

③ 2개 이상의 작업용 섬유 로프 또는 섬유벨트를 연결한 것

④ 작업높이보다 길이가 짧은 것

---

(6) 변형되어 있는 훅 · 샤클 등의 사용금지 사항

① 훅·샤클·클램프 및 링 등의 철구로서 변형되어 있는 것 또는 균열이 있는 것을 크레인 또는 이동식 크레인의 고리걸이용구로 사용해서는 아니 된다.

② 중량물을 운반하기 위해 제작하는 지그, 훅의 구조를 운반 중 주변 구조물과의 충돌로 슬링이 이탈되지 않도록 하여야 한다.

③ 안전성 시험을 거쳐 안전율이 3 이상 확보된 중량물 취급용구를 구매하여 사용하거나 자체 제작한 중량물 취급용구에 대하여 비파괴 시험을 하여야 한다.

와이어 로프의 안전율 계산 ★	$$S = \frac{N \times P}{Q}$$ 여기서 S : 안전율 N : 로프 가닥수 P : 로프의 파단강도(kg/mm^2) Q : 허용응력(kg/mm^2)
와이어로프에 걸리는 총 하중 계산 ★	총 하중(w) = 정하중(w_1)+동하중(w_2) = $w_1 + (\frac{w_1}{g} \times a)$ $(동하중(w_2) = \frac{w_1}{g} \times a)$ 여기서, w : 총 하중(kg$_f$) w_1 : 정하중(kg$_f$) w_2 : 동하중(kg$_f$) g : 중력 가속도(9.8m/s^2) a : 가속도(m/s^2) * 정하중 : 매단 물체의 무게
와이어로프 한 가닥에 걸리는 하중 계산 ★	한 가닥에 걸리는 하중(kg$_f$) = $\frac{w}{2} \div \cos\frac{\theta}{2}$ w : 매단물체의 무게(kg$_f$) θ : 매단 각도 (°)
달아매기 각도에 의한 장력의 변화	500[kg] 500[kg] 1000[kg] 0° 일 때 577[kg] 577[kg] 1000[kg] 60° 일 때 1000[kg] 1000[kg] 1000[kg] 120° 일 때 * 매다는 각도는 작을수록 좋으나 60° 이내로 사용하는 것이 바람직하다.

🔎 용어정의

* "소선"이라 함은 스트랜드를 구성하는 강선을 말한다.

* "스트랜드"라 함은 복수의 소선 등을 꼰 로프의 구성요소를 말한다.

와이어로프의 구조 ✄	심강 로프 꼬임(가닥, 자승, 스트랜드) 소선
와이어로프의 표시 ✄	"6×19" 여기서 6 : 꼬임(가닥, 자승, 스트랜드)의 수, 19 : 소선의 수량
와이어로프 꼬임의 종류	① 보통꼬임 • 스트랜드 꼬임방향과 로프의 꼬임 방향이 반대인 것 • 랑그꼬임에 비해 더 한층 유연하여 EYE 작업을 쉽게 할 수 있다. • 로프 자체의 변형이 적다. • 킹크가 잘 생기지 않는다. • 하중을 걸었을 때 저항성이 크다. ② 랑그(랭)꼬임 • 스트랜드 꼬임 방향과 로프의 꼬임 방향이 같은 방향인 것 • 보통꼬임의 로프보다 사용 시 표면 전체가 균일하게 마모됨으로 인하여 수명이 길다. • 내마모성, 유연성, 내피로성이 우수하다. [보통 Z꼬임] [보통 S꼬임] [랭 Z꼬임] [랭 S꼬임]
와이어로프의 직경 측정법	와이어로프의 직경을 측정하는 방법으로는 수직 또는 대각선으로 측정하며, 섬유로프인 경우는 게이지(gauge)로 측정하는 것이 바람직하다. gauge rope

---

문제

와이어로프 "6 × 19"라는 표기에서 숫자의 "6"은 무엇을 나타내는 뜻인가?

㉮ 소선의 직경(mm)
㉯ 소선의 수량(wire수)
㉰ 자승의 수량(strand수)
㉱ 로프의 인장강도(kg/cm^2)

[해설] 와이어로프의 표시
 "6×19"
① 6 : 꼬임(가닥, 자승, stand)의 수
② 19 : 소선의 수량

정답 ㉰

문제

와이어로프의 꼬임은 특수로프를 제외하고는 보통꼬임(Regular-Lay)과 랭꼬임(Lang-Lay)으로 나눈다. 보통꼬임의 특성이 아닌 것은?

㉮ 로프 자체의 변형이 적다.
㉯ 킹크가 잘 생기지 않는다.
㉰ 저항성이 크다.
㉱ 내마모성, 유연성, 내피로성이 우수하다.

[해설]
㉱ 내마모성, 유연성, 내피로성이 우수하다. → 랭꼬임(Lang-Lay)의 특성이다.

정답 ㉱

PART 03

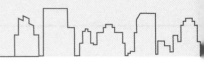

CHAPTER
03

기계안전시설 관리

합격의 key

01 **안전시설 관리 계획하기**

주/요/내/용 알/고/가/기

1. 유해하거나 위험한 기계·기구에 대한 방호조치
2. 방호조치가 필요한 유해위험 기계·기구 및 방호조치
3. 방호장치의 인간공학적 설계
4. 작업점 가드
5. 기능적 안전

1 **유해하거나 위험한 기계·기구에 대한 방호조치**

(1) 방호조치를 하여야 할 유해하거나 위험한 기계·기구 등

① 방호조치 : 위험기계·기구의 위험장소 또는 부위에 근로자가 통상
   적인 방법으로는 접근하지 못하도록 하는 제한조치를 말하며,
   방호망, 방책, 덮개 또는 각종 방호장치 등을 설치하는 것을 포함
   한다.

**방호조치를 하지 아니하고는 양도·대여·설치·사용,
진열해서는 아니되는 기계·기구 ✿✿✿**

① 예초기
② 원심기
③ 공기압축기
④ 금속절단기
⑤ 지게차
⑥ 포장기계(진공포장기, 랩핑기로 한정)

실력이 되고! 합격이 되는! 특급 암기법

방호조치 없이 **포장**된 **공** **원**에서는 **원 예 금 지**

---

② 방호조치가 필요한 유해위험 기계기구 및 방호조치 ✿✿✿

1. 예초기의 날 접촉 예방장치		예초기의 절단 날 또는 비산물로부터 작업자를 보호하기 위해 설치하는 보호덮개 등의 장치를 말한다.
2. 원심기의 회전체 접촉 예방장치		원심기의 케이싱 또는 하우징 내부의 회전통 등에 작업자의 신체 일부가 접촉되는 것을 방지하기 위해 설치하는 덮개 등의 장치를 말한다.
3. 공기압축기의 압력방출장치		공기압축기에 부속된 압력용기의 과도한 압력 상승을 방지하기 위하여 설치하는 안전밸브, 언로드밸브 등의 장치를 말한다.
4. 금속절단기의 날 접촉 예방장치		띠톱, 둥근톱 등 금속절단기의 절단 날 또는 비산물로부터 작업자를 보호하기 위하여 설치하는 장치를 말한다.
5. 지게차의 헤드 가드, 백레스트, 전조등, 후미등, 안전벨트	헤드가드	지게차를 이용한 작업 중에 위쪽으로부터 떨어지는 물건에 의한 위험을 방지하기 위하여 운전자의 머리 위쪽에 설치하는 덮개를 말한다.
	백레스트	지게차를 이용한 작업 중에 마스트를 뒤로 기울일 때 화물이 마스트 방향으로 떨어지는 것을 방지하기 위해 설치하는 짐받이 틀을 말한다.
7. 포장기계(진공 포장기, 랩핑기) 의 구동부 방호 연동장치		진공포장기, 랩핑기의 구동부에 설치되는 방호장치 등이 개방되었을 때 기계의 작동이 정지되도록 하거나 방호장치가 닫힌 상태에서만 기계가 작동되도록 상호 연결시키는 것을 말한다.

③ 누구든지 동력으로 작동하는 기계·기구로서 다음 각 호의 어느 하나에 해당하는 것은 고용노동부령으로 정하는 방호조치를 하지 아니하고는 양도, 대여, 설치 또는 사용에 제공하거나 양도·대여의 목적으로 진열해서는 아니 된다.

> **동력으로 작동하는 기계 · 기구 중 방호조치를 하지 아니하고는**
> **양도 · 대여 · 설치 · 사용, 진열해서는 아니 되는 경우 ✄**

① 작동 부분에 돌기 부분이 있는 것
② 동력전달 부분 또는 속도조절 부분이 있는 것
③ 회전기계에 물체 등이 말려 들어갈 부분이 있는 것

실력이 되고! 합격이 되는! 특급 암기법

돌이 동력전달부에 말려들어 속도 조절됨

> **방호조치가 필요한 유해위험 기계 · 기구 중**
> **동력으로 작동되는 기계 · 기구의 방호조치 ✄**

① 작동부분의 돌기부분은 묻힘형으로 하거나 덮개를 부착할 것
② 동력전달부분 및 속도조절부분에는 덮개를 부착하거나 방호망을 설치할 것
③ 회전기계의 물림점(롤러 · 기어 등)에는 덮개 또는 울을 설치할 것

④ 사업주와 근로자는 방호조치를 해체하려는 경우 등 고용노동부령
  으로 정하는 경우에는 필요한 안전조치 및 보건조치를 하여야 한다.
  • 방호조치를 해체하려는 경우 : 사업주의 허가를 받아 해체할 것
  • 방호조치 해체 사유가 소멸된 경우 : 방호조치를 지체 없이 원상
    으로 회복시킬 것
  • 방호조치의 기능이 상실된 것을 발견한 경우 : 지체 없이 사업주
    에게 신고할 것

참고 **트랩의 최소 여유**

몸	다리	발
500mm	180mm	120mm

팔	손	손가락
120mm	100mm	25mm

2 작업점 가드

(1) 가드의 정의

기계의 운동부분(위험점)에 신체가 접촉하는 것을 방지하여 작업자를 보호하기 위한 목적으로 설치하는 장치이다.

(2) 가드의 종류

① 고정가드

기계의 운동부분(위험점)에 신체가 접촉하는 것을 방지하는 목적으로 기계의 개구부에 고정하여 설치하는 가드

고정형 가드의 구비 조건
• 기계의 운동 부분(위험점)에 신체가 접촉하는 것을 방지하는 구조일 것
• 충분한 강도를 유지할 것
• 단순한 구조이며 조정이 용이할 것
• 일반작업, 점검, 주유 시 방해되지 않는 구조일 것

② 조정 가드

위험 구역에 맞추어 형상과 크기를 조절 가능한 가드

③ 연동 가드(인터록 가드)

기계 작동 중에 가드를 개폐하는 경우 기계가 정지하는 가드

④ 자동 가드

(3) 가드의 개구부 치수(최대 개구간격)

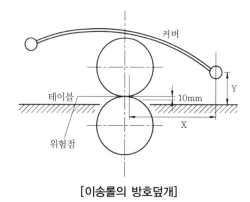

[이송롤의 방호덮개]

[개구부 치수(최대 개구간격) ✿✿]

가드	① X<160mm일 경우　　　　Y = 6 + 0.15X ② X≧160mm일 경우　　　　Y = 30mm 여기서, X : 안전거리(위험점에서 가드까지의 거리)(mm) 　　　　Y : 가드의 최대 개구 간격(mm)
일방 평행 보호망, 위험점이 전동체인 경우	① Y =6+0.1X 　　여기서, X : 안전거리(mm), 　　　　　　Y : 가드의 최대 개구 간격(mm)

3 구조적 안전

(1) 응력, 강도의 계산 ✿✿

응력, 강도의 계산 ✿
$$\text{응력(강도) } \sigma = \frac{P_t}{A} = \frac{\text{하중}}{\text{단면적}} \ (\text{kg}_f/\text{mm}^2, \ \text{kg}_f/\text{cm}^2)$$ $$\left(\text{지름 d가 주어질 경우의 단면적 } A = \frac{\pi \times d^2}{4}\right)$$

(2) 안전율 ✿

안전율의 계산 ✿
$$\text{안전율} = \frac{\text{극한강도}}{\text{허용응력}} = \frac{\text{극한강도}}{\text{최대설계응력}} = \frac{\text{극한강도}}{\text{사용응력}} = \frac{\text{파괴하중}}{\text{최대사용하중}}$$ $$= \frac{\text{파단하중}}{\text{안전하중}} = \frac{\text{극한하중}}{\text{정격하중}}$$

위험도가 큰 하중(안전율이 커진다) ✿

: 충격하중 〉교번하중 〉반복하중 〉정하중

• 안전율을 가장 크게 취해야 하는 하중(가장 위험하다) : 충격하중
• 안전율을 가장 작게 취해야 하는 하중(가장 안전하다) : 정하중

4 기능적 안전

(1) 소극적 대책

이상 시 기계의 급정지로 안전화 도모

(2) 적극적 대책

페일세이프, 회로개선 등으로 오동작 방지

페일세이프의 구분 ✿✿

① Fail-passive : 부품 고장 시 기계장치는 정지한다.

② Fail-active : 부품 고장 시 기계는 경보를 울리며 짧은 시간 운전한다.

③ Fail-operational : 부품 고장이 있어도 다음 정기점검까지 운전이 가능하다.

⊙기출

피로파괴는 재료가 반복해서 하중을 받아 파괴에 이르는 현상으로 노치, 부식, 치수 효과와 관련이 있다.

참고

1. 노치(notch) : 높은 응력집중을 일으키는 구조상의 불 연속부
2. 치수 효과(size effect) : 휨 강도, 전단 강도, 인장강도나 압축강도 등이 부재 치수의 증가에 따라 일반적으로 저하하는 현상

확인 ★★

* 페일세이프
  인간 또는 기계에 과오나 실패가 있더라도 안전사고를 발생시키지 않도록 2중, 3중으로 통제를 가한다.

PART 03

CHAPTER 04 설비진단 및 검사

합격의 key

01 비파괴검사의 종류 및 특징

1 비파괴검사의 종류 ✄

검사방법	기본원리	검출대상	특징
침투탐상검사 (PT)	• 침투작용(모세관, 지각 현상)을 이용한 방법 • 시험체 표면에 개구해 있는 결함에 침투한 침투액을 흡출시켜 결함 지시모양을 식별	• 용접부, 단조품 등의 비기공성 재료에 대한 표면 개구결함 검출에 이용	• 금속, 비금속 등 거의 모든 재료에 적용 가능 • 현장적용이 용이 • 제품이 크기 형상 등에 크게 제한받지 않음
자분탐상검사 (MT)	• 자기흡인작용을 이용한 방법 • 철강 재료와 같은 강자성체를 자화시키면 결함 누설자장이 형성되며, 이 부위에 자분을 도포하면 자분이 흡착되는 원리를 이용	• 강자성체 재료(용접부, 주강품, 단강품 등)의 표면 및 표면직하 결함 검출에 이용된다.	• 강자성체에만 적용 가능 • 장치 및 방법이 단순 • 결함의 육안식별이 가능 • 비자성체에는 적용 불가 • 신속하고 저렴함
방사선 투과검사 (RT)	• 투과성을 이용한 방법 • 방사선을 시험체에 조사하였을 때 투과한 방사선의 강도의 변화 즉, 건전부와 결함부의 투과선량의 차에 의한 필름상의 농도 차로부터 결함을 검출한다.	• 용접부, 주조품 등의 내·외부 결함 검출에 이용된다.	• 반영구적인 기록이 가능 • 거의 모든 재료에 적용 가능 • 표면 및 내부결함 검출 가능 • 방사선 안전관리가 요구된다.

검사방법	기본원리	검출대상	특징
초음파 탐상검사 (UT)	• 펄스반사법을 이용한 방법 • 시험체 내부에 초음파 펄스를 입사시켰을 때 결함에 의한 초음파 반사 신호의 해독을 이용한다.	• 용접부, 주조품, 압연품, 단조품 등의 내부 결함 검출, 두께 측정에 사용된다.	• 균열에 높은 감도 및 높은 투과력 가짐 • 표면 및 내부 결함 검출 가능
와류탐상검사 (ET)	• 전자유도작용을 이용한 방법 • 시험체 표층부의 결함에 의해 발생한 와전류의 변화 즉, 시험코일의 임피던스 변화를 측정하여 결함을 식별한다. • 금속 등의 도체에 교류를 통한 코일을 접근시켰을 때, 결함이 존재하면 코일에 유기되는 전압이나 전류가 변하는 것을 이용한 검사방법이다.	• 철강, 비철재료의 파이프, 와이어 등의 표면 또는 표면 근처의 결함검출 • 박막 두께 측정 및 재질 식별에 이용된다.	• 비접촉탐상, 고속탐상, 자동 탐상 가능 • 표면결함 검출 능력 우수 • 표피효과, 열교환기 튜브의 결함 탐지
육안검사	• 인간의 육안을 이용하여 대상의 표면 결함을 발견하는 방법 • 이상 유무 판단의 가장 기본적인 비파괴 시험법이다.	• 모든 시험 대상체의 이상 유무를 식별할 수 있다.	• 미세한 결함을 검출하는 경우는 보조기구를 사용 • 육안검사로 검출 및 평가할 수 있는 결함은 제한적임
누설검사	• 암모니아, 할로겐, 헬륨 등의 기체 또는 물을 이용하여 누설을 확인하여 대상의 기밀성을 평가하는 검사	• 압력용기, 저장 탱크, 파이프라인 등의 누설 탐지	• 관통된 불연속만 탐지 가능 • 최종 건전성 시험으로 주로 사용

검사방법	기본원리	검출대상	특징
음향방출검사	• 하중을 받고 있는 재료의 결함부에서 방출되는 응력파를 수신하여 분석함으로써 결함의 위치판정, 손상의 진전 감시 등 동적 거동을 판단하는 검사방법	• 모든 재료에 적용하며 소성변형, 균열의 생성 및 진전 감시 등 동적 거동 파악 • 결함부의 추이 판정 및 재료의 특성평가에 이용	• 회전체 이상 진단 등의 감시기법 • 카이져 효과 • 소성변형 및 전위를 위한 에너지가 필요 • 불연속의 정적 거동은 탐지 불가

PART

04 전기설비 안전 관리

Engineer Industrial Safety

전기안전관리 업무수행

01 전기안전관리

주/요/내/용 알/고/가/기 ▶

1. 감전방지 대책
2. 통전 전류 세기와 인체의 영향
3. 퓨즈 종류 및 용단 시간
4. 차단기의 종류
5. 전기 기계 · 기구 등의 충전부 방호(직접 접촉으로 인한 감전방지조치)

1 전기의 위험성

(1) 감전방지 대책 ✄

① 전기설비의 필요한 부분에 보호접지를 한다.
② 노출된 충전부에 절연용 방호구를 설치하는 등 충전부를 절연, 격리한다.
③ 설비의 사용 전압을 될 수 있는 한 낮춘다.
④ 전기기기에 누전차단기를 설치한다.
⑤ 전기기기 조작의 안전화를 위해 전기기기 및 설비를 개선한다.
⑥ 전기설비를 적정한 상태로 유지하기 위해 점검 · 보수한다.
⑦ 근로자 안전교육을 실시하여 전기의 위험성을 강조한다.
⑧ 전기취급작업 근로자에게 절연용보호구를 착용토록 한다.
⑨ 유자격자 이외에는 전기기계 · 기구의 조작을 금지한다.

(2) 감전보호를 위한 방법 ✄

구분	기본 보호	고장보호	특별 저압보호
정의	정상운전 중인 전기설비의 충전부에 접촉하는 경우의 감전을 보호하는 방법	전기설비 누전 등 고장이 발생한 기기에 접촉하는 경우의 감전을 보호하는 방법	인체에 위험을 초래하지 않을 정도의 전압(저압)으로 보호하는 방법

○기출
※ 감전에 의한 사망의 주요 원인
① 심장부에 전류가 흘러 심실세동이 발생하여 혈액순환 기능이 상실되어 사망
② 뇌의 호흡중추 신경에 전류가 흘러 호흡기능이 정지되어 사망
③ 흉부에 전류가 흘러 흉부수축에 의한 질식으로 사망

○기출 ★
※ 마비한계 전류
신경이 마비되고 신체를 움직일 수 없는 전류로서 10~15mA 정도이다.

※ 고통한계 전류
고통을 느끼는 한계치전류로서 7~8mA 정도이다.

※ 가수전류
인체가 자력으로 이탈할 수 있는 전류
• 60Hz 정현파 교류에서의 가수전류(이탈전류, 마비한계류) : 10~15mA
• 직류에서의 가수전류 : 남자-73.7mA, 여자-50mA

※ 불수전류
인체가 자력으로 이탈할 수 없는 전류(교착전류)

구분	기본 보호	고장보호	특별 저압보호
보호 방법	• 충전부 절연 • 격벽 또는 외함 • 접촉범위 밖 배치	• 이중절연 또는 강화절연 • 보호 등전위 본딩 • 전원자동차단 • 전기적 분리 • 비도전성 장소	• 비접지회로 적용 (SELV) • 접지회로 적용 (PELV) • 기능적 특별저압 사용 시 적용 (FELV)

(3) 통전전류세기와 인체의 영향 ✄✄

종 류	내 용	비 고
최소감지 전류	짜릿함을 느끼는 최소의 전류치	1~2mA (성인 남자, 상용 주파수 60Hz 기준)
고통감지 전류	참을 수 있으나 고통을 느끼는 전류치	2~8mA
이탈가능 전류 (가수전류)	전원으로부터 스스로 떨어질 수 있는 최대 전류치	8~15mA
이탈불능 전류 (불수전류, 교착전류)	근육수축이 격렬하여 전원으로부터 떨어질 수 없는 전류치	15~50mA
심실세동 전류	심장박동 불규칙으로 심장마비를 일으켜 수분 내 사망할 수 있는 전류치 (충전부에서 분리시켜도 자연회복이 불가능하여 인공호흡을 실시해야 소생이 가능하다)	100mA 이상

2 전기설비 및 기기

(1) 과전류 차단장치

① 과전류 차단장치는 반드시 접지선이 아닌 전로에 직렬로 연결하여 과전류 발생 시 전로를 자동으로 차단하도록 설치할 것

② 차단기·퓨즈는 계통에서 발생하는 최대 과전류에 대하여 충분하게 차단할 수 있는 성능을 가질 것

③ 과전류 차단장치가 전기계통상에서 상호 협조·보완되어 과전류를 효과적으로 차단하도록 할 것

(2) 퓨즈

일정 값 이상의 전류가 흐르면 용단되어 회로 및 기기를 보호한다.

PART 04

📝참고

* 고압 및 특고압 전로 중의 과전류차단기의 시설
• 과전류 차단기로 시설하는 퓨즈 중 고압 전로에 사용하는 포장 퓨즈(퓨즈 이외의 과전류 차단기와 조합하여 하나의 과전류 차단기로 사용하는 것을 제외한다)는 정격전류의 1.3배의 전류에 견디고 또한 2배의 전류로 120분 안에 용단되는 것 또는 다음에 적합한 고압전류 제한 퓨즈이어야 한다.
• 과전류 차단기로 시설하는 퓨즈 중 고압 전로에 사용하는 비포장 퓨즈는 정격전류의 1.25배의 전류에 견디고 또한 2배의 전류로 2분 안에 용단되는 것이어야 한다.
• 고압 또는 특고압의 전로에 단락이 생긴 경우에 동작하는 과전류 차단기는 이것을 시설하는 곳을 통과하는 단락 전류를 차단하는 능력을 가지는 것이어야 한다.
• 고압 또는 특고압의 과전류 차단기는 그 동작에 따라 그 개폐 상태를 표시하는 장치가 되어있는 것이어야 한다. 다만, 그 개폐 상태가 쉽게 확인될 수 있는 것은 적용하지 않는다.

[퓨즈 종류 및 용단시간 ✿]

퓨즈의 종류	정격 용량	용단 시간
고압용 포장 퓨즈	정격 전류의 1.3배	• 2배의 전류로 120분
고압용 비포장 퓨즈	정격 전류의 1.25배	• 2배의 전류로 2분

(3) 개폐기

전기 회로(回路)를 이었다 끊었다 하는 장치를 말하며 운전이나 정지, 고장의 점검이나 수리 등에 쓰인다.

주상 유입 개폐기(POS)	반드시 개폐표시가 있어야 하는 고압 개폐기로서 배전선의 개폐, 부하 전류의 차단, 콘덴서의 개폐에 이용된다.
단로기(DS) ✿	차단기의 전후, 회로의 접속 변환, 고압 또는 특고압 회로의 기기 분리 등에 사용하는 개폐기로서 반드시 무부하 시 개폐 조작을 하여야 한다. • 전원 차단 시 : 차단기 개방한 후 단로기 개방 • 전원 투입 시 : 단로기 투입한 후 차단기 투입 ⓐ D.S　　ⓑ O.C.B　　ⓒ D.S 투입순서 : ⓒ → ⓐ → ⓑ 차단순서 : ⓑ → ⓒ → ⓐ (D.S : 단로기, O.C.B : 유입차단기) [유입차단기 투입 및 차단순서 ✿]
부하개폐기(OLB)	부하 상태에서 개폐할 수 있는 개폐기

(4) 차단기(circuit breaker) ✿

기기 및 전력 계통에 이상이 발생했을 때 그것을 검출하여 신속하게 계통으로부터 단절시키는 장치를 말한다.

공기 차단기(ABB) [airblast breaker]	압축공기로 아크를 소호하는 차단기로서 대규모 설비에 이용된다.
기중 차단기(ACB) [air circuit breaker]	공기 중에서 아크를 자연 소호하는 차단기
진공 차단기(VCB) [vacuum circuit breaker]	진공 속에서의 높은 절연효과를 이용하여 아크를 소호하는 차단기
자기 차단기(MCB) [magnetic circuit breaker]	전자력을 이용하여 아크를 소호실로 끌어넣어 차단하는 차단기
유입 차단기(OCB,LOCB) [oil circuit breaker]	절연유 속에서 과전류를 차단하는 차단기
가스 차단기(GCB) [gas circuit breaker]	생가스(SF_6)의 절연성능을 이용한 차단기

문제

차단기의 설치 시 주의하여야 할 사항 중 틀린 것은?

㉮ 차단기는 설치의 기능을 고려하여 전기 취급자가 행할 것
㉯ 차단기를 설치했어도 피보호 기기에는 접지를 행할 것
㉰ 차단기를 설치하려고 하는 전로의 전압과 같은 정격전압의 차단기를 설치할 것
㉱ 전로의 전압이 정격 전압의 −5%~+5%의 범위에 있는 것을 확인할 것

[해설]
차단기는 전로전압과 같은 전압의 차단기를 설치하여야 한다.

정답 ㉱

📝참고

* OCB
  탱크형 유입차단기
* LOCB
  소유량 유입차단기

02 전기작업 안전

주/요/내/용 알/고/가/기 ▶

1. 직접 접촉으로 인한 감전방지 조치
2. 인공호흡 요령
3. 정전작업의 안전
4. 정전작업 요령의 작성
5. 활선작업의 안전
6. 시설물 건설 등의 작업 시의 감전방지

1 전기작업 안전

(1) 전기기계·기구 등의 충전부방호(직접접촉으로 인한 감전방지 조치)

근로자가 작업 또는 통행 등으로 인하여 전기기계·기구 또는 전로 등의 충전부분에 접촉하거나 접근함으로써 감전의 위험이 있는 충전부분에 대하여는 감전을 방지하기 위하여 다음 각 호의 1이상의 방법으로 방호하여야 한다.

전기기계·기구에 직접 접촉으로 인한 감전방지 조치 ✈

① 충전부가 노출되지 아니하도록 폐쇄형 외함이 있는 구조로 할 것
② 충분한 절연효과가 있는 방호망 또는 절연덮개를 설치할 것
③ 충전부는 내구성이 있는 절연물로 완전히 덮어 감쌀 것
④ 발전소·변전소 및 개폐소 등 구획되어 있는 장소로서 관계 근로자가 아닌 사람의 출입이 금지되는 장소에 충전부를 설치하고, 위험표시 등의 방법으로 방호를 강화할 것
⑤ 전주 위 및 철탑 위 등 격리되어 있는 장소로서 관계 근로자가 아닌 사람이 접근할 우려가 없는 장소에 충전부를 설치할 것

(2) 전기기계·기구의 설치 시 고려사항(전기기계·기구의 적정설치)

전기기계·기구를 설치하려는 경우에는 다음 각 호의 사항을 고려하여 적절하게 설치하여야 한다.

① 전기기계·기구의 충분한 전기적 용량 및 기계적 강도
② 습기·분진 등 사용장소의 주위 환경
③ 전기적·기계적 방호수단의 적정성

(3) 전기기계·기구의 조작 시 안전조치

① 전기기계·기구의 조작부분을 점검하거나 보수하는 경우에는 근로자가 안전하게 작업할 수 있도록 전기기계·기구로부터 폭 70센티미터 이상의 작업공간을 확보하여야 한다. 다만, 작업공간을 확보하는 것이 곤란하여 근로자에게 절연용 보호구를 착용하도록 한 경우에는 그러하지 아니하다.

⊙참고

* 지중전선로의 매설깊이

1. 관로식 또는 암거식에 의하여 시설하는 경우
① 관로식에 의하여 시설하는 경우 매설 깊이를 1.0m 이상, 중량물의 압력을 받을 우려가 없는 곳은 0.6m 이상
② 암거식에 의하여 시설하는 경우에는 견고하고 차량 기타 중량물의 압력에 견디는 것을 사용할 것
2. 직접 매설식의 경우
① 중량물의 압력을 받을 우려가 있는 장소 : 1.0m 이상
② 기타 장소 : 0.6m 이상

② 전기적 불꽃 또는 아크에 의한 화상의 우려가 있는 고압 이상의 충전전로 작업에 근로자를 종사시키는 경우에는 방염처리된 작업복 또는 난연(難燃)성능을 가진 작업복을 착용시켜야 한다.

(4) 감전사고 시 응급조치

① 감전사고 발생 시 처리순서
- 전원으로부터 즉시 스위치를 분리시키고 구출자 본인의 방호조치 후 신속하게 상해자를 구출할 것
- 즉시 인공호흡을 실시할 것
- 생명 소생 후 병원으로 후송할 것

② 인공호흡 요령
- 1분당 12~15회(4초 간격), 30분 이상 계속 실시한다.
- 1분 이내 소생률 : 95% 이상 ✿

호흡정지에서 인공호흡 개시까지 경과 시간	1분	2분	3분	4분	5분	6분
소생률(%)	95%	90%	75%	50%	25%	10%

③ 전격 재해자 중요 관찰 사항
- 의식 상태
- 맥박 상태
- 골절 상태
- 호흡 상태
- 출혈 상태

용어정의
* 정전작업
전로를 개로(開路)하여 (전원 차단) 당해 전로 또는 그 지지물의 설치·점검·수리 및 도장 등을 행하는 작업을 말한다.

2 정전전로에서의 전기작업(정전작업)

(1) 정전작업을 하지 않아도 되는 경우

근로자가 노출된 충전부 또는 그 부근에서 작업함으로써 감전될 우려가 있는 경우에는 작업에 들어가기 전에 해당 전로를 차단하여야 한다. 다만, 다음 각 호의 경우에는 그러하지 아니하다.

정전작업을 하지 않아도 되는 경우
① 생명유지장치, 비상경보설비, 폭발위험장소의 환기설비, 비상조명설비 등의 장치·설비의 가동이 중지되어 사고의 위험이 증가되는 경우
② 기기의 설계상 또는 작동 상 제한으로 전로차단이 불가능한 경우
③ 감전, 아크 등으로 인한 화상, 화재·폭발의 위험이 없는 것으로 확인된 경우

(2) 정전작업 시 전로 차단 절차 ✄✄

> ### 정전작업 전 조치사항(정전작업시 전로 차단 절차) ✄✄
>
> ① 전기기기 등에 공급되는 모든 전원을 관련 도면, 배선도 등으로 확인할 것
> ② 전원을 차단한 후 각 단로기 등을 개방하고 확인할 것
> ③ 차단장치나 단로기 등에 잠금장치 및 꼬리표를 부착할 것
> ④ 개로된 전로에서 유도전압 또는 전기에너지가 축적되어 근로자에게 전기 위험을 끼칠 수 있는 전기기기 등은 접촉하기 전에 잔류전하를 완전히 방전시킬 것
> ⑤ 검전기를 이용하여 작업 대상 기기가 충전되었는지를 확인할 것
> ⑥ 전기기기 등이 다른 노출 충전부와의 접촉, 유도 또는 예비동력원의 역송전 등으로 전압이 발생할 우려가 있는 경우에는 충분한 용량을 가진 단락접지기구를 이용하여 접지할 것

(3) 정전작업 중 또는 작업을 마친 후 전원 공급 시 준수사항

> ### 정전 작업 중 또는 작업을 마친 후 준수사항 ✄✄
>
> ① 작업기구, 단락 접지기구 등을 제거하고 전기기기 등이 안전하게 통전될 수 있는지를 확인할 것
> ② 모든 작업자가 작업이 완료된 전기기기 등에서 떨어져 있는지를 확인할 것
> ③ 잠금장치와 꼬리표는 설치한 근로자가 직접 철거할 것
> ④ 모든 이상 유무를 확인한 후 전기기기 등의 전원을 투입할 것

③ 충전전로에서의 전기작업(활선작업) ✄✄

(1) 충전전로에서의 전기작업(활선작업)시의 조치

① 충전전로를 정전시키는 경우에는 정전작업시 전로차단 절차에 따른 조치를 할 것
② 충전전로를 방호, 차폐하거나 절연 등의 조치를 하는 경우에는 근로자의 신체가 전로와 직접 접촉하거나 도전재료, 공구 또는 기기를 통하여 간접 접촉되지 않도록 할 것
③ 충전전로를 취급하는 근로자에게 그 작업에 적합한 절연용 보호구를 착용시킬 것
④ 충전전로에 근접한 장소에서 전기작업을 하는 경우에는 해당 전압에 적합한 절연용 방호구를 설치할 것. 다만, 저압인 경우에는 해당 전기 작업자가 절연용 보호구를 착용하되, 충전전로에 접촉할 우려가 없는 경우에는 절연용 방호구를 설치하지 아니할 수 있다.
⑤ 고압 및 특별고압의 전로에서 전기작업을 하는 근로자에게 활선작업용 기구 및 장치를 사용하도록 할 것

─문제─

전선로를 정전시키고 보수작업을 할 때 유도전압이나 오통전으로 인한 재해를 방지하기 위한 안전조치는?

㉮ 보호구를 착용한다.
㉯ 접지를 시행한다.
㉰ 방호구를 사용한다.
㉱ 검전기로 확인한다.

[해설]
전기기기 등이 다른 노출 충전부와의 접촉, 유도 또는 예비동력원의 역송전 등으로 전압이 발생할 우려가 있는 경우에는 충분한 용량을 가진 단락접지기구를 이용하여 접지할 것

─정답 ㉯

─문제─

정전작업 시 작업 전 조치 사항이 아닌 것은?

㉮ 검전기로 충전 여부를 확인한다.
㉯ 단락접지 상태를 수시로 확인한다.
㉰ 전력 케이블은 잔류전하를 방전한다.
㉱ 전로의 개로 개폐기에 시건 장치 및 통전금지 표지판 설치한다.

[해설]
㉯ 단락접지 상태를 수시로 확인하는 것은 정전작업 중의 조치이다.

─정답 ㉯

🔍용어정의

＊ 활선작업
전류가 통하고 있는 채로 전선로의 작업을 행하는 일

─문제─

고압 활선작업 시 조치 사항 중 잘못된 것은?

㉮ 단락접지를 실시
㉯ 절연용 보호구 착용
㉰ 활선작업용 기구 사용
㉱ 절연용 방호용구 설치

[해설]
㉮ 단락접지 실시는 정전작업 시의 조치이다.

─정답 ㉮

PART
04

⑥ 근로자가 절연용 방호구의 설치·해체작업을 하는 경우에는 절연용 보호구를 착용하거나 활선작업용 기구 및 장치를 사용하도록 할 것

⑦ 유자격자가 아닌 근로자가 충전전로 인근의 높은 곳에서 작업할 때에 근로자의 몸 또는 긴 도전성 물체가 방호되지 않은 충전전로에서 대지전압이 50킬로볼트 이하인 경우에는 300센티미터 이내로, 대지전압이 50킬로볼트를 넘는 경우에는 10킬로볼트당 10센티미터씩 더한 거리 이내로 각각 접근할 수 없도록 할 것

⑧ 유자격자가 충전전로 인근에서 작업하는 경우에는 다음 각 목의 경우를 제외하고는 노출 충전부에 접근한계거리 이내로 접근하거나 절연 손잡이가 없는 도전체에 접근할 수 없도록 할 것

  ㉠ 근로자가 노출 충전부로부터 절연된 경우 또는 해당 전압에 적합한 절연 장갑을 착용한 경우

  ㉡ 노출 충전부가 다른 전위를 갖는 도전체 또는 근로자와 절연된 경우

  ㉢ 근로자가 다른 전위를 갖는 모든 도전체로부터 절연된 경우

[접근한계거리 ✡✡]

충전 전로의 선간전압 (단위 : 킬로볼트)	충전 전로에 대한 접근 한계 거리 (단위 : 센티미터)
0.3 이하	접촉금지
0.3 초과 0.75 이하	30
0.75 초과 2 이하	45
2 초과 15 이하	60
15 초과 37 이하	90
37 초과 88 이하	110
88 초과 121 이하	130
121 초과 145 이하	150
145 초과 169 이하	170
169 초과 242 이하	230
242 초과 362 이하	380
362 초과 550 이하	550
550 초과 800 이하	790

(2) 절연이 되지 않은 충전부나 그 인근에 근로자가 접근하는 것을 막거나 제한할 필요가 있는 경우에는 울타리를 설치하고 근로자가 쉽게 알아볼 수 있도록 하여야 한다. 다만, 전기와 접촉할 위험이 있는 경우에는 도전성이 있는 금속제 울타리를 사용하거나, 접근한계거리 이내에 설치해서는 아니 된다.

(3) 울타리의 설치가 곤란한 경우에는 근로자를 감전위험에서 보호하기 위하여 사전에 위험을 경고하는 감시인을 배치하여야 한다.

4 충전전로 인근에서의 차량·기계장치 작업 ✿✿

① 충전전로 인근에서 차량, 기계장치 등의 작업이 있는 경우에는 차량 등을 충전전로의 충전부로부터 300센티미터 이상 이격시켜 유지시키되, 대지전압이 50킬로볼트를 넘는 경우 이격거리는 10킬로볼트 증가할 때마다 10센티미터씩 증가시켜야 한다. 다만, 차량 등의 높이를 낮춘 상태에서 이동하는 경우에는 이격거리를 120센티미터 이상(대지전압이 50킬로볼트를 넘는 경우에는 10킬로볼트 증가할 때마다 이격거리를 10센티미터씩 증가)으로 할 수 있다.

② 충전전로의 전압에 적합한 절연용 방호구 등을 설치한 경우에는 이격거리를 절연용 방호구 앞면까지로 할 수 있으며, 차량 등의 가공 붐대의 버킷이나 끝 부분 등이 충전전로의 전압에 적합하게 절연되어 있고 유자격자가 작업을 수행하는 경우에는 붐대의 절연되지 않은 부분과 충전전로 간의 이격거리는 접근한계거리까지로 할 수 있다.

③ 근로자가 차량 등의 그 어느 부분과도 접촉하지 않도록 울타리를 설치하거나 감시인 배치 등의 조치를 하여야 한다.

울타리 설치 및 감시인 배치를 하지 않아도 되는 경우
① 근로자가 해당 전압에 적합한 절연용 보호구 등을 착용하거나 사용하는 경우
② 차량 등의 절연되지 않은 부분이 접근한계거리 이내로 접근하지 않도록 하는 경우

④ 충전전로 인근에서 접지된 차량 등이 충전전로와 접촉할 우려가 있을 경우에는 지상의 근로자가 접지점에 접촉하지 않도록 조치하여야 한다.

5 절연용 보호구 등의 사용

다음 각 호의 작업에 사용하는 절연용 보호구, 절연용 방호구, 활선작업용 기구, 활선작업용 장치에 대하여 각각의 사용목적에 적합한 종별·재질 및 치수의 것을 사용하여야 한다.

절연용 보호구 등을 사용하여야 하는 작업
① 밀폐공간에서의 전기작업
② 이동 및 휴대장비 등을 사용하는 전기작업
③ 정전 전로 또는 그 인근에서의 전기작업
④ 충전전로에서의 전기작업
⑤ 충전전로 인근에서의 차량·기계장치 등의 작업

① 충전 전로에서의 전기작업(활선작업) 시 안전조치 ✄✄

1. 충전 전로를 정전시키는 경우 : 정전작업 시 전로차단 절차에 따른 조치를 할 것
2. 충전 전로를 방호하는 경우 : 근로자의 신체가 전로와 직·간접 접촉되지 않도록 할 것
3. 절연용 보호구를 착용
4. 절연용 방호구를 설치
5. 고압 및 특별고압 : 활선작업용 기구 및 장치를 사용
6. 절연용 방호구의 설치·해체작업 : 절연용 보호구 착용, 활선작업용 기구 및 장치를 사용
7. 유자격자가 아닌 근로자의 접근한계거리
   ① 대지전압이 50킬로볼트 이하인 경우 : 근로자의 몸 또는 긴 도전성 물체가 충전 전로에서 300센티미터 이내로 접근금지
   ② 대지전압이 50킬로볼트를 넘는 경우 : 10킬로볼트 당 10센티미터씩 더한 거리 이상 이격
8. 유자격자 : 접근 한계 거리 이내로 접근하거나 절연 손잡이가 없는 도전체에 접근할 수 없도록 할 것

[접근한계거리] ✄✄

충전 전로의 선간전압 (단위 : 킬로볼트)	충전 전로에 대한 접근 한계 거리 (단위 : 센티미터)
0.3 이하	접촉금지
0.3 초과 0.75 이하	30
0.75 초과 2 이하	45
2 초과 15 이하	60
15 초과 37 이하	90
37 초과 88 이하	110
88 초과 121 이하	130
121 초과 145 이하	150
145 초과 169 이하	170
169 초과 242 이하	230
242 초과 362 이하	380
362 초과 550 이하	550
550 초과 800 이하	790

> 선간전압 : 03, 075 / 2, 15 / 37, 88 / 121, 145, 169 / 242, 362 / 550, 800
> 접근한계거리 : 3, 45, 6 / 9, 11, 13, 15, 17 / 23, 38, 55, 79

9. 울타리를 설치

10. 울타리 설치가 곤란한 경우 감시인 배치

2 충전 전로 인근에서의 차량·기계장치 작업 시의 안전조치 ✿✿

1. 차량 등을 충전부로부터 300센티미터 이상 이격시키되, 대지전압이 50킬로볼트를 넘는 경우 10킬로볼트 증가할 때마다 10센티미터씩 증가

2. 절연용 방호구를 설치한 경우 : 이격거리를 절연용 방호구 앞면까지

3. 차량의 버킷이나 끝부분이 절연되어 있고 유자격자가 작업하는 경우 : 이격거리는 접근한계거리까지

4. 울타리를 설치, 감시인 배치 등의 조치(절연용 보호구 착용 또는 차량의 절연되지 않은 부분이 접근한계거리 이내로 접근하지 않은 경우 제외)

5. 접지된 차량이 충전 전로와 접촉할 우려가 있을 경우 : 근로자가 접지점에 접촉하지 않도록 조치

CHAPTER 02 감전재해 및 방지대책

합격의 key

01 감전재해예방 및 조치, 감전재해의 요인, 절연용 안전장구

📍 주/요/내/용 알/고/가/기 ▶

1. 전압, 전류, 저항의 관계
2. 허용접촉전압
3. 1차적 감전위험요소 및 영향력
4. 전압의 구분
5. 누전차단기를 설치해야 하는 장소
6. 자동전격방지기의 성능

🔍 용어정의
- 전기 : 전기적 에너지
- 전류(Current)
  : 전자의 흐름(A)
- 전압(Voltage)
  : 전류 흐름을 발생시키는 에너지(V)
- 저항(Resistance)
  : 전류의 흐름을 방해하는 요소(Ω)

📌 기출
인체 전기저항이 1000Ω일 때 전기에너지는 13.61J × 2 = 27.22J
(저항과 에너지는 비례한다)

📝 문제
심실세동 전류를 $I=165/\sqrt{T}$ [mA]라면 감전되었을 경우 심실세동 시에 인체에 직접 받는 전기에너지[cal]는? (단, T는 시간(단위 : 초)이며, 인체의 저항은 500Ω 이다)

㉮ 0.52   ㉯ 1.35
㉰ 2.14   ㉱ 3.26

[해설]
① 인체 전기저항 500[Ω]일 때의 에너지
→ 13.61J × 0.24
  = 3.26cal
② $Q = I^2RT$
$= \left(\dfrac{165}{\sqrt{1}} \times 10^{-3}\right)^2 \times 500 \times 1$
$= 13.61(J) \times 0.24$
$= 3.26cal$

정답 ㉱

1 감전 재해예방 및 조치

(1) 전압, 전류, 저항의 관계

옴의 법칙 ✿✿	$$V = I \times R$$ 여기서, V : 전압(V : 볼트) I : 전류(A : 암페어) R : 저항(Ω : 옴)
줄의 법칙 ✿	$$Q = I^2 \times R \times T$$ 여기서, Q : 전기 발생 열(에너지)(J) I : 전류(A) R : 전기저항(Ω) T : 통전시간(S)
위험한계 에너지 ✿✿	인체의 전기저항이 최악의 상태인 500Ω일 때 $$Q = I^2 \times R \times T$$ $Q = I^2 \times R \times T = \left(\dfrac{165 \sim 185}{\sqrt{1}} \times 10^{-3}\right)^2 \times 500 \times 1$ $= 13.61 \sim 17.11(J)$ * 13.61J × 0.24=3.2664Cal
심실세동 전류의 계산 ✿✿	① $$I(mA) = \dfrac{165}{\sqrt{T}}$$ T : 통전시간(초) ② $$I(A) = \dfrac{V}{R}$$
전하량의 계산	$$Q = I \times T$$ 여기서, Q : 전하량(C) I : 전류(A) T : 시간(초)

(2) 허용 접촉전압 ✦✦

전원과 인체의 접촉 시 인체에 인가되는 허용전압을 말한다.

종별	접촉 상태	허용 접촉 전압
제1종	• 인체의 대부분이 수중에 있는 상태	2.5V 이하
제2종	• 인체가 현저히 젖어 있는 상태 • 금속성의 전기·기계 장치나 구조물에 인체의 일부가 상시 접촉되어 있는 상태	25V 이하
제3종	• 제1종, 제2종 이외의 경우로서 통상의 인체 상태에 있어서 접촉 전압이 가해지면 위험성이 높은 상태	50V 이하
제4종	• 제1종, 제2종 이외의 경우로서 통상의 인체 상태에 접촉 전압이 가해지더라도 위험성이 낮은 상태 • 접촉 전압이 가해질 우려가 없는 경우	제한 없음

(3) 인체의 저항

① 인체저항은 보통 $5,000\Omega$이나 근로환경, 피부가 젖은 정도, 인가전압에 따라 최악의 상태에는 500Ω까지 감소한다.

인체저항	$5,000\Omega$
피부저항	$2,500\Omega$
내부저항	500Ω
발과 신발 사이 저항	$1,500\Omega$
신발과 대지 사이 저항	500Ω

② 피부에 땀이 나면 건조시보다 저항이 $\frac{1}{12}$ 로 감소되고, 물에 젖을 경우 $\frac{1}{25}$, 습기가 많을 경우는 $\frac{1}{10}$ 정도로 저항이 감소된다. ✦

2 감전 재해의 요인

(1) 1차적 감전위험요소 및 영향력 ✦

통전전류크기 > 통전시간 > 통전경로 > 전원의 종류(직류보다 교류가 더 위험)

(2) 2차 감전 위험 요소 ✦

① 인체조건(저항)   ② 전압   ③ 계절

> **◎기출 ★**
> ※ 전원의 종류 중 직류보다 교류가 더 위험한 이유 교류는 근육을 마비시켜 접촉시간을 길게 한다.

(3) 통전 경로별 위험도 ✄

통전 경로	위험도
왼손 – 가슴	1.5
오른손 – 가슴	1.3
왼손 – 한발 또는 양발	1.0
양손 – 양발	1.0
오른손 – 한발 또는 양발	0.8
왼손 – 등	0.7
한손 또는 양손 – 앉아있는 자리	0.7
왼손 – 오른손	0.4
오른손 – 등	0.3

실력이 되고! 합격이 되는! 특급 암기법

왼가 오가 / 왼발 손발 / 오발 / 왼등 손자리 / 손손 / 오등
(5, 3, 땡땡, 8, 7, 7, 4, 3)

(4) 전압의 구분 ✄✄✄

전압의 종별	교류	직류
저압	1,000V 이하의 것	1,500V 이하의 것
고압	1,000V 초과 7,000V 이하	1,500V 초과 7,000V 이하
특별고압	7,000V 초과	7,000V 초과

(5) 이격거리

기구 등의 구분	이격거리
고압용의 것	1m 이상
특고압용의 것	2m 이상(사용전압이 35kV 이하의 특고압용의 기구 등으로서 동작할 때에 생기는 아크의 방향과 길이를 화재가 발생할 우려가 없도록 제한하는 경우에는 1m 이상)

3 누전차단기 감전 예방

누전차단기는 누전검출부, 영상변류기, 차단기구 등으로 구성된 장치로서 누전, 절연파괴 등으로 인하여 발생되는 지락전류가 일정 값 이상이 될 경우 주어진 동작시간 이내에 전기기계기구의 전로를 차단하는 장치를 말한다.

(1) 누전차단기를 설치해야 하는 기계 · 기구 ✿✿

다음 각 호의 전기 기계 · 기구에 대하여 누전에 의한 감전위험을 방지하기 위하여 해당 전로의 정격에 적합하고 감도가 양호하며 확실하게 작동하는 감전방지용 누전차단기를 설치하여야 한다.

> **누전차단기를 설치해야 하는 기계 · 기구 ✿✿**
>
> ① 대지전압이 150볼트를 초과하는 이동형 또는 휴대형 전기기계 · 기구
> ② 물 등 도전성이 높은 액체가 있는 습윤장소에서 사용하는 저압(1.5천볼트 이하 직류전압이나 1천볼트 이하의 교류전압)용 전기기계 · 기구
> ③ 철판 · 철골 위 등 도전성이 높은 장소에서 사용하는 이동형 또는 휴대형 전기기계 · 기구
> ④ 임시배선의 전로가 설치되는 장소에서 사용하는 이동형 또는 휴대형 전기기계 · 기구

> **누전차단기를 설치하지 않아도 되는 경우 ✿✿**
>
> ① 「전기용품 및 생활용품 안전관리법」이 적용되는 이중절연 또는 이와 같은 수준 이상으로 보호되는 구조로 된 전기기계 · 기구
> ② 절연대 위 등과 같이 감전 위험이 없는 장소에서 사용하는 전기기계 · 기구
> ③ 비접지방식의 전로

(2) 누전차단기 접속할 때 준수사항 ✿✿

① 전기기계 · 기구에 설치되어 있는 누전차단기는 정격감도전류가 30밀리 암페어 이하이고 작동시간은 0.03초 이내일 것. 다만, 정격전부하전류가 50암페어 이상인 전기기계 · 기구에 접속되는 누전차단기는 오작동을 방지하기 위하여 정격감도전류는 200밀리암페어 이하로, 작동시간은 0.1초 이내로 할 수 있다.

② 분기회로 또는 전기기계 · 기구마다 누전차단기를 접속할 것. 다만, 평상시 누설전류가 매우 적은 소용량부하의 전로에는 분기회로에 일괄하여 접속할 수 있다.

③ 누전차단기는 배전반 또는 분전반 내에 접속하거나 꽂음접속기형 누전차단기를 콘센트에 접속하는 등 파손이나 감전사고를 방지할 수 있는 장소에 접속할 것

④ 지락보호전용 기능만 있는 누전차단기는 과전류를 차단하는 퓨즈나 차단기 등과 조합하여 접속할 것

(3) 누전차단기의 사용기준 ✿

① 당해 부하에 적합한 정격전류를 갖출 것
② 당해 부하에 적합한 차단용량을 갖출 것

◎기출 ★

* 욕조나 샤워시설이 있는 욕실 또는 화장실 등 인체가 물에 젖어있는 상태에서 전기를 사용하는 장소에 콘센트를 시설하는 경우

1. 「전기용품 및 생활용품 안전관리법」의 적용을 받는 인체감전보호용 누전차단기(정격감도전류 15mA 이하, 동작시간 0.03초 이하의 전류동작형의 것에 한한다) 또는 절연변압기(정격용량 3kVA 이하인 것에 한한다)로 보호된 전로에 접속하거나, 인체감전보호용 누전차단기가 부착된 콘센트를 시설하여야 한다.
2. 콘센트는 접지 극이 있는 방적형 콘센트를 사용하여 접지하여야 한다.

◆참고

* 누전차단기를 시설하지 않아도 되는 경우 (KEC 규정)
* 기계 · 기구를 발전소 · 변전소 · 개폐소 또는 이에 준하는 곳에 시설하는 경우
* 기계 · 기구를 건조한 곳에 시설하는 경우
* 대지전압이 150V 이하인 기계 · 기구를 물기가 있는 곳 이외의 곳에 시설하는 경우
* 이중절연구조의 기계 · 기구를 시설하는 경우
* 그 전로의 전원 측에 절연변압기(2차 전압이 300V 이하인 경우에 한한다)를 시설하고 또한 그 절연 변압기의 부하 측의 전로에 접지하지 아니하는 경우
* 기계 · 기구가 고무 · 합성수지 기타 절연물로 피복된 경우
* 기계 · 기구가 유도전동기의 2차측 전로에 접속되는 것일 경우

PART 04

제2장 감전재해 및 방지대책 · **315**

- 기계·기구가 전로의 일부를 대지로부터 절연하지 아니하고 전기를 사용하는 것이 부득이한 것 또는 대지로부터 절연하는 것이 기술상 불가능한 것
- 기계·기구 내에 누전차단기를 설치하고 또한 기계·기구의 전원 연결선이 손상을 받을 우려가 없도록 시설하는 경우

🔍 **용어정의**

* 정격전류 : 규정된 온도 상승 한도를 초과함이 없이 연속해서 통전가능한 전류를 말한다.
* 감도전류 : 누전차단기를 폐로한 상태로 주 회로의 1극에 전류를 통하고 전류를 서서히 증가시켜서 누전차단기가 트립동작한 때의 전류치를 말한다.
* 정격감도전류 : 소정조건(일상 사용 상태에서 전압이 정격치의 80~110%범위에 들어있는 것)에서 영상변류기의 1차측의 지락전류에 의하여 누전차단기가 반드시 트립동작을 하는 1차측의 지락전류를 말한다.
* 정격부동작전류 : 소정조건에서 영상변류기의 1차측 지락전류가 있어도 누전차단기가 트립동작을 하지 않는 1차측 지락전류를 말한다.

📖 **확인**

* 용접기의 홀더, 어스선의 무부하 시 감전방지 자동전격방지기 설치

* 용접기 본체의 감전 방지조치
  • 누전차단기 설치
  • 접지

③ 정격 부동작 전류가 정격감도전류의 50% 이상이어야 하고 이들의 전류치가 가능한 한 작을 것

④ 절연저항이 5MΩ 이상일 것

⑤ 누전차단기의 정격전압은 당해 누전차단기를 설치할 전로의 공칭전압의 90~110% 이내이어야 한다.

(4) 누전전류(누설전류)의 크기 ✄

보통 최대공급전류의 $\frac{1}{2,000}$(A)이 누설되고 있다고 본다.

(누설전류 = 최대공급전류 × $\frac{1}{2,000}$)

(5) 발화에 이르는 누전전류의 최소치 ✄

누설되는 전류의 크기가 300~500mA일 때 누설전류에 의해 발화가 일어날 수 있다.

4 아크 용접장치

(1) 교류아크 용접기의 방호장치 : 자동전격방지기 ✄✄✄

① 사업주는 아크용접 등(자동용접은 제외한다)의 작업에 사용하는 용접봉의 홀더에 대하여 「산업표준화법」에 따른 한국산업표준에 적합하거나 그 이상의 절연내력 및 내열성을 갖춘 것을 사용하여야 한다.

② 사업주는 다음 각 호의 어느 하나에 해당하는 장소에서 교류아크 용접기(자동으로 작동되는 것은 제외한다)를 사용하는 경우에는 교류아크 용접기에 자동전격방지기를 설치하여야 한다.

교류아크 용접기에 자동전격방지기를 설치하여야 하는 장소 ✄

1. 선박의 이중 선체 내부, 밸러스트(Ballast) 탱크, 보일러 내부 등 도전체에 둘러싸인 장소
2. 추락할 위험이 있는 높이 2미터 이상의 장소로 철골 등 도전성이 높은 물체에 근로자가 접촉할 우려가 있는 장소
3. 근로자가 물·땀 등으로 인하여 도전성이 높은 습윤 상태에서 작업하는 장소

---

(2) 자동전격방지기의 성능 ✄✄

용접을 중단하고 1.0초 내에 용접기의 홀더, 어스선에 흐르는 무부하 전압을 안전전압 25V 이하로 내려준다.

교류아크 용접기의 허용사용률 계산 ✈

$$허용사용률 = \frac{정격 \ 2차전류^2}{실제사용 \ 용접전류^2} \times 정격사용률$$

---

5 절연용 안전장구

(1) 절연용 보호구 등의 사용

사업주는 다음 각 호의 작업에 사용하는 절연용 보호구, 절연용 방호구, 활선작업용 기구, 활선작업용 장치에 대하여 각각의 사용목적에 적합한 종별·재질 및 치수의 것을 사용하여야 한다.

절연용 보호구 등을 사용하여야 하는 작업

① 밀폐공간에서의 전기작업
② 이동 및 휴대장비 등을 사용하는 전기작업
③ 정전 전로 또는 그 인근에서의 전기작업
④ 충전전로에서의 전기작업
⑤ 충전전로 인근에서의 차량·기계장치 등의 작업

---

(2) 절연용 안전 보호구

7,000V 이하 전로 활선작업 시 작업자 몸에 착용한다.
① 전기용 안전모
  • AE종(물체의 낙하·비래 및 감전방지용)
  • ABE종(물체의 낙하·비래 및 추락, 감전방지용)
② 안전화(절연화)
③ 절연장화
④ 절연장갑(전기용 고무장갑)
⑤ 보호용 가죽장갑
⑥ 절연소매, 절연복

(3) 절연용 방호구

활선작업 시 전로의 충전부, 지지물 주변, 전기배선에 설치한다.
① **고무판** : 충전부 작업 중 접지면 절연에 사용
② **방호판(절연판)** : 고·저압 전로의 충전부 방호에 사용
③ 선로 커버, 애자커버(절연커버)
④ 완금커버, COS커버, 고무블랭킷, 점퍼호스

📖 **확인**

※ 절연봉(핫스틱) : 충전 중인 고압 및 특고압의 전선 조작 시에 사용한다.

※ 조작용 훅봉배전선용 훅봉(디스콘 봉) : 충전중인 고압 및 특고압의 개폐기 조작 시에 사용한다.

---

(4) 검출용구

① 검전기 : 충전 유무 확인

② 활선 접근 경보기

(5) 활선작업용 장치 : 차량, 절연대

(6) 활선작업용 기구 : 절연봉(핫스틱), 조작용 훅봉(디스콘 봉), 활차, 다용도 집게봉, 수동식 절단기 등

CHAPTER 03 전기설비 위험요인 관리

01 전기설비 위험요인 파악 및 개선

📍 주/요/내/용 알/고/가/기 ▶

1. 전로의 절연저항
2. 접지 공사의 종류
3. 접지를 시행하지 않아도 되는 경우
4. 피뢰기의 구비해야 할 성능
5. 피뢰기 설치 및 접지
6. 화재의 구분

1 전기설비 위험요인 파악

전기화재란 전기에 의한 발열이 발화원이 되어 발생하는 화재를 말한다.

전기화재 발생원인의 3요건		
① 발화원	② 착화물	③ 출화의 경과

(1) 전기설비 위험요인

① 단락에 의한 발화(쇼트)
  • 전기회로에서 전위차가 있는 두 점 사이를 저항이 작은 도선으로 연결하는 것
  • 단락이 되면 순간적으로 큰 전류와 높은 열이 발생되어 화재의 원인이 된다. 회로 중에는 퓨즈를 설치하여 과대 전류의 흐름을 방지해야 한다.

② 누전에 의한 발화
  • 전선 및 전기기기의 절연파괴, 손상 등으로 전류가 누설되는 현상을 누전이라 하며, 누전으로 인한 발열로 화재가 발생한다.
  • 발화에 이르는 누설전류(누전전류)의 최소값은 300~500[mA]이다. ✯

🔍 합 격 의 Key

┌─ 문제 ─────────
과전류에 의한 전선의 발화 단계에 맞지 않는 것은? (단, 전류밀도 A/mm²)
㉮ 완화 단계 40~43
㉯ 착화 단계 43~60
㉰ 발화 단계 60~150
㉱ 용단 단계 120 이상

[해설]
㉰ 발화 단계 60~120A/mm²
────────── 정답 ㉰

┌─ 문제 ─────────
누전으로 인한 화재의 3요소에 대한 요건이 아닌 것은?

㉮ 접속점
㉯ 출화점
㉰ 누전점
㉱ 접지점

[해설]
누전으로 인한 화재의 3요소
① 출화점
② 누전점
③ 접지점
────────── 정답 ㉮

③ 과전류에 의한 발화
• 전기기기 또는 전선에서 허용전류 값 이상으로 전류가 흐르는 것
을 과전류라 한다.

절연전선의 과대전류 ✄

• 인화(완화)단계 : $40 \sim 43A/mm^2$
• 착화단계 : $43 \sim 60A/mm^2$
• 발화단계 : $60 \sim 120A/mm^2$
• 순간용단 : $120A/mm^2$ 이상

절연물의 종류와 최고허용온도 ✄

• Y종 절연 : 90℃	• A종 절연 : 105℃
• E종 절연 : 120℃	• B종 절연 : 130℃
• F종 절연 : 155℃	• H종 절연 : 180℃
• C종 절연 : 180℃ 초과	

---

④ 스파크에 의한 발화
⑤ 접촉부의 과열에 의한 발화
⑥ 절연열화 또는 탄화에 의한 발화

(2) 전로의 절연저항 ✄✄

[전로의 절연저항 ✄✄]

전로의 사용전압(V)	DC 시험전압(V)	절연저항($M\Omega$)
SELV(비접지회로) 및 PELV(접지회로)	250	0.5
FELV(1차와 2차가 전기적으로 절연되지 않은 회로), 500(V) 이하	500	1.0
500(V) 초과	1,000	1.0

• 특별저압(extra low voltage : 2차 전압이 AC 50V, DC 120V 이하)으로
SELV(비접지회로 구성) 및 PELV(접지회로 구성)은 1차와 2차가 전기적
으로 절연된 회로, FELV는 1차와 2차가 전기적으로 절연되지 않은 회로

2 접지시스템(KEC 규정)

(1) 접지시스템의 구분 및 종류

1) 접지시스템은 계통접지, 보호접지, 피뢰시스템 접지 등으로 구분한다. ✖✖

계통접지 (System Earthing) ✖✖	전력계통에서 돌발적으로 발생하는 이상현상에 대비하여 대지와 계통을 연결하는 것으로, 중성점을 대지에 접속하는 것을 말한다. • TN방식(TN-S, TN-C, TN-C-S방식) • TT방식 • IT방식
보호접지 (Protective Earthing)	고장 시 감전에 대한 보호를 목적으로 기기의 한 점 또는 여러 점을 접지하는 것을 말한다.
피뢰시스템 접지	뇌격전류를 안전하게 대지로 방류하기 위한 접지를 말한다.

2) 접지시스템의 시설 종류에는 단독접지, 공통접지, 통합접지가 있다.

단독접지	고압, 특고압계통의 접지극과 저압계통의 접지극을 독립적으로 설치하는 것을 말한다.
공통접지	등전위가 형성되도록 고압, 특고압계통과 저압접지계통을 공통으로 접지하는 것을 말한다.
통합접지	전기설비 접지계통, 피뢰설비 및 전기통신설비 등의 접지극을 통합하여 접지시스템을 구성하는 것, 설비 사이의 전위차를 해소하여 등전위를 형성하는 접지방식을 말한다.

(2) 접지시스템의 구성요소

1) 접지시스템은 접지극, 접지도체, 보호도체 및 기타 설비로 구성된다. ✖

① **접지극** : 금속체와 대지를 접속하는 단자를 말한다.

② **접지도체** : 계통, 설비 또는 기기의 한 점과 접지극 사이의 도전성 경로 또는 그 경로의 일부가 되는 도체를 말한다.

③ **보호도체**(PE, Protective Conductor) : 감전에 대한 보호 등 안전을 위해 제공되는 도체를 말한다.

참고

＊ 의료용 등전위접지
의료기기 중 일부를 몸속에 넣어 사용하는 경우가 있는데 이러한 기기에 누전이 발생하면 누설전류가 심장으로 흐르게 되어 전격 위험성이 높게 된다. 환자가 직접·간접으로 접촉할 가능성이 있는 노출된 금속부분(실내 급수배관, 건물의 금속섀시, 밴드의 금속후레임 등)을 등전위(같은 전위)로 하기 위한 접지로 1점에 전기적으로 접속하는 것을 등전위접지라고 한다.

＊ 비접지방식
전원의 차단이 의료에 중대한 손실을 초래할 우려가 있을 때 전로의 일선 지락 시에도 전원공급을 계속하기 위한 목적으로 의료실 콘센트 회로를 비접지방식으로 한다.

＊ 중성점
3상 교류에서 변압기를 Y결선 했을 때 Y의 3상 접속점을 중성점이라 하고 중성점에 접속되는 전선(인출한 선)을 중성선이라 한다. 이 부분에서 이론적으로 전압은 0이 된다.

참고

＊ 접지도체의 선정 ★★
1. 접지도체의 단면적은 큰 고장전류가 접지도체를 통하여 흐르지 않을 경우 접지도체의 최소 단면적은 다음과 같다.

① 구리는 $6mm^2$ 이상
② 철제는 $50mm^2$ 이상

2. 접지도체에 피뢰시스템이 접속되는 경우 접지도체의 단면적은 구리 $16mm^2$ 또는 철 $50mm^2$ 이상으로 하여야 한다.

■참고
* 등전위 본딩 도체

① 보호 등전위 본딩 도체
 : 주 접지단자에 접속하
 기 위한 등전위 본딩 도
 체는 설비 내에 있는 가
 장 큰 보호접지 도체 단
 면적의 1/2 이상의 단
 면적을 가져야 하고 다
 음의 단면적 이상이어
 야 한다.

가. 구리도체 $6mm^2$
나. 알루미늄 도체 $16mm^2$
다. 강철 도체 $50mm^2$

② 주 접지단자에 접속하
 기 위한 보호본딩 도체
 의 단면적은 구리도체
 $25mm^2$ 또는 다른 재질
 의 동등한 단면적을 초
 과할 필요는 없다.

■참고 **접지도체, 보호도체 및 보호본딩도체의 최소단면적** ✦✦✦✦

① 특고압·고압 전기설비용 접지도체는 단면적 $6mm^2$ 이상의 연동선

② 중성점 접지용 접지 도체는 공칭 단면적 $16mm^2$ 이상의 연동선(다만, 다음의 경우에는 공칭 단면적 $6mm^2$ 이상의 연동선)
• 7kV 이하의 전로
• 사용 전압이 25kV 이하인 특고압 가공전선로.

③ 접지도체, 보호도체, 보호본딩도체의 최소단면적

접지도체 최소단면적(mm^2)		보호도체 최소단면적(mm^2), 구리		보호도체 및 보호본딩도체의 최소단면적(mm^2), 구리	
구리	철	설비 상도체 단면적 S	상도체와 재질이 같은 보호도체	케이블의 일부가 아니거나 상도체와 공통으로 수납되어 있지 않은 경우	
				기계적 손상에 대한 보호 있음	기계적 손상에 대한 보호 없음
6	50	S ≤ 16	S		
접지도체에 피뢰시스템이 설치된 경우		16 < S ≤ 35	16		
16	50	S > 35	S/2	2.5	4

④ 이동하여 사용하는 전기 기계·기구의 금속제 외함 등의 접지시스템
• 특고압·고압 전기설비용 접지도체 및 중성점 접지용 접지도체 : 단면적이 $10mm^2$ 이상인 것
• 저압 전기설비용 접지 도체 : 단면적이 $0.75mm^2$ 이상인 것(다만, 기타 유연성이 있는 연동 연선은 1개 도체의 단면적이 $1.5mm^2$ 이상인 것)

(3) 계통접지(저압 전기설비의 접지방식)의 분류 ✦✦✦

TN계통	전원측의 한 점을 직접접지하고 설비의 노출도전부를 보호도체로 접속시키는 방식 ① TN-S 방식 ② TN-C 방식 ③ TN-C-S 방식
TT계통	전원의 한 점을 직접 접지하고 설비의 노출도전부는 전원의 접지전극과 전기적으로 독립적인 접지극에 접속시킨다.
IT계통	① 충전부 전체를 대지로부터 절연시키거나, 한 점을 임피던스를 통해 대지에 접속시킨다.(전기설비의 노출도전부를 단독 또는 일괄적으로 계통의 PE 도체에 접속시키며 배전계통에서 추가 접지가 가능하다.) ② 계통은 충분히 높은 임피던스를 통하여 접지할 수 있다. (이 접속은 중성점, 인위적 중성점, 선도체 등에서 할 수 있고 중성선은 배선할 수도 있고, 배선하지 않을 수도 있다.)

(4) 변압기의 중성점 접지 저항값 ☆☆☆

일반적인 경우	변압기의 고압 · 특고압측 전로 또는 사용전압이 35kV 이하의 특고압전로가 저압측 전로와 혼촉하고 저압전로의 대지전압이 150V를 초과하는 경우
변압기의 고압 · 특고압측 전로 1선 지락전류로 150을 나눈 값 이하 ($\frac{150}{1\text{선지락전류}}\Omega$ 이하)	• 1초 초과 2초 이내에 고압 · 특고압 전로를 자동으로 차단하는 장치를 설치할 때는 300을 나눈 값 이하 ($\frac{300}{1\text{선지락전류}}\Omega$ 이하) • 1초 이내에 고압 · 특고압 전로를 자동으로 차단하는 장치를 설치할 때는 600을 나눈 값 이하 ($\frac{600}{1\text{선지락전류}}\Omega$ 이하)

(5) 접지공사의 목적

전기기계·기구의 누전으로 인한 감전이 우려될 때 전기기계·기구의 금속제 외함을 접지시켜 누설전류를 접지선을 통해 땅으로 흐르게 하여 기기의 전압을 감소시켜 감전을 방지한다.

(6) 중성점 접지

① 비접지방식 : 중성점을 접지하지 않는 방식
② 접지방식 : 중성점을 접지하는 방식

[접지방식]

직접 접지방식 ☆	• 변압기의 중성점을 직접 도체로 접지시키는 방식 • 이상전압 발생이 적다.
저항 접지방식	• 중성점에 저항기를 삽입하여 접지하는 방식 • 저항값의 대소에 따라 저 저항접지 방식과 고 저항접지 방식으로 나누어진다.
소호 리액터 접지방식 ☆	• 변압기의 중성점을 대지 정전 용량과 공진하는 리액턴스를 갖는 리액터를 통해서 접지시키는 방식 • 지락 고장이 발생해도 무정전으로 송전을 계속할 수 있다. • 지락전류가 거의 영에 가까워서 안정도가 높다.
리액터 접지방식	• 접지용의 리액터 또는 변압기를 통하여 접지하는 방식

문제

접지저항 저감대책으로 적합하지 않은 것은?
㉮ 병렬법
㉯ 심타, 심공공법
㉰ 접지극의 규격을 크게 한다.
㉱ 토양을 개량, 도전율을 떨어뜨린다.

[해설]
㉱ 토양을 개량, 도전율을 향상시킨다.

[참고]
접지는 과전류를 땅으로 흘려보내어 감전을 방지하는 방법으로 땅으로 전기가 잘 흐르도록 도전율을 향상시켜야 한다.

정답 ㉱

참고

저압전로에서 해당전로에 접지가 생긴 경우에 0.5초 이내에 자동적으로 전로를 차단하는 장치를 시설하는 경우에는 제3종 접지공사와 특별제3종 접지공사의 접지 저항치는 자동차단기의 정격감도전류에 따라 다음 표에 정하는 값 이하로 하여야 한다.

정격감도 전류	접지 저항치
30mA	500Ω
50mA	300Ω
1000mA	150Ω
2000mA	75Ω
3000mA	50Ω
500mA	30Ω

(7) 접지공사 방법

① 접지극은 매설하는 토양을 오염시키지 않아야 하며, 가능한 다습한 부분에 설치한다.

② 접지극은 동결 깊이를 감안하여 시설하되 고압 이상의 전기 설비와 변압기 중성점 접지에 시설하는 접지극의 매설 깊이는 지표면으로부터 지하 0.75m 이상으로 한다. 다만, 발전소·변전소·개폐소 또는 이와 준하는 곳에 접지극을 시설하는 경우에는 그러하지 아니하다.

③ 접지 도체를 철주 기타의 금속체를 따라서 시설하는 경우에는 접지극을 철주의 밑면으로부터 0.3m 이상의 깊이에 매설하는 경우 이외에는 접지극을 지중에서 그 금속체로부터 1m 이상 떼어 매설하여야 한다.

④ 접지 도체는 지하 0.75m부터 지표 상 2m까지 부분은 합성수지관 (두께 2mm 미만의 합성수지체 전선관 및 가연성 콤바인덕트관은 제외한다) 또는 이와 동등 이상의 절연 효과와 강도를 가지는 몰드로 덮어야 한다.

(8) 접지저항 저감대책 ✿

① 접지극의 병렬 매설
② 접지봉의 심타 매설
③ 접지극의 규격을 크게
④ 토질 개량
⑤ 보조 메쉬(Mesh), 보조 전극 공법
⑥ 접지저항 저감제 사용(약품 사용)

(9) 접지를 하여야 하는 전기기계·기구(산업안전보건법 기준)

사업주는 누전에 의한 감전의 위험을 방지하기 위하여 다음 각 호의 부분에 대하여 접지를 하여야 한다.

① 전기기계·기구의 금속제 외함·금속제 외피 및 철대

② 고정 설치되거나 고정배선에 접속된 전기기계·기구의 노출된 비충전 금속체 중 충전될 우려가 있는 다음 각목의 1에 해당하는 비충전 금속체

• 지면이나 접지된 금속체로부터 수직거리 2.4미터, 수평거리 1.5미터 이내의 것

• 물기 또는 습기가 있는 장소에 설치되어 있는 것

- 금속으로 되어있는 기기접지용 전선의 피복·외장 또는 배선관 등
- 사용전압이 대지전압 150볼트를 넘는 것

③ 전기를 사용하지 아니하는 설비 중 다음 각목의 1에 해당하는 금속체
- 전동식 양중기의 프레임과 궤도
- 전선이 붙어있는 비전동식 양중기의 프레임
- 고압 이상의 전기를 사용하는 전기기계·기구 주변의 금속제 칸막이·망 및 이와 유사한 장치

④ 코드 및 플러그를 접속하여 사용하는 전기기계·기구 중 다음 각목의 1에 해당하는 노출된 비충전 금속체
- 사용전압이 대지전압 150볼트를 넘는 것
- 냉장고·세탁기·컴퓨터 및 주변기기 등과 같은 고정형 전기기계·기구
- 고정형·이동형 또는 휴대형 전동기계·기구
- 물 또는 도전성이 높은 곳에서 사용하는 전기기계·기구, 비접지형 콘센트
- 휴대형 손전등

⑤ 수중펌프를 금속제 물탱크 등의 내부에 설치하여 사용하는 경우에 그 탱크

(10) 접지를 시행하지 않아도 되는 경우(산업안전보건법 기준)

접지를 하지 않아도 되는 경우 ✄✄
① 「전기용품 및 생활용품 안전관리법」이 적용되는 이중절연구조 또는 이와 같은 수준 이상으로 보호되는 구조로 된 전기기계·기구
② 절연대 위 등과 같이 감전 위험이 없는 장소에서 사용하는 전기기계·기구
③ 비접지방식의 전로(그 전기 기계·기구의 전원 측의 전로에 설치한 절연변압기의 2차 전압이 300볼트 이하, 정격용량이 3킬로볼트 암페어 이하이고 그 절연전압기의 부하측의 전로가 접지되어 있지 아니한 것으로 한정한다)에 접속하여 사용되는 전기기계·기구

3 피뢰시스템

(1) 피뢰시스템의 적용 범위

① 전기전자설비가 설치된 건축물·구조물로서 낙뢰로부터 보호가 필요한 것 또는 지상으로부터 높이가 20m 이상인 것
② 전기설비 및 전자설비 중 낙뢰로부터 보호가 필요한 설비

(2) 피뢰시스템의 구성

외부 피뢰시스템	직격뢰로부터 대상물을 보호한다. ① 수뢰부 시스템 　• 뇌격전류를 받아들이기 위한 외부 피뢰설비의 일부분을 말한다. ② 인하도선 시스템 　• 수뢰부 시스템과 접지 시스템을 전기적으로 연결하여 수뢰부로부터 접지부로 뇌격전류를 흘리기 위한 외부 피뢰설비의 일부분을 말한다. ③ 접지극 시스템 　• 뇌전류를 대지로 방류시키기 위한 것이다. 　• 접지극은 지표면에서 0.75m 이상 깊이로 매설하여야 한다.
내부 피뢰시스템	간접뢰 및 유도뢰로부터 대상물을 보호한다. ① 등전위 본딩 ② 외부 피뢰설비와의 전기적 절연

(3) 피뢰기의 설치 장소 ✄

① 발전소·변전소 또는 이에 준하는 장소의 가공전선 인입구 및 인출구

② 가공전선로에 접속하는 배전용 변압기의 고압측 및 특고압측

③ 고압 및 특고압 가공전선로로부터 공급을 받는 수용장소의 인입구

④ 가공전선로와 지중전선로가 접속되는 곳

(4) 피뢰기의 구성

피뢰기는 직렬 갭과 특성요소로 구성된다.

① **직렬 갭** : 정상 시에는 방전을 하지 않고 절연상태를 유지하며, 이상 과전압 발생 시에는 신속히 이상전압을 대지로 방전하고 속류를 차단하는 역할을 한다.

② **특성요소** : 뇌전류 방전 시 피뢰기 자신의 전위 상승을 억제하여 자신의 절연 파괴를 방지하는 역할을 한다.

🔍용어정의

＊ 피뢰기
전기기기를 서지(Surge)로부터 보호하기 위해 변압기 가까이 설치하는 장치로서, 충전된 경우에만 접지가 된다.

＊ 정격전압
속류를 차단할 수 있는 교류 최고전압

＊ 제한전압
방전 중의 단자전압의 파고치(파형의 최대높이의 값)

＊ 방전개시전압
피뢰기가 방전을 개시할 때의 단자전압의 순시치(어느 한 순간에서의 크기)

＊ 속류
이상전압 발생 시 피뢰기가 방전하여 큰 방전전류를 대지로 흘려보낸 후 시간이 지나면 계통을 정상화해도 될 정도로 방전전류가 작아지는데 이것을 속류라고 한다. 속류는 아무리 작아도 피뢰기를 통해 대지로 흘러가는 방전전류이므로 이 속류를 차단해야만 계통이 정상화 된다.

＊ 피뢰침
낙뢰에 의한 충격 전류를 땅으로 안전하게 흘려 보내 낙뢰로부터 건축물을 보호하기 위한 목적으로 건물상단에 설치하며 항상 접지되어 있다.

＊ 피뢰도선
돌침부와 접지극 사이를 연결하는 도선을 말한다.

(5) 피뢰기가 구비해야 할 성능 ✖

① 반복 동작이 가능할 것
② 구조가 견고하며 특성이 변하지 않을 것
③ 점검, 보수가 간단할 것
④ 충격 방전 개시 전압과 제한 전압이 낮을 것
⑤ 뇌전류의 방전 능력이 크고, 속류의 차단이 확실하게 될 것

(6) 피뢰기의 접지 ✖✖

① 접지도체에 피뢰시스템이 접속되는 경우, 접지도체의 단면적은 구리 16mm^2 또는 철 50mm^2 이상으로 하여야 한다.
② 고압 및 특고압의 전로에 시설하는 피뢰기 접지저항값은 10Ω 이하로 하여야 한다.

(7) 피뢰기의 보호 여유도 ✖

$$여유도(\%) = \frac{충격\ 절연\ 강도 - 제한\ 전압}{제한\ 전압} \times 100$$

(8) 피뢰기의 점검 : 연 1회 이상

피뢰기의 점검은 매년 뇌우기(6~7월경) 전에 실시하는 것이 바람직하다.

① 접지 저항 측정
② 지상의 각 접속부 검사
③ 지상의 단선, 용융, 기타 손상 유무 검사

(9) 피뢰침의 종류

① 돌침 방식
② 회전 구체 방식
③ 선행 스트리머 방출형 피뢰침(ESE 피뢰침)

※참고

1. 지상으로부터 높이 60m를 초과하는 건축물·구조물에 측뢰 보호가 필요한 경우에는 수뢰부시스템을 시설하여야 하며, 다음에 따른다.
   • 전체 높이 60m를 초과하는 건축물·구조물의 최상부로부터 20% 부분에 한하며, 피뢰시스템 등급 Ⅳ의 요구사항에 따른다.
2. 건축물·구조물과 분리되지 않은 수뢰부시스템의 시설은 다음에 따른다.
   ① 지붕 마감재가 불연성 재료로 된 경우 지붕 표면에 시설할 수 있다.
   ② 지붕 마감재가 높은 가연성 재료로 된 경우 지붕재료와 다음과 같이 이격하여 시설한다.
   • 초가지붕 또는 이와 유사한 경우 0.15m 이상
   • 다른 재료의 가연성 재료인 경우 0.1m 이상

◎기출

※ 피뢰시스템의 레벨별 회전구체 반경과 메시 치수

피뢰시스템의 레벨	회전구체 반경 (m)	메시치수 (m)
Ⅰ	20	5×5
Ⅱ	30	10×10
Ⅲ	45	15×15
Ⅳ	60	20×20

(10) 피뢰침의 구성요소 ✈

① 돌출부(돌침)

② 피뢰도선

③ 접지극

④ 화재경보기

(1) 누전경보기의 구성

① **영상변류기** : 누설전류를 자동으로 검출하여 누전경보기의 수신기에 송신하는 장치

② **수신기** : 변류기로부터 검출된 신호를 수신하여 누전의 발생을 소방대상물의 관계인에게 경보를 통보하는 장치

③ **차단기구** : 경계전로에 누설전류가 흐르는 경우 그 경계전로의 전원을 자동적으로 차단하는 장치

④ **음향장치** : 경보를 발하는 장치

(2) 누전경보기의 수신기를 설치할 수 없는 장소

① 가연성의 증기, 먼지, 가스 등이나 부식성의 증기, 가스 등이 다량으로 체류하는 장소

② 화약류를 제조하거나 저장 또는 취급하는 장소

③ 습도가 높은 장소

④ 온도의 변화가 급격한 장소

⑤ 대전류 회로, 고주파 발생회로 등에 의한 영향을 받을 우려가 있는 장소

📋 참고

※ 누전화재 경보기 설치 장소

1. 제1종 장소

일반 건축물로서 불연 재료 또는 준불연 재료가 아닌 재료에 철망 등의 금속재를 넣어 만든 것으로

① 연면적 300[m²] 이상인 것

② 계약 전류 용량(동일 건축물에 계약 종별이 다른 전기가 공급되는 경우에는 그중 최대 계약 전류 용량을 말한다)이 100[A]를 초과하는 것

2. 제2종 장소

일반 건축물로서 불연 재료 또는 준불연 재료가 아닌 재료에 철망 등의 금속재를 넣어 만든 것으로

① 연면적 500[m²] 이상 (사업장의 경우에는 1,000[m²] 이상)인 것.

② 계약 전류 용량이 100[A]를 초과하는 것 (4층 이상의 공동 주택 및 사업장에 한한다.)

3. 제3종 장소

연면적 1,000[m²] 이상의 창고(내화 건축물은 제외)로서 벽·바닥 또는 천장(ceiling)의 전부 또는 일부를 불연 재료가 아닌 재료에 철망을 넣어 만든 구조의 것

5 화재 대책

(1) 화재의 구분 ✿✿✿

구분 등급	화재의 구분	표시 색	소화기의 종류
A급	일반 가연물화재 (종이, 섬유, 목재 등)	백색	물소화기, 산·알칼리소화기, 강화액소화기
B급	유류화재	황색	분말소화기, 포소화기, 이산화탄소(탄산가스, CO_2) 소화기
C급	전기화재 (발전기, 변압기 등)	청색	분말소화기, 이산화탄소(탄산가스)소화기, 할로겐 화합물 소화기
D급	금속화재 (금속분 등)	무색, 표시없음	팽창질석, 팽창진주암, 건조사

문제

다음 중 전기화재 시 소화에
부적합한 소화기는?

㉮ 사염화탄소 소화기
㉯ 분말 소화기
㉰ 산알칼리 소화기
㉱ CO_2 소화기

[해설]

㉰ 산알칼리 소화기는 일반화
재에 사용되고 전기화재에
는 사용할 수 없다.

정답 ㉰

PART
04

정전기 장·재해관리

01 정전기 위험요소 파악 및 제거

📍 주/요/내/용 알/고/가/기 ▷

1. 정전기 발생 현상
2. 정전기 발생에 영향을 주는 요인
3. 정전기 방전 현상
4. 정전기의 최소 착화 에너지(정전에너지)
5. 정전기 재해 예방대책

1 정전기의 발생 및 영향

(1) 정전기 발생현상 ✖✖

① 마찰대전
- 두 물체 사이의 마찰로 인한 접촉, 분리에서 발생한다.
  📖 롤러기

② 유동대전
- 액체류가 파이프 등 내부에서 유동 시 관벽과 액체 사이에서 발생한다.
- 가솔린, 벤젠 등의 유속을 1m/sec 이하로 하여야 한다.

③ 박리대전
- 밀착된 물체가 떨어지면서 자유전자의 이동으로 발생한다.
- 이 경우는 마찰대전보다 더 큰 에너지가 발생한다.

④ 충돌대전
- 입자와 다른 고체와의 충돌과 급속한 분리에 의해 발생한다.

⑤ 분출대전
- 기체, 액체, 분체류가 단면적이 작은 분출구를 통과할 때 발생한다.

⑥ 파괴대전
- 고체, 분체류와 같은 물체가 파괴됐을 때 전하분리 또는 전하의 균형이 깨지면서 정전기가 발생한다.

⑦ 비말대전
- 공간에 분출한 액체류가 가늘게 비산해서 분리되는 과정에서 정전기가 발생한다.

(2) 정전기 발생에 영향을 주는 요인 ✄

물체의 특성	대전서열에서 멀리 있는 물체들끼리 마찰할수록 발생량이 많다.
물체의 표면 상태	표면이 거칠수록, 표면이 수분·기름 등에 오염될수록 발생량이 많다.
물체의 이력	처음 접촉, 분리할 때 정전기 발생량이 최고이고, 반복될수록 발생량은 줄어든다.
접촉 면적 및 압력	접촉면적이 넓을수록, 접촉압력이 클수록 발생량이 많다.
분리 속도	분리속도가 빠를수록 발생량이 많다.

(3) 정전기 방전형태

① 코로나 방전
- 전선 간에 가해지는 전압이 어떤 값 이상으로 되면 전선 주위의 전장이 강하게 되어 전선 표면의 공기가 국부적으로 절연이 파괴가 되어 빛과 소리를 내는 현상
- 코로나 방전은 대전체나 방전물체의 돌기부분과 같은 끝부분에서 미약한 발광이 일어나는 현상이다.
- 방전에너지의 밀도가 낮아 재해의 원인이 되는 확률이 비교적 적다.
- 코로나 방전 결과 공기중 오존(O_3)이 생성된다. ✄

② 브러쉬 방전(스트리머 방전)
- 코로나 방전이 보다 진전하여 수지상 발광과 펄스상의 파괴음을 수반하는 나뭇가지 모양의 방전을 말한다.
- 방선에너지가 크므로 재해의 원인이 될 수 있고, 화재, 폭발을 일으킬 수 있다.

③ 불꽃 방전
- 대전체 또는 접지체의 형태가 비교적 평활하고 그 간격이 작은 경우 그 공간에서 발생하는 강한 발광과 파괴음을 가진 방전을 말한다.
- 방전에너지가 커서 재해나 장해의 주요원인이 된다.

④ 연면 방전
- 절연체 표면의 전계강도가 큰 경우에 고체표면을 따라서 진행하는 방전을 말한다.
- 불꽃방전과 마찬가지로 방전에너지가 높아 재해나 장해의 원인이 된다.
- star-check 마크를 가지는 나뭇가지 형태의 발광을 수반한다.

┌문제┐
다음은 정전기에 관련한 설명이다. 잘못된 것은?
㉮ 정전유도에 의한 힘은 반발력이다.
㉯ 발생한 정전기와 완화한 정전기의 차가 마찰을 받은 물체에 축적되는 현상을 대전이라 한다.
㉰ 같은 부호의 전하는 반발력이 작용한다.
㉱ 겨울철에 나일론제 셔츠 등을 벗을 때 경험한 부착현상이나 스파크발생은 박리대전현상이다.
[해설]
㉮ 정전유도에 의한 힘은 흡인력이다.
└────── 정답 ㉮

◑기출
인체의 대전에 기인하여 발생하는 전격의 발생한계전위는 3kV 정도이다.

(4) 정전기의 최소 착화에너지(정전에너지)

최소 착화에너지(정전에너지)의 계산 ✿✿

$$E = \frac{1}{2}QV = \frac{1}{2}CV^2 = \frac{Q^2}{2C}(\text{J})$$

여기서, E : 정전기 에너지(J) C : 도체의 정전 용량(F)
          V : 대전 전위(V) Q : 대전 전하량(C)

대전 전하량은 $Q = C \cdot V$ 대전 전위는 $V = \dfrac{Q}{C}$

---

② 정전기 재해 방지대책

(1) 인체에 대전된 정전기 위험 방지조치 ✿✿

① 정전기용 안전화의 착용
② 제전복(除電服)의 착용
③ 정전기 제전용구의 사용
④ 작업장 바닥 등에 도전성을 갖추도록 하는 등의 조치

(2) 제전기 종류 및 특징

① 전압인가식 제전기
  • 7,000V 정도의 전압으로 코로나 방전을 일으키고 발생된 이온으로 제전한다.
  • 제전효과가 가장 좋다.

② 자기 방전식 제전기
  • 스테인리스, 카본(7um), 도전성 섬유(5um) 등에 작은 코로나 방전을 일으켜서 제전한다.
  • 아세테이트 필름의 권취 공정, 셀로판 제조 공정, 섬유 공장 등에 유용하나 2kV 내외의 대전이 남는 결점이 있다.
  • 경제적이며 제전효과 좋다.

③ 이온 스프레이식 제전기
  • 코로나 방전에 의해 발생한 이온을 blower로 대전체에 내뿜는 방식이다.
  • 제전효율은 낮으나 폭발위험이 있는 곳에 적당하다.

④ 방사선식 제전기
  • 방사선 원소의 전리작용을 이용하여 제전한다.

문제

폭발한계에 도달한 메탄가스가 공기에 혼합되었을 때 착화한계 전압은? (단, 메탄의 최소 착화에너지는 0.2mJ, 극간용량은 10pF이라 가정한다)

㉮ 6,325 ㉯ 5,225
㉰ 4,135 ㉱ 3,035

[해설]

$E = \frac{1}{2}CV^2$

$V^2 = \dfrac{E}{\frac{1}{2}C}$

$V = \sqrt{\dfrac{0.2 \times 10^{-3}}{\frac{1}{2} \times 10 \times 10^{-12}}}$

$= 6,325\text{V} (\text{mJ} = 10^{-3}\text{J},$
$\quad \text{pF} = 10^{-12}\text{F})$

정답 ㉮

🔍 용어정의

※ 제전기
• 이온을 이용하여 정전기를 중화시키는 기계
• 제전기의 제전효율은 설치 시에 90% 이상 되어야 한다.
• 정전기의 발생원으로부터 5~20cm 정도 떨어진 장소에 설치한다.

⊙기출

※ 제전기의 종류 및 특징

구분	전압 인가 식	자기 방전 식	방사 선식
제전 능력	크다.	보통	작다.
구조	복잡	간단	간단
취급	복잡	간단	복잡
적용 범위	넓다.	좁다.	좁다.
기종	많다.	적다.	적다.

⊙기출

※ 정전기 재해 방지대책 관리시스템
① 발생 전하량 예측
② 대전물체의 전하 축적 파악
③ 위험성 방전을 발생하는 물리적 조건 파악

(3) 제전기의 제전효과에 영향을 미치는 요인 ✦

① 제전기의 이온 생성능력
② 제전기 설치 위치 및 설치 각도
③ 대전물체의 대전전위 및 대전분포
④ 제전기의 설치 거리

(4) 정전기 재해 예방대책 ✦✦

① 접지(도체일 경우 효과 있으나 부도체는 효과 없다)
② 습기부여(공기 중 습도 60~70% 이상 유지한다)
③ 도전성 재료 사용(절연성 재료는 절대 금한다)
④ 대전 방지제 사용
  • 외부용 일시성 대전방지제 : 음이온계
  • 양이온계
  • 비이온계
⑤ 제전기 사용
⑥ 유속 조절(석유류 제품 1m/s 이하)

┌문제─
정전기가 대전된 물체를 제전
시키려고 한다. 제전에 효과가
없는 것은?
㉮ 접지   ㉯ 건조
㉰ 가습   ㉱ 제전기

[해설]
㉯ 건조하면 정전기 발생량은
  많아진다. 가습해야 한다.
                    정답 ㉯

📖참고
1. 대전물체의 표면전위

$$V_s = \frac{C_1 + C_2}{C_1} \cdot V_e$$

여기서,
C_1 : 대전물체와 검출전극
  간의 정전용량
C_2 : 검출전극과 대지 간의
  정전용량
V_e : 검출전극의 전위
V_s : 대전물체의 표면전위

2. 접지되어 있지 않는 도
  전성 물체에 접촉한 경
  우 물체에 유도된 전압
  의 계산(단, 물체와 대
  지사이의 저항은 무시)

$$V = \frac{C_1}{C_1 + C_2} \cdot E$$

여기서,
E : 송전선의 대지전압
C_1 : 송전선과 물체 사이의
  정전용량
C_2 : 물체와 대지 사이의
  정전용량

PART 04

CHAPTER
05

전기 방폭관리

01 전기방폭설비, 전기방폭 사고예방 및 대응

> 주/요/내/용 알/고/가/기
>
> 1. 방폭구조의 종류   2. 안전간격 및 폭발등급
> 3. 폭발 위험장소 및 위험장소별 방폭구조   4. 전기설비의 방폭화 방법

1 방폭구조의 종류 및 특징 ✿✿

(1) 내압 방폭구조(d)

① 전기기기의 외함 내부에서 가연성가스의 폭발이 발생할 경우 그 외함이 폭발압력에 견디고, 접합면, 개구부 등을 통해 외부의 가연성가스에 인화되지 아니하도록 한 방폭구조를 말한다.

② 폭발한 고열 가스가 용기의 틈을 통하여 누설되더라도 틈의 냉각효과(최대안전틈새 적용)로 인하여 폭발의 위험이 없도록 한다.

(2) 압력 방폭구조(P)

외함 내부의 보호가스 압력을 외부 대기 압력보다 높게 유지함으로써 외부 대기가 외함 내부로 유입되지 아니하도록 한 방폭구조를 말한다.

(3) 유입 방폭구조(o)

전기기기 전체 또는 전기기기의 일부를 보호액체에 잠기게 함으로써 보호액체의 상부 또는 외함 외부에 존재하는 폭발성가스분위기에 점화가 일어나지 아니하도록 한 방폭구조를 말한다.

(4) 안전증 방폭구조(e)

정상작동상태 중 또는 특정한 비정상 상태에서 가연성가스의 점화원이 될 수 있는 전기 불꽃 아크 또는 고온 부분의 발생을 방지하기 위하여 안전도를 증가시킨 방폭구조를 말한다.

(5) 본질안전 방폭구조(ia, ib)

폭발성 분위기에 노출되는 기기 및 연결 배선 내의 에너지를 스파크

문제

전기설비 내부에서 발생한 폭발이 설비주변에 존재하는 가연성 물질에 파급되지 않도록 한 구조는?

㉮ 압력 방폭구조
㉯ 내압 방폭구조
㉰ 안전증 방폭구조
㉱ 유입 방폭구조

[해설]
내부에서 발생한 폭발이 주변에 파급되지 않도록 한 구조 → 내압방폭구조(d)

정답 ㉯

◉기출
내압방폭구조에서 화염일주한계를 작게하는 이유
→ 최소점화에너지 이하로 열을 식히기 위하여

◉기출
＊ 본질안전 방폭구조의 특징 ★
① 온도계, 압력계, 유량계 등에 사용하며, 유지 보수 시 전원 차단을 하지 않아도 된다.
② 본질적으로 안전한 전류가 정상 운전상태에서 발생하며 단락, 차단하여도 점화에너지가 못 된다.
③ 에너지가 1.3(w), 30(v) 및 250(mA) 이하인 개소에 가능하다.

또는 가열효과에 의하여 점화를 유발할 수 있는 수준 이하로 제한하는 방폭구조를 말한다.

(6) 비점화 방폭구조(n)

① 정상작동 및 특정 이상상태에서 주위의 폭발성분위기를 점화시키지 아니하는 전기 기계 및 기구에 적용하는 방폭구조를 말한다.
② 2종 장소에만 사용할 수 있다.

(7) 몰드 방폭구조(m)

폭발성 분위기에 점화를 유발할 수 있는 부분에 컴파운드를 충전함으로써 설치 및 운전 조건에서 폭발성 분위기에 점화가 일어나지 아니하도록 한 방폭구조를 말한다.

(8) 충전 방폭구조(q)

폭발성 가스 분위기에 점화를 유발할 수 있는 부분을 고정 설치하고 그 주위 전체를 충전물질로 둘러쌈으로써 외부 폭발성 분위기에 점화가 일어나지 아니하도록 한 방폭구조를 말한다.

(9) 특수 방폭구조(s)

내압, 유입, 압력, 안전증, 본질안전 이외의 방폭구조로서 폭발성 가스 또는 증기에 점화 또는 위험분위기로 인화를 방지할 수 있는 것이 시험, 기타에 의하여 확인된 구조

(10) 방진 방폭구조(tD)

분진층이나 분진운의 점화를 방지하기 위하여 용기로 보호하는 전기 기기에 적용되는 분진침투방지, 표면온도제한 등의 방법을 말한다.

[방폭구조의 기호] ✿✿✿

가스·증기 방폭구조		기호
가스·증기 방폭구조	내압 방폭구조	d
	압력 방폭구조	p
	유입 방폭구조	o
	안전증 방폭구조	e
	본질안전 방폭구조	ia or ib
	충전 방폭구조	q
	비점화 방폭구조	n
	몰드 방폭구조	m
	특수 방폭구조	s
분진 방폭구조	방진 방폭구조	tD

참고

분진 내압 방폭 구조 (tD)	주변의 분진입자가 침입할 수 없도록 된 특수방진밀폐함 또는 전기설비의 안전운전에 방해될 정도의 분진이 침투할 수 없도록 한 보통 방진밀폐함을 갖는 방폭구조를 말한다.
분진 몰드 방폭 구조 (mD)	분진층 또는 분진운의 점화를 방지하기 위하여, 전기불꽃 또는 열에 의한 점화가 될 수 있는 부분을 콤파운드로 덮은 방폭구조를 말한다.
분진 본질 안전 방폭 구조 (iD)	폭발성 분진분위기에 노출되어 있는 기계·기구 내의 전기에너지, 권선 상호 간의 전기불꽃 또는 열의 영향을 점화에너지 이하의 수준까지 제한하는 것을 기반으로 하는 방폭구조를 말한다.
분진 압력 방폭 구조 (pD)	밀폐함 내부에 폭발성 분진 분위기의 형성을 막기 위하여 주위환경보다 높은 압력을 가하여 밀폐함에 보호가스를 적용하는 방폭구조를 말한다.

참고

분진 방폭구조	
특수방진방폭구조	SDP
보통방진방폭구조	DP
밀폐방진방폭구조	DIP
분진특수방폭구조	XDP

2 방폭형 전기기기 및 전기 방폭 사고 예방

(1) 안전간격(Safety gap) ✕✕

① 용기 내(8L, 틈의 안길이 25mm의 구형 용기)에 폭발성 가스를 채우고 점화시켰을 때 폭발 화염이 용기 외부까지 전달되지 않는 한계의 틈

② 폭발성 분위기에 있는 용기의 접합면 틈새를 통해 화염이 내부에서 외부로 전파되는 것을 저지할 수 있는 틈새의 최대 간격치

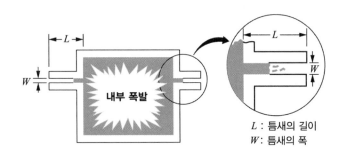

L : 틈새의 길이
W : 틈새의 폭

(2) 방폭전기기기의 분류

① 방폭전기기기는 탄광용 Group Ⅰ, 공장 및 사업장용 Group Ⅱ로 분류하고 있다.

② 내압방폭구조 및 본질안전방폭구조의 전기기기는 그 방폭성능에 따라 ⅡA, ⅡB, ⅡC의 3개 Group으로 분류하고 있다.

[화염일주한계에 의한 분류] ✕✕

폭발성 가스의 분류	A	B	C
화염일주한계	0.9mm 이상	0.5mm 초과 0.9mm 미만	0.5mm 이하
내압방폭구조의 전기기기의 분류	ⅡA	ⅡB	ⅡC

[최소점화전류비에 의한 분류] ✕

폭발성 가스의 분류	A	B	C
최소점화전류비	0.8 초과	0.45 이상 0.8 이하	0.45 미만
본질안전 방폭구조의 전기기기의 분류	ⅡA	ⅡB	ⅡC

(3) 최고표면온도 등급 및 발화도 등급 ✿✿

최고표면 온도등급	전기기기의 최고표면온도(℃)	발화도 등급	증기 또는 가스의 발화도(℃)
T1	450 이하(또는 300 초과 450 이하)	G1	450 초과
T2	300 이하(또는 200 초과 300 이하)	G2	300 초과 450 이하
T3	200 이하(또는 135 초과 200 이하)	G3	200 초과 300 이하
T4	135 이하(또는 100 초과 135 이하)	G4	135 초과 200 이하
T5	100 이하(또는 85 초과 100 이하)	G5	100 초과 135 이하
T6	85 이하	G6	85 초과 100 이하

(4) 위험장소의 분류 ✿✿✿

[가스폭발 위험장소]

0종 장소	가. 설비의 내부 나. 인화성 또는 가연성 액체 피트(PIT) 등의 내부 다. 인화성 또는 가연성의 가스나 증기가 지속적으로 또는 장기간 체류하는 곳
1종 장소	가. 통상의 상태에서 위험 분위기가 쉽게 생성되는 곳 나. 운전, 유지 보수 또는 누설에 의하여 자주 위험분위기가 생성되는 곳 다. 설비 일부의 고장 시 가연성물질의 방출과 전기계통의 고장이 동시에 발생되기 쉬운 곳 라. 환기가 불충분한 장소에 설치된 배관 계통으로 배관이 쉽게 누설되는 구조의 곳 마. 주변 지역보다 낮아 가스나 증기가 체류할 수 있는 곳 바. 상용의 상태에서 위험 분위기가 주기적 또는 간헐적으로 존재하는 곳
2종 장소	가. 환기가 불충분한 장소에 설치된 배관계통으로 배관이 쉽게 누설되지 않는 구조의 곳 나. 가스켓(GASKET), 팩킹(PACKING) 등의 고장과 같이 이상상태에서만 누출될 수 있는 공정설비 또는 배관이 환기가 충분한 곳에 설치될 경우 다. 1종 장소와 직접 접하며 개방되어 있는 곳 또는 1종 장소와 닥트, 트랜치, 파이프 등으로 연결되어 이들을 통해 가스나 증기의 유입이 가능한 곳 라. 강제 환기방식이 채용되는 곳으로 환기설비의 고장이나 이상 시에 위험분위기가 생성될 수 있는 곳

◎기출 ★

＊ 위험장소의 판정기준
① 위험증기의 양
② 가스의 특성(공기와의 비중차)
③ 위험가스의 현존 가능성
④ 통풍의 정도
⑤ 작업자에 의한 영향

＊ 위험 분위기 생성방지
① 폭발성 가스의 누설 및 방출방지
② 폭발성 가스의 체류방지
③ 폭발성 분진의 생성방지

◎기출

1. 분진방폭구조 분진의 종류
• 폭연성 분진 : 공기 중의 산소가 적은 분위기 또는 이산화탄소 중에서도 착화하며 부유상태에서 심하게 폭발을 일으키는 금속분진으로 마그네슘, 알루미늄, 티탄, 지르코늄 등이 있다.
• 가연성 분진 : 공기 중의 산소를 이용하여 발열반응을 일으키는 분진을 말하며 소맥분, 전분, 사탕수수, 합성수지, 화학약품 등 비전도성의 것과 카본블랙, 코크스, 철, 동 등 도전성이 있는 것으로 나눈다.

2. 분진폭발 방지대책
① 작업장 등은 분진이 퇴적하지 않은 형상으로 한다.
② 분진 취급 장치에는 유효한 집진 장치를 설치한다.
③ 분체 프로세스의 장치는 밀폐화하고 누설이 없도록 한다.
④ 물을 분무함으로써 분진 제거, 수분 공급에 의한 폭발방지 및 정전기를 제거한다.

PART 04

[분진폭발 위험장소]

20종 장소	분진운 형태의 가연성 분진이 폭발농도를 형성할 정도로 충분한 양이 정상작동 중에 연속적으로 또는 자주 존재하거나, 제어할 수 없을 정도의 양 및 두께의 분진층이 형성될 수 있는 장소
21종 장소	20종 장소 외의 장소로서, 분진운 형태의 가연성 분진이 폭발농도를 형성할 정도의 충분한 양이 정상작동 중에 존재할 수 있는 장소
22종 장소	21종 장소 외의 장소로서, 가연성 분진운 형태가 드물게 발생 또는 단기간 존재할 우려가 있거나, 이상 작동상태 하에서 가연성 분진운이 형성될 수 있는 장소

(5) 위험장소별 방폭구조 ✿✿✿

분류		적요
가스폭발위험장소	0종 장소	본질안전 방폭구조(ia) 그 밖에 관련 공인 인증 기관이 0종 장소에서 사용이 가능한 방폭구조로 인증한 방폭구조
	1종 장소	내압 방폭구조(d)　　　　압력 방폭구조(p) 충전 방폭구조(q)　　　　유입 방폭구조(o) 안전증 방폭구조(e)　　　본질안전 방폭구조(ia, ib) 몰드 방폭구조(m) 그 밖에 관련 공인 인증 기관이 1종 장소에서 사용이 가능한 방폭구조로 인증한 방폭구조
	2종 장소	0종 장소 및 1종 장소에 사용 가능한 방폭구조 비점화 방폭구조(n) 그 밖에 2종 장소에서 사용하도록 특별히 고안된 비방폭형 구조
분진폭발위험장소	20종 장소	밀폐방진 방폭구조(DIP A20 또는 DIP B20) 그 밖에 관련 공인 인증 기관이 20종 장소에서 사용이 가능한 방폭구조로 인증한 방폭구조
	21종 장소	밀폐방진 방폭구조(DIP A20 또는, DIP B20 또는 B21) 특수방진 방폭구조(SDP) 그 밖에 관련 공인 인증 기관이 21종 장소에서 사용이 가능한 방폭구조로 인증한 방폭구조
	22종 장소	20종 장소 및 21종 장소에서 사용 가능한 방폭구조 일반방진 방폭구조(DIP A22 또는 DIP B22) 보통방진 방폭구조(DIP) 그 밖에 22종 장소에서 사용하도록 특별히 고안된 비방폭형 구조

(6) 방폭기기의 표시

방폭기기 표시방법 ✮✮

Ex d ⅡA T1 IP 54

Ex : 방폭구조의 상징
d : 방폭구조(내압 방폭구조)
ⅡA : 가스·증기 및 분진의 그룹
T1 : 온도등급
IP 54 : 보호등급

> **참고 (국가표준인증 KS C IEC 60079-0)**
>
> 기기보호등급(Equipment Protection Level) : EPL로 표현되며 점화원이 될 수 있는 가능성에 기초하여 기기에 부여된 보호등급이다.

가스폭발 보호등급	분진폭발 보호등급
1. EPL Ga : 폭발성 가스 분위기에 설치되는 기기로 정상 작동, 예상된 오작동, 드문 오작동 중에 점화원이 될 수 없는 "매우 높은" 보호 등급의 기기이다. 2. EPL Gb : 폭발성 가스 분위기에 설치되는 기기로 정상 작동, 예상된 오작동 중에 점화원이 될 수 없는 "높은" 보호 등급의 기기이다. 3. EPL Gc : 폭발성 가스 분위기에 설치되는 기기로 정상 작동 중에 점화원이 될 수 없고 정기적인 고장 발생 시 점화원으로서 비활성 상태의 유지를 보장하기 위하여 추가적인 보호장치가 있을 수 있는 "강화된" 보호등급의 기기이다.	1. EPL Da : 폭발성 분진 분위기에 설치되는 기기로 정상 작동, 예상된 오작동, 드문 오작동 중에 점화원이 될 수 없는 "매우 높은" 보호 등급의 기기이다. 2. EPL Db : 폭발성 분진 분위기에 설치되는 기기로 정상 작동, 예상된 오작동 중에 점화원이 될 수 없는 "높은" 보호 등급의 기기이다. 3. EPL Dc : 폭발성 분진 분위기에 설치되는 기기로 정상 작동 중에 점화원이 될 수 없고 정기적인 고장 발생 시 점화원으로서 비활성 상태의 유지를 보장하기 위하여 추가적인 보호장치가 있을 수 있는 "강화된" 보호등급의 기기이다.

3 방폭구조의 선정 및 유의사항

(1) 방폭구조의 구비조건

① 시건장치할 것
② 도선의 인입 방식을 정확히 채택할 것
③ 접지할 것
④ 퓨즈 사용

(2) 전기설비의 방폭화 방법 ✖✖✖

① 점화원의 방폭적 격리(전폐형 방폭구조) : 내압, 압력, 유입 방폭구조
② 전기설비의 안전도 증강 : 안전증 방폭구조
③ 점화능력의 본질적 억제 : 본질안전 방폭구조

(3) 방폭 전기기기의 선정 시 고려사항 ✖

① 방폭 전기기기가 설치될 지역의 방폭지역 등급 구분
② 가스 등의 발화온도
③ 내압 방폭구조의 경우 최대 안전틈새
④ 본질안전 방폭구조의 경우 최소점화 전류
⑤ 압력 방폭구조, 유입 방폭구조, 안전증 방폭구조의 경우 최고표면 온도
⑥ 방폭 전기기기가 설치될 장소의 주변온도, 표고 또는 상대습도, 먼지, 부식성 가스 또는 습기 등의 환경조건

> **📖참고**
>
> ✻ 전기기기를 적합하게 선정하기 위하여 다음과 같은 정보를 확보한다.
> ① 폭발위험장소 등급 및 기기 보호 등급
> ② 기기 그룹에 적합한 가스 등급
> ③ 온도 등급 또는 가스의 점화 온도
> ④ 전기기기의 용도
> ⑤ 외부 영향 및 주변 온도

(4) 방폭전기 설비 계획 수립 시의 기본 방침

① 가연성가스 및 가연성 액체의 위험 특성 확인
② 시설장소의 재조건 검토
③ 위험장소 종별 및 범위의 결정

PART

05 화학설비 안전 관리

Engineer Industrial Safety

CHAPTER 01 화학물질 안전관리 실행

01 화학물질(위험물, 유해화학물질) 확인

주/요/내/용 알/고/가/기 ▶

1. 위험물의 정의 및 종류
2. 시간 가중 평균농도
3. 단시간 노출 한계
4. 최고 농도
5. 두 종류 이상의 유해·위험 물질을 취급하는 경우 취급량의 계산

① 위험물의 정의 및 종류 ✿✿✿

(1) 위험물의 종류

(1) 폭발성 물질 및 유기과산화물	가. 질산에스테르류 다. 니트로소화합물 마. 디아조화합물 사. 유기과산화물	나. 니트로화합물 라. 아조화합물 바. 하이드라진 유도체

실력이 되고! 합격이 되는! **특급 암기법**

폭발(폭발성 물질)하는 **질산에**(질산에스테르) **니태아조**(니트로, 니트로소, 아조, 디아조) **하드라유**(하이드라진 유도체, 유기과산화물)
⇒ 폭발하는 질산에 니태워줘? 하더라

(2) 물반응성 물질 및 인화성 고체	가. 리튬　　　　　　　　나. 칼륨·나트륨 다. 황　　　　　　　　　라. 황린 마. 황화인·적린　　　　바. 셀룰로이드류 사. 알킬알루미늄·알킬리튬 아. 마그네슘 분말 자. 금속 분말(마그네슘 분말은 제외한다) 차. 알칼리금속(리튬·칼륨 및 나트륨은 제외한다) 카. 유기 금속화합물(알킬알루미늄 및 알킬리튬은 제외한다) 타. 금속의 수소화물 파. 금속의 인화물 하. 칼슘 탄화물, 알루미늄 탄화물 거. 그 밖에 가목부터 하목까지의 물질과 같은 정도의 발화성 또는 인화성이 있는 물질 너. 가목부터 거목까지의 물질을 함유한 물질

합격의 key

기출

위험물안전관리법상 위험물 분류
1류 산화성 고체
2류 가연성 고체
3류 자연발화성 및 금수성 물질
4류 인화성 액체
5류 자기반응성 물질
6류 산화성 액체

참고

※ 위험물의 특징
제1류 산화성고체
　　(강산화제)

1. 공통성질
   ① 무색결정, 백색분말
   ② 불연성, 조연성, 강산화제
   ③ 비중 1보다 큼 (물보다 무거움)
   ④ 수용성
   ⑤ 조해성(공기 중 수분을 흡수하여 고체가 액체로 변함)
   ⑥ 알칼리금속의 과산화물은 물과 반응시 발열 및 산소 방출
   ⑦ 가열, 충격, 마찰에 의해 산소 방출

2. 저장 및 취급방법
   ① 통풍이 잘되는 찬 곳
   ② 가열·충격·마찰 피할 것
   ③ 습기주의, 밀봉 저장할 것
   ④ 가연물과 접촉 피할 것
   ⑤ 소화 : 주수에 의한 냉각소화(알칼리금속 과산화물 제외)

3. 품명 및 지정수량
   ① 아염소산염류, 염소산염류, 과염소산염류, 무기과산화물 : 50kg
   ② 브롬산염류, 질산염류, 요오드산염류 : 300kg
   ③ 과망간산염류, 중크롬산염류 : 1,000kg

(2) 물반응성 물질 및 인화성 고체	실력이 되고! 합격이 되는! **특급 암기법** **물 반응성 물질 :** 나(나트륨), 칼(칼륨·칼슘), 알(알킬알루미늄·알킬리튬), 물(물반응성물질) 리(리튬) ⇒ 나! 칼 안물거야 **인화성 고체 :** 인화성 황인(황, 황린, 황화인, 적린)이 젤(셀룰로이드류) 금(금속분말), 마(마그네슘) ⇒ 인화성 황, 인이 제일 겁나!
(3) 산화성 액체 및 산화성 고체	가. 차아염소산 및 그 염류　나. 아염소산 및 그 염류 다. 염소산 및 그 염류　라. 과염소산 및 그 염류 마. 브롬산 및 그 염류　바. 요오드산 및 그 염류 사. 과산화수소 및 무기 과산화물 아. 질산 및 그 염류 자. 과망간산 및 그 염류 차. 중크롬산 및 그 염류 실력이 되고! 합격이 되는! **특급 암기법** 염소(염소산) 보러(브롬산) 요과(요오드산, 과산화수소, 무기과산화물, 과망간산)하고 질산 가는 중(중크롬산)! ⇒ 염소 보러 요과하고 질산 가는 중!
(4) 인화성 액체	가. 에틸에테르, 가솔린, 아세트알데히드, 산화프로필렌, 그 밖에 인화점이 섭씨 23도 미만이고 초기 끓는점이 섭씨 35도 이하인 물질 실력이 되고! 합격이 되는! **특급 암기법** 235 아세트알(아세트알데히드)샴푸(산화프로필렌)가 거슬린(가솔린) 에테르(에틸에테르) ⇒ 235 아세트알 샴푸가 거슬린 에테르 나. 노르말헥산, 아세톤, 메틸에틸케톤, 메틸알코올, 에틸알코올, 이황화탄소, 그 밖에 인화점이 섭씨 23도 미만이고 초기 끓는점이 섭씨 35도를 초과하는 물질 실력이 되고! 합격이 되는! **특급 암기법** 235 아세톤 메에케(메틸에틸케톤)해! 노!(노르말헥산) 이황화탄(이황화탄소) 알콜(메틸알콜, 에틸알콜) ⇒ 235 아세톤 매에케해! NO! 이황화탄 알콜 다. 크실렌, 아세트산아밀, 등유, 경유, 테레핀유, 이소아밀알코올, 아세트산, 하이드라진, 그 밖에 인화점이 섭씨 23도 이상 섭씨 60도 이하인 물질 실력이 되고! 합격이 되는! **특급 암기법** 아세트산아(아세트산, 아세트산아밀)! 텔레비전(테레핀유) 켜실땐(크실렌) 2360 등(등유)을 경유(경유) 하이(하이드라진)소(이소아밀알콜)! ⇒ 아세트산아! 텔레비전(TV) 켜실땐 2360 등을 경유 하이소!

제2류 가연성 고체(환원제)

1. 공통성질
   ① 낮은 온도에서 착화, 연소속도 빠름
   ② 유독성, 연소 시 유독 gas 발생
   ③ 산화제와 접촉 시 발화(1류, 6류)
   ④ 철 마그네슘, 금속분은 물, 산과 접촉시 발화
2. 저장 및 취급방법
   ① 가열 및 점화원 피할 것
   ② 산화성물질(1,6류) 피할 것
   ③ 소화 : 주수에 의한 냉각소화(철, 마그네슘, 금속분 제외)
3. 품명 및 지정수량
   ① 황린, 적린, 유황 : 100kg
   ② 철분, 마그네슘, 금속분 : 500kg
   ③ 인화성 고체(고형알코올) : 1,000kg

제3류 자연발화성, 금수성 물질

1. 공통 성질
   ① 공기와 접촉 시 열을 흡수하여 자연발화
   – 알칼리금속, 알칼리토금속(1, 2족 금속), 알킬알루미늄, 알킬리튬, 유기금속화합물, 황린
   ② 수분과 접촉 시 발열, 가연성가스 발생(황린 제외)
2. 저장 및 취급방법
   ① 금수성 물질 : 수분 접촉 금지
   ② 자연발화성 물질 : 공기노출금지(보호액속 저장)
   ③ 화기엄금 : 가연성 가스 발생
   ④ 다량일 경우 : 소분서장, 희석제 혼입
3. 품명 및 지정수량
   ① 칼륨, 나트륨, 알킬알루미늄, 알킬리튬 : 10kg
   ② 황린 : 20kg
   ③ 알칼리금속 및 알칼리토금속, 유기금속화합물 : 50kg
   ④ 칼슘 또는 알루미늄의 탄화물, 금속의 수소화물, 금속의 인화물 : 300kg

제4류 인화성 액체

1. 공통 성질
   ① 물보다 가볍고, 물에 녹기 어렵다.
   ② 증기는 공기보다 무겁다.(시안화수소 제외)
   ③ 연소하한 낮음– 증기는 공기와 약간 혼합되어도 연소 우려)

④ 증기는 높은 곳으로 배출할 것
⑤ 전기부도체, 정전기 축적 쉬움
⑥ 증발연소 (연소확대 빠름)

2. 저장 및 취급방법
① 화기엄금
② 정전기발생 주의 및 예방조치
③ 증기는 가급적 높은 곳으로 배출
④ 질식소화(주수소화 금지-연소면 확대로 위험)

제5류 자기반응성 물질
1. 공통 성질
① 산소 함유하고 있어 공기 중 산소 없이도 가열, 충격, 마찰에 의해 자연발화·폭발
② 연소속도 빨라서 폭발성 지님

2. 저장 및 취급방법
① 화기엄금, 충격주의 표지
② 가열, 충격, 마찰, 화원 금지
③ 소분저장, 용기 밀전 밀봉할 것
④ 다량의 주수에 의한 냉각소화

3. 품명 및 지정수량
① 유기과산화물, 질산에스테르류(니트로글리세린, 니트로셀룰로오스) : 10kg
② 니트로화합물(T.N.T/T.N.P), 니트로소화합물, 아조화합물, 디아조화합물, 히드라진유도체 : 200kg
③ 히드록실아민, 히드로실아민염류 : 100kg

제6류 산화성 액체
1. 공통성질
① 강산화제, 불연성, 조연성
② 비중 1보다 큼, 수용성
③ 물과 접촉 시 발열

2. 저장 및 취급방법
① 물, 유기물, 가연물, 고체산화제와 접촉 금지
② 저장용기는 내산성일 것
③ 밀봉, 밀전, 피부접촉 시 즉시 세척
④ 소화 : 마른모래 및 탄산가스에 의한 질식소화

3. 품명 및 지정수량
① 과염소산과산화수소 질산 : 300kg

(5) 인화성 가스	가. 수소 나. 아세틸렌 다. 에틸렌 라. 메탄 마. 에탄 바. 프로판 사. 부탄 아. 인화한계 농도의 최저한도가 13% 이하 또는 최고한도와 최저한도의 차가 12% 이상인 것으로서 표준압력(101.3kPa) 하의 20℃에서 가스 상태인 물질 실력이 되고! 합격이 되는! **특급** 암기법 **폭발 1등급** : 메, 에, 프로, 부 **폭발 2등급** : 에틸렌 **폭발 3등급** : 수소, 아세틸렌
(6) 부식성 물질	가. 부식성 산류 　①농도가 20퍼센트 이상인 염산, 황산, 질산, 그 밖에 이와 같은 정도 이상의 부식성을 가지는 물질 　②농도가 60퍼센트 이상인 인산, 아세트산, 불산, 그 밖에 이와 같은 정도 이상의 부식성을 가지는 물질 나. 부식성 염기류 　농도가 40퍼센트 이상인 수산화나트륨, 수산화칼륨, 그 밖에 이와 같은 정도 이상의 부식성을 가지는 염기류 실력이 되고! 합격이 되는! **특급** 암기법 • 20% : 염, 황, 질 • 40% : 수나, 수칼 • 60% : 인, 아, 불
(7) 급성 독성 물질	가. 쥐에 대한 경구투입실험에 의하여 실험동물의 50퍼센트를 사망시킬 수 있는 물질의 양, 즉 LD_{50}(경구, 쥐)이 킬로그램당 300밀리그램-(체중) 이하인 화학물질 나. 쥐 또는 토끼에 대한 경피흡수실험에 의하여 실험동물의 50퍼센트를 사망시킬 수 있는 물질의 양, 즉 LD_{50}(경피, 토끼 또는 쥐)이 킬로그램당 1000밀리그램-(체중) 이하인 화학물질 다. 쥐에 대한 4시간 동안의 흡입실험에 의하여 실험동물의 50퍼센트를 사망시킬 수 있는 물질의 농도, 즉 가스 LC_{50}(쥐, 4시간 흡입)이 2,500ppm 이하인 화학물질, 증기 LC_{50}(쥐, 4시간 흡입)이 10mg/L 이하인 화학물질, 분진 또는 미스트 1mg/L 이하인 화학물질 실력이 되고! 합격이 되는! **특급** 암기법 경구 : 300mg/kg　　경피 : 1,000mg/kg 가스 : 2,500ppm　　증기 : 10mg/L 분진·미스트 : 1mg/L

2 노출기준

"노출기준"이라 함은 근로자가 유해인자에 노출되는 경우 노출기준 이하 수준에서는 거의 모든 근로자에게 건강상 나쁜 영향을 미치지 아니하는 기준을 말하며, 1일 작업시간 동안의 시간가중평균노출기준(Time Weighted Average, TWA), 단시간노출기준(Short Term Exposure Limit, STEL) 또는 최고노출기준(Ceiling, C)으로 표시한다.

(1) 시간가중평균노출기준(TWA 농도) ✿✿

① 일 8시간 작업하는동안 반복 노출되더라도 건강장해를 일으키지 않는 유해물질의 평균농도

② 1일 8시간 작업을 기준으로 하여 유해인자의 측정치에 발생시간을 곱하여 8시간으로 나눈 값을 말하며 산출공식은 다음과 같다.

$$TWA \text{ 환산값} = \frac{C_1 \cdot T_1 + C_2 \cdot T_2 + \cdots\cdots + C_n \cdot T_n}{8}$$

여기서 C : 유해인자의 측정치(단위 : ppm 또는 mg/m³)
T : 유해인자의 발생시간(단위 : 시간)

(2) 단시간노출기준(STEL 농도) ✿✿

① 근로자가 1회에 15분간 유해인자에 노출되는 경우의 기준을 말한다.

② 이 기준 이하에서는 1회 노출간격이 1시간 이상인 경우 1일 작업시간 동안 4회까지 노출이 허용될 수 있는 기준을 말한다.

(3) 최고노출기준(C)(Ceiling 농도) ✿✿

① 근로자가 1일 작업시간 동안 잠시라도 노출되어서는 아니되는 기준을 말한다.

② 노출기준 앞에 "C"를 붙여 표시한다.

(4) 노출기준 사용상의 유의사항

① 각 유해인자의 노출기준은 당해 유해인자가 단독으로 존재하는 경우의 노출기준을 말하며, 2종 또는 그 이상의 유해인자가 혼재하는 경우에는 각 유해인자의 상가작용으로 유해성이 증가할 수 있으므로 다음 식에 의하여 산출하는 노출기준을 사용하여야 한다.

참고

※ 독극물의 측정 단위
① MLD
  실험 동물 가운데 한 마리를 치사시키는데 필요한 최소의 양
② LD50(Lethal Dose)
  1회 투여로 인하여 7~10일 이내에 실험동물의 50%를 치사시키는 양. 실험동물 체중 1kg당 mg으로 나타낸다.
③ LC50(Lethal Concentration)
  실험 동물의 50%가 사망하는 유해 물질의 농도
④ LJ50
  일정 농도에서 실험 동물의 50%가 사망하는 데 소요되는 시간
⑤ EC50(Effective Concentration)
  투여량 농도에 대한 과반수 영향농도를 말한다.
⑥ IC50(Inhibition Concentration)
  투여량 농도에 대한 과반수 활성억제농도를 말한다.
⑦ 무영향농도
  투여량 또는 어떠한 영향도 나타나지 않는 양 또는 농도를 말한다.

참고

※ 단시간노출 값을 구한 경우 이 값이 허용기준 TWA를 초과하고 허용기준 STEL 이하인 때에는 다음 어느 하나 이상에 해당되면 허용기준을 초과한 것으로 판정한다.
① 1회 노출지속시간이 15분 이상인 경우
② 1일 4회를 초과하여 노출되는 경우
③ 각 회의 간격이 60분 미만인 경우

노출기준은 다음 식에 의하여 산출하는 수치가 1을 초과하지 아니하는 것으로 한다.

노출기준의 계산 ✦

$$노출지수\ EI = \frac{C_1}{T_1} + \frac{C_2}{T_2} + \cdots + \frac{C_n}{T_n}$$

여기서, C : 화학물질 각각의 측정치
T : 화학물질 각각의 노출기준
$EI > 1$: 노출기준을 초과함.

---

3 유해화학물질의 유해요인

(1) 유해물 취급상의 안전조치 ✦

① 유해물 발생원의 봉쇄
② 유해물의 위치, 작업공정의 변경
③ 작업공정의 은폐 및 작업장의 격리

(2) 유해물질 중 입자상 물질의 구분

흄(fume)	금속의 증기가 공기 중에서 응고되어 화학변화를 일으켜 고체의 미립자로 되어 공기 중에 부유하는 것
미스트(mist)	액체의 미세한 입자가 공기 중에 부유하고 있는 것
분진(dust)	기계적 작용에 의해 발생된 고체 미립자가 공기 중에 부유하고 있는 것
스모크(smoke)	유기물의 불완전 연소에 의해 생긴 미립자

02 화학물질(위험물, 유해화학물질) 유해 위험성 확인

┌─ 주/요/내/용 알/고/가/기 ▼

1. 발화성 물질의 저장법　　　　　　2. 가스의 종류 및 특징
3. 가스 등의 용기의 취급 시 주의사항

1 위험물의 성질 및 위험성

(1) 발화성 물질의 저장법 ✄

① 나트륨, 칼륨 : 석유 속 저장
② 황린 : 물속에 저장
③ 적린, 마그네슘, 칼륨 : 격리저장
④ 질산은($AgNO_3$) 용액 : 햇빛 피하여 저장(빛에 의해 광분해 반응 일으킴)
⑤ 벤젠 : 산화성물질과 격리저장
⑥ 탄화칼슘(CaC_2, 카바이트) : 금수성물질로서 물과 격렬히 반응하므로 건조한 곳에 보관
⑦ 질산 : 통풍이 잘되는 곳에 보관하고 물기와의 접촉을 피한다.

(2) 니트로셀룰로오스(질화면)의 저장법 ✄

건조하면 분해폭발하므로 알콜에 적셔 습하게 보관한다.

(3) 중독 증세 ✄

① 수은 중독 : 구내염, 혈뇨, 손떨림 증상
② 납 중독 : 신경근육계통장애
③ 크롬 중독 : 비중격천공증세
④ 벤젠 중독 : 조혈기관 장애(백혈병)

(4) 기타사항

① N_2O(아산화 질소) : 가연성 마취제, 웃음가스로 알려짐
② 잠함병(잠수병)의 원인 물질 : 질소(N_2)
③ 금수성 물질 : 탄화칼슘(카바이드), 금속나트륨, 금속칼륨 금속리튬, 알킬알루미늄, 알킬리튬
④ 진동이 심한 작업장 : 레이노씨병
⑤ 인화칼슘은 수분(H_2O)과 반응하여 유독성가스인 포스핀(PH_3)을 발생시킨다.

┌─ 참고 ─┐
* 레이노씨병
　수지의 근육마비를 일으킨다.

* 잠함병(잠수병)
　감압을 너무 빠르게 하면 고압상태에서 흡수, 용해되었던 질소가 기포를 형성하여 혈액흐름을 방해하여 장애를 일으키는 현상이다.

* 포스핀(PH_3)
　기상 인화수소

PART 05

⑥ 암모니아 가스는 네슬러 시약에 갈색으로 변색한다.

⑦ 포스겐가스 누설검지의 시험지 : 하리슨시험지

2 위험물 등의 저장 및 취급방법

(1) 폭발 또는 화재 등의 예방 ✤

① 인화성 물질의 증기, 가연성 가스 또는 가연성 분진이 존재하여 폭발 또는 화재가 발생할 우려가 있는 장소에서는 당해 증기·가스 또는 분진에 의한 폭발 또는 화재를 예방하기 위하여 위해 환풍기, 배풍기(排風機) 등 환기장치를 적절하게 설치해야 한다.

② 증기 또는 가스에 의한 폭발 또는 화재를 미리 감지할 수 있는 가스 검진 및 경보장치를 설치하고 그 성능이 발휘될 수 있도록 하여야 한다.

3 인화성 가스 취급 시 주의사항

(1) 가스의 종류 및 특징

① 액화가스
상온에서 낮은 압력으로도 쉽게 액화되는 가스
📋 프로판(C_3H_8), 부탄(C_4H_{10}), 암모니아(NH_3), 염소(Cl_2), 이산화탄소(CO_2)

② 압축가스
상온에서 압축하여도 쉽게 액화되지 않는 가스
📋 헬륨(He), 네온(Ne), 아르곤(Ar), 수소(H_2), 산소(O_2), 질소(N_2), 일산화탄소(CO), 공기 등

③ 용해가스
액화하기 위해 압축하면 분해를 발하므로, 용기에 다공물질 채우고 용제에 용해하여 충전한 가스   📋 아세틸렌(C_2H_2)

(2) 고압가스 용기 파열사고의 원인

① 용기의 내압력 부족

② 용기 내 압력의 이상 상승

③ 용기 내에서 폭발성 혼합가스의 발화

(3) 가스용기의 취급 시 주의사항 ✤

① 가스용기를 사용·설치·저장 또는 방치하지 않아야 하는 장소
• 통풍 또는 환기가 불충분한 장소
• 화기를 사용하는 장소 및 그 부근
• 위험물 또는 인화성 액체를 취급하는 장소 및 그 부근

② 용기의 온도를 섭씨 40도 이하로 유지할 것

③ 전도의 위험이 없도록 할 것

④ 충격을 가하지 아니하도록 할 것

⑤ 운반할 때에는 캡을 씌울 것

⑥ 사용할 때에는 용기의 마개에 부착되어 있는 유류 및 먼지를 제거할 것

⑦ 밸브의 개폐는 서서히 할 것

⑧ 사용 전 또는 사용 중인 용기와 그 외의 용기를 명확히 구별하여 보관할 것

⑨ 용해아세틸렌의 용기는 세워 둘 것

⑩ 용기의 부식·마모 또는 변형상태를 점검한 후 사용할 것

(4) 화재위험작업 시의 준수사항

1) 사업주는 통풍이나 환기가 충분하지 않은 장소에서 화재위험작업을 하는 경우에는 통풍 또는 환기를 위하여 산소를 사용해서는 아니 된다.

2) 사업주는 가연성물질이 있는 장소에서 화재위험작업을 하는 경우에는 화재예방에 필요한 다음 각 호의 사항을 준수하여야 한다.

화재위험작업을 하는 경우에 화재예방을 위하여 준수하여야 하는 사항
1. 작업 준비 및 작업 절차 수립
2. 작업장 내 위험물의 사용·보관 현황 파악
3. 화기 작업에 따른 인근 가연성 물질에 대한 방호조치 및 소화기구 비치
4. 용접불티 비산방지덮개, 용접방화포 등 불꽃, 불티 등 비산방지조치
5. 인화성 액체의 증기 및 인화성 가스가 남아 있지 않도록 환기 등의 조치
6. 작업근로자에 대한 화재 예방 및 피난 교육 등 비상조치

3) 사업주는 작업시작 전에 화재예방을 위하여 준수하여야 하는 사항을 확인하고 불꽃·불티 등의 비산을 방지하기 위한 조치 등 안전조치를 이행한 후 근로자에게 화재위험작업을 하도록 해야 한다.

4) 사업주는 화재위험작업이 시작되는 시점부터 종료될 때까지 작업내용, 작업일시, 안전점검 및 조치에 관한 사항 등을 해당 작업 장소에 서면으로 게시해야 한다. 다만, 같은 장소에서 상시·반복적으로 화재위험작업을 하는 경우에는 생략할 수 있다.

(5) 폭발·화재 및 위험물 누출에 의한 위험방지

① 사업주는 인화성 가스가 발생할 우려가 있는 지하작업장에서 작업하는 때(터널 건설작업 제외) 또는 가스도관에서 가스가 발산될 위험이 있는 장소에서 굴착작업을 하는 경우에는 폭발이나 화재를 방지하기 위하여 다음 각 호의 조치를 하여야 한다.

   ㉠ 가스의 농도를 측정하는 자를 지명 당해가스의 농도를 측정하도록 하는 일

가스농도 측정을 하여야 하는 경우 ✄

- 매일 작업을 시작하기 전
- 가스의 누출이 의심되는 경우
- 가스가 발생하거나 정체할 위험이 있는 장소가 있는 경우
- 장시간 작업을 계속하는 때(이 경우 4시간마다 가스농도를 측정하도록 하여야 한다)

   ㉡ 가스의 농도가 인화하한계 값의 25퍼센트 이상으로 밝혀진 때에는 즉시 근로자를 안전한 장소에 대피시키고 화기 그 밖에 점화원이 될 우려가 있는 기계·기구 등의 사용을 중지하며 통풍·환기 등을 할 것 ✄

(6) 화재감시자 ✄

1) 사업주는 근로자에게 다음 각 호의 어느 하나에 해당하는 장소에서 용접·용단 작업을 하도록 하는 경우에는 화재감시자를 지정하여 용접·용단 작업 장소에 배치해야 한다. 다만, 같은 장소에서 상시·반복적으로 용접·용단 작업을 할 때 경보용 설비·기구, 소화 설비 또는 소화기가 갖추어진 경우에는 화재감시자를 지정·배치하지 않을 수 있다.

   ① 작업반경 11미터 이내에 건물구조 자체나 내부(개구부 등으로 개방된 부분을 포함한다)에 가연성물질이 있는 장소

   ② 작업반경 11미터 이내의 바닥 하부에 가연성물질이 11미터 이상 떨어져 있지만 불꽃에 의해 쉽게 발화될 우려가 있는 장소

   ③ 가연성물질이 금속으로 된 칸막이·벽·천장 또는 지붕의 반대쪽 면에 인접해 있어 열전도나 열복사에 의해 발화될 우려가 있는 장소

📖 확인

✻ 화재감시자의 업무

① 해당 장소에 가연성물질이 있는지 여부의 확인

② 가스 검지, 경보 성능을 갖춘 가스 검지 및 경보 장치의 작동 여부의 확인

③ 화재 발생 시 사업장 내 근로자의 대피 유도
---

2) 사업주는 근로자에게 다음 각 호의 어느 하나에 해당하는 장소에서 화재위험작업을 하도록 하는 경우에는 화재의 위험을 감시하고 화재 발생 시 사업장 내 근로자의 대피를 유도하는 업무만을 담당하는 화재감시자를 지정하여 화재위험작업 장소에 배치하여야 한다.

① 연면적 15,000제곱미터 이상의 건설공사 또는 개조공사가 이루어 지는 건축물의 지하장소

② 연면적 5,000제곱미터 이상의 냉동·냉장창고시설의 설비공사 또는 단열공사 현장

③ 액화석유가스 운반선 중 단열재가 부착된 액화석유가스 저장시설 에 인접한 장소

3) 사업주는 배치된 화재감시자에게 업무 수행에 필요한 확성기, 휴대용 조명기구 및 화재 대피용 마스크 등 대피용 방연장비를 지급해야 한다.

4 유해화학물질 취급 시 주의사항

(1) 작업장의 적정공기 수준

① "산소결핍"이란 공기 중의 산소농도가 18퍼센트 미만인 상태를 말한다. ✭✭

작업장의 적정 공기 수준 ✭✭

• 산소농도의 범위가 18% 이상 23.5% 미만
• 탄산가스의 농도가 1.5% 미만
• 일산화탄소의 농도가 30ppm 미만
• 황화수소의 농도가 10ppm 미만

---

(2) 밀폐공간 작업 프로그램의 수립·시행

① 사업주는 밀폐공간에 근로자를 종사하도록 하는 경우에 다음 각 호의 내용이 포함된 밀폐공간 보건작업 프로그램을 수립하여 시행하여야 한다. ✭

밀폐공간 보건작업 프로그램 내용

• 사업장 내 밀폐공간의 위치 파악 및 관리 방안
• 밀폐공간 내 질식·중독 등을 일으킬 수 있는 유해·위험 요인의 파악 및 관리 방안
• 밀폐공간 작업 시 사전 확인이 필요한 사항에 대한 확인 절차
• 안전보건교육 및 훈련
• 그 밖에 밀폐공간 작업 근로자의 건강장해 예방에 관한 사항

🔎 **용어정의**

"밀폐공간"이란 산소결핍, 유해가스로 인한 질식·화재·폭발 등의 위험이 있는 장소를 말한다.

"유해가스"란 이산화탄소·일산화탄소·황화수소 등의 기체로서 인체에 유해한 영향을 미치는 물질을 말한다.

"산소결핍증"이란 산소가 결핍된 공기를 들이마심으로써 생기는 증상을 말한다.

② 사업주는 근로자가 밀폐공간에서 작업을 시작하기 전에 다음 각 호의 사항을 확인하여 근로자가 안전한 상태에서 작업하도록 하여야 하며, 밀폐공간에서의 작업이 종료될 때까지 각 호의 내용을 해당 작업장 출입구에 게시하여야 한다.

- 작업 일시, 기간, 장소 및 내용 등 작업 정보
- 관리감독자, 근로자, 감시인 등 작업자 정보
- 산소 및 유해가스 농도의 측정결과 및 후속조치 사항
- 작업 중 불활성가스 또는 유해가스의 누출·유입·발생 가능성 검토 및 후속조치 사항
- 작업 시 착용하여야 할 보호구의 종류
- 비상연락체계

(3) 산소 및 유해가스 농도의 측정

① 사업주는 밀폐공간에서 근로자에게 작업을 하도록 하는 경우 미리 다음 각 호의 어느 하나에 해당하는 자로 하여금 해당 밀폐공간의 산소 및 유해가스 농도를 측정하여 적정공기가 유지되고 있는지를 평가하도록 하여야 한다.

밀폐공간의 산소 및 유해가스 농도를 측정하여야 하는 자
1. 관리감독자
2. 안전관리자 또는 보건관리자
3. 안전관리전문기관 또는 보건관리전문기관
4. 건설재해예방전문지도기관
5. 작업환경측정기관
6. 한국산업안전보건공단이 정하는 산소 및 유해가스 농도의 측정·평가에 관한 교육을 이수한 사람

② 사업주는 산소 및 유해가스 농도를 측정한 결과 적정공기가 유지되고 있지 아니하다고 평가된 경우에는 작업장을 환기시키거나, 근로자에게 공기호흡기 또는 송기마스크를 지급하여 착용하도록 하는 등 근로자의 건강장해 예방을 위하여 필요한 조치를 하여야 한다.

(4) 환기

① 사업주는 밀폐공간에 근로자를 종사하도록 하는 경우에 작업 시작 전 및 작업 중에 해당 작업장을 적정공기 상태가 유지되도록 환기하여야 한다. 다만, 폭발이나 산화 등의 위험으로 인하여 환기할 수 없거나 작업의 성질상 환기하기가 매우 곤란한 경우에는 근로자에게 공기호흡기 또는 송기마스크를 지급하여 착용하도록 하고 환기하지 아니할 수 있다.

② 근로자는 지급된 보호구를 착용하여야 한다.

(5) 출입금지

① 사업주는 밀폐공간에 근로자를 종사하도록 하는 경우에는 그 장소에 근로자를 입장시킬 때와 퇴장시킬 때마다 인원을 점검하여야 한다.

② 사업주는 밀폐공간에서 하는 작업에 근로자를 종사하도록 하는 경우에는 그 밀폐공간에서 작업하는 근로자가 아닌 사람이 그 장소에 출입하는 것을 금지하고, 출입금지 표지를 밀폐공간 근처의 보기 쉬운 장소에 게시하여야 한다.

(6) 감시인의 배치

① 사업주는 근로자가 밀폐공간에서 작업을 하는 동안 작업상황을 감시할 수 있는 감시인을 지정하여 밀폐공간 외부에 배치하여야 한다.

② 감시인은 밀폐공간에 종사하는 근로자에게 이상이 있을 경우에 구조요청 등 필요한 조치를 한 후 이를 즉시 관리감독자에게 알려야 한다.

③ 사업주는 근로자가 밀폐공간에서 작업을 하는 동안 그 작업장과 외부의 감시인 간에 항상 연락을 취할 수 있는 설비를 설치하여야 한다.

(7) 사고 시의 대피

① 사업주는 근로자가 밀폐공간에서 작업을 하는 경우에 산소결핍이나 유해가스로 인한 질식·화재·폭발 등의 우려가 있으면 즉시 작업을 중단시키고 해당 근로자를 대피하도록 하여야 한다.

PART
05

② 사업주는 근로자를 대피시킨 경우 적정공기 상태임이 확인될 때까지 그 장소에 관계자가 아닌 사람이 출입하는 것을 금지하고, 그 내용을 해당 장소의 보기 쉬운 곳에 게시하여야 한다.

③ 근로자는 출입이 금지된 장소에 사업주의 허락 없이 출입하여서는 아니 된다.

(8) 안전대 등 보호구 지급

① 사업주는 밀폐공간에서 작업하는 근로자가 산소결핍이나 유해가스로 인하여 추락할 우려가 있는 경우에는 해당 근로자에게 안전대나 구명밧줄, 공기호흡기 또는 송기마스크를 지급하여 착용하도록 하여야 한다.

② 안전대나 구명밧줄을 착용하도록 하는 경우에 이를 안전하게 착용할 수 있는 설비 등을 설치하여야 한다.

③ 근로자는 제1항에 따라 지급된 보호구를 착용하여야 한다.

(9) 대피용 기구의 비치

사업주는 밀폐공간에 근로자를 종사하도록 하는 경우에 공기호흡기 또는 송기마스크, 사다리 및 섬유로프 등 비상시에 근로자를 피난시키거나 구출하기 위하여 필요한 기구를 갖추어 두어야 한다.

(10) 구출 시 공기호흡기 또는 송기마스크의 사용

사업주는 밀폐공간에서 위급한 근로자를 구출하는 작업을 하는 경우 그 구출작업에 종사하는 근로자에게 공기호흡기 또는 송기마스크를 지급하여 착용하도록 하여야 한다.

03 화학물질 취급설비 개념 확인

1 화학설비 및 그 부속설비

(1) 화학설비 및 그 부속설비의 종류

화학설비의 종류
① 반응기·혼합조 등 화학물질 반응 또는 혼합장치
② 증류탑·흡수탑·추출탑·감압탑 등 화학물질 분리장치
③ 저장탱크·계량탱크·호퍼·사일로 등 화학물질 저장 또는 계량설비
④ 응축기·냉각기·가열기·증발기 등 열교환기류
⑤ 고로 등 접화기를 직접 사용하는 열교환기류
⑥ 카렌다·혼합기·발포기·인쇄기·압출기 등 화학제품 가공설비
⑦ 분쇄기·분체분리기·용융기 등 분체화학물질 취급장치
⑧ 결정조·유동탑·탈습기·건조기 등 분체화학물질 분리장치
⑨ 펌프류·압축기·이젝타 등의 화학물질 이송 또는 압축설비

화학설비의 부속설비의 종류
① 배관·밸브·관·부속류 등 화학물질이송 관련 설비
② 온도·압력·유량 등을 지시·기록 등을 하는 자동제어 관련 설비
③ 안전밸브·안전판·긴급차단 또는 방출밸브 등 비상조치 관련 설비
④ 가스누출감지 및 경보관련 설비
⑤ 세정기·응축기·벤트스택·플레어스택 등 폐가스처리 설비
⑥ 사이클론·백필터·전기집진기 등 분진처리 설비
⑦ ①~⑥의 설비를 운전하기 위하여 부속된 전기 관련 설비
⑧ 정전기 제거장치·긴급 샤워설비 등 안전 관련 설비

(2) 부식방지 ✖

화학설비 또는 그 배관(화학설비 또는 그 배관의 밸브나 콕은 제외한다) 중 위험물 또는 인화점이 섭씨 60도 이상인 물질이 접촉하는 부분에 대해서는 위험물질 등에 의하여 그 부분이 부식되어 폭발·화재 또는 누출되는 것을 방지하기 위하여 위험물질 등의 종류·온도·농도 등에 따라 부식이 잘되지 않는 재료를 사용하거나 도장(塗裝) 등의 조치를 하여야 한다.

(3) 덮개 등의 접합부 ✖

사업주는 화학설비 또는 그 배관의 덮개·플랜지·밸브 및 콕의 접합부에 대하여 위험물질 등의 누출로 인한 폭발·화재 또는 위험물의 누출을 방지하기 위하여 적절한 개스킷(gasket)을 사용하고 접합면을 상호 밀착시키는 등 적절한 조치를 하여야 한다.

(4) 안전밸브를 설치하여야 하는 곳

1) 다음 각 호의 어느 하나에 해당하는 설비에 대해서는 과압에 따른 폭발을 방지하기 위하여 폭발 방지 성능과 규격을 갖춘 안전밸브 또는 파열판을 설치하여야 한다. 다만, 안전밸브 등에 상응하는 방호장치를 설치한 경우에는 그러하지 아니하다.

안전밸브(또는 파열판)를 설치하여야 하는 곳 ✖

① 압력용기(안지름이 150밀리미터 이하 치인 압력용기는 제외하며, 압력용기 중 관형 열교환기의 경우에는 관의 파열로 인하여 상승한 압력이 압력용기의 최고사용압력을 초과할 우려가 있는 경우만 해당한다)
② 정변위 압축기
③ 정변위 펌프(토출측에 차단밸브가 설치된 것만 해당한다)
④ 배관(2개 이상의 밸브에 의하여 차단되어 대기온도에서 액체의 열팽창에 의하여 파열될 우려가 있는 것으로 한정한다)
⑤ 그 밖의 화학설비 및 그 부속설비로서 해당 설비의 최고사용압력을 초과할 우려가 있는 것

---

2) 안전밸브 등을 설치하는 경우에는 다단형 압축기 또는 직렬로 접속된 공기압축기에 대해서는 각 단 또는 각 공기압축기별로 안전밸브 등을 설치하여야 한다. ✖

3) 안전밸브에 대해서는 다음 각 호의 구분에 따른 검사주기마다 국가교정기관에서 교정을 받은 압력계를 이용하여 설정압력에서 안전밸브가 적정하게 작동하는지를 검사한 후 납으로 봉인하여 사용하여야 한다.

ㅡ문제ㅡ

고압가스장치 중 안전밸브의 설치 위치가 아닌 것은?

㉮ 압축기 각 단의 토출 측
㉯ 저장탱크 상부
㉰ 펌프의 흡입 측
㉱ 감압밸브 뒤 배관

[해설]
㉰ 안전밸브는 과압을 방출하는 밸브로 펌프의 흡입측에는 필요 없다.

정답 ㉰

안전밸브 검사주기 ✿✿
① 화학공정 유체와 안전밸브의 디스크 또는 시트가 직접 접촉될 수 있도록 설치된 경우 : 매년 1회 이상
② 안전밸브 전단에 파열판이 설치된 경우 : 2년마다 1회 이상
③ 공정안전보고서 제출 대상으로서 고용노동부장관이 실시하는 공정안전보고서 이행상태 평가 결과가 우수한 사업장의 안전밸브의 경우 : 4년마다 1회 이상

4) 사업주는 납으로 봉인된 안전밸브를 해체하거나 조정할 수 없도록 조치하여야 한다.

(5) 파열판의 설치

파열판을 설치하여야 하는 경우 ✿✿
① 반응폭주 등 급격한 압력상승의 우려가 있는 경우
② 급성독성물질의 누출로 인하여 주위의 작업환경을 오염시킬 우려가 있는 경우
③ 운전 중 안전밸브에 이상 물질이 누적되어 안전밸브가 작동되지 아니할 우려가 있는 경우

🔎 **용어정의**

* 파열판(Rupture disc)
"안전밸브"를 대체할 수 있는 방호장치로서 판 입구측의 압력이 설정 압력에 도달하면 판이 파열하면서 유체가 분출하도록 용기에 설치된 얇은 판을 말한다.

PART
05

(6) 안전밸브 등의 작동요건 및 배출용량

① 안전밸브 등이 안전밸브 등을 통하여 보호하려는 설비의 최고사용압력 이하에서 작동되도록 하여야 한다. 다만, 안전밸브 등이 2개 이상 설치된 경우에 1개는 최고사용압력의 1.05배(외부화재를 대비한 경우에는 1.1배) 이하에서 작동되도록 설치할 수 있다. ✿✿

② 안전밸브 등의 배출용량은 그 작동원인에 따라 각각의 소요분출량을 계산하여 가장 큰 수치를 당해 안전밸브 등의 배출용량으로 하여야 한다.

(7) 안전밸브의 전·후단에 차단밸브를 설치할 수 있는 경우 ✿

① 인접한 화학설비 및 그 부속설비에 안전밸브 등이 각각 설치되어 있고 당해 화학설비 및 그 부속설비의 연결배관에 차단밸브가 없는 경우

② 안전밸브 등의 배출용량의 2분의 1 이상에 해당하는 용량의 자동압력조절밸브(구동용 동력원의 공급을 차단할 경우 열리는 구조인 것에 한한다)와 안전밸브 등이 병렬로 연결된 경우

③ 화학설비 및 그 부속설비에 안전밸브 등이 복수방식으로 설치되어 있는 경우

┌문제┐

다음 중 반응 또는 운전압력이 3psig 이상인 경우 압력계를 설치하지 않아도 무관한 것은?

㉮ 반응기
㉯ 탑조류
㉰ 밸브류
㉱ 열교환기

[해설]
㉰ 밸브류에는 압력계를 설치하지 않는다.

정답 ㉰

④ 예비용 설비를 설치하고 각각의 설비에 안전밸브 등이 설치되어 있는 경우

⑤ 열팽창에 의하여 상승된 압력을 낮추기 위한 목적으로 안전밸브가 설치된 경우

⑥ 하나의 플레어스택(flare stack)에 2 이상의 단위공정의 플레어헤더(flare header)를 연결하여 사용하는 경우로서 각각의 단위공정의 플레어헤더에 설치된 차단밸브의 열림·닫힘상태를 중앙제어실에서 알 수 있도록 조치한 경우

(8) 통기설비(대기밸브, Breather valve) ✖✖

◉기출 ★★

＊ 대기밸브(통기밸브, breather valve)는 탱크 내의 압력을 대기압과 평행하게 유지하는 역할을 한다.

① 인화성 액체를 저장·취급하는 대기압탱크에는 통기관 또는 통기밸브(breather valve) 등을 설치하여야 한다.

② 통기설비는 정상운전 시에 대기압탱크 내부가 진공 또는 가압되지 않도록 충분한 용량의 것을 사용하여야 하며, 철저하게 유지·보수를 하여야 한다.

(9) 화염방지기(Flame Arrester)의 설치 ✖✖

인화성 액체 및 인화성 가스를 저장 취급하는 화학설비에서 증기나 가스를 대기로 방출하는 경우에는 외부로부터의 화염을 방지하기 위하여 화염방지기를 그 설비 상단에 설치하여야 한다. 다만, 대기로 연결된 통기관에 통기밸브가 설치되어 있거나, 인화점이 섭씨 38도 이상 60도 이하인 인화성 액체를 저장·취급할 때에 화염방지 기능을 가지는 인화방지망을 설치한 경우에는 그러하지 아니하다.

(10) 방유제 설치 ✖

사업주는 위험물질을 액체상태로 저장하는 저장탱크를 설치하는 때에는 위험물질이 누출되어 확산되는 것을 방지하기 위하여 방유제(防油提)를 설치하여야 한다.

(11) 화학설비 및 부속설비의 개조·수리·청소 작업 시 조치

사업주는 화학설비와 그 부속설비의 개조·수리 및 청소 등을 위하여 해당 설비를 분해하거나 해당 설비의 내부에서 작업을 하는 경우에는 다음 각 호의 사항을 준수하여야 한다.

① 작업책임자를 정하여 해당 작업을 지휘하도록 할 것

② 작업장소에 위험물 등이 누출되거나 고온의 수증기가 새어나오지 않도록 할 것

③ 작업장 및 그 주변의 인화성 액체의 증기나 인화성 가스의 농도를 수시로 측정할 것

(12) 화학설비의 안전거리 기준 ✕✕

[안전거리]

구분	안전거리
1. 단위공정시설 및 설비로부터 다른 단위공정시설 및 설비의 사이	설비의 바깥 면으로부터 10미터 이상
2. 플레어스택으로부터 단위공정시설 및 설비, 위험물질 저장탱크 또는 위험물질 하역설비의 사이	플레어스택으로부터 반경 20미터 이상. 다만, 단위공정시설 등이 불연재로 시공된 지붕 아래에 설치된 경우에는 그러하지 아니하다.
3. 위험물질 저장탱크로부터 단위공정시설 및 설비, 보일러 또는 가열로의 사이	저장탱크의 바깥 면으로부터 20미터 이상. 다만, 저장탱크의 방호벽, 원격조종화설비 또는 살수설비를 설치한 경우에는 그러하지 아니하다.
4. 사무실·연구실·실험실·정비실 또는 식당으로 부터 단위공정시설 및 설비, 위험물질 저장탱크, 위험물질 하역설비, 보일러 또는 가열로의 사이	사무실 등의 바깥 면으로부터 20미터 이상. 다만, 난방용 보일러인 경우 또는 사무실 등의 벽을 방호구조로 설치한 경우에는 그러하지 아니하다.

② 특수화학설비

(1) 특수화학설비의 종류 ✕

위험물질을 기준량 이상으로 제조 또는 취급하는 다음 각 호의 1에 해당하는 화학실비를 특수화학설비라 한다.

특수화학설비 ✕

① 발열반응이 일어나는 반응장치
② 증류·정류·증발·추출 등 분리를 행하는 장치
③ 가열시켜 주는 물질의 온도가 가열되는 위험물질의 분해온도 또는 발화점보다 높은 상태에서 운전되는 설비
④ 반응폭주 등 이상 화학반응에 의하여 위험물질이 발생할 우려가 있는 설비
⑤ 온도가 섭씨 350도 이상이거나 게이지 압력이 980킬로파스칼 이상인 상태에서 운전되는 설비 ✕
⑥ 가열로 또는 가열기

┌ 문제 ─────────

염소산 칼륨 40kg, 니트로글리세린 8kg과 니트로글리콜 2kg을 취급하는 설비는 어느 것에 해당되는가? (염소산 칼륨 기준량 50kg, 니트로글리세린 기준량 10kg, 니트로글리콜 기준량 10kg)

㉮ 특수화학설비
㉯ 화학설비
㉰ 위험설비
㉱ 특정설비

[해설]
$\frac{40}{50} + \frac{8}{10} + \frac{2}{10} = 1.8$
(값이 1을 초과하면 기준량을 초과함) → 특수화학설비

└────── 정답 ㉮

PART 05

┌ 확인 ★★ ──────
* 특수화학설비의 방호장치 종류
① 계측장치
② 자동경보장치
③ 긴급차단장치
④ 예비동력원

* 계측장치의 종류
① 온도계
② 압력계
③ 유량계

(2) 특수화학설비의 방호장치 설치 ✖✖

계측장치	특수화학설비를 설치하는 때에는 내부의 이상상태를 조기에 파악하기 위하여 필요한 온도계·유량계·압력계 등의 계측장치를 설치하여야 한다.
자동경보장치	특수 화학설비를 설치하는 때에는 그 내부의 이상상태를 조기에 파악하기 위하여 필요한 자동경보장치를 설치하여야 한다. 다만, 자동경보장치를 설치하는 것이 곤란한 때에는 감시인을 두고 당해 특수화학설비의 운전 중 당해설비를 감시하도록 하는 등의 조치를 하여야 한다.
긴급차단장치	특수화학설비를 설치하는 때에는 이상상태의 발생에 따른 폭발·화재 또는 위험물의 누출을 방지하기 위하여 원재료 공급의 긴급차단, 제품 등의 방출, 불활성가스의 주입 또는 냉각용수 등의 공급을 위하여 필요한 장치 등을 설치하여야 한다.
예비동력원	• 동력원의 이상에 의한 폭발 또는 화재를 방지하기 위하여 즉시 사용할 수 있는 예비동력원을 갖추어 둘 것 • 밸브·콕·스위치 등에 대하여는 오조작을 방지하기 위하여 잠금장치를 하고 색채표시 등으로 구분할 것

3 반응기

(1) 반응기(Chemical reactor)

"반응기(chemical reactor)"란 원료물질을 화학적 반응을 통하여 성질이 다른 물질로 전환하는 설비로서 이와 관련된 계측, 제어 등 일련의 부속장치를 포함하는 장치를 말한다.

(2) 반응기의 구분

운전방식에 의한 분류	회분식 반응기 (Batch Reactor)	• 원료를 반응기 내에 주입하고, 일정 시간 반응시킨 다음 생성물을 꺼내는 방식. • 반응이 진행되는 동안 원료 도입 또는 생성물의 배출이 없다. • 다품종 소량 생산에 유리하다.
	반회분식 반응기 (semi-batch reactor)	• 반응 성분의 일부를 반응기 내에 넣어두고 반응이 진행됨에 따라 다른 성분을 계속 첨가하는 형식의 반응기이다.
	연속 반응기 (plug flow reactor)	• 원료를 연속적으로 반응기에 도입하는 동시에 반응 생성물을 연속적으로 반응기에 배출시키면서 반응을 진행시키는 반응기이다. • 소품종 대량생산에 적합하다.
구조에 의한 분류	① 관형반응기　　　　② 탑형반응기 ③ 교반기형 반응기　　④ 유동층형 반응기	

(3) 반응기의 구비조건

① 고온, 고압에 견딜 것
② 균일한 혼합이 가능할 것
③ 촉매의 활성에 영향주지 않을 것
④ 체류시간 있을 것
⑤ 냉각장치, 가열장치 가질 것

(4) 반응기의 설계 시 주요인자 ✄

① 온도　　　　　　　② 압력
③ 부식성　　　　　　④ 상의 형태
⑤ 체류시간

┌─ 🔍 비교 ──
반응기 설계 시 주요 인자
① 온도
② 압력
③ 부식성
④ 상의 형태
⑤ 체류시간

④ 증류탑

(1) 증류탑(Distillation tower)

용액의 성분을 증발시켜서 끓는 점 차이를 이용하여 증발분을 응축하여 원하는 성분별로 분류하는 기기

(2) 증류탑 종류

① **충전탑** : 증기와 액체와의 접촉면적을 크게 하기 위하여 탑 속에 충전물을 채운 형태의 탑이다.
② **단탑** : 빈 탑 속에 여러 개의 수평관을 일정한 간격으로 설치하여 증기와 액체를 접촉시켜 증류, 흡수, 추출을 행하는 장치이다.
③ **포종탑** : 탑 속의 각 단판에 포종을 설치, 유해 성분의 흡수효율을 높인 장치이다.
④ 다공판탑
⑤ 니플 트레이
⑥ 벨러스트 트레이

(3) 증류탑 설계 시 주요 인자 ✄

① 온도
② 압력
③ 부식성
④ 액 및 가스비율
⑤ 연속식 및 회분식

(4) 증류탑의 일상 점검항목 ✧

① 보온재·보냉재의 파손 상황
② 도장의 열화 정도
③ 볼트의 풀림 여부
④ 플랜지, 맨홀, 용접부 등에서의 누출 여부
⑤ 증기 배관의 열팽창에 의한 과도한 힘이 가해지지 않는지 여부

(5) 증류탑 개방 시 점검 항목

① 트레이의 부식상태
② 포종의 막힘 여부
③ 넘쳐흐르는 둑의 높이가 설계와 같은지 여부
④ 용접선의 상황 및 포종의 고정 여부
⑤ 균열, 손상 여부

(6) 증류장치 운전 시 주의사항

① 라인, 라인업 확인
② 증류탑으로 원료액이 공급되는지 확인
③ 응축기에 냉각수 확인
④ 계기의 조정 및 펌프의 작동상태 점검

5 열교환기

(1) 열교환기(Heat exchanger)

온도가 높은 유체로부터 전열벽을 통하여 온도가 낮은 유체에 열을 전달하는 장치

(2) 열교환기 손실열량

열교환기의 열손실량 계산
$$Q = K \times A \times \frac{\Delta T}{\Delta X} (\text{kcal/hr})$$
여기서, K : 전열계수, A : 면적, ΔX : 두께, ΔT : 온도변화량

문제

열교환탱크 외부를 두께 0.2m의 석면(k=0.037kcal/mhr℃)으로 보온하였더니 석면의 내면은 40℃, 외면은 20℃이었다. 면적 1m²당 1시간에 손실되는 열량(kcal)은?

㉮ 0.0037   ㉯ 0.037
㉰ 1.37   ㉱ 3.7

[해설]
열교환기 손실열량

$Q = K \times A \times \frac{\Delta T}{\Delta X} (\text{kcal/hr})$

(K : 전열계수, A : 면적
ΔX : 두께, ΔT : 온도변화량)

$Q = 0.037 \times 1 \times \frac{(40-20)}{0.2}$

$= 3.7 \text{kcal}$

정답 ㉱

(3) 열교환기 효율이 낮아지는 원인

① Scale이 관내 외벽에 부착되었을 때
② 비응축 가스가 축적되었을 때
③ 폐쇄의 경우 스팀측 유량이 급속히 감소하여 배압이 올라간다.
④ 가열시킬 물질의 유량이 중지되는 경우

(4) 열교환기의 일상점검 항목 ✄

① 보온재 및 보냉재의 상태
② 도장의 열화상태
③ 용접부 등으로부터의 누출 여부
④ 기초볼트의 풀림상태

(5) 다관식 열교환기의 종류

① 고정관판 열교환기
② 유동두식(유동관판식) 열교환기
③ U자관 열교환기
④ Kettle형 열교환기

6 건조설비

(1) 건조기의 종류

1) 고체건조기

① 상자건조기 : 입상의 고체를 회분식으로 선조하는 방식
② 터널건조기 : 다량을 연속적으로 건조하는 방식
③ 회전건조기 : 회전통 내의 원료에 열가스를 접촉하여 건조하는 방식

2) 용액, 슬러리 건조기

① 드럼건조기 : 롤러 사이에서 증발, 건조하는 방식
② 교반건조기 : 원료가 점착성이 있어 타건조기 사용이 어려울 때 사용
③ 분무건조기 : 고온가스 중에서 액체를 미세하게 분산시켜 건조하는 방식

▶기출

* 열교환기의 열교환 능률을 항상시키기 위한 방법

① 유체의 유속을 적절하게 조절한다.
② 유체의 흐르는 방향을 향류로 한다.
③ 열교환기 입구와 출구의 온도차를 크게 한다.
④ 열전도율이 좋은 재료를 사용한다.

문제

열교환기 내의 각 장치와 용도(사용목적)가 맞게 연결되어 있는 것은?

㉮ 기화기 – 공급물의 예열
㉯ 증류탑 재비기 – 탑저액의 재증발
㉰ 증류탑 예열기 – 액화가스의 가열기화
㉱ 증류탑 탑저 냉각기 – 탑정 증기의 응축

[해설]
㉮ 기화기 – 액화가스의 가열기화
㉰ 증류탑 예열기 – 공급물의 예열
㉱ 증류탑 탑정 냉각기 – 탑정 증기의 응축

정답 ㉯

용어정의

* 건조설비
건조란 수분을 포함하는 재료로부터 열(선노, 대류, 복사)에 의하여 고체 중의 수분을 기화·증발시키는 일련의 행위를 말하며, 이와 같은 조작에 필요한 수단, 즉 설비·장치를 건조설비라 한다.

(2) 건조설비 취급 시 주의사항

1) 위험물 건조설비 중 건조실을 독립된 단층건물로 하여야 하는 경우

위험물 건조설비 중 건조실을 설치하는 건축물의 구조는 독립된 단층건물로 하여야 한다. 다만, 당해 건조실을 건축물의 최상층에 설치하거나 건축물이 내화구조인 때에는 그러하지 아니하다.

건조실을 독립된 단층건물로 하여야 하는 경우 ✈

① 위험물 또는 위험물이 발생하는 물질을 가열·건조하는 경우 내용적이 1세제곱미터(1m³) 이상인 건조설비
② 위험물이 아닌 물질을 가열·건조하는 경우로서 다음 각 목의 1의 용량에 해당하는 건조설비
  • 고체 또는 액체연료의 최대 사용량이 시간당 10킬로그램(10kg/h) 이상
  • 기체연료의 최대 사용량이 시간당 1세제곱미터(1m³/h) 이상
  • 전기사용 정격용량이 10킬로와트(10kW) 이상

---

2) 건조설비의 구조

건조실의 구조 ✈

① 건조설비의 바깥 면은 불연성 재료로 만들 것
② 건조설비(유기 과산화물을 가열 건조하는 것을 제외한다)의 내면과 내부의 선반이나 틀은 불연성 재료로 만들 것
③ 위험물건조설비의 측벽이나 바닥은 견고한 구조로 할 것
④ 위험물건조설비는 그 상부를 가벼운 재료로 만들고 주위상황을 고려하여 폭발구를 설치할 것
⑤ 위험물건조설비는 건조하는 경우에 발생하는 가스·증기 또는 분진을 안전한 장소로 배출시킬 수 있는 구조로 할 것
⑥ 액체연료 또는 인화성가스를 열원의 연료로서 사용하는 건조설비는 점화하는 경우 폭발 또는 화재를 예방하기 위하여 연소실이나 그밖에 점화하는 부분을 환기시킬 수 있는 구조로 할 것
⑦ 건조설비의 내부는 청소하기 쉬운 구조로 할 것
⑧ 건조설비의 감시창·출입구 및 배기구 등과 같은 개구부는 발화시에 불이 다른 곳으로 번지지 아니하는 위치에 설치하고 필요한 경우에는 즉시 밀폐할 수 있는 구조로 할 것
⑨ 건조설비는 내부의 온도가 부분적으로 상승하지 아니하는 구조로 설치할 것
⑩ 위험물건조설비의 열원으로서 직화를 사용하지 아니할 것
⑪ 위험물 건조설비가 아닌 건조설비의 열원으로서 직화를 사용하는 경우에는 불꽃 등에 의한 화재를 예방하기 위하여 덮개를 설치하거나 격벽을 설치할 것

---

3) 건조설비의 사용

건조설비 사용 시 폭발 · 화재 예방 위한 준수사항

① 위험물건조설비를 사용하는 때에는 미리 내부를 청소하거나 환기할 것
② 위험물건조설비를 사용하는 때에는 건조로 인하여 발생하는 가스 · 증기 또는 분진에 의하여 폭발 · 화재의 위험이 있는 물질을 안전한 장소로 배출시킬 것
③ 위험물건조설비를 사용하여 가열 건조하는 건조물은 쉽게 이탈되지 아니하도록 할 것
④ 고온으로 가열 건조한 인화성 액체는 발화의 위험이 없는 온도로 냉각한 후에 격납시킬 것
⑤ 건조설비(바깥 면이 현저히 고온이 되는 설비만 해당한다)에 가까운 장소에는 인화성 액체를 두지 않도록 할 것

7 제어장치, 안전장치, 계측장치 등

(1) 제어장치

기계나 설비를 목적에 알맞도록 조절하는 장치이다.

1) 열린루프 제어계(개회로 방식)

① 열린루프 제어계의 대표적인 예는 시퀀스제어이다.
② 시퀀스제어는 한 동작이 끝나면 그 결과를 좇아 다음 동작이 시작되는 순서 제어이며 세탁기, 자동판매기, 엘리베이터, 공장 등의 가공공정 자동화 등에 이용되고 있다.

[개회로방식 제어계 작동순서]

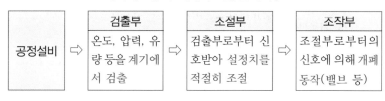

2) 닫힌루프 제어계(피드백제어)

① 닫힌루프 제어계의 대표적인 예는 피드백제어이다.
② 피드백제어는 제어결과를 입력측으로 되돌림으로써 제어결과가 소기의 목적에 일치하도록 연속적으로 조절하여 제어의 질을 개선하는 효과를 가져오게 한다.

문제

화학공장의 폐회로방식 제어계의 작동 순서 중 올바른 것은?

PART 05

㉮ 공정설비 – 검출부 – 조작부 – 조절계 – 공정설비
㉯ 공정설비 – 검출부 – 조절계 – 조작부 – 공정설비
㉰ 공정설비 – 조작부 – 검출부 – 조절계 – 공정설비
㉱ 공정설비 – 조작부 – 조절계 – 검출부 – 공정설비

정답 ㉯

참고

1. 폭발 방산구 : 폭발위험이 있는 장치, 용기, 건물 내에서 폭발이 일어날 때 설비가 파괴되지 않도록 강도가 약한 부분을 설치하여 폭발압력이 외부로 배출되게 하는 장치이다.
2. 폭발억제장치 : 밀폐된 설비, 탱크 내에서 폭발이 발생하는 경우 압력 상승현상을 신속히 감지하여 전자기기를 이용, 소화제를 자동으로 착화된 수면에 분사하여 폭발확대를 제거하는 장치를 말한다. 폭발검출기구, 소화용 약제 및 추진제, 방출기구, 제어기구 등으로 구성되어 있다.

참고

릴리프밸브(relief valve)
① 회로의 압력이 설정 압력에 도달하면 유체(流體)의 일부 또는 전량을 배출시켜 회로 내의 압력을 설정 값 이하로 유지하는 압력제어 밸브로서 안전밸브와 같은 역할을 한다.
② 온수보일러와 같은 액체계의 과도한 상승 압력의 방출에 이용되고, 설정압력이 되었을 때 압력상승에 비례하여 개방 정도가 커지는 밸브이다.

참고

* 감압밸브
① 고압의 증기를 저압으로 낮추는 역할을 한다.
② 형식 : 스프링식, 벨로우즈식, 추식, 다이어프램식

문제

후압이 존재하고 증기압 변화량을 제어할 목적의 경우 어떠한 안전방출장치를 사용해야 하는가?
㉮ 스프링식 안전방출 장치
㉯ 파열판식 안전방출 장치
㉰ 릴리프식 안전방출 장치
㉱ 밸로즈(bellows)식 안전 방출 장치

[해설]
후압이 존재하는 경우 밸로즈(bellows)식을 사용하여야 한다.

정답 ㉱

[폐회로방식 제어계 작동순서 ✄]

공정 설비	⇨	검출부	⇨	조절부	⇨	조작부	⇨	공정 설비
		온도, 압력, 유량 등을 계기에서 검출		검출부로부터 신호받아 설정치를 적절히 조절		조절부로부터의 신호에 의해 개폐동작 (밸브 등)		

(2) 안전장치의 종류

1) 안전밸브

"안전밸브(safety valve)"란 밸브 입구 쪽의 압력이 설정압력에 도달하면 자동적으로 작동하여 유체가 분출되고 일정압력 이하가 되면 정상상태로 복원되는 방호장치를 말한다.

[안전밸브의 종류]

① 중추식	압력이 상승할 경우 추의 중량을 이용하여 가스를 외부로 배출하는 방식
② 지렛대식 (레버식)	지렛대 사이에 추를 설치하여 추의 위치에 따라 가스 배출량이 결정되는 방식
③ 파열판식	용기 내 압력이 급격히 상승 시 얇은 금속판이 파열되며 가스를 외부로 배출하는 방식
④ 스프링식	가장 많이 사용되는 방식으로 용기 내 압력이 설정압력 이상이 되면 스프링의 작동으로 가스를 외부로 배출하는 방식. 분출용량에 따라 저양식, 고양정식, 전양정식, 전량식이 있다. ✄
⑤ 가용전식	용기 내의 온도가 설정 온도 이상이 되면 가용금속이 녹아 가스를 배출하는 방식

2) 파열판

"파열판(rupture disc)"이란 "안전밸브"에 대체할 수 있는 방호장치로서 판 입구 측의 압력이 설정압력에 도달하면 판이 파열하면서 유체가 분출하도록 용기 등에 설치된 얇은 판을 말한다.

반드시 파열판을 설치하여야 하는 경우 ✄✄
① 반응 폭주 등 급격한 압력 상승의 우려가 있는 경우
② 독성물질의 누출로 인하여 주위의 작업환경을 오염시킬 우려가 있는 경우
③ 운전 중 안전밸브에 이상 물질이 누적되어 안전밸브가 작동되지 아니할 우려가 있는 경우

3) 체크밸브 ✖

유체의 역류를 방지한다.

4) 대기밸브(통기밸브, Breather valve) ✖✖

탱크 내의 압력을 대기압과 평행하게 유지하는 역할을 한다.

5) 블로밸브(blow valve)

과잉 압력을 방출한다.

6) 화염방지기(flame arrester) ✖✖

외부로부터의 화염을 차단할 목적으로 인화성액체(유류탱크) 및 가연성가스 저장 설비의 상단에 설치한다.

7) 벤트스택(Vent stack)

탱크 내 압력을 정상상태로 유지하기 위한 가스 방출장치이다.

8) 플레어스텍(Flare stack)

가스, 고휘발성 액체의 증기를 연소하여 대기 중에 방출하는 장치이다. Seal Drum을 통해 점화버너에 착화 연소하여 가연성, 독성, 냄새 제거 후 대기 중에 방출한다.

9) blow-down

공정액체를 빼내고 안전하게 처리하기 위한 설비이다.

10) Steam trap

증기 배관 내에 생성하는 응축수를 제거할 때 증기가 배출되지 않도록 하면서 응축수를 자동적으로 배출하기 위한 장치이다.

(3) 배관 및 피팅류

1) 관이음의 종류

① 고압 및 독성물질 배관 : 누설방지를 위해 배관을 용접접합하여 사용
② 부착장소의 보수나 수리의 용이 목적 : 플랜지 접합부 사용
③ 관이 길고 온도변화에 따른 신축을 고려할 때 : 신축이음 사용

📖 참고

✱ 왕복식 압축기의 이상음
1. 실린더 주변 이상음
   ① 흡입, 배기밸브의 불량
   ② 실린더 내 이물질 혼입
   ③ 피스톤링의 파손 및 마모
   ④ 피스톤과 실린더와의 틈새가 너무 많을 때
   ⑤ 피스톤과 실린더헤드와의 틈새가 없을 때
2. 크랭크 주변 이상음
   • 크로스 헤드의 마모나 헐거움
   • 주 베어링의 마모나 헐거움
   • 연결봉 베어링의 마모나 헐거움

🔍 용어정의

✱ 펌프
낮은 곳에서 높은 곳으로 액체를 올리거나, 액체에 압력을 가하여 멀리 보내는 데 사용한다.

⊙기출

✱ 펌프의 구분
① 터보형 펌프 (비용적형)
   • 원심식
   • 경사류식
   • 축류식
② 용적형 펌프
   • 왕복식
   • 회전식

PART 05

2) 관의 부속품 ✄

2개관의 연결	플랜지, 유니언, 니플, 소켓
관의 지름 변경	리듀서, 부싱
관로방향 변경	엘보, Y형 관이음쇠, 티, 십자
유로차단	플러그, 밸브, 캡
유량조절	• 게이트밸브(gate valve) : 차단용 밸브로서 게이트가 열리거나 닫히며 유로를 차단 또는 개방한다. • 글로브밸브(glove valve) : 유량제어의 목적으로 가장 많이 사용된다. • 체크밸브(checke valve) : 유체가 한 방향으로만 흐르도록 하는 역류방지용 밸브이다. ✄ • 니들밸브(needle valve) : 공압작동식 밸브이다. 공기의 압력으로 변이 열리거나 닫히며 조절한다.

3) 배관의 이상현상

① 공동현상(Cavitation) ✄

유체의 증기압이 물의 증기압보다 낮을 경우 부분적으로 증기를 발생시켜 배관을 부식시키는 현상이다.

펌프에서 공동현상 발생원인	펌프에서 공동현상 방지대책
① 펌프의 흡입수두가 클 때 ② 펌프의 마찰손실이 클 때 ③ 펌프의 임펠러속도가 클 때 ④ 펌프의 설치위치가 수원보다 높을 때 ⑤ 관내 수온이 높을 때 ⑥ 관내의 물의 정압이 그때의 증기압보다 낮을 때 ⑦ 흡입관의 구경이 작을 때 ⑧ 흡입거리가 길 때 ⑨ 유량이 증가하여 펌프물이 과속으로 흐를 때	① 펌프의 흡입수두를 작게 한다. ② 펌프의 마찰손실을 작게 한다. ③ 펌프의 임펠러속도를 작게 한다. ④ 펌프의 설치 위치를 수원보다 낮게 한다. ⑤ 배관내 물의 정압을 그때의 증기압보다 높게 한다. ⑥ 흡입관의 구경을 크게 한다. ⑦ 펌프를 2대 이상 설치한다.

② 수격작용(Water hammering, 물망치작용) ✄

밸브를 급격히 개폐 시에 배관 내를 유동하던 물이 배관을 치는 현상(압력파가 급격히 관내를 왕복하는 현상)으로 배관 파열을 초래한다.

③ 맥동현상(surging)

압축기와 송풍기의 관로에 심한 공기의 맥동과 진동을 발생하면서 유량이 단속적으로 변하여 펌프입출구에 설치된 진공계, 압력계가 흔들리고 진동과 소음이 일어나며 펌프의 토출량의 변화(불안정한 운전)를 초래한다.

④ 베이퍼로크(Vaper lock)

유체이동 시 배관 내에서 외부 영향을 받아 액체가 기체로 변하는 현상

●기출

* 수격작용 발생원인
  ① 펌프가 갑자기 정지할 때
  ② 밸브를 급히 개폐할 때
  ③ 정상운전 시 유체의 압력변동이 생길 때

* 맥동현상 발생원인
  ① 배관 중에 수조가 있을 때
  ② 배관 중에 기체상태의 부분이 있을 때
  ③ 유량조절밸브가 배관 중 수조의 위치 후방에 있을 때
  ④ 펌프의 특성곡선이 산모양이고 운 점이 그 정상부일 때

* 맥동현상(surging) 방지법
  ① 풍량을 감소시킨다.
  ② 배관의 경사를 완만하게 한다.
  ③ 교축밸브를 기계에 근접하게 설치한다.
  ④ 토출가스를 흡입 측에 바이패스시키거나 방출밸브에 의해 대기로 방출시킨다.

화공안전 비상조치 계획 · 대응

CHAPTER 02

합격의 key

01 비상조치계획 및 평가

> 주/요/내/용 알/고/가/기 ▶
>
> 1. 비상사태의 구분
> 2. 비상사태 파악 및 분석
> 3. 비상조치계획의 수립
> 4. 비상대피 계획
> 5. 비상경보의 종류

① 비상조치계획 및 평가

(1) 비상사태의 구분

1) 조업상의 비상사태

　　① 중대한 화재사고가 발생한 경우

　　② 중대한 폭발사고가 발생한 경우

　　③ 독성화학물질의 누출사고 또는 환경오염 사고가 발생한 경우

　　④ 인근지역의 비상사태 영향이 사업장으로 파급될 우려가 있는 경우

2) 자연재해는 태풍, 폭우 및 지진 등 천재지변이 발생한 경우를 말한다.

(2) 비상사태 파악 및 분석

1) 사업장의 안전보건총괄책임자는 보유설비와 취급하고 있는 위험물질에 의한 발생 가능한 비상사태를 체계적으로 검토한다.

2) 위험성 파악과 비상조치계획의 수립에 있어서는 발생 가능성이 큰 비상사태를 기준으로 하되 발생 가능성은 적으나 심각한 결과를 초래할 수 있는 비상사태도 포함시킨다.

3) 발생 가능한 비상사태의 분석에 포함시킬 사항

① 공정별로 예상되는 비상사태
② 비상사태 전개과정
③ 최대피해 규모
④ 피해 최소화대책
⑤ 과거 유사한 중대사고의 기록
⑥ 비상사태의 결과예측

(3) 비상조치계획의 수립

1) 비상조치계획 수립 시의 원칙

① 근로자의 인명보호에 최우선 목표를 둔다.
② 가능한 비상사태를 모두 포함시킨다.
③ 비상통제 조직의 업무분장과 임무를 분명하게 한다.
④ 주요 위험설비에 대하여는 내부 비상조치계획 뿐만 아니라 외부 비상조치 계획도 포함시킨다.
⑤ 비상조치계획은 분명하고 명료하게 작성되어 모든 근로자가 이용할 수 있도록 한다.
⑥ 비상조치계획은 문서로 작성하여 모든 근로자가 쉽게 활용할 수 있는 장소에 비치한다.

2) 비상조치계획에 포함하여야 하는 사항

① 근로자의 사전 교육
② 비상시 대피절차와 비상 대피로의 지정
③ 대피 전 안전조치를 취해야 할 주요 공정설비 및 절차
④ 비상 대피 후 직원이 취해야 할 임무와 절차
⑤ 피해자에 대한 구조·응급조치 절차
⑥ 내·외부와의 연락 및 통신체계
⑦ 비상사태 발생 시 통제조직 및 업무 분장
⑧ 사고 발생 시와 비상 대피 시의 보호구 착용 지침
⑨ 비상사태 종료 후 오염물질 제거 등 수습 절차
⑩ 주민 홍보 계획
⑪ 외부기관과의 협력체제

(4) 비상대피 계획

1) 비상대피 계획의 목적

비상사태의 통제와 억제에 있으며 비상사태의 발생은 물론 비상사태의 확대 전파를 저지하고 이로 인한 인명피해를 최소화하는데 있다.

2) 적절하고 신속한 비상대피 계획의 확립을 위해 준비하여야 하는 사항

① 경보 발령절차
② 비상통로 및 비상구의 명확한 표시
③ 근로자 등의 대피절차 및 대피장소의 결정
④ 대피장소별 담당자의 지정, 그들의 임무 및 책임사항
⑤ 비상통제센타의 위치 및 비상통제센타와의 보고체계 확립
⑥ 임직원 명부 및 하도급업체 방문자 명단의 확보와 대피자의 확인 체계 확립
⑦ 대피장소에서 근로자 및 일반대중의 행동요령
⑧ 임직원 비상연락망의 확보
⑨ 외부비상조치기관과의 연락수단 및 통신망 확보

(6) 비상경보의 종류

① 경계경보
② 가스누출경보
③ 대피경보
④ 화재경보
⑤ 해제경보

화공 안전운전 · 점검

01 공정안전, 물질안전보건자료 등

주/요/내/용 알/고/가/기

1. 공정안전보고서의 제출 대상
2. 공정안전보고서의 내용
3. 공정위험성분석기법의 종류
4. 물질안전보건자료 내용
5. 물질안전보건자료 작성 제외 대상
6. 신규화학물질의 유해성 · 위험성 조사보고서의 제출

1 공정안전보고서

(1) 공정안전보고서의 작성 · 제출

1) 사업주는 사업장에 대통령령으로 정하는 유해하거나 위험한 설비가 있는 경우 그 설비로부터의 위험물질 누출, 화재 및 폭발 등으로 인하여 사업장 내의 근로자에게 즉시 피해를 주거나 사업장 인근 지역에 피해를 줄 수 있는 사고로서 대통령령으로 정하는 사고("중대산업사고")를 예방하기 위하여 대통령령으로 정하는 바에 따라 공정안전보고서를 작성하고 고용노동부장관에게 제출하여 심사를 받아야 한다. 이 경우 공정안전보고서의 내용이 중대산업사고를 예방하기 위하여 적합하다고 통보받기 전에는 관련된 유해하거나 위험한 설비를 가동해서는 아니 된다. ✿

2) 사업주는 공정안전보고서를 작성할 때 산업안전보건위원회의 심의를 거쳐야 한다. 다만, 산업안전보건위원회가 설치되어 있지 아니한 사업장의 경우에는 근로자대표의 의견을 들어야 한다. ✿

3) 공정안전보고서의 제출 시기

사업주는 유해 · 위험설비의 설치 · 이전 또는 주요 구조 부분의 변경 공사의 착공 30일 전까지 공정안전보고서를 2부 작성하여 공단에 제출하여야 한다.

(2) 공정안전보고서의 심사

1) 공단은 공정안전보고서를 제출받은 경우에는 제출받은 날부터 30일 이내에 심사하여 1부를 사업주에게 송부하고, 그 내용을 지방고용노동관서의 장에게 보고해야 한다.

2) 심사결과 구분 ✿✿

적정	보고서의 심사기준을 충족시킨 경우
조건부 적정	보고서의 심사기준을 대부분 충족하고 있으나 부분적인 보완이 필요하다고 판단할 경우
부적정	보고서의 심사기준을 충족시키지 못한 경우

(3) 공정안전보고서의 확인

1) 사업주는 심사를 받은 공정안전보고서의 내용을 실제로 이행하고 있는지 여부에 대하여 고용노동부령으로 정하는 바에 따라 고용노동부장관의 확인을 받아야 한다.

2) 공정안전보고서를 제출하여 심사를 받은 사업주는 다음 각 호의 시기별로 공단의 확인을 받아야 한다. 다만, 화공안전 분야 산업안전지도사 또는 대학에서 조교수 이상으로 재직하고 있는 사람으로서 화공 관련 교과를 담당하고 있는 사람, 그 밖에 자격 및 관련 업무 경력 등을 고려하여 고용노동부장관이 정하여 고시하는 요건을 갖춘 사람에게 자체감사를 하게 하고 그 결과를 공단에 제출한 경우에는 공단은 확인을 하지 아니할 수 있다.

신규로 설치될 유해·위험설비에 대해서는 설치 과정 및 설치 완료 후 시운전단계	각 1회
기존에 설치되어 사용 중인 유해·위험설비에 대해서는 심사 완료 후	6개월 이내
유해·위험설비와 관련한 공정의 중대한 변경의 경우에는 변경 완료 후	1개월 이내
유해·위험설비 또는 이와 관련된 공정에 중대한 사고 또는 결함이 발생한 경우	1개월 이내

3) 공단은 사업주로부터 확인요청을 받은 날부터 1개월 이내에 내용이 현장과 일치하는지 여부를 확인하고, 확인한 날부터 15일 이내에 그 결과를 사업주에게 통보하고 지방고용노동관서의 장에게 보고해야 한다.

참고

* 확인 요청
① 사업주는 확인을 받고자 할 때에는 확인을 받고자 하는 날의 20일 이전에 공단에 확인을 요청하여야 한다.
② 공단은 사업주로부터 확인요청을 받은 때에는 요청서 접수일로부터 7일 이내에 확인 실시 일정을 결정하여 사업주에게 알려야 한다.
③ 공단의 확인을 면제받고자 할 경우에는 다음 각 호의 사항이 포함된 자체감사 결과를 공단에 제출하여야 한다.
• 자체감사에 참여한 외부 전문가의 자격 입증 서류 1부
• 공단이 정한 자체감사 확인점검표 1부
• 자체감사 결과에 따른 보완 및 시정 계획서 1부

적합	현장과 일치하는 경우
부적합	현장과 일치하지 아니하는 경우
조건부 적합	현장과 불일치하는 사항 또는 조건부 적정 사항 중 확인일 이후에 조치하여도 안전상에 문제가 없는 경우

(4) 공정안전보고서 이행상태 평가

1) 고용노동부장관은 고용노동부령으로 정하는 바에 따라 공정안전보고 서의 이행상태를 정기적으로 평가할 수 있다.

2) 고용노동부장관은 공정안전보고서의 확인(신규로 설치되는 유해 · 위험설비의 경우에는 설치완료 후 시운전 단계에서의 확인을 말한다) 후 1년이 경과한 날부터 2년 이내에 공정안전보고서 이행상태평가를 하여야 한다.

3) 고용노동부장관은 이행상태평가 후 4년마다 이행상태평가를 하여야 한다. 다만, 다음 각 호의 어느 하나에 해당하는 경우에는 1년 또는 2년마다 실시할 수 있다.

① 이행상태평가 후 사업주가 이행상태평가를 요청하는 경우
② 사업장에 출입하여 검사 및 안전 · 보건점검 등을 실시한 결과 변경 요소 관리계획 미준수로 공정안전보고서 이행상태가 불량한 것으로 인정되는 경우 등 고용노동부장관이 정하여 고시하는 경우

(5) 공정안전보고서의 제출 대상 ✄✄✄

① 원유 정제처리업
② 기타 석유정제물 재저리업
③ 석유화학계 기초화학물 제조업 또는 합성수지 및 기타 플라스틱물질 제조업
④ 질소 화합물, 질소 · 인산 및 칼리질 화학비료 제조업 중 질소질 비료 제조
⑤ 복합비료 및 기타 화학비료 제조업 중 복합비료 제조(단순혼합 또는 배합에 의한 경우는 제외한다)
⑥ 화학 살균 · 살충제 및 농업용 약제 제조업[농약 원제(原劑) 제조만 해당한다]
⑦ 화약 및 불꽃제품 제조업

> 실력이 되고! 합격이 되는! 특급 암기법

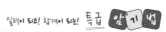

화재 · 폭발 – 원유, 석유정제물, 화약 및 불꽃제품
중독 · 질식 – 농약, 비료(복합비료, 질소질 비료)

참고
"주요 구조부분의 변경"
이란 다음 각 목의 어느 하나에 해당하는 경우를 말한다.
① 생산량의 증가, 원료 또는 제품의 변경을 위하여 반응기(관련설비 포함)를 교체 또는 추가로 설치하는 경우
② 변경된 생산설비 및 부대설비의 해당 전기정격용량이 300킬로와트 이상 증가한 경우(유해 · 위험물질의 누출 · 화재 · 폭발과 무관한 자동화 창고 · 조명설비 등은 제외)
③ 플레어스택을 설치 또는 변경하는 경우

PART
05

(6) 다음 각 호의 설비는 유해ㆍ위험설비로 보지 아니한다.

공정안전보고서 제출 제외 대상 설비 ✄
① 원자력 설비
② 군사시설
③ 사업주가 해당 사업장 내에서 직접 사용하기 위한 난방용 연료의 저장설비
④ 도매ㆍ소매시설
⑤ 차량 등의 운송설비
⑥「액화석유가스의 안전관리 및 사업법」에 따른 액화석유가스의 충전ㆍ저장 시설
⑦「도시가스사업법」에 따른 가스공급시설
⑧ 그 밖에 고용노동부장관이 누출ㆍ화재ㆍ폭발 등으로 인한 피해의 정도가 크지 않다고 인정하여 고시하는 설비

(7) 공정안전보고서의 내용 ✄✄✄

① 공정안전자료

② 공정위험성 평가서

③ 안전운전계획

④ 비상조치계획

⑤ 그 밖에 공정상의 안전과 관련하여 고용노동부장관이 필요하다고 인정하여 고시하는 사항

(8) 공정안전보고서의 세부내용 ✄

① 공정안전자료

• 취급ㆍ저장하고 있거나 취급ㆍ저장하려는 유해ㆍ위험물질의 종류 및 수량

• 유해ㆍ위험물질에 대한 물질안전보건자료

• 유해ㆍ위험설비의 목록 및 사양

• 유해ㆍ위험설비의 운전방법을 알 수 있는 공정도면

• 각종 건물ㆍ설비의 배치도

• 폭발위험장소 구분도 및 전기단선도

• 위험설비의 안전설계ㆍ제작 및 설치 관련 지침서

② 공정위험성 평가서 및 잠재위험에 대한 사고예방ㆍ피해 최소화 대책

③ 안전운전계획

• 안전운전지침서

• 설비점검ㆍ검사 및 보수계획, 유지계획 및 지침서

• 안전작업허가

• 도급업체 안전관리계획

- 근로자 등 교육계획
- 가동 전 점검지침
- 변경요소 관리계획
- 자체감사 및 사고조사계획
- 그 밖에 안전운전에 필요한 사항

④ 비상조치계획
- 비상조치를 위한 장비·인력보유현황
- 사고발생 시 각 부서·관련 기관과의 비상연락체계
- 사고발생 시 비상조치를 위한 조직의 임무 및 수행 절차
- 비상조치계획에 따른 교육계획
- 주민홍보계획
- 그 밖에 비상조치 관련 사항

2 물질안전보건자료(MSDS : Material Safety Data Sheet)

(1) 물질안전보건자료의 작성 및 제출 ✄✄

① 화학물질 또는 이를 함유한 혼합물로서 "물질안전보건자료대상물질"을 제조하거나 수입하려는 자는 다음 각 호의 사항을 적은 물질안전보건자료를 고용노동부령으로 정하는 바에 따라 작성하여 고용노동부장관에게 제출하여야 한다. 이 경우 고용노동부장관은 고용노동부령으로 물질안전보건자료의 기재 사항이나 작성 방법을 정할 때 「화학물질관리법」 및 「화학물질의 등록 및 평가 등에 관한 법률」과 관련된 사항에 대해서는 환경부장관과 협의하여야 한다.

② 물질안전보건자료대상물질을 제조·수입하려는 자가 물질안전보건자료를 작성하는 경우에는 그 물질안전보건자료의 신뢰성이 확보될 수 있도록 인용된 자료의 출처를 함께 적어야 한다.

③ 물질안전보건자료 및 화학물질의 명칭 및 함유량에 관한 자료는 물질안전보건자료대상물질을 제조하거나 수입하기 전에 공단에 제출해야 한다.

④ 물질안전보건자료를 공단에 제출하는 경우에는 공단이 구축하여 운영하는 물질안전보건자료시스템을 통한 전자적 방법으로 제출해야 한다. 다만, 물질안전보건자료시스템이 정상적으로 운영되지 않거나 신청인이 물질안전보건자료시스템을 이용할 수 없는 등의 부득이한 사유가 있는 경우에는 전자적 기록매체에 수록하여 직접 또는 우편으로 제출할 수 있다.

물질안전보건자료에 적어야 하는 사항 ✿✿

1. 제품명
2. 물질안전보건자료 대상물질을 구성하는 화학물질 중 유해인자의 분류 기준에 해당하는 화학물질의 명칭 및 함유량
3. 안전 및 보건상의 취급 주의 사항
4. 건강 및 환경에 대한 유해성, 물리적 위험성
5. 물리·화학적 특성 등 고용노동부령으로 정하는 사항
   ① 물리·화학적 특성
   ② 독성에 관한 정보
   ③ 폭발·화재 시의 대처방법
   ④ 응급조치 요령
   ⑤ 그 밖에 고용노동부장관이 정하는 사항

물질안전보건자료의 작성항목(Data Sheet 16가지 항목) ✿✿

1. 화학제품과 회사에 관한 정보	2. 유해·위험성
3. 구성성분의 명칭 및 함유량	4. 응급조치요령
5. 폭발·화재 시 대처방법	6. 누출사고 시 대처방법
7. 취급 및 저장방법	8. 노출방지 및 개인 보호구
9. 물리화학적 특성	10. 안정성 및 반응성
11. 독성에 관한 정보	12. 환경에 미치는 영향
13. 폐기 시 주의사항	14. 운송에 필요한 정보
15. 법적규제 현황	16. 기타 참고사항

물질안전보건자료 작성 제외 대상 ✿✿

1. 「건강기능식품에 관한 법률」에 따른 건강기능식품
2. 「농약관리법」에 따른 농약
3. 「마약류 관리에 관한 법률」에 따른 마약 및 향정신성의약품
4. 「비료관리법」에 따른 비료
5. 「사료관리법」에 따른 사료
6. 「생활주변방사선 안전관리법」에 따른 원료물질
7. 「생활화학제품 및 살생물제의 안전관리에 관한 법률」에 따른 안전확인대상 생활화학제품 및 살생물제품 중 일반소비자의 생활용으로 제공되는 제품
8. 「식품위생법」에 따른 식품 및 식품첨가물
9. 「약사법」에 따른 의약품 및 의약외품
10. 「원자력안전법」에 따른 방사성물질
11. 「위생용품 관리법」에 따른 위생용품
12. 「의료기기법」에 따른 의료기기
12의2. 「첨단재생의료 및 첨단바이오의약품 안전 및 지원에 관한 법률」에 따른 첨단바이오의약품

13. 「총포·도검·화약류 등의 안전관리에 관한 법률」에 따른 화약류

14. 「폐기물관리법」에 따른 폐기물

15. 「화장품법」에 따른 화장품

16. 제1호부터 제15호까지의 규정 외의 화학물질 또는 혼합물로서 일반소비자의 생활용으로 제공되는 것(일반소비자의 생활용으로 제공되는 화학물질 또는 혼합물이 사업장 내에서 취급되는 경우를 포함한다)

17. 고용노동부장관이 정하여 고시하는 연구·개발용 화학물질 또는 화학제품. 이 경우 법 제110조제1항부터 제3항까지의 규정에 따른 자료의 제출만 제외된다.

18. 그 밖에 고용노동부장관이 독성·폭발성 등으로 인한 위해의 정도가 적다고 인정하여 고시하는 화학물질

실력이 되고! 합격이 되는! **특급 암기법**

비료로 **농** 사지은 식품, 건강식품, 위생용품 폐기물에서 화약, 방사성 원료물질 나와서 **소비자용 의료기기**, 첨단 의약품, 마약, 화장품으로 치료했다.

(2) 물질안전보건자료의 게시 및 교육 ✖✖

① 물질안전보건자료 대상물질을 취급하는 사업주는 다음 각 호의 어느 하나에 해당하는 장소 또는 전산장비에 항상 물질안전보건자료를 게시하거나 갖추어 두어야 한다. 다만, 장비에 게시하거나 갖추어 두는 경우에는 고용노동부장관이 정하는 조치를 해야 한다.

물질안전보건자료를 게시 또는 비치하여야 하는 장소

- 물질안전보건자료 대상물질을 취급하는 작업공정이 있는 장소
- 작업장 내 근로자가 가장 보기 쉬운 장소
- 근로자가 작업 중 쉽게 접근할 수 있는 장소에 설치된 전산장비

② 사업주는 물질안전보건자료 대상물질을 취급하는 작업공정별로 고용노동부령으로 정하는 바에 따라 물질안전보건자료 대상물질의 관리요령을 게시하여야 한다.(작업공정별 관리 요령은 유해성·위험성이 유사한 물질안전보건자료 대상물질의 그룹별로 작성하여 게시할 수 있다)

물질안전보건자료 대상물질의 작업공정별 관리요령에 포함사항

- 제품명
- 건강 및 환경에 대한 유해성, 물리적 위험성
- 안전 및 보건상의 취급주의 사항
- 적절한 보호구
- 응급조치 요령 및 사고 시 대처방법

참고

물질안전보건자료 대상물질을 제조하거나 수입한 자는 물질안전보건자료에 적어야 하는 사항 중 고용노동부령으로 정하는 사항이 변경된 경우 그 변경 사항을 반영한 물질안전보건자료를 고용노동부장관에게 제출하여야 한다.

* 물질안전보건자료의 기재내용을 변경할 필요가 있는 사항 중 상대방에게 제공하여야 할 내용
1. 화학제품과 회사에 관한 정보
2. 유해성·위험성
3. 구성성분의 명칭 및 함유량
4. 응급조치 요령
5. 폭발·화재 시 대처방법
6. 누출사고 시 대처방법
7. 취급 및 저장방법
8. 노출방지 및 개인보호구
9. 법적 규제 현황

PART 05

③ 사업주는 작업장에서 취급하는 물질안전보건자료대상물질의 내용을 근로자에게 교육하고 교육을 실시하였을 때에는 교육시간 및 내용 등을 기록하여 보존해야 한다. 이 경우 교육받은 근로자에 대해서는 해당 교육 시간만큼 안전·보건교육을 실시한 것으로 본다. (유해성·위험성이 유사한 물질안전보건자료대상물질을 그룹별로 분류하여 교육할 수 있다)

물질안전보건자료 대상물질의 내용을 근로자에게 교육하여야 하는 경우

① 물질안전보건자료 대상물질을 제조·사용·운반 또는 저장하는 작업에 근로자를 배치하게 된 경우
② 새로운 물질안전보건자료대상물질이 도입된 경우
③ 유해성·위험성 정보가 변경된 경우

물질안전보건자료에 관한 교육내용 ✈

① 대상 화학물질의 명칭(또는 제품명)
② 물리적 위험성 및 건강 유해성
③ 취급상의 주의사항
④ 적절한 보호구
⑤ 응급조치 요령 및 사고 시 대처방법
⑥ 물질안전보건자료 및 경고표지를 이해하는 방법

---

(3) 물질안전보건자료 대상물질 용기 등의 경고표시 ✈✈

① 물질안전보건자료 대상물질을 양도하거나 제공하는 자는 고용노동부령으로 정하는 방법에 따라 이를 담은 용기 및 포장에 경고표시를 하여야 한다. 다만, 용기 및 포장에 담는 방법 외의 방법으로 물질안전보건자료 대상물질을 양도하거나 제공하는 경우에는 고용노동부장관이 정하여 고시한 바에 따라 경고표시 기재 항목을 적은 자료를 제공하여야 한다.

② 사업주는 사업장에서 사용하는 물질안전보건자료 대상물질을 담은 용기에 고용노동부령으로 정하는 방법에 따라 경고표시를 하여야 한다. 다만, 용기에 이미 경고표시가 되어있는 등 고용노동부령으로 정하는 경우에는 그러하지 아니하다.

3 신규화학물질의 유해성·위험성 조사보고서

(1) 신규화학물질의 유해성 · 위험성 조사보고서의 제출

1) 대통령령으로 정하는 화학물질 외의 화학물질("신규화학물질")을 제조하거나 수입하려는 자는 신규화학물질에 의한 근로자의 건강장해를 예방하기 위하여 그 신규화학물질의 유해성·위험성을 조사하고 그 조사보고서를 고용노동부장관에게 제출하여야 한다. 다만, 다음 각 호의 어느 하나에 해당하는 경우에는 그러하지 아니하다.

신규화학물질의 유해성 · 위험성 조사보고서를 제출하지 않아도 되는 경우

1. 일반 소비자의 생활용으로 제공하기 위하여 신규화학물질을 수입하는 경우로서 고용노동부령으로 정하는 경우
   ① 해당 신규화학물질이 완성된 제품으로서 국내에서 가공하지 않는 경우
   ② 해당 신규화학물질의 포장 또는 용기를 국내에서 변경하지 않거나 국내에서 포장하거나 용기에 담지 않는 경우
   ③ 해당 신규화학물질이 직접 소비자에게 제공되고 국내의 사업장에서 사용되지 않는 경우

2. 신규화학물질의 수입량이 소량(신규화학물질의 연간 수입량이 100킬로그램 미만인 경우로서 고용노동부장관의 확인을 받은 경우)이거나 그 밖에 위해의 정도가 적다고 인정되는 경우로서 고용노동부령으로 정하는 경우(다음 각 호의 어느 하나에 해당하는 경우로서 고용노동부장관의 확인을 받은 경우)
   ① 제조하거나 수입하려는 신규화학물질이 시험 · 연구를 위하여 사용되는 경우
   ② 신규화학물질을 전량 수출하기 위하여 연간 10톤 이하로 제조하거나 수입하는 경우
   ③ 신규화학물질이 아닌 화학물질로만 구성된 고분자화합물로서 고용노동부장관이 정하여 고시하는 경우

유해성·위험성 조사 제외 화학물질 ✄

1. 원소
2. 천연으로 산출된 화학물질
3. 「건강기능식품에 관한 법률」에 따른 건강기능식품
4. 「군수품관리법」 및 「방위사업법」에 따른 군수품
   [「군수품관리법」 제3조에 따른 통상품(痛常品)은 제외한다]
5. 「농약관리법」에 따른 농약 및 원제
6. 「마약류 관리에 관한 법률」에 따른 마약류
7. 「비료관리법」에 따른 비료
8. 「사료관리법」에 따른 사료
9. 「생활화학제품 및 살생물제의 안전관리에 관한 법률」에 따른 살생물 물질
   및 살생물 제품
10. 「식품위생법」에 따른 식품 및 식품첨가물
11. 「약사법」에 따른 의약품 및 의약외품(醫藥外品)
12. 「원자력안전법」에 따른 방사성물질
13. 「위생용품 관리법」에 따른 위생용품
14. 「의료기기법」에 따른 의료기기
15. 「총포·도검·화약류 등의 안전관리에 관한 법률」에 따른 화약류
16. 「화장품법」에 따른 화장품과 화장품에 사용하는 원료
17. 고용노동부장관이 명칭, 유해성·위험성, 근로자의 건강장해 예방을
    위한 조치 사항 및 연간 제조량·수입량을 공표한 물질로서 공표된 연간
    제조량·수입량 이하로 제조하거나 수입한 물질
18. 고용노동부장관이 환경부장관과 협의하여 고시하는 화학물질 목록에
    기록되어 있는 물질

실력이 되고! 합격이 되는! 특급 **암기법**

비료로 농 사지은 **식품, 건강식품, 군수품, 위생용품**에서 **화약, 방사성물질** 나와서 **의료기기, 의약품, 마약, 화장품**으로 치료했더니 **천연 원소**인 **살생물**의 **위험조사 제외**됐다.

2) 신규화학물질을 제조하거나 수입하려는 자는 제조하거나 수입하려는
   날 30일(연간 제조하거나 수입하려는 양이 100킬로그램 이상 1톤
   미만인 경우에는 14일) 전까지 신규화학물질 유해성·위험성 조사보고
   서를 첨부하여 고용노동부장관에게 제출하여야 한다(다만, 그 신규
   화학물질을 「화학물질의 등록 및 평가 등에 관한 법률」에 따라 환경
   부장관에게 등록한 경우에는 고용노동부장관에게 유해성·위험성 조
   사보고서를 제출한 것으로 본다). ✄

화재 · 폭발 검토

주/요/내/용 알/고/가/기

1. 연소의 3요소
2. 인화점과 발화점의 정의
3. 기체, 액체, 고체의 연소의 형태
4. 자연발화를 일으키는 열의 종류
5. 자연발화가 되기 쉬운 조건
6. 혼합위험의 특성
7. 연소범위(폭발범위)
8. 위험도의 계산
9. 완전연소 조성농도

① 연소의 정의

가연성 물질이 공기 중 산소와 결합하여 열과 불꽃을 내며 타는 현상을 말한다.

② 연소의 3요소 ✯

① 가연물
② 열 or 점화원
③ 산소(공기)

③ 인화점(인화온도) ✯

- 인화성 액체가 증발하여 공기 중에서 연소하한농도 이상의 혼합 기체를 생성할 수 있는 가장 낮은 온도
- 가연성 액체의 액면 가까이에서 인화하는데 충분한 농도의 증기를 발산하는 최저온도
- 공기 중에서 그 액체의 표면 부근에서 불꽃의 전파가 일어나기에 충분한 농도의 증기를 발생시키는 최저온도

합격의 **Key**

기출

＊그을음연소
열분해를 일으키기 쉬운 불안정한 물질로서 열분해로 발생한 휘발분이 점화되지 않을 경우 다량의 발연을 수반하는 연소

참고

＊액면상의 연소확대 양상
① 액온이 인화점보다 높은 경우
  • 예혼합형전파 : 연소범위 내에 화염은 그 증기층을 통해 전파된다.
  • 전파속도 : 액체온도의 증가에 따라 증가된다.
  • 연소속도가 빠르고 화재 크기의 변화가 작다.
② 액온이 인화점보다 낮은 경우
  • 예열형전파 : 액면이 예열되어 점화된 후부터 연소가 확대된다.
  • 화염의 전파 : 표면장력 구동류의 이동속도에 비례해서 화염의 전파속도가 빨라지고 전 파속도가 빠를 때 화염의 크기가 변화된다.
  • 일정시간 가열 후 화재가 발생되고 액체의 이동으로 인한 화재 크기의 변화가 많다.

기출

＊혼합위험의 영향인자
  • 온도
  • 압력
  • 농도

PART **05**

4 발화점(발화온도) ✯

- 착화원 없이 가연성 물질을 대기 중에서 가열함으로써 스스로 연소 혹은 폭발을 일으키는 최저온도
- 가연성물질을 공기나 산소 중에서 가열한 후 발화 또는 폭발을 일으키기 시작하는 최저온도

5 연소점

점화원의 존재 하에 지속적인 연소를 일으키는 최저온도

6 연소의 분류

(1) 기체, 액체, 고체의 연소의 형태 ✯✯

<table>
<tr><td rowspan="1">기체의
연소</td><td>확산
연소</td><td>가연성 가스가 공기 중에 확산되어 연소하는 형태
예 대부분 가스의 연소</td></tr>
<tr><td rowspan="1">액체의
연소</td><td>증발
연소</td><td>액체 자체가 연소되는 것이 아니라 액체 표면에서 발생하는 증기가 연소하는 형태 예 대부분 액체의 연소</td></tr>
<tr><td rowspan="4">고체의
연소</td><td>표면
연소</td><td>가연성 가스를 발생하지 않고 물질 그 자체가 연소하는 형태
예 코크스, 목탄, 금속분 등</td></tr>
<tr><td>분해
연소</td><td>가열 분해에 의해 발생된 가연성 가스가 공기와 혼합되어 연소하는 형태 예 목재, 종이, 석탄, 플라스틱 등 일반 가연물</td></tr>
<tr><td>증발
연소</td><td>고체 가연물의 가열에 의해 발생한 가연성 증기가 연소하는 형태 예 황, 나프탈렌</td></tr>
<tr><td>자기
연소</td><td>자체 내 산소를 함유하고 있어 공기 중 산소를 필요치 않고 연소하는 형태 예 니트로 화합물, 다이너마이트 등</td></tr>
</table>

(2) 자연발화 ✯

외부 점화원 없이 자체의 열에 의해 발화하는 현상

(3) 자연발화를 일으키는 열의 종류 ✯

① 산화열에 의한 발열 : 석탄, 원면, 건성유 등
② 분해열에 의한 발열 : 셀룰로이드, 니트로셀룰로오스
③ 흡착열에 의한 발열 : 활성탄, 목탄 등
④ 미생물에 의한 발열 : 퇴비, 먼지 등

🔍용어정의

* 최소발화에너지
연소(폭발)한계 내에서 가연성 가스 또는 폭발성 분진을 발화시킬 수 있는 최소의 에너지를 말한다.

▶기출

* 최소발화에너지에 영향을 미치는 요소
① 물질의 조성
② 압력
③ 온도
④ 혼입물

(4) 자연발화가 되기 쉬운 조건 ✗

① 표면적이 넓을 것
② 열전도율이 적을 것
③ 주위의 온도가 높을 것
④ 발열량이 클 것
⑤ 수분이 적당량 존재할 것

(5) 자연발화에 영향을 미치는 요인

① 열의 축적   ② 열전도율
③ 공기의 유동   ④ 발열량
⑤ 수분

(6) 자연발화 방지법 ✗

① 저장소의 온도를 낮출 것
② 산소와의 접촉을 피할 것
③ 통풍 및 환기를 철저히 할 것
④ 습도가 높은 곳에는 저장하지 말 것

(7) 혼합위험의 특성 ✗

① 가압 하에서 발화지연이 짧다.
② 주위 온도보다 발화온도가 낮아지면 발화지연이 짧다.
③ 혼합물인 경우 단독물의 혼합보다 발화지연이 짧아진다.
④ 햇빛이나 기타의 빛으로 광분해 반응이 수반될 수 있다.

7 연소범위(폭발범위)

(1) 폭발한계(폭발범위, 연소범위)

가연성 물질이 공기와 혼합하여 일정 농도 범위 내에서 폭발이 일어날 수 있는 범위를 말한다.

(2) 폭발 하한계 ✗

① 폭발이 시작되는 최저의 용량비를 말한다.
② 가연성 물질의 용량이 폭발하한계보다 낮으면 폭발은 일어나지 않는다.

◎기출

※ 단열압축
• 단열상태에서 압력을 가하면 작은 충격에 의해서도 발화가 일어난다.
• 평활한 금속판상에 한 방울의 니트로글리세린을 떨어뜨려 놓고 금속추로 타격을 가할 때 니트로글리세린 중 아주 작은 기포가 존재한 경우, 기포가 존재하지 않은 경우보다 작은 충격에 의해서도 발화가 일어나는 현상

◎기출 ★

※ 단열압축현상의 관계식

$$\frac{T_2}{T_1} = \left(\frac{P_2}{P_1}\right)^{\frac{r-1}{r}}$$

r : 공기의 비열비(1.4)
T_1 : 기체의 처음온도(°k)
T_2 : 압축 후의 온도(°k)
P_1 : 처음압력(kg/cm²)
P_2 : 압축 후의 압력 (kg/cm²)

◎기출

※ 폭발범위에 영향을 주는 인자
① 온도
② 압력
③ 공기조성

PART 05

(3) 폭발 상한계 ✦

① 폭발이 계속되는 최고의 용량비를 말한다.

② 가연성 물질의 용량이 폭발상한계보다 높으면 공기 중 산소가 부족하여 폭발은 중지된다.

(4) 온도, 압력과의 관계 ✦

① 압력 상승 시는 하한계는 불변, 상한계는 상승한다.

② 온도 상승 시는 하한계는 약간 하강, 상한계는 상승한다.

③ 폭발 하한계가 낮을수록, 폭발 상한계는 높을수록 폭발범위가 넓어져 위험하다.

8 위험도의 계산 ✦✦

위험도의 계산 ✦✦
$$위험도(H) = \frac{U_2 - U_1}{U_1}$$
여기서, U_1 : 폭발 하한계(%)　　U_2 : 폭발 상한계(%)

예제

공기 중에서 수소의 폭발 하한계가 4.0vol%, 상한계가 75.0vol%라면 수소의 위험도는 얼마인가?

해설　$위험도(H) = \frac{U_2 - U_1}{U_1} = \frac{75 - 4}{4} = 17.75$　　* 위험도는 단위가 없습니다.

정답 17.75

⑨ 완전연소 조성농도(화학양론농도, 이론산소농도)

발열량이 최대이고 폭발 파괴력이 가장 강한 농도를 말한다.

용어정의

* 화학양론농도
가연성 물질 1몰이 완전히 연소할 수 있는 공기와의 혼합비를 (%)로 표현한 것으로 화학반응이 일어날 때 원래의 원자가 없어지거나 새로운 원자가 생겨나지 않으며 반응 전과 후의 원자의 개수와 양은 보존된다는 사실에 바탕을 둔다.

완전연소 조성 농도(화학양론농도) ✰✰

$$C_{st}(Vol\%) = \frac{100}{1 + 4.773\left(n + \dfrac{m-f-2\lambda}{4}\right)}$$

여기서, n : 탄소　　　　　　　m : 수소
　　　　f : 할로겐원소　　　　λ : 산소의 원자 수
　　　　4.773 : 공기의 몰 수

📗 예제

프로판(C_3H_8)가스가 공기 중 연소할 때의 화학양론농도는 약 얼마인가?
(단, 공기 중의 산소 농도는 21%이다)

[해설]

$$C_{st}(Vol\%) = \frac{100}{1 + 4.773\left(n + \dfrac{m-f-2\lambda}{4}\right)}$$

여기서, n : 탄소, m : 수소, f : 할로겐원소, λ : 산소의 원자 수

프로판(C_3H_8)에서 n : 3, m : 8, f, λ = 0이므로

$$C_{st} = \frac{100}{1 + 4.773\left(3 + \dfrac{8}{4}\right)} = 4.02(vol\%)$$

[정답] 4.02(vol%)

02 소화 원리 이해

┌─────────────────────────────────────┐
주/요/내/용 알/고/가/기 ▶

1. 소화방법
2. 소화기의 종류
3. 할로겐 화합물 소화기의 소화약제
└─────────────────────────────────────┘

─ 확인 ★
※ 물의 봉상수주
   냉각효과

※ 물의 무상수주
   질식효과

─ 기출 ★
※ 이산화탄소 및 할로겐
   화합물 소화약제의
   특징
   ① 소화 속도가 빠르다.
   ② 전기 절연성이 우수
      하며 부식성이 없다.
   ③ 저장에 의한 변질이
      없어 장기간 저장이
      용이하다.
   ④ 밀폐공간에서는 질식
      및 중독의 위험성
      때문에 사용이 제한
      된다.

─ 기출
※ 이산화탄소 약제의 장점
  • 기체 팽창률 및 기화 잠
    열이 크다.
  • 액화가 용이한 불연성
    가스이다.
  • 전기의 부도체로서 C급
    화재에 적응성이 있다.
  • 자체 증기압이 높아 자
    체 증기압으로 방사가
    가능하며 화재 심부까
    지 침투가 용이하다.
  • 소화약제의 부식이 없
    고 관리가 용이하다.

1 소화방법 ✗

(1) 제거 소화

가연물의 제거에 의한 소화방법

예 • 촛불을 입으로 불어 끈다.
   • 산불이 진행되는 방향의 나무를 제거한다.
   • 가스화재나 전기화재 시 가스공급 밸브나 차단기를 닫는다.

(2) 질식 소화

가연물이 연소할 때 공기 중의 산소농도를 21%에서 15% 이하로 낮추어 소화하는 방법

예 • 분말소화기
   • 포소화기
   • 이산화탄소(CO_2)소화기
   • 물의 분무 등

(3) 냉각 소화

가연물의 온도를 떨어뜨려 소화하는 방법 or 물의 증발 잠열을 이용하는 방법

예 • 물
   • 산알칼리 소화기
   • 강화액 소화기

(4) 억제효과(부촉매효과)

연소반응을 억제하는 부촉매를 이용하는 소화방법

예 • 할로겐 화합물 소화기(할론 소화기)

·2 소화기의 종류

(1) 화재의 분류 및 소화방법 ✿✿✿

분 류	구분색	가연물	주된 소화 효과	적응 소화제
A급 화재	백색	일반 가연물 화재	냉각 효과	물, 강화액소화기, 산·알칼리소화기
B급 화재	황색	유류(가스) 화재	질식 효과	포 소화기, CO_2소화기, 분말소화기
C급 화재	청색	전기 화재	질식, 억제효과	CO_2소화기, 분말소화기, 할로겐 화합물 소화기
D급 화재	표시없음 (무색)	금속 화재	질식 효과	건조사, 팽창 질석, 팽창 진주암

(2) 소화효과에 따른 소화기의 종류

1) 냉각소화 효과

① 물소화기

물에 의한 냉각작용으로 소화효과를 증대하기 위해 인산염, 계면활성제 등을 첨가한다.

② 산, 알칼리 소화기

소화기의 내부에 탄산수소나트륨($NaHCO_3$) 수용액과 진한황산(H_2SO_4)이 분리 저장된 상태에서 레버를 누르면 탄산수소나트륨 수용액과 황산의 화학반응 결과 발생되는 탄산가스의 압력으로 물을 방출시키는 소화기이다.

③ 강화액 소화기 ✿

부동액을 첨가하여 물의 동해를 방지한 소화기이다.

2) 질식소화 효과

① 분말소화기

• A.B.C급 분말 소화기 : 일반화재, 유류화재, 전기화재에 적합한 소화약제인 제1인산암모늄을 충전한 소화기이다.

• B.C 분말 소화기 : 유류화재, 전기화재에 적합한 중탄산소다, 중탄산칼륨을 충전한 소화기이다.

② 이산화탄소 소화기(탄산가스 소화기)

• 이산화탄소(CO_2)를 액화시켜 철제용기에 넣은 것이다.

• 피부에 닿으면 동상이 우려되므로 주의해야 한다.

• 무창층, 지하층, 밀폐된 거실 등에서는 질식이 우려되므로 사용을 금지한다.

ⓞ기출

※ 포소화약제 혼합장치
① 차압혼합장치
   (프레져 프로포셔너)
② 관로혼합장치
   (라인 프로포셔너)
③ 압입혼합장치
   (프레져 사이드 프로포셔너)
④ 펌프혼합장치
   (펌프 프로포셔너)

📖참고

※ 소화기 사용상 주의사항
① 적응화재에만 사용해야 한다.
② 불 가까이 접근하여 사용하되, 화상을 입지 않도록 주의한다.
③ 바람을 등지고 풍상에서 풍하로 방사한다.
④ 이산화탄소 소화기는 지하층, 무창층에는 질식의 우려가 있으므로 사용하지 않아야 하며, 방사 시 기화에 따른 동상을 입지 않도록 주의한다. 방사된 가스는 호흡하지 않아야 하며 방사 후 즉시 환기를 실시한다.
⑤ 하론소화기는 하론 1301소화기 이외에는 무창층, 지하층, 사무실 또는 거실로서 바닥면적 $20m^2$ 미만의 장소에서는 사용할 수 없다. (다만, 배기를 위한 유효한 개구부가 있는 장소인 경우에는 그렇지 않다.)

PART 05

▣참고

❋ 불활성기체 소화약제

① IG-541 소화약제 :
    질소(52 ± 4)vol%,
    아르곤(40 ± 4)vol%,
    이산화탄소(8~9)vol%
    로 구성되어야 한다.
② IG-01 소화약제 :
    아르곤이 99.9vol%
    이상이어야 한다.
③ IG-100 소화약제 :
    질소가 99.9vol%
    이상이어야 한다.
④ IG-55 소화약제 :
    질소(50 ± 5)vol%,
    아르곤(50 ± 5)vol%
    로 구성되어야 한다.

③ 포 소화기

화학포(탄산수소나트륨, 황산알미늄)소화기와 기계포(수성막포, 계면활성제 포)소화기가 있으며 거품이 연소면을 덮어 질식 및 냉각에 의해 소화한다.

3) 억제효과(부촉매효과)

① 할로겐 화합물 소화기

• 가격이 비싸고 공기 중 오존층을 파괴하는 물질로 사용이 규제되어 생산량이 크게 줄었다.

• 할로겐 화합물 소화약제

소화약제의 종류 ✄
– 하론 1301(CF_3Br)
– 하론 1211(CF_2ClBr) : 무색, 무취이며 전기적으로 부전도성인 기체이다.
– 하론 2402($C_2F_4Br_2$)
– 하론 1011(CH_2ClBr)
– 하론 1040(CCl_4) 또는 사염화탄소(CTC)

• 사염화탄소 소화기(CTC)는 실내에서는 포스겐가스($COCl_2$)에 의한 중독위험이 있다. ✄

• 부촉매 효과 : I 〉 Br 〉 Cl 〉 F ✄
  안정성 : F 〉 Cl 〉 Br 〉 I

(3) 감지기 종류 ✄

① 열감지기

• 차동식감지기(스폿형, 분포형) : 실내온도의 상승률이 일정한 값을 넘었을 때 동작한다.

• 정온식감지기(스폿형, 감지선형) : 실온이 일정온도 이상으로 상승하였을 때 작동한다.

• 보상식감지기(스폿형) : 차동성을 가지면서 차동식의 단점을 보완하여 고온에서도 반드시 작동하도록 한 것이다.

◎기출

❋ 차동식 감지기의 종류

① 공기식(공기팽창식)
② 열전대식
③ 열반도체식

② 연기감지기

• 이온화식 : 검지부에 연기가 들어가는데 따라 이온전류가 변화하는 것을 이용했다.

• 광전식 : 검지부에 연기가 들어가는데 따라 광전소자의 입사광량이 변화하는 것을 이용했다.

03 폭발의 원리 및 특성

주/요/내/용 알/고/가/기

1. 화재의 분류 및 소화 방법
2. 분진폭발의 발생순서
3. 가스폭발과 분진폭발의 비교
4. 폭발 현상(슬롭오버, 블래비, 증기운 폭발)
5. 안전간격 및 폭발등급

1 화재의 종류

(1) 화재의 분류 및 소화 방법 ✿✿✿

분류	구분색	가연물	주된 소화 효과	적응 소화제
A급 화재	백색	일반 가연물 화재	냉각 효과	물, 강화액소화기, 산·알칼리소화기
B급 화재	황색	유류 화재	질식 효과	포 소화기, CO_2소화기, 분말소화기
C급 화재	청색	전기 화재	질식, 억제효과	CO_2소화기, 분말소화기, 할로겐 화합물 소화기
D급 화재	표시없음 (무색)	금속 화재	질식 효과	건조사, 팽창 질석, 팽창 진주암

참고
할로겐 화합물 소화기 = 할론소화기 = 하론소화기

PART 05

2 연소파와 폭굉파

(1) 연소파(Combustion wave)

가연성 가스에 적당한 공기를 혼합하여 폭발범위 내에 이르면 화염의 전파속도가 빨라져 그 속도가 0.1~10m/sec 정도가 되는데 이를 연소파라 한다.

(2) 폭굉파

충격파(shock wave)의 일종으로 화염의 전파속도가 음속 이상일 경우이며 그 속도가 1,000~3,500m/sec에 이른다.

(3) 반응폭주

온도, 압력 등 제어상태가 규정의 조건을 벗어나는 것에 의해 반응 속도가 지수 함수적으로 증대되고 용기 내의 온도, 압력이 이상 상승 하여 규정 조건을 벗어나고 반응이 과격화 되는 현상

3 폭발의 분류

(1) 폭발원인물질의 상태에 의한 분류

① 기상폭발
  • 가스폭발 : 가연성 가스와 조연성 가스(산소)가 일정 비율로 혼합 되어 있는 혼합 가스가 점화원과 접촉시 가스 폭발을 일으킨다.
    예 수소, 일산화탄소, 메탄, 에탄, 프로판, 아세틸렌 등
  • 분무폭발 : 공기 중에 분출된 가연성액체의 미세한 액적이 무상 으로 되어 공기 중에 부유하고 있을 때에 발생하는 폭발이다.
  • 분진폭발 : 분진, mist 등이 일정 농도 이상으로 공기와 혼합시 발화원에 의해 분진 폭발을 일으킨다.
    예 마그네슘, 티타늄 등의 분말, 곡물가루 등

[분진폭발의 발생 순서 ✈]

퇴적분진 → 비산 → 분산 → 점화원 → 1차폭발 → 2차폭발

[분진폭발에 영향을 미치는 인자 ✈]

① 입도와 입도분포	입자가 작고 표면적이 클수록 폭발이 용이하다.
② 분진의 화학적 성분과 반응성	발열량이 클수록, 휘발성분이 많을수록 폭발이 용이하다.
③ 입자의 형상과 표면의 상태	입자의 형상이 구형(球形)일수록 폭발성이 약하고 입자의 표면이 산소에 대한 활성을 가질 수록 폭발성이 높다.
④ 분진 속의 수분	분진 속에 수분이 있으면 부유성 및 정전기 대전성 을 감소시켜 폭발의 위험이 낮아진다.
⑤ 분진의 부유성	분진의 부유성이 클수록 공기 중 체류시간이 길 어져 폭발이 용이하다.

용어정의

✳ 폭굉유도거리(DID)
완만한 연소가 격렬한 폭굉으로 발전되는 거리

용어정의

✳ 폭발(Explosion)
용기의 파열 또는 급격 한 화학반응 등에 의해 가스가 급격히 팽창하 므로써 압력이나 충격파 가 생성되어 급격히 이 동하는 현상을 말한다.

기출

✳ 폭발의 성립 조건 ★
① 가스 및 분진이 밀폐 된 공간에 존재하여 야 한다.
② 가연성 가스, 증기 또 는 분진이 폭발 범위 내에 머물러야 한다.
③ 점화원이 존재하여 야 한다.
④ 산소가 존재하여야 한다.

✳ 기상폭발의 피해 중 압력상승에 기인하는 피해가 예측되는 경우 검토를 요하는 사항
① 가연성 혼합기의 형성 상황
② 압력상승 시 취약부 의 파괴
③ 개구부가 있는 공간 내의 화염전파와 압력 상승

✳ 분진폭발의 시험장치 로는 하트만식(Hart mann)이 널리 사용 된다.

[가스폭발과 분진폭발의 비교 ✄]

가스폭발	• 화염이 크다. • 연소속도가 빠르다.
분진폭발	• 폭발압력, 에너지가 크다. • 연소시간이 길다. • 불완전연소로 인한 중독(CO)이 발생한다. • 주위의 분진에 의해 2차, 3차의 폭발로 파급될 수 있다.

② 응상폭발 : 고상과 액상의 총칭이다.
  • 수증기폭발 : 액체의 폭발적인 비등현상으로 상태변화(액체 → 기체)가 일어나며 발생하는 폭발
  • 증기폭발 : 물, 액체 등이 과열에 의하여 순간적으로 증기화되어 폭발 현상을 일으킨다.
  • 전선폭발 : 금속의 전선에 대전류가 흘러 전선이 가열되고 용융과 기화가 급격하게 진행되어 폭발을 일으킨다.

(2) 폭발현상 ✄

① 슬롭오버(Slop-over)현상 : 석유화재에서 수분을 포함한 소화약제 방사시에 급작스런 기화로 인해 열유를 비산시키는 현상(위험물 저장탱크 화재시 물 또는 포를 화염이 왕성한 표면에 방사할 때 위험물과 함께 탱크 밖으로 흘러 넘치는 현상)

② 보일오버(Boil Over)현상 : 유류저장탱크의 화재 중 탱크저부에 물 또는 물-기름 에멀젼이 수증기로 변해 갑작스런 탱크 외부로의 분출을 발생시키는 현상

③ 프로스오버(Froth-over)현상 : 저장탱크 속의 물이 점성을 가진 뜨거운 기름의 표면 아래에서 끓을 때 급격한 부피팽창에 의하여 화재를 수반하지 않고 유류가 탱크 외부로 분출되는 현상

③ 블래비(Bleve)현상(비등액 팽창 증기 폭발) : 가연성 액화가스에서 외부화재에 의해 탱크 내 액체가 비등하고 증기가 팽창하면서 폭발을 일으키는 현상으로 벽면파괴를 동반한다.

④ 개방계 증기운 폭발(Unconfined vapor cloud explosion, "UVCE") : 가연성 가스가 지속적으로 누출되면서 대기 중에 구름형태로 모여 바람 등의 영향으로 움직이다가 점화원에 의하여 순간적으로 모든 가스가 동시에 폭발하는 현상을 말한다.

증기운 폭발의 특징

① 증기운의 크기가 증가하면 점화확률도 증가한다.
② 증기운에 의한 재해는 폭발력보다는 화재가 원인이 된다.
③ 폭발효율이 적다. 대략 연소에너지의 약 20%만이 폭풍파로 전환된다.
④ 증기와 공기의 난류혼합은 폭발력을 증대시킨다.
⑤ 증기 누출부로부터 먼 지점에서의 착화는 폭발의 충격을 증가시킨다.

◎기출
분진이 발화 폭발하기 위한 조건

① 가연성질
② 미분 상태
③ 점화원의 존재
④ 산소 공급

PART
05

4 가스폭발의 원리

(1) 가스폭발

기체가 빠른 반응속도로 발열반응을 일으켜 급격히 팽창하면서 충격적인 열과 압력을 발생시켜 파괴작용을 나타내는 현상을 가스 폭발이라 한다.

(2) 가스누출감지 경보기의 설치 ✈

① 가스누출감지 경보기를 설치할 때에는 감지대상 가스의 특성을 충분히 고려하여 가장 적절한 것을 선정한다.
② 하나의 감지대상 가스가 가연성이면서 독성인 경우에는 독성가스를 기준하여 가스누출감지 경보기를 선정한다.

(3) 가스누출감지 경보기를 설치하여야 할 장소

① 건축물 내·외에 설치되어 있는 가연성 및 독성물질을 취급하는 압축기, 밸브, 반응기, 배관 연결 부위 등 가스의 누출이 우려되는 화학설비 및 부속설비 주변
② 가열로 등 발화원이 있는 제조설비 주위에 가스가 체류하기 쉬운 장소
③ 가연성 및 독성물질의 충진용 설비의 접속부의 주위
④ 방폭지역 내에 위치한 변전실, 배전반실, 제어실 등
⑤ 기타 특별히 가스가 체류하기 쉬운 장소

(4) 가스누출감지 경보기의 설치 위치

① 가스누출감지 경보기는 가능한 한 가스의 누출이 우려되는 누출 부위 가까이 설치하여야 한다.
② 건축물 밖에 설치되는 가스누출감지 경보기는 풍향, 풍속, 가스의 비중 등을 고려하여 가스가 체류하기 쉬운 지점에 설치한다.
③ 건축물 내에 설치되는 가스누출감지 경보기는 감지대상 가스의 비중이 공기보다 무거운 경우에는 건축물 내의 하부에, 공기보다 가벼운 경우에는 건축물의 환기구 부근 또는 당해 건축물 내의 상부에 설치하여야 한다.
④ 가스누출감지 경보기의 경보기는 근로자가 상주하는 곳에 설치하여야 한다.

(5) 가스누출감지 경보기의 경보설정치 ✈

① 가연성 가스 누출감지 경보기는 감지대상 가스의 폭발하한계 25% 이하, 독성가스 누출감지 경보기는 해당 독성가스의 허용농도 이하에서 경보가 울리도록 설정하여야 한다.

─문제─

물의 비등현상 중 막비등(film boiling)에서 핵비등 상태로 급격하게 이행하는 하한점은?

㉮ Burn-out point
㉯ Leidenfrost point
㉰ Sub-cooling boiling point
㉱ Entrainment point

[해설]
막비등(film boiling)에서 핵비등 상태로 급격하게 이행하는 하한점을 Leidenfrost point라 한다.

───────── 정답 ㉯

─문제─

가스폭발 한계의 측정에 있어서 화염의 전파방향이 어느 방향일 때 가장 넓은 값을 나타내는가?

㉮ 상향
㉯ 하향
㉰ 수평
㉱ 방향에 관계없다.

───────── 정답 ㉮

② 가스누출감지 경보의 정밀도는 경보설정치에 대하여 가연성 가스 누출감지 경보기는 ±25% 이하, 독성가스 누출감지 경보기는 ±30% 이하이어야 한다.

(6) 가스누출감지 경보기의 성능

① 가연성 가스누출감지 경보기는 담배연기 등에, 독성가스 누출감지 경보기는 담배연기, 기계세척유가스, 등유의 증발가스, 배기가스 및 탄화수소계 가스, 기타 잡 가스에는 경보가 울리지 않아야 한다.

② 가스누출감지 경보기의 가스 감지에서 경보발신까지 걸리는 시간은 경보농도 1.6배시 보통 30초 이내일 것. 다만, 암모니아, 일산화탄소 또는 이와 유사한 가스 등을 감지하는 가스누출감지 경보기는 1분 이내로 한다.

③ 경보정밀도는 전원의 전압 등의 변동률이 ±10%까지 저하되지 않아야 한다.

④ 지시계 눈금의 범위는 가연성가스용은 0에서 폭발하한계값, 독성가스는 0에서 허용농도의 3배값(암모니아를 실내에서 사용하는 경우에는 150)이어야 한다.

⑤ 경보를 발신한 후에는 가스농도가 변화하여도 계속 경보를 울려야 하며, 그 확인 또는 대책을 조치할 때에는 경보가 정지되어야 한다.

(7) 가스누출감지 경보기의 구조

① 충분한 강도를 지니며 취급 및 정비가 쉬워야 한다.

② 가스에 접촉하는 부분은 내식성의 재료 또는 충분한 부식방지 처리를 한 재료를 사용하고 그 외의 부분은 도장이나 도금처리가 양호한 재료이어야 한다.

③ 가연성가스(암모니아 제외) 누출감지경보기는 방폭성능을 갖는 것이어야 한다.

④ 수신회로가 작동상태에 있는 것을 쉽게 식별할 수 있어야 한다.

⑤ 경보는 램프의 점등 또는 점멸과 동시에 경보를 울리는 것이어야 한다.

⑤ 폭발 등급

(1) 안전 간격(Safety Gap) ✄✄

부피 8*l*, 틈의 안길이 25mm인 구형 용기에 혼합가스를 채우고 점화시켰을 때 화염이 외부까지 전달되지 않는 한계의 틈

PART 05

📖 확인 ★

※ 화염 일주 한계 : 화염이 전파되는 것을 저지할 수 있는 틈새의 최대간격 치(화염이 외부까지 전달되지 않는 한계의 틈)

※ 안전 간격 = 최대 안전 틈새 = 화염 일주 한계

(2) 폭발성 가스의 분류

폭발성 가스의 분류	A	B	C
최대 안전 틈새 범위(내압)	0.9mm 이상	0.5mm 초과 0.9mm 미만	0.5mm 이하
최소 점화 전류비 (본질안전)	0.8 초과	0.45 이상 0.8 이하	0.45 미만
적용 기기 (내압, 본질안전, 비점화)	IIA	IIB	IIC
대표적 가스	암모니아, 일산화탄소, 벤젠, 아세톤, 에탄올, 메탄올, 프로판	부타디엔, 에틸렌, diethyl ether, 에틸렌옥사이드, 도시가스	아세틸렌, 수소, 유화탄소

(3) 최고표면 온도 등급 및 발화도 등급 ✿✿

최고표면 온도등급	전기기기의 최고표면온도(℃)
T1	450 이하(또는 300 초과 450 이하)
T2	300 이하(또는 200 초과 300 이하)
T3	200 이하(또는 135 초과 200 이하)
T4	135 이하(또는 100 초과 135 이하)
T5	100 이하(또는 85 초과 100 이하)
T6	85 이하

발화도 등급	증기 또는 가스의 발화도(℃)
G1	450 초과
G2	300 초과 450 이하
G3	200 초과 300 이하
G4	135 초과 200 이하
G5	100 초과 135 이하
G6	85 초과 100 이하

04 폭발방지대책 수립

주/요/내/용 알/고/가/기

1. 폭발 재해의 근본 대책
2. 불활성화 방법
3. 혼합가스의 폭발범위 계산
4. 최소산소농도 계산

1 폭발방지대책

(1) 폭발재해의 근본대책 ✄

① **폭발봉쇄** : 공기 중에 방출되어서 안되는 유독성 물질 등의 폭발시 안전밸브나 파열판을 통해 저장소 등으로 보내어 압력을 완화시켜 폭발을 방지한다.

② **폭발억제** : 압력 상승 시 폭발억제장치가 작동하여 소화기를 터지게 하여 큰 폭발이 되지 않도록 폭발을 진압하는 방법이다.

③ **폭발방산** : 안전밸브나 파열판 등으로 탱크 내 압력을 방출시켜 폭발을 방지하는 방법이다.

참고

※ **폭발한계(폭발범위)** 폭발이 일어나는데 필요한 가연성 가스의 특정한 농도범위를 말하며, 공기 중의 가연성 가스가 연소하는데 필요한 농도의 하한과 상한을 각각 폭발하한계(LFL), 폭발상한계(UFL)라 하고 보통 1기압, 상온에서의 부피 백분율(Vol %)로 표시한다.

PART 05

2 폭발하한계 및 상한계의 계산

(1) 혼합 가스의 폭발 범위

폭발 범위(폭발 상한계, 하한계)의 계산 : 르 샤틀리에의 공식 ✄✄
$$\frac{100}{L}(Vol\%) = \frac{V_1}{L_1} + \frac{V_2}{L_2} + \frac{V_3}{L_3} \cdots \Rightarrow L = \frac{100}{\dfrac{V_1}{L_1} + \dfrac{V_2}{L_2} + \dfrac{V_3}{L_3} \cdots}$$ 여기서, L : 혼합가스의 폭발하한계(상한계) L_1, L_2, L_3 : 단독가스의 폭발하한계(상한계) V_1, V_2, V_3 : 단독가스의 공기 중 부피 100 : $V_1 + V_2 + V_3 + \cdots$ (단독가스 부피의 합)

완전연소 조성 농도(화학양론 농도, 이론산소 농도) ✄✄
$$C_{st}(Vol\%) = \frac{100}{1 + 4.773\left(n + \dfrac{m-f-2\lambda}{4}\right)}$$ 여기서, n : 탄소 m : 수소 f : 할로겐원소 λ : 산소의 원자 수

문제

다음 중 폭발방호(Explosion Protection)대책과 관계가 가장 작은 것은?

㉮ 불활성화(Inserting)
㉯ 폭발억제(Explosion Suppression)
㉰ 폭발방산(Explosion Vending)
㉱ 폭발봉쇄(Containment)

정답 ㉮

폭발범위의 계산 : Jones식

1. 폭발하한계 $= 0.55 \times C_{st}$

2. 폭발상한계 $= 3.50 \times C_{st}$

여기서, $C_{st}(Vol\%) = \dfrac{100}{1 + 4.773\left(n + \dfrac{m - f - 2\lambda}{4}\right)}$

(n : 탄소, m : 수소, f : 할로겐원소, λ : 산소의 원자 수)

예제 01 ✿✿

가연성 혼합가스가 메탄(CH_4) 80Vol%, 에탄(C_2H_6) 10Vol%, 부탄($n-C_4H_{10}$) 10Vol%로 구성되어져 있다. 공기 중에서 이 3성분 혼합가스의 화학양론 조성을 구하면?
(단, 각 단독가스의 화학양론 조성은 메탄 9.5Vol%, 에탄 5.6Vol%, 부탄 3.1Vol%로 한다.)

㉮ 4.5Vol%　　　㉯ 5.2Vol%　　　㉰ 6.1Vol%　　　㉱ 7.4Vol%

[해설]

혼합가스의 양론조성은 $\dfrac{100}{L} = \dfrac{V_1}{L_1} + \dfrac{V_2}{L_2} + \dfrac{V_3}{L_3} \cdots$

$\dfrac{(80+10+10)}{L} = \dfrac{80}{9.5} + \dfrac{10}{5.6} + \dfrac{10}{3.1}$

$L = \dfrac{100}{\dfrac{80}{9.5} + \dfrac{10}{5.6} + \dfrac{10}{3.1}} = 7.4(Vol\%)$

[정답] ㉱

문제

폭발압력과 가연성가스의 농도와의 관계에 대해 설명한 것 중 옳은 것은?

㉮ 가연성가스의 농도가 너무 희박하거나 진하여도 폭발압력은 높아진다.

㉯ 폭발압력은 양론농도보다 약간 높은 농도에서 최대폭발압력이 된다.

㉰ 최대폭발압력의 크기는 공기와의 혼합기체에서보다 산소의 농도가 큰 혼합기체에서 더 낮아진다.

㉱ 가연성가스의 농도와 폭발압력은 반비례 관계이다.

[해설]
㉮ 가연성가스의 농도가 너무 희박하거나 진하면 폭발은 중지되므로 폭발압력은 낮아진다.

㉰ 최대폭발압력의 크기는 공기보다 산소의 농도가 클 때 더 높아진다.

㉱ 가연성가스의 농도와 폭발압력은 비례관계이다.

[정답] ㉯

예제 02 ✿✿

에틸에테르와 에틸알콜의 3:1의 혼합증기 몰비가 각각 0.75, 0.25이고, 단독가스의 폭발상한을 각각 48Vol%, 19Vol%라면 혼합성 가스의 폭발상한값은?

㉮ 2.2Vol%　　　㉯ 3.47Vol%　　　㉰ 22Vol%　　　㉱ 34.7Vol%

[해설] $\dfrac{100}{L} = \dfrac{V_1}{L_1} + \dfrac{V_2}{L_2} + \dfrac{V_3}{L_3} \cdots$에서

몰비(부피비)가 3 : 1이므로

$\dfrac{(3+1)}{L} = \dfrac{3}{48} + \dfrac{1}{19}$

$L = \dfrac{4}{\dfrac{3}{48} + \dfrac{1}{19}} = 34.7Vol\%$

[참고] (몰비 = 부피비, 0.75 : 0.25 = 75% : 25%)

$\dfrac{(75 + 25)}{L} = \dfrac{75}{48} + \dfrac{25}{19}$

$L = \dfrac{100}{\dfrac{75}{48} + \dfrac{25}{19}} = 34.7Vol\%$

[정답] ㉱

예제 03

메탄 70Vol%, 부탄 30Vol% 혼합가스의 공기 중 폭발하한계는?
(각 물질의 폭발하한계는 Jones식에 의해 추산하시오.)

㉮ 1.2vol%　　　㉯ 3.2vol%　　　㉰ 5.7vol%　　　㉱ 7.7vol%

해설

(1) 메탄의 폭발하한계
　　Jones식의 폭발하한계 = 0.55×Cst
　　폭발상한계 = 3.50×Cst

$$C_{st} = \frac{100}{1+4.773\left(n+\dfrac{m-f-2\lambda}{4}\right)}$$

(n : 탄소, m : 수소, f : 할로겐원소, λ : 산소의 원자수)

메탄 CH_4에서(n : 1, m : 4, f : 0, λ : 0)

$$C_{st} = \frac{100}{1+4.773\left(1+\dfrac{4}{4}\right)} = 9.482$$

폭발하한계 = 0.55× Cst = 0.55×9.482 = 5.21

(2) 부탄의 폭발하한계
　　부탄 C_4H_{10}에서(n : 4, m : 10, f : 0, λ : 0)

$$C_{st} = \frac{100}{1+4.773\left(4+\dfrac{10}{4}\right)} = 3.122$$

폭발하한계 = 0.55×Cst = 0.55×3.122 = 1.71

(3) 혼합가스의 폭발하한계

$$\frac{100}{L} = \frac{V_1}{L_1}+\frac{V_2}{L_2}+\frac{V_3}{L_3}\cdots$$

$$\frac{100}{L} = \frac{70}{5.21}+\frac{30}{1.71}$$

$$L = \frac{100}{\dfrac{70}{5.21}+\dfrac{30}{1.71}} = 3.22\text{Vol \%}$$

정답 ㉯

예제 04

폭발한계와 완전 연소 조성 관계인 Jones식을 이용하여 부탄(C_4H_{10})의 폭발 하한계를 구하면 몇 vol% 인가?

㉮ 1.4vol%　　　㉯ 1.7vol%　　　㉰ 2.0vol%　　　㉱ 2.3vol%

해설

1. 완전연소조성농도(화학양론농도)
　부탄 C_4H_{10}에서(n : 4, m : 10, f : 0, λ : 0)

$$C_{st} = \frac{100}{1+4.773\left(4+\dfrac{10}{4}\right)} = 3.122(\text{vol\%})$$

2. Jones식에 의한 폭발 하한계
　폭발 하한계 = 0.55 × Cst = 0.55 × 3.122 = 1.71(vol%)

정답 ㉯

(2) 최소산소농도(MOC 농도)
= 화염을 전파하기 위한 최소한의 산소농도

최소 산소농도 ✦
$MOC농도 = 폭발하한계 \times \dfrac{산소의\ 몰수}{연료의\ 몰수}(Vol\%)$

예제 01 ✦

프로판(C_3H_8)의 연소에 필요한 최소 산소농도의 값은?
(단, 프로판의 폭발하한은 2.2Vol%)

㉮ 8.1Vol%　　　㉯ 11.1Vol%　　　㉰ 15.1Vol%　　　㉱ 20.1Vol%

해설

$MOC농도 = 폭발하한계 \times \dfrac{산소의\ 몰수}{연료의\ 몰수}(Vol\%)$

프로판의 연소식 : $1C_3H_8 + 5O_2 = 3CO_2 + 4H_2O$(여기서 1, 5, 3, 4 = 몰수)

프로판의 최소산소농도 = $2.2 \times \dfrac{5}{1} = 11Vol\%$

정답 ㉯

예제 02 ✦

부탄(C_4H_{10})의 연소에 필요한 최소 산소농도의 값은?
(단, 부탄의 폭발하한은 1.6Vol%)

㉮ 10.4Vol%　　　㉯ 11.1Vol%　　　㉰ 18.4Vol%　　　㉱ 22.5Vol%

해설

$MOC농도 = 폭발하한계 \times \dfrac{산소의\ 몰수}{연료의\ 몰수}(Vol\%)$

부탄의 연소식 : $1C_4H_{10} + 6.5O_2 = 4CO_2 + 5H_2O$(여기서 1, 6.5, 4, 5 = 몰수)

부탄의 최소산소농도 = $1.6 \times \dfrac{6.5}{1} = 10.4Vol\%$

정답 ㉮

예제 03

메탄올의 연소반응이 다음과 같을 때 최소산소농도(MOC)는 약 얼마인가?
(단, 메탄올의 연소하한값(L)은 6.7Vol%이다.)

$CH_3OH + 1.5O_2 \rightarrow CO_2 + 2H_2O$

㉮ 1.5Vol%　　　㉯ 6.7Vol%　　　㉰ 10Vol%　　　㉱ 15Vol%

해설

$MOC농도 = 6.7 \times \dfrac{1.5}{1} = 10.05\ (Vol\%)$

정답 ㉰

PART

06 건설공사 안전 관리

Engineer Industrial Safety

CHAPTER
01

건설공사 특성 분석

합격의 key

01 건설공사 특수성 분석

📍 주/요/내/용 알/고/가/기

1. 건설공사 안전관리계획의 수립
2. 건설공사발주자의 산업재해 예방 조치
3. 산업재해가 발생할 위험이 있다고 판단되어 설계변경을 요청할 수 있는 경우
4. 설치·해체·조립하는 등의 작업을 하는 경우 건설공사 도급인이 안전보건조치를 하여야 하는 기계·기구
5. 산업재해를 예방하기 위하여 필요한 조치를 하여야 하는 장소

1 건설업 등의 산업재해 예방(산업안전보건법)

(1) 건설공사발주자의 산업재해 예방 조치

① 총 공사금액이 50억 원 이상인 건설공사발주자는 산업재해 예방을 위하여 건설공사의 계획, 설계 및 시공단계에서 다음 각 호의 구분에 따른 조치를 하여야 한다.

건설공사 계획단계	해당 건설공사에서 중점적으로 관리하여야 할 유해·위험요인과 이의 감소방안을 포함한 기본 안전보건대장을 작성할 것
건설공사 설계단계	기본안전보건대장을 설계자에게 제공하고, 설계자로 하여금 유해·위험요인의 감소방안을 포함한 설계안전보건대장을 작성하게 하고 이를 확인할 것
건설공사 시공단계	건설공사발주자로부터 건설공사를 최초로 도급받은 수급인에게 설계안전보건대장을 제공하고, 그 수급인에게 이를 반영하여 안전한 작업을 위한 공사안전보건대장을 작성하게 하고 그 이행 여부를 확인할 것

📖 참고

※ 공사기간 연장 요청
건설공사발주자는 다음 각 호의 어느 하나에 해당하는 사유로 건설공사가 지연되어 해당 건설공사 도급인이 산업재해 예방을 위하여 공사기간의 연장을 요청하는 경우에는 특별한 사유가 없으면 공사기간을 연장하여야 한다.

① 태풍·홍수 등 악천후, 전쟁·사변, 지진, 화재, 전염병, 폭동, 그밖에 계약 당사자가 통제할 수 없는 사태의 발생 등 불가항력의 사유가 있는 경우
② 건설공사발주자에게 책임이 있는 사유로 착공이 지연되거나 시공이 중단된 경우

(2) 설계변경의 요청

1) 건설공사 도급인은 해당 건설공사 중에 대통령령으로 정하는 가설구 조물의 붕괴 등으로 산업재해가 발생할 위험이 있다고 판단되면 건축 · 토목 분야의 전문가 등 대통령령으로 정하는 전문가의 의견을 들어 건설공사발주자에게 해당 건설공사의 설계변경을 요청할 수 있다. 다 만, 건설공사발주자가 설계를 포함하여 발주한 경우는 그러하지 아니 하다.

2) 고용노동부장관으로부터 공사 중지 또는 유해위험방지계획서의 변경 명령을 받은 건설공사 도급인은 설계변경이 필요한 경우 건설공사 발 주자에게 설계변경을 요청할 수 있다.

3) 건설공사의 관계수급인은 건설공사 중에 가설구조물의 붕괴 등으로 산업재해가 발생할 위험이 있다고 판단되면 전문가의 의견을 들어 건 설공사 도급인에게 해당 건설공사의 설계변경을 요청할 수 있다. 이 경우 건설공사 도급인은 그 요청받은 내용이 기술적으로 적용이 불가 능한 명백한 경우가 아니면 이를 반영하여 해당 건설공사의 설계를 변경하거나 건설공사 발주자에게 설계변경을 요청하여야 한다.

산업재해가 발생할 위험이 있다고 판단되어 설계변경을 요청할 수 있는 경우 ✔

① 높이 31미터 이상인 비계
② 작업발판 일체형 거푸집 또는 높이 5미터 이상인 거푸집 동바리
③ 터널의 지보공 또는 높이 2미터 이상인 흙막이 지보공
④ 동력을 이용하여 움직이는 가설구조물

(3) 기계 · 기구 등에 대한 건설공사도급인의 안전조치

건설공사 도급인은 자신의 사업장에서 타워크레인 등 대통령령으로 정하는 기계 · 기구 또는 설비 등이 설치되어 있거나 작동하고 있는 경우 또는 이를 설치 · 해체 · 조립하는 등의 작업이 이루어지고 있는 경우에 는 필요한 안전조치 및 보건조치를 하여야 한다.

PART 06

참고

건설공사발주자는 안전보 건 분야의 전문가에게 대 장에 기재된 내용의 적정 성 등을 확인받아야 한다.

대장에 기재된 내용의 적정성을 확인할 수 있는 안전보건 전문가

1. 건설안전 분야의 산 업안전지도사 자격 을 가진 사람
2. 건설안전기술사 자 격을 가진 사람
3. 건설안전기사 자격 을 취득한 후 건설안 전 분야에서 3년 이 상의 실무경력이 있 는 사람
4. 건설안전산업기사 자격을 취득한 후 건설안전 분야에서 5년 이상의 실무경 력이 있는 사람

**설치 · 해체 · 조립하는 등의 작업을 하는 경우
건설공사 도급인이 안전보건조치를 하여야 하는 기계 · 기구**

1. 타워크레인
2. 건설용 리프트
3. 항타기(해머나 동력을 사용하여 말뚝을 박는 기계) 및 항발기(박힌 말뚝을 빼내는 기계)

---

(4) 사업주는 근로자가 다음 각 호의 어느 하나에 해당하는 장소에서 작업을 할 때 발생할 수 있는 산업재해를 예방하기 위하여 필요한 조치를 하여야 한다. ✡ (산업재해 예방을 위하여 필요한 조치를 하여야 하는 장소)

① 근로자가 추락할 위험이 있는 장소
② 토사·구축물 등이 붕괴할 우려가 있는 장소
③ 물체가 떨어지거나 날아올 위험이 있는 장소
④ 천재지변으로 인한 위험이 발생할 우려가 있는 장소

02 안전관리 고려사항 확인

주/요/내/용 알/고/가/기

1. 표준관입시험
2. 베인테스트(vane test)
3. 보링의 종류
4. 지반개량공법
5. 보일링현상
6. 히빙현상

1 지반의 조사

(1) 지하탐사법

① 터파보기(test pit)

② 짚어보기(sound rod, 탐사정)

③ 물리적 탐사법

• 전기저항식, 탄성파식, 강제진동식 등

(2) Sounding Test

저항체를 지중에 삽입하여 저항력에 의해 흙의 저항 및 물리적 성질을 측정하는 방법

① 표준관입시험(standard penetration test) ✈

• 표준 샘플러 63.5[kg]의 해머로 75[cm]의 높이에서 낙하시켜 관입량 30[cm]에 달하는데 요하는 타격횟수로서 사질지반(모래)의 밀도를 측정하는 방법이다.

• 타격횟수의 값이 클수록 밀실한 토질이다.

타격횟수에 따른 지반의 판정 ✈
• 타격횟수 4회 미만 : 대단히 연약한 지반
• 타격횟수 4~10회 : 연약한 지반
• 타격횟수 10~30회 : 보통 지반
• 타격횟수 30~50회 : 밀실한 지반
• 타격횟수 50회 이상 : 대단히 밀실한 지반

② 베인 테스트(vane test) ✈

보링 구멍을 이용하여 십자 날개형의 베인 테스터를 지반에 박고 이것을 회전시켜 그 회전력에 의하여 점토(진흙)의 점착력을 판별하는 방법이다.

용어정의

※ 지반조사
지반을 구성하는 지층의 분포, 흙의 성질, 지하수의 상태 등을 알아내어 구조물의 설계, 시공에 필요한 기초적인 자료를 얻기 위한 조사이다.

PART 06

문제

표준관입시험에서 30cm 관입에 필요한 타격횟수(N)가 50 이상일 때 모래의 상대밀도는 어떤 상태인가?

㉮ 몹시 느슨하다.
㉯ 느슨하다.
㉰ 보통이다.
㉱ 대단히 조밀하다.

정답 ㉱

③ 보링(Boring)

지중에 철판을 꽂아 천공하면서 토사를 채취, 지반조사하는 방법

㉠ 보링(boring)시 주의사항

- 보링의 깊이는 경미한 건물은 기초폭의 1.5~2.0배, 지지층 이상으로 한다.
- 간격은 약 30[m]로 하고 중간지점은 물리적 탐사법을 이용한다.
- 한 장소에서 3개소 이상 실시한다.
- 보링 구멍은 수직으로 판다.
- 채취 시료는 충분히 양생해야 한다.

㉡ 보링(boring)의 종류 ✖

회전식 보링 (rotary boring)	천공날을 회전시켜 천공하는 공법으로 가장 많이 사용되는 방법이며, 지질의 상태를 가장 정확히 파악할 수 있다.
수세식 보링 (wash boring)	보링 내 선단에서 물을 뿜어내어 나온 진흙물을 침전시켜 토질을 분석하는 방법으로 깊은 지층조사가 가능하다.
충격식 보링 (percussion boring)	낙하, 충격에 의해 파쇄되는 토사나 암석을 이용하여 분석하는 방법이다.
오거 보링 (auger boring)	송곳(auger)을 이용해 깊이 10[m]이내의 시추에 사용되며 얕은 점토층의 분석에 사용된다.

④ 샘플링(Sampling)

㉠ 불교란시료 : 자연상태로 흩어지지 않게 채취한 시료

㉡ Thin Wall Sampling : 연약점토, 사질지반에 적합

㉢ Composite Sampling : 굳은 점토 및 모래 채취에 적합

㉣ Dension Sampling : 경질점토에 적합

㉤ Foil Sampling : 연약지반에 적합

2 지반의 이상 현상 및 안전대책

(1) 지반의 부동침하

① 부동침하 원인 : 연약지반, 지하수, 경사지반 등

② 지반개량공법의 종류 ✖

㉠ 치환공법 : 연약지반을 양질의 재료로 치환하는 방법

㉡ 탈수공법 : 지반내 물을 탈수하여 흙을 개량하는 방법

탈수공법의 종류

- 점토층 : 샌드드레인공법, 페이퍼드레인공법, 진공배수공법
- 사질토 : 웰포인트공법

ⓒ 다짐말뚝공법 : 말뚝을 형성하여 지반을 다져서 지반을 개량하는 공법

ⓔ 주입공법 : 약액주입공법, 시멘트주입공법

ⓜ 재하공법 : 연약지반에 미리 하중을 가하여 흙을 압밀시키는 공법

> **참고 재하공법의 종류**
> - 선행재하공법(Preloading)
>   사전에 미리 성토하여 흙을 압밀시키는 공법
> - 압성토공법(Surcharge, 과재하중공법)
>   계획높이 이상으로 성토하여 강제 침하를 시켜 지내력을 증대시키는 공법
> - 사면선단재하공법
>   성토의 비탈면 부분을 계획보다 넓게 하여 비탈면 끝부분의 전단강도를 증대시키는 공법

ⓗ 언더피닝공법 : 기존 구조물에 근접하여 시공 시 기존 구조물을 보호하기 위한 공법으로 기초저면보다 깊은 구조물을 시공하거나 기존 구조물을 보호하기 위하여 기초하부를 보강하는 공법이다.

③ 사질토와 점토의 개량공법

사질토(모래)의 개량공법 ✖	• 다짐말뚝공법 • 다짐모래말뚝공법 • 바이브로 플로테이션 • 전기충격공법 • 약액주입공법 • 웰포인트공법
점성토의 개량공법 ✖	• 치환공법 • 탈수공법 • 재하공법 • 압성토공법 • 생석회말뚝공법

용어정의

* 바이브로 플로테이션
  진동기를 이용하여 지반을 다짐하는 모래지반의 개량공법

* 약액주입공법
  사질지반에 시멘트 점토, 벤토나이트, 아스팔트 등의 약액을 주입하여 지반을 보강하는 공법이다.

* 시멘트주입공법
  사질지반에 파이프를 지중에 박고 시멘트를 주입하여 지반을 보강하는 공법이다.

* 생석회말뚝공법
  생석회 말뚝을 지반에 형성하여 생석회가 흙 속의 물을 급속하게 탈수하는 동시에 말뚝의 부피가 2배로 팽창하여 지반을 강제 압밀시키는 공법이다.

* 전기충격공법
  지반 속에 고압전류를 일으켜 그 충격으로 다짐하는 공법이다.

문제

히빙현상 방지대책으로 틀린 것은?

㉮ 흙막이 벽체의 근입 깊이를 깊게 한다.
㉯ 흙막이 벽체 배면의 지반을 개량하여 흙의 전단강도를 높인다.
㉰ 부풀어 솟아오르는 바닥면의 토사를 제거한다.
㉱ 소단을 두면서 굴착한다.

정답 ㉰

PART 06

(2) 히빙(Heaving)현상 ✖✖

① 연약한 점토지반에서 굴착에 의한 흙막이 내·외면의 흙의 중량차이(토압)로 인해 굴착저면의 흙이 부풀어 올라오는 현상을 말한다.
② 흙막이 바깥흙이 안으로 밀려든다.

히빙 발생원인	① 배면지반과 터파기 저면과의 토압차 ② 연약지반 및 하부지반의 강성 부족 ③ 지표면의 토사적치 등 과재하 ④ 흙막이 밑둥넣기 부족
히빙현상 방지책 ✖	① 양질의 재료로 지반을 개량한다(흙의 전단강도 높인다). ② 어스앵커 설치 ③ 시트파일 등의 근입심도 검토 (흙막이 벽체의 근입깊이를 깊게 한다) ④ 굴착 주변에 웰포인트 공법을 병행한다. ⑤ 소단을 두면서 굴착한다. ⑥ 굴착 주변의 상재하중을 제거 ⑦ 굴착저면에 토사 등의 인공중력을 가중시킴 ⑧ 토류벽의 배면토압을 경감시키고, 약액주입공법 및 탈수공법을 적용

(3) 보일링(Boiling)현상 ✖✖

① 사질토 지반에서 굴착저면과 흙막이 배면과의 수위차이로 인해 굴착저면의 흙과 물이 함께 위로 솟구쳐 오르는 현상(모래의 액상화 현상)을 말한다.
② 모래가 액상화되어 솟아오른다.

보일링 발생원인 ✖	보일링현상 방지책 ✖✖
• 배면지반과 터파기 저면과의 수위 차	• 지하수위 저하
• 포화지반 및 지하수위가 높은 경우	• 지하수 흐름 변경
• 사질지반 및 파이핑의 형성	• 근입벽을 깊게 한다.
• 흙막이 밑둥넣기 부족	• 작업중지

(4) 파이핑(Piping)현상

보일링(Boiling) 현상으로 인하여 지반 내에서 물의 통로가 생기면서 흙이 세굴되는 현상을 말한다.

(5) 압밀침하현상

외력에 의해 간극 내 물이 빠지며 흙의 입자가 좁아지며 침하되는 현상을 말한다.

(6) 흙의 동상(frost heaving)현상

물이 결빙되는 위치로 지속적으로 유입되는 조건에서 온도가 하강함에 따라 토중수가 얼어 생성된 결빙 크기가 계속 커져 지표면이 부풀어 오르는 현상

◎기출

＊흙의 동상현상 방지책
① 모관수의 상승을 차단하기 위하여 지하수위 상층에 조립토층을 설치한다.
② 지표의 흙을 화학약품으로 처리한다.
③ 흙속에 단열재료를 매입한다.
④ 배수구를 설치하여 지하수위를 저하시킨다.

건설공사 위험성

합격의 key

📍 주/요/내/용 알/고/가/기 ▶

1. 유해위험방지계획서를 제출해야 될 건설공사
2. 유해위험 방지계획서 심사 결과의 구분
3. 유해위험방지계획서 제출 시 첨부서류
4. 사전조사 및 작업계획서 내용
5. 일정한 신호방법을 정하여야 하는 작업
6. 재해발생 위험이 높다고 판단되어 설계변경을 요청할 수 있는 경우

① 유해위험방지계획서를 제출해야 될 건설공사 ✖✖✖

┌─ 문제 ─┐

유해·위험방지계획서를 제출
해야 할 대상 공사에 대한 설명
으로 잘못된 것은?

㉮ 지상 높이가 31m 이상인 건
축물 또는 공작물의 건설,
개조 또는 해체 공사
㉯ 최대지간 길이가 50m 이상
인 교량건설 등의 공사
㉰ 다목적댐·발전용댐 및 저
수용량 2천만톤 이상의 용
수전용댐 건설 등의 공사
㉱ 깊이가 5m 이상인 굴착공사

[해설]
㉱ 깊이가 10m 이상인 굴착공
사가 해당된다.

━━ 정답 ㉱

유해·위험방지계획서 작성대상(건설공사) ✖✖✖

① 다음 각 목의 어느 하나에 해당하는 건축물 또는 시설 등의 건설·개조 또는 해체
공사
　가. 지상높이가 31미터 이상인 건축물 또는 인공구조물
　나. 연면적 3만 제곱미터 이상인 건축물
　다. 연면적 5천 제곱미터 이상인 시설로서 다음의 어느 하나에 해당하는 시설
　　1) 문화 및 집회시설(전시장 및 동물원·식물원은 제외한다)
　　2) 판매시설, 운수시설(고속철도의 역사 및 집배송시설은 제외한다)
　　3) 종교시설
　　4) 의료시설 중 종합병원
　　5) 숙박시설 중 관광숙박시설
　　6) 지하도상가
　　7) 냉동·냉장 창고시설
② 연면적 5천제곱미터 이상의 냉동·냉장창고시설의 설비공사 및 단열공사
③ 최대 지간길이(다리의 기둥과 기둥의 중심사이의 거리)가 50미터 이상인 교량
건설 등 공사
④ 터널 건설 등의 공사
⑤ 다목적댐, 발전용댐 및 저수용량 2천만톤 이상의 용수 전용 댐, 지방상수도 전용
댐 건설 등의 공사
⑥ 깊이 10미터 이상인 굴착공사

실력이 되고! 합격이 되는! 특급

• 지상높이 31m, 연면적 3만m², 사람 많은 시설 연면적 5,000m²
• 연면적 5,000m² 냉동·냉장창고시설
• 최대 지간길이가 50미터 이상 교량
• 터널
• 저수용량 2천만 톤 이상 댐
• 10미터 이상인 굴착

2 유해위험방지계획서의 확인사항

(1) 사업주는 건설공사 중 6개월 이내마다 다음 각 호의 사항에 관하여 공단의 확인을 받아야 한다.

① 유해·위험방지계획서의 내용과 실제공사 내용이 부합하는지 여부
② 유해·위험방지계획서 변경내용의 적정성
③ 추가적인 유해·위험요인의 존재 여부

(2) 자체심사 및 확인업체의 사업주는 해당 공사 준공 시까지 6개월 이내마다 자체확인을 하여야 한다. 다만, 그 공사 중 사망재해가 발생한 경우에는 공단의 확인을 받아야 한다.

(3) 공단은 확인 결과 해당 사업장의 유해·위험의 방지상태가 적정하다고 판단되는 경우에는 5일 이내에 확인결과 통지서를 사업주에게 발급하여야 하며, 확인 결과 경미한 유해·위험요인이 발견된 경우에는 일정한 기간을 정하여 개선하도록 권고하되, 해당 기간 내에 개선되지 아니한 경우에는 기간 만료일부터 10일 이내에 확인결과 조치 요청서에 그 이유를 적은 서면을 첨부하여 지방고용노동관서의 장에게 보고하여야 한다.

(4) 공단은 확인 결과 중대한 유해·위험요인이 있어 작업의 중지, 사용 중지 및 주요 시설의 개선 등이 필요하다고 인정되는 경우에는 지체 없이 확인결과 조치 요청서에 그 이유를 적은 서면을 첨부하여 지방고용노동관서의 장에게 보고하여야 한다.

(5) 유해위험 방지계획서 심사 결과의 구분 ✖✖

적정	근로자의 안전과 보건을 위하여 필요한 조치가 구체적으로 확보되었다고 인정되는 경우
조건부 적정	근로자의 안전과 보건을 확보하기 위하여 일부 개선이 필요하다고 인정되는 경우
부적정	기계·설비 또는 건설물이 심사기준에 위반되어 공사 착공 시 중대한 위험 발생의 우려가 있거나 계획에 근본적 결함이 있다고 인정되는 경우

3 유해위험방지계획서 제출 시 첨부서류 ✖

사업주가 건설공사에 해당하는 유해·위험방지계획서를 제출하려면 건설공사 유해·위험방지계획서 다음 각 호 서류를 첨부하여 해당 공사의 착공 전날까지 공단에 2부를 제출하여야 한다.

(1) 공사 개요 및 안전보건관리계획

① 공사 개요서

② 공사현장의 주변 현황 및 주변과의 관계를 나타내는 도면(매설물 현황을 포함한다)

③ 건설물, 사용 기계설비 등의 배치를 나타내는 도면

④ 전체 공정표

⑤ 산업안전보건관리비 사용계획

⑥ 안전관리 조직표

⑦ 재해 발생 위험 시 연락 및 대피방법

(2) 작업 공사 종류별 유해 · 위험방지계획

④ 사전조사 및 작업계획서의 작성

(1) 사전조사 및 작업계획서의 작성 대상작업 및 내용

다음 각 호의 작업을 하는 경우 근로자의 위험을 방지하기 위하여 해당 작업, 작업장의 지형 · 지반 및 지층 상태 등에 대한 사전조사를 하고 그 결과를 기록 · 보존하여야 하며, 조사결과를 고려하여 작업계획서를 작성하고 그 계획에 따라 작업을 하도록 하여야 한다.

사전조사 및 작업계획서를 작성하여야 하는 작업 ✿✿
① 타워크레인을 설치 · 조립 · 해체하는 작업
② 차량계 하역운반기계 등을 사용하는 작업(화물자동차를 사용하는 도로 상의 주행작업은 제외한다)
③ 차량계 건설기계를 사용하는 작업
④ 화학설비와 그 부속설비를 사용하는 작업
⑤ 전기 작업(해당 전압이 50볼트를 넘거나 전기에너지가 250볼트암페어를 넘는 경우로 한정한다)
⑥ 굴착면의 높이가 2미터 이상이 되는 지반의 굴착작업
⑦ 터널굴착작업
⑧ 교량(상부구조가 금속 또는 콘크리트로 구성되는 교량으로서 그 높이가 5미터 이상이거나 교량의 최대 지간 길이가 30미터 이상인 교량으로 한정한다)의 설치 · 해체 또는 변경작업
⑨ 채석작업
⑩ 구축물, 건축물, 그 밖의 시설물 등의 해체작업
⑪ 중량물의 취급작업
⑫ 궤도나 그 밖의 관련 설비의 보수 · 점검 작업
⑬ 열차의 교환 · 연결 또는 분리 작업("입환작업")

[사전조사 및 작업계획서 내용 ✿✿✿]

작업명	사전조사 내용	작업계획서 내용
1. 타워크레인을 설치·조립·해체하는 작업 ✿✿	-	가. 타워크레인의 종류 및 형식 나. 설치·조립 및 해체순서 다. 작업도구·장비·가설설비(假設設備) 및 방호설비 라. 작업인원의 구성 및 작업근로자의 역할 범위 마. 타워크레인의 지지 방법
2. 차량계 하역운반기계 등을 사용하는 작업	-	가. 해당 작업에 따른 추락·낙하·전도·협착 및 붕괴 등의 위험 예방 대책 나. 차량계 하역운반기계 등의 운행경로 및 작업방법
3. 차량계 건설기계를 사용하는 작업 ✿✿	해당 기계의 굴러떨어짐, 지반의 붕괴 등으로 인한 근로자의 위험을 방지하기 위한 해당 작업장소의 지형 및 지반상태	가. 사용하는 차량계 건설기계의 종류 및 성능 나. 차량계 건설기계의 운행경로 다. 차량계 건설기계에 의한 작업방법
4. 화학설비와 그 부속설비 사용하는 작업	-	가. 밸브·콕 등의 조작(해당 화학설비에 원재료를 공급하거나 해당 화학설비에서 제품 등을 꺼내는 경우만 해당한다) 나. 냉각장치·가열장치·교반장치(攪拌裝置) 및 압축장치의 조작 다. 계측장치 및 제어장치의 감시 및 조정 라. 안전밸브, 긴급차단장치, 그 밖의 방호장치 및 자동경보장치의 조정 마. 덮개판·플랜지(flange)·밸브·콕 등의 접합부에서 위험물 등의 누출 여부에 대한 점검 바. 시료의 채취 사. 화학설비에서는 그 운전이 일시적 또는 부분적으로 중단된 경우의 작업방법 또는 운전 재개 시의 작업방법 아. 이상 상태가 발생한 경우의 응급조치 자. 위험물 누출 시의 조치 차. 그 밖에 폭발·화재를 방지하기 위하여 필요한 조치

작업명	사전조사 내용	작업계획서 내용
5. 전기작업	–	가. 전기작업의 목적 및 내용 나. 전기작업 근로자의 자격 및 적정 인원 다. 작업 범위, 작업책임자 임명, 전격·아크 섬광·아크 폭발 등 전기 위험 요인 파악, 접근 한계거리, 활선 접근 경보장치 휴대 등 작업시작 전에 필요한 사항 라. 전로차단에 관한 작업계획 및 전원(電源) 재투입 절차 등 작업 상황에 필요한 안전 작업 요령 마. 절연용 보호구 및 방호구, 활선작업용 기구·장치 등의 준비·점검·착용·사용 등에 관한 사항 바. 점검·시운전을 위한 일시 운전, 작업 중단 등에 관한 사항 사. 교대 근무 시 근무 인계(引繼)에 관한 사항 아. 전기작업장소에 대한 관계 근로자가 아닌 사람의 출입금지에 관한 사항 자. 전기안전작업계획서를 해당 근로자에게 교육할 수 있는 방법과 작성된 전기안전작업계획서의 평가·관리계획 차. 전기 도면, 기기 세부 사항 등 작업과 관련되는 자료
6. 굴착작업 ✿✿	가. 형상·지질 및 지층의 상태 나. 균열·함수(含水)·용수 및 동결의 유무 또는 상태 다. 매설물 등의 유무 또는 상태 라. 지반의 지하수위 상태	가. 굴착방법 및 순서, 토사 반출 방법 나. 필요한 인원 및 장비 사용계획 다. 매설물 등에 대한 이설·보호대책 라. 사업장 내 연락방법 및 신호방법 마. 흙막이 지보공 설치방법 및 계측계획 바. 작업지휘자의 배치계획 사. 그 밖에 안전·보건에 관련된 사항
7. 터널굴착 작업 ✿✿	보링(boring) 등 적절한 방법으로 낙반·출수(出水) 및 가스폭발 등으로 인한 근로자의 위험을 방지하기 위하여 미리 지형·지질 및 지층상태를 조사	가. 굴착의 방법 나. 터널지보공 및 복공(覆工)의 시공 방법과 용수(湧水)의 처리방법 다. 환기 또는 조명시설을 설치할 때에는 그 방법

작업명	사전조사 내용	작업계획서 내용
8. 교량작업	–	가. 작업 방법 및 순서 나. 부재(部材)의 낙하·전도 또는 붕괴를 방지하기 위한 방법 다. 작업에 종사하는 근로자의 추락 위험을 방지하기 위한 안전조치 방법 라. 공사에 사용되는 가설 철구조물 등의 설치·사용·해체 시 안전성 검토 방법 마. 사용하는 기계 등의 종류 및 성능, 작업방법 바. 작업지휘자 배치계획 사. 그 밖에 안전·보건에 관련된 사항
9. 채석작업 ✿	지반의 붕괴·굴착기계의 굴러 떨어짐 등에 의한 근로자에게 발생할 위험을 방지하기 위한 해당 작업장의 지형·지질 및 지층의 상태	가. 노천굴착과 갱내굴착의 구별 및 채석방법 나. 굴착면의 높이와 기울기 다. 굴착면 소단(小段)의 위치와 넓이 라. 갱내에서의 낙반 및 붕괴방지 방법 마. 발파방법 바. 암석의 분할방법 사. 암석의 가공장소 아. 사용하는 굴착기계·분할기계·적재기계 또는 운반기계의 종류 및 성능 자. 토석 또는 암석의 적재 및 운반방법과 운반경로 차. 표토 또는 용수(湧水)의 처리방법
10. 구축물, 건축물, 그 밖의 시설물 등의 해체작업 ✿✿	해체건물 등의 구조, 주변 상황 등	가. 해체의 방법 및 해체 순서도면 나. 가설설비·방호설비·환기설비 및 살수·방화설비 등의 방법 다. 사업장 내 연락방법 라. 해체물의 처분계획 마. 해체작업용 기계·기구 등의 작업계획서 바. 해체작업용화약류 등의 사용계획서 사. 그 밖에 안전·보건에 관련된 사항
11. 중량물의 취급 작업	–	가. 추락위험을 예방할 수 있는 안전대책 나. 낙하위험을 예방할 수 있는 안전대책 다. 전도위험을 예방할 수 있는 안전대책 라. 협착위험을 예방할 수 있는 안전대책 마. 붕괴위험을 예방할 수 있는 안전대책
12. 궤도와 그 밖의 관련비의 보수·점검작업	–	가. 적절한 작업 인원 나. 작업량 다. 작업순서 라. 작업방법 및 위험요인에 대한 안전조치방법 등
13. 입환작업 (入換作業)		

(2) 작업지휘자의 지정

작업지휘자를 지정하여야 하는 작업 ✡

---

① 차량계 하역운반기계 등을 사용하는 작업(화물자동차를 사용하는 도로상의 주행작업은 제외한다)
② 굴착면의 높이가 2미터 이상이 되는 지반의 굴착작업
③ 교량(상부구조가 금속 또는 콘크리트로 구성되는 교량으로서 그 높이가 5미터 이상이거나 교량의 최대 지간 길이가 30미터 이상인 교량으로 한정한다)의 설치·해체 또는 변경 작업
④ 중량물의 취급작업
⑤ 항타기나 항발기를 조립·해체·변경 또는 이동하여 작업을 하는 경우

(3) 일정한 신호방법의 결정

다음 각 호의 작업을 하는 경우 일정한 신호방법을 정하여 신호하도록 하여야 하며, 운전자는 그 신호에 따라야 한다.

일정한 신호방법을 정하여야 하는 작업 ✡

---

① 양중기(揚重機)를 사용하는 작업
② 차량계 하역운반기계의 유도자를 배치하는 작업
③ 차량계 건설기계의 유도자를 배치하는 작업
④ 항타기 또는 항발기의 운전작업
⑤ 중량물을 2명 이상의 근로자가 취급하거나 운반하는 작업
⑥ 양화장치를 사용하는 작업
⑦ 궤도작업차량의 유도자를 배치하는 작업
⑧ 입환작업(入換作業)

03 건설업 산업안전보건관리비 관리

01 건설업 산업안전보건관리비 규정

📍 주/요/내/용 알/고/가/기 ▶

1. 안전관리비 계상방법
2. 안전관리비의 사용내역 및 사용 제외 항목

1 산업안전보건관리비의 계상 및 사용

(1) 건설공사 등의 산업안전보건관리비 계상

1) 건설공사 발주자가 도급계약을 체결하거나 건설공사의 시공을 주도하여 총괄·관리하는 자(건설공사발주자로부터 건설공사를 최초로 도급받은 수급인은 제외한다)가 건설공사 사업계획을 수립할 때에는 고용노동부장관이 정하여 고시하는 바에 따라 산업재해 예방을 위하여 사용하는 비용("산업안전보건관리비")을 도급금액 또는 사업비에 계상(計上)하여야 한다.

2) 건설공사 도급인은 산업안전보건관리비를 법에서 정하는 바에 따라 사용하고 고용노동부령으로 정하는 바에 따라 그 사용명세서를 작성하여 보존하여야 한다.

3) 선박의 건조 또는 수리를 최초로 도급받은 수급인은 사업 계획을 수립할 때에는 고용노동부장관이 정하여 고시하는 바에 따라 산업안전보건관리비를 사업비에 계상하여야 한다.

4) 건설공사 도급인 또는 선박의 건조 또는 수리를 최초로 도급받은 수급인은 산업안전보건관리비를 산업재해 예방 외의 목적으로 사용해서는 아니 된다.

(2) 적용범위 : 「산업재해보상보험법」의 적용을 받는 공사 중 총 공사금액 2천만 원 이상인 공사에 적용한다. 다만, 다음 각 호의 어느 하나에 해당되는 공사 중 단가계약에 의하여 행하는 공사에 대하여는 총 계약금액을 기준으로 적용한다. ✭

🔍 **합 격 의 Key**

🔍 **용어**정의

＊ 건설업 산업안전보건 관리비(안전관리비) 건설사업장과 본사 안전 전담부서에서 산업재해의 예방을 위하여 법령에 규정된 사항의 이행에 필요한 비용을 말한다.

🔍 **용어**정의

＊ 안전관리비 대상액 공사원가계산서 구성항목 중 직접재료비, 간접재료비와 직접노무비를 합한 금액(발주자가 재료를 제공할 경우에는 해당 재료비를 포함한 금액)을 말한다.

제3장 건설업 산업안전보건관리비 관리 · **417**

① 「전기공사업법」에 따른 전기공사로서 저압·고압 또는 특별고압 작업으로 이루어지는 공사

② 「정보통신공사업법」에 따른 정보통신공사

(3) 산업안전보건관리비의 사용

① 수급인 또는 자체사업을 하는 자가 사업의 일부를 타인에게 도급하려는 경우에는 도급금액 또는 사업비에 계상된 산업안전보건관리비의 범위에서 그의 수급인에게 해당 사업의 위험도를 고려하여 적정하게 산업안전보건관리비를 지급하여 사용하게 할 수 있다.

② 사업주는 고용노동부장관이 정하는 바에 따라 해당 공사를 위하여 계상된 산업안전보건관리비를 그가 사용하는 근로자와 그의 수급인이 사용하는 근로자의 산업재해 및 건강장해 예방에 사용하고 그 사용명세서를 매월(공사가 1개월 이내에 종료되는 사업의 경우에는 해당 공사 종료 시) 작성하고 공사 종료 후 1년간 보존하여야 한다.

③ 도급을 받은 수급인 또는 자체사업을 하는 자 중 공사금액 1억 원 이상 120억 원(토목공사업에 속하는 공사는 150억 원) 미만인 공사를 하는 자와 건축허가의 대상이 되는 공사를 하는 자가 산업안전보건관리비를 사용하려는 경우에는 미리 그 사용방법, 재해예방 조치 등에 관하여 "재해예방 전문지도기관"의 지도를 받아야 한다. 다만, 다음 각 호의 어느 하나에 해당하는 공사를 하는 자는 제외한다.

산업안전보건관리비 사용 시
재해예방 전문지도기관의 지도를 받지 않아도 되는 공사 ✄

- 공사 기간이 1개월 미만인 공사
- 육지와 연결되지 아니한 섬 지역(제주특별자치도는 제외한다)에서 이루어지는 공사
- 사업주가 안전관리자의 자격을 가진 사람을 선임(같은 광역 자치단체의 지역 내에서 같은 사업주가 경영하는 셋 이하의 공사에 대하여 공동으로 안전관리자 자격을 가진 사람 1명을 선임한 경우를 포함한다)하여 안전관리자의 업무만을 전담하도록 하는 공사
- 유해·위험방지계획서를 제출하여야 하는 공사

참고
건설공사의 건설공사발주자 또는 건설공사도급인(건설공사도급인은 건설공사발주자로부터 건설공사를 최초로 도급받은 수급인은 제외한다)은 건설 산업재해예방을 위한 지도계약을 해당 건설공사 착공일의 전날까지 체결해야 한다.

④ 수급인 또는 자기공사자는 안전관리비 사용내역에 대하여 공사 시작 후 6개월마다 1회 이상 발주자 또는 감리원의 확인을 받아야 한다. 다만, 6개월 이내에 공사가 종료되는 경우에는 종료 시 확인을 받아야 한다.

(4) 안전관리비 계상기준

① 건설공사 발주자가 도급계약 체결을 위한 원가계산에 의한 예정가격을 작성하거나, 자기공사자가 건설공사 사업 계획을 수립할 때에는 안전보건관리비를 계상하여야 한다. 다만, 발주자가 재료를 제공하거나 일부 물품이 완제품의 형태로 제작·납품되는 경우에는 해당 재료비 또는 완제품 가액을 대상액에 포함하여 산출한 안전보건관리비와 해당 재료비 또는 완제품 가액을 대상액에서 제외하고 산출한 안전보건관리비의 1.2배에 해당하는 값을 비교하여 그 중 작은 값 이상의 금액으로 계상한다.

> ① 발주자의 재료비 포함 안전관리비
> ② 발주자의 재료비 제외한 안전관리비×1.2
> ①, ② 중 작은 값 이상으로 한다.

안전관리비의 계상

1. 대상액이 5억 원 미만 또는 50억 원 이상
   안전관리비 = 대상액(재료비 + 직접 노무비) × 비율

2. 대상액이 5억 원 이상 50억 원 미만
   안전관리비 = 대상액(재료비 + 직접 노무비) × 비율 + 기초액(C)

3. 대상액이 명확하지 않은 경우
   도급계약 또는 자체사업계획상 책정된 총 공사금액의 10분의 7에 해당하는 금액을 대상액으로 하고 제1호 및 제2호에서 정한 기준에 따라 계상

■ 확인

※ 안전관리비 계상법의 예
   경우 1)
   일반건설공사(갑)으로
   직접재료비 10억 원, 직접
   노무비 30억 원 공사인
   경우 안전관리비
   = (40억 원 × 1.86%)
     +5,349,000원
   = 79,749,000원

   경우 2)
   일반건설공사(을)로 대
   상액의 구분이 되어 있
   지 않으며 총 공사금액이
   100억 원일 경우 안전관
   리비
   = (100억 원 × 70%) ×
     2.10%
   = 147,000,000원

PART 06

[별표 1] 공사종류 및 규모별 안전관리비 계상기준표

구 분\n공사 종류	대상액 5억 원 미만인 경우 적용비율(%)	대상액 5억 원 이상 50억 원 미만인 경우		대상액 50억 원 이상인 경우 적용비율(%)	보건관리자 선임 대상 건설공사의 적용비율(%)
		적용비율(%)	기초액		
일반건설공사(갑)	2.93(%)	1.86(%)	5,349천원	1.97(%)	2.15(%)
일반건설공사(을)	3.09(%)	1.99(%)	5,499천원	2.10(%)	2.29(%)
중건설공사	3.43(%)	2.35(%)	5,400천원	2.44(%)	2.66(%)
철도·궤도 신설공사	2.45(%)	1.57(%)	4,411천원	1.66(%)	1.81(%)
특수 및 기타 건설공사	1.85(%)	1.20(%)	3,250천원	1.27(%)	1.38(%)

설계변경 시 안전관리비 조정·계상 방법

1. 설계변경에 따른 안전관리비는 다음 계산식에 따라 산정한다.
   설계변경에 따른 안전관리비
   = 설계변경 전의 안전관리비 + 설계변경으로 인한 안전관리비 증감

2. 설계변경으로 인한 안전관리비 증감액은 다음 계산식에 따라 산정한다.
   설계변경으로 인한 안전관리비 증감액
   = 설계변경 전의 안전관리비 × 대상액의 증감 비율

3. 대상액의 증감 비율은 다음 계산식에 따라 산정한다. 이 경우, 대상액은 예정가격
   작성 시의 대상액이 아닌 설계변경 전·후의 도급계약서상의 대상액을 말한다.
   대상액의 증감 비율 =
   [(설계변경 후 대상액 - 설계변경 전 대상액) / 설계변경 전 대상액]×100%

② 하나의 사업장 내에 건설공사 종류가 둘 이상인 경우(분리발주한 경우를 제외한다)에는 공사금액이 가장 큰 공사종류를 적용한다.

③ 발주자 또는 자기공사자는 설계변경 등으로 대상액의 변동이 있는 경우 지체 없이 안전보건관리비를 조정 계상하여야 한다. 다만, 설계변경으로 공사금액이 800억 원 이상으로 증액된 경우에는 증액된 대상액을 기준으로 재 계상한다.

[별표 2] 공사진척에 따른 안전관리비 사용기준

공정률	사용기준
50퍼센트 이상 70퍼센트 미만	50퍼센트 이상
70퍼센트 이상 90퍼센트 미만	70퍼센트 이상
90퍼센트 이상	90퍼센트 이상

※ 공정률은 기성공정률을 기준으로 한다.

[예제] 다음 [보기]의 건설공사에 적합한 산업안전보건관리비를 계상하시오.

[보기]
수자원시설공사(댐), 재료비와 직접 노무비의 합이 4,500,000,000원인 경우

[정답]
1. 수자원시설공사(댐) → 중건설공사
2. • 대상액 = 재료비 + 직접 노무비 = 4,500,000,000원
   • 대상액이 5억 원 이상 50억 원 미만이므로
   안전관리비 = 대상액(재료비 + 직접 노무비) × 비율 + 기초액(C)
   = 4,500,000,000원 × 0.0235 + 5,400,000원 = 111,150,000원

▣참고

* 안전·보건관계자의 범위
  · 안전보건관리책임자
  · 안전보건총괄책임자
  · 안전관리자
  · 보건관리자
  · 관리감독자
  · 명예산업안전감독관
  · 안전·보건보조원
  · 본사 안전전담부서
    안전전담직원

② 산업안전보건관리비의 사용기준 ✦

(1) 수급인 또는 자기공사자는 안전관리비를 항목별 사용기준에 따라 건설 사업장에서 근무하는 근로자의 산업재해 및 건강장해 예방을 위한 목적 으로만 사용하여야 한다.

(2) 산업안전보건관리비의 사용 내역 ✦✦

① 안전·보건관리자 임금 등
② 안전시설비 등
③ 보호구 등
④ 안전보건 진단비 등
⑤ 안전보건 교육비 등
⑥ 근로자 건강장해 예방비 등
⑦ 건설재해예방전문지도기관 기술지도비
⑧ 본사 전담조직 근로자 임금 등
⑨ 위험성 평가 등에 따른 소요비용

(3) 산업안전보건관리비의 세부 사용 항목 ✦✦

1. 안전관리자·보건관리자의 임금 등	① 안전관리 또는 보건관리 업무만을 전담하는 안전관리자 또는 보건관리자의 임금과 출장비 전액 ② 안전관리 또는 보건관리 업무를 전담하지 않는 안전관리자 또는 보건관리자의 임금과 출장비의 각각 2분의 1에 해당하는 비용 ③ 안전관리자를 선임한 건설공사 현장에서 산업재해 예방 업무민을 수행하는 작업지휘자, 유도자, 신호사 등의 임금 전액 ④ 작업을 직접 지휘·감독하는 직·조·반장 등 관리감독자의 직위에 있는 자가 업무를 수행하는 경우에 지급하는 업무수당(임금의 10분의 1 이내)
2. 안전시설비	① 산업재해 예방을 위한 안전난간, 추락방호망, 안전대 부착설비, 방호장치(기계·기구와 방호장치가 일체로 제작된 경우, 방호장치 부분의 가액에 한함) 등 안전시설의 구입·임대 및 설치를 위해 소요되는 비용 ② 스마트 안전장비 구입·임대 비용의 5분의 1에 해당하는 비용. 다만, 제4조에 따라 계상된 안전보건관리비 총액의 10분의 1을 초과할 수 없다. ③ 용접 작업 등 화재 위험작업 시 사용하는 소화기의 구입·임대비용

3. 보호구 등	① 보호구의 구입·수리·관리 등에 소요되는 비용 ② 근로자가 보호구를 직접 구매·사용하여 합리적인 범위 내에서 보전하는 비용 ③ 안전관리자 등의 업무용 피복, 기기 등을 구입하기 위한 비용 ④ 안전관리자 및 보건관리자가 안전보건 점검 등을 목적으로 건설공사 현장에서 사용하는 차량의 유류비·수리비·보험료
4. 안전보건진단비 등	① 유해위험방지계획서의 작성 등에 소요되는 비용 ② 안전보건진단에 소요되는 비용 ③ 작업환경 측정에 소요되는 비용 ④ 그 밖에 산업재해예방을 위해 법에서 지정한 전문기관 등에서 실시하는 진단, 검사, 지도 등에 소요되는 비용
5. 안전보건교육비 등	① 의무교육이나 이에 준하여 실시하는 교육을 위해 건설공사 현장의 교육 장소 설치·운영 등에 소요되는 비용 ② 산업재해 예방 목적을 가진 다른 법령상 의무교육을 실시하기 위해 소요되는 비용 ③ 안전보건관리책임자, 안전관리자, 보건관리자가 업무 수행을 위해 필요한 정보를 취득하기 위한 목적으로 도서, 정기간행물을 구입하는 데 소요되는 비용 ④ 건설공사 현장에서 안전기원제 등 산업재해 예방을 기원하는 행사를 개최하기 위해 소요되는 비용. 다만, 행사의 방법, 소요된 비용 등을 고려하여 사회통념에 적합한 행사에 한한다. ⑤ 건설공사 현장의 유해·위험요인을 제보하거나 개선방안을 제안한 근로자를 격려하기 위해 지급하는 비용
6. 근로자 건강장해 예방비 등	① 법에서 정하거나 그에 준하여 필요한 각종 근로자의 건강장해 예방에 필요한 비용 ② 중대재해 목격으로 발생한 정신질환을 치료하기 위해 소요되는 비용 ③ 「감염병의 예방 및 관리에 관한 법률」에 따른 감염병의 확산 방지를 위한 마스크, 손소독제, 체온계 구입 비용 및 감염병병원체 검사를 위해 소요되는 비용 ④ 휴게시설을 갖춘 경우 온도, 조명 설치·관리기준을 준수하기 위해 소요되는 비용
7. 건설재해예방전문지도기관의 지도에 대한 대가로 지급하는 비용	

8. 「중대재해 처벌 등에 관한 법률」에 해당하는 건설사업자가 아닌 자가 운영하는 사업에서 안전보건 업무를 총괄·관리하는 3명 이상으로 구성된 본사 전담조직에 소속된 근로자의 임금 및 업무수행 출장비 전액. 다만, 안전보건관리비 총액의 20분의 1을 초과할 수 없다.

9. 위험성평가 또는 유해·위험요인 개선을 위해 필요하다고 판단하여 산업안전보건 위원회 또는 노사협의체에서 사용하기로 결정한 사항을 이행하기 위한 비용. 계상된 안전보건관리비 총액의 10분의 1을 초과할 수 없다.

(4) 도급인 및 자기공사자는 다음 각 호의 어느 하나에 해당하는 경우에는 안전보건관리비를 사용할 수 없다.

안전보건관리비를 사용할 수 없는 경우 ✄

① 「(계약예규)예정가격작성기준」 중 "경비"에 해당되는 비용(단, 산업안전보건관리비 제외)
② 다른 법령에서 의무사항으로 규정한 사항을 이행하는 데 필요한 비용
③ 근로자 재해예방 외의 목적이 있는 시설·장비나 물건 등을 사용하기 위해 소요되는 비용
④ 환경관리, 민원 또는 수방대비 등 다른 목적이 포함된 경우

---

(5) 사용내역의 확인

① 도급인은 안전보건관리비 사용내역에 대하여 공사 시작 후 6개월마다 1회 이상 발주자 또는 감리자의 확인을 받아야 한다. 다만, 6개월 이내에 공사가 종료되는 경우에는 종료 시 확인을 받아야 한다. ✄
② 발주자, 감리자 및 관계 근로감독관은 안전보건관리비 사용내역을 수시 확인할 수 있으며, 도급인 또는 자기공사자는 이에 따라야 한다.
③ 발주자 또는 감리자는 안전보건관리비 사용내역 확인 시 기술지도 계약 체결, 기술지도 실시 및 개선 여부 등을 확인하여야 한다.

(6) 실행예산의 작성 및 집행

① 공사금액 4천만 원 이상의 도급인 및 자기공사자는 공사실행예산을 작성하는 경우에 해당 공사에 사용하여야 할 안전보건관리비의 실행예산을 계상된 안전보건관리비 총액 이상으로 별도 편성해야 하며, 이에 따라 안전보건관리비를 사용하고 안전보건관리비 사용내역서를 작성하여 해당 공사현장에 갖추어 두어야 한다. ✄
② 도급인 및 자기공사자는 안전보건관리비 실행예산을 작성하고 집행하는 경우에 선임된 해당 사업장의 안전관리자가 참여하도록 하여야 한다.

※참고
* 관리감독자 안전보건
  업무 수행 시 수당지급
  작업
1. 건설용 리프트·곤돌라를
   이용한 작업
2. 콘크리트 파쇄기를 사용
   하여 행하는 파쇄작업
   (2미터 이상인 구축물
   파쇄에 한정한다)
3. 굴착 깊이가 2미터 이상
   인 지반의 굴착작업
4. 흙막이지보공의 보강,
   동바리 설치 또는 해체
   작업
5. 터널 안에서의 굴착작업,
   터널거푸집의 조립 또
   는 콘크리트 작업
6. 굴착면의 깊이가 2미터
   이상인 암석 굴착 작업
7. 거푸집지보공의 조립 또
   는 해체작업
8. 비계의 조립, 해체 또는
   변경작업
9. 건축물의 골조, 교량의
   상부구조 또는 탑의 금
   속제의 부재에 의하여
   구성되는 것(5미터 이상
   에 한정한다)의 조립, 해
   체 또는 변경작업
10. 콘크리트 공작물(높이
    2미터 이상에 한정한
    다)의 해체 또는 파괴
    작업
11. 전압이 75볼트 이상인
    정전 및 활선작업
12. 맨홀작업, 산소결핍장
    소에서의 작업
13. 도로에 인접하여 관로,
    케이블 등을 매설하거
    나 철거하는 작업
14. 전주 또는 통신주에서의
    케이블 공중가설작업
15. 위험방지가 특히 필요
    한 작업

참고 안전관리비의 항목별 사용불가 내역

항목	사용불가 내역
1. 안전관리자 등의 인건비 및 각종 업무 수당 등	가. 안전·보건관리자의 인건비 등 　1) 안전·보건관리자의 업무를 전담하지 않는 경우(유해·위험방지계획서 제출 대상 건설공사에 배치하는 안전관리자가 다른 업무와 겸직하는 경우의 인건비는 제외한다) 　2) 지방고용노동관서에 선임 신고하지 아니한 경우 　3) 안전관리자의 자격을 갖추지 아니한 경우 　※ 선임의무가 없는 경우에도 실제 선임·신고한 경우에는 사용할 수 있음(법상 의무 선임자 수를 초과하여 선임·신고한 경우, 도급인이 선임하였으나 하도급 업체에서 추가 선임·신고한 경우, 재해예방전문기관의 기술지도를 받고 있으면서 추가 선임·신고한 경우를 포함한다) 나. 유도자 또는 신호자의 인건비 　1) 시공, 민원, 교통, 환경관리 등 다른 목적을 포함하는 등 아래 세목의 인건비 　　가) 공사 도급내역서에 유도자 또는 신호자 인건비가 반영된 경우 　　나) 타워크레인 등 양중기를 사용할 경우 유도·신호업무만을 전담하지 않은 경우 　　다) 원활한 공사수행을 위하여 사업장 주변 교통정리, 민원 및 환경 관리 등의 목적이 포함되어 있는 경우 　※ 도로 확·포장 공사 등에서 차량의 원활한 흐름을 위한 유도자 또는 신호자, 공사현장 진·출입로 등에서 차량의 원활한 흐름 또는 교통 통제를 위한 교통정리 신호수 등 다. 안전·보건보조원의 인건비 　1) 전담 안전·보건관리자가 선임되지 아니한 현장의 경우 　2) 보조원이 안전·보건관리업무 외의 업무를 겸임하는 경우 　3) 경비원, 청소원, 폐자재 처리원 등 산업안전·보건과 무관하거나 사무보조원(안전보건관리자의 사무를 보조하는 경우를 포함한다)의 인건비
2. 안전시설비 등	원활한 공사수행을 위해 공사현장에 설치하는 시설물, 장치, 자재, 안내·주의·경고 표지 등과 공사 수행 도구·시설이 안전장치와 일체형인 경우 등에 해당하는 경우 그에 소요되는 구입·수리 및 설치·해체 비용 등 가. 원활한 공사수행을 위한 가설시설, 장치, 도구, 자재 등 　1) 외부인 출입금지, 공사장 경계표시를 위한 가설울타리 　2) 각종 비계, 작업발판, 가설계단·통로, 사다리 등 　※ 안전발판, 안전통로, 안전계단 등과 같이 명칭에 관계없이 공사 수행에 필요한 가시설들은 사용 불가 　– 다만, 비계·통로·계단에 추가 설치하는 추락방지용 안전난간, 사다리 전도방지장치, 틀비계에 별도로 설치하는 안전난간·사다리, 통로의 낙하물방호선반 등은 사용 가능함

2. 안전시설비 등	3) 절토부 및 성토부 등의 토사유실 방지를 위한 설비
	4) 작업장 간 상호 연락, 작업 상황 파악 등 통신수단으로 활용되는 통신시설·설비
	5) 공사 목적물의 품질 확보 또는 건설장비 자체의 운행 감시, 공사 진척상황 확인, 방범 등의 목적을 가진 CCTV 등 감시용 장비
	나. 소음·환경관련 민원예방, 교통통제 등을 위한 각종 시설물, 표지
	1) 건설현장 소음방지를 위한 방음시설, 분진망 등 먼지·분진 비산 방지시설 등
	2) 도로 확·포장공사, 관로공사, 도심지 공사 등에서 공사차량 외의 차량유도, 안내·주의·경고 등을 목적으로 하는 교통안전시설물
	※ 공사안내·경고 표지판, 차량유도등·점멸등, 라바콘, 현장경계휀스, PE드럼 등
	다. 기계·기구 등과 일체형 안전장치의 구입비용
	※ 기성제품에 부착된 안전장치 고장 시 수리 및 교체비용은 사용 가능
	1) 기성제품에 부착된 안전장치
	※ 톱날과 일체식으로 제작된 목재가공용 둥근톱의 톱날 접촉예방장치, 플러그와 접지 시설이 일체식으로 제작된 접지형플러그 등
	2) 공사수행용 시설과 일체형인 안전시설
	라. 동일 시공업체 소속의 타 현장에서 사용한 안전시설물을 전용하여 사용할 때의 자재비(운반비는 안전관리비로 사용할 수 있다)
3. 개인보호구 및 안전장구 구입비 등	근로자 재해나 건강장해 예방 목적이 아닌 근로자 식별, 복리·후생적 근무여건 개선·향상, 사기 진작, 원활한 공사수행을 목적으로 하는 다음 장구의 구입·수리·관리 등에 소요되는 비용
	가. 안전·보건관리자가 선임되지 않은 현장에서 안전·보건업무를 담당하는 현장관계자용 무전기, 카메라, 컴퓨터, 프린터 등 업무용 기기
	나. 근로자 보호 목적으로 보기 어려운 피복, 장구, 용품 등
	1) 작업복, 방한복, 방한장갑, 면장갑, 코팅장갑 등
	※ 다만, 근로자의 건강장해 예방을 위해 사용하는 미세먼지 마스크, 쿨토시, 아이스조끼, 핫팩, 발열조끼 등은 사용 가능함
	2) 감리원이나 외부에서 방문하는 인사에게 지급하는 보호구
4. 사업장의 안전 진단비 등	다른 법 적용사항이거나 건축물 등의 구조안전, 품질관리 등을 목적으로 하는 등의 다음과 같은 점검 등에 소요되는 비용
	가. 「건설기술진흥법」, 「건설기계관리법」 등 다른 법령에 따른 가설구조물 등의 구조검토, 안전점검 및 검사, 차량계 건설기계의 신규 등록·정기·구조변경·수시·확인검사 등

PART 06

4. 사업장의 안전 진단비 등	나. 「전기사업법」에 따른 전기안전대행 등 다. 「환경법」에 따른 외부 환경 소음 및 분진 측정 등 라. 민원 처리 목적의 소음 및 분진 측정 등 소요비용 마. 매설물 탐지, 계측, 지하수 개발, 지질조사, 구조안전검토 비용 등 공사 수행 또는 건축물 등의 안전 등을 주된 목적으로 하는 경우 바. 공사도급내역서에 포함된 진단비용 사. 안전순찰차량(자전거, 오토바이를 포함한다) 구입·임차 비용 ※ 안전·보건관리자를 선임·신고하지 않은 사업장에서 사용하는 안전순찰차량의 유류비, 수리비, 보험료 또한 사용할 수 없음

5. 안전보건
교육비 및
행사비 등
	산업안전보건법령에 따른 안전보건교육, 안전의식 고취를 위한 행사와 무관한 다음과 같은 항목에 소요되는 비용
	가. 해당 현장과 별개 지역의 장소에 설치하는 교육장의 설치·해체·운영비용
	  ※ 다만, 교육장소 부족, 교육환경 열악 등의 부득이한 사유로 해당 현장 내에 교육장 설치 등이 곤란하여 현장 인근지역의 교육장 설치 등에 소요되는 비용은 사용 가능
	나. 교육장 대지 구입비용
	다. 교육장 운영과 관련이 없는 태극기, 회사기, 전화기, 냉장고 등 비품 구입비
	라. 안전관리 활동 기여도와 관계없이 지급하는 다음과 같은 포상금(품)
	  1) 일정 인원에 대한 할당 또는 순번제 방식으로 지급하는 경우
	  2) 단순히 근로자가 일정기간 사고를 당하지 아니하였다는 이유로 지급하는 경우
	  3) 무재해 달성만을 이유로 전 근로자에게 일률적으로 지급하는 경우
	  4) 안전관리 활동 기여도와 무관하게 관리사원 등 특정 근로자, 직원에게만 지급하는 경우
	마. 근로자 재해예방 등과 직접 관련이 없는 안전정보 교류 및 자료수집 등에 소요되는 비용
	  1) 신문 구독 비용
	  ※ 다만, 안전보건 등 산업재해 예방에 관한 전문적, 기술적 정보를 60% 이상 제공하는 간행물 구독에 소요되는 비용은 사용 가능
	  2) 안전관리 활동을 홍보하기 위한 광고비용
	  3) 정보교류를 위한 모임의 참가회비가 적립의 성격을 가지는 경우
	바. 사회통념에 맞지 않는 안전보건 행사비, 안전기원제 행사비
	  1) 현장 외부에서 진행하는 안전기원제
	  2) 사회통념상 과도하게 지급되는 의식 행사비(기도비용 등을 말한다)

5. 안전보건 교육비 및 행사비 등	3) 준공식 등 무재해 기원과 관계없는 행사 4) 산업안전보건의식 고취와 무관한 회식비 사. 「산업안전보건법」에 따른 안전보건교육 강사 자격을 갖추지 　　않은 자가 실시한 산업안전보건 교육비용
6. 근로자의 건강 관리비 등	근무여건 개선, 복리·후생 증진 등의 목적을 가지는 다음과 같 은 항목에 소요되는 비용 가. 복리후생 등 목적의 시설·기구·약품 등 　　1) 간식·중식 등 휴식 시간에 사용하는 휴게시설, 탈의실, 　　　 이동식 화장실, 세면·샤워시설 　　※ 분진·유해물질사용·석면해체제거 작업장에 설치하는 　　　 탈의실, 세면·샤워시설 설치비용은 사용 가능 　　2) 근로자를 위한 급수시설, 정수기·제빙기, 자외선차단 　　　 용품(로션, 토시 등을 말한다) 　　※ 작업장 방역 및 소독비, 방충비 및 근로자 탈수방지를 위 　　　 한 소금정제 비, 6 ~ 10월에 사용하는 제빙기 임대비용 　　　 은 사용 가능 　　3) 혹서·혹한기에 근로자 건강 증진을 위한 보양식·보약 　　　 구입비용 　　※ 작업 중 혹한·혹서 등으로부터 근로자를 보호하기 위한 　　　 간이 휴게시설 설치·해체·유지비용은 사용 가능 　　4) 체력단련을 위한 시설 및 운동 기구 등 　　5) 병·의원 등에 지불하는 진료비, 암 검사비, 국민건강보험 　　　 제공비용 등 　　※ 다만, 해열제, 소화제 등 구급약품 및 구급용구 등의 구입 　　　 비용은 사용 가능 나. 파상풍, 독감 등 예방을 위한 접종 및 약품(신종플루 예방접 　　종 비용을 포함한다) 다. 기숙사 또는 현장사무실 내의 휴게시설 설치·해체·유지비, 　　기숙사 방역 및 소독·방충비용 라. 다른 법에 따라 의무적으로 실시 해야하는 건강검진 비용 등
7. 건설재해 예방 기술 지도비	–
8. 본사 사용비	가. 본사에 안전보건관리만을 전담하는 부서가 조직되어 있지 　　않은 경우 나. 전담부서에 소속된 직원이 안전보건관리 외의 다른 업무를 　　병행하는 경우

PART
06

CHAPTER 04 건설현장 안전시설 관리

🔍 합격의 key

01 안전시설 설치 및 관리

📍 주/요/내/용 알/고/가/기

1. 방망의 구조
2. 방망사의 강도
3. 안전난간의 구조 및 설치요건
4. 안전대의 구분
5. 토석붕괴의 내적, 외적원인
6. 굴착작업 시 조사사항
7. 굴착면의 기울기 및 높이 기준
8. 흙막이 지보공을 설치한 때 점검 사항
9. 잠함 또는 우물통의 내부에서 굴착작업 시 급격한 침하로 인한 위험방지 조치
10. 터널 굴착작업 시 시공계획 작성
11. 자동경보장치의 작업시작 전 점검
12. 터널 지보공을 설치한 때 점검 사항
13. 낙하·비래 위험방지 조치
14. 낙하물방지망 또는 방호선반을 설치 시 준수사항
15. 투하설비의 설치

① 추락재해 및 대책

(1) 추락 발생 원인

① 작업발판 불량
② 작업장 정리정돈 불량
③ 안전대 미착용
④ 추락방호망 미설치
⑤ 안전난간 미설치

(2) 추락에 의한 위험방지 조치

1) 근로자가 추락하거나 넘어질 위험이 있는 장소[작업발판의 끝·개구부 (開口部) 등을 제외한다]또는 기계·설비·선박블록 등에서 작업을 할 때에 근로자가 위험해질 우려가 있는 경우 비계(飛階)를 조립하는 등의 방법으로 작업 발판을 설치하여야 한다.

2) 작업발판을 설치하기 곤란한 경우 추락방호망을 설치하여야 한다. 다만, 추락방호망을 설치하기 곤란한 경우에는 근로자에게 안전대를 착용하도록 하는 등 추락위험을 방지하기 위하여 필요한 조치를 하여야 한다.

3) 개구부 등의 방호 조치 ☆

① 작업발판 및 통로의 끝이나 개구부로서 근로자가 추락할 위험이 있는 장소에는 안전난간, 울타리, 수직형 추락방망 또는 덮개 등의 방호 조치를 충분한 강도를 가진 구조로 튼튼하게 설치하여야 하며, 덮개를 설치하는 경우에는 뒤집히거나 떨어지지 않도록 설치하여야 한다. 이 경우 어두운 장소에서도 알아볼 수 있도록 개구부임을 표시해야 하며, 수직형 추락방망은 「한국산업표준」에서 정하는 성능기준에 적합한 것을 사용해야 한다.

② 난간 등을 설치하는 것이 매우 곤란하거나 작업의 필요상 임시로 난간 등을 해체하여야 하는 경우 추락방호망을 설치하여야 한다. 다만, 추락방호망을 설치하기 곤란한 경우에는 근로자에게 안전대를 착용하도록 하는 등 추락할 위험을 방지하기 위하여 필요한 조치를 하여야 한다.

4) 안전대의 부착설비

① 추락할 위험이 있는 높이 2미터 이상의 장소에서 근로자에게 안전대를 착용시킨 경우 안전대를 안전하게 걸어 사용할 수 있는 설비 등을 설치하여야 한다. 이러한 안전대 부착설비로 지지로프 등을 설치하는 경우에는 처지거나 풀리는 것을 방지하기 위하여 필요한 조치를 하여야 한다.

② 안전대 및 부속설비의 이상 유무를 작업을 시작하기 전에 점검하여야 한다.

5) 지붕 위에서의 위험 방지 ☆

① 사업주는 근로자가 지붕 위에서 작업을 할 때에 추락하거나 넘어질 위험이 있는 경우에는 다음 각 호의 조치를 해야 한다.

- 지붕의 가장자리에 안전난간을 설치할 것
- 채광창(skylight)에는 견고한 구조의 덮개를 설치할 것
- 슬레이트 등 강도가 약한 재료로 덮은 지붕에는 폭 30센티미터 이상의 발판을 설치할 것 ☆

② 사업주는 작업 환경 등을 고려할 때 1) 조치를 하기 곤란한 경우에는 추락방호망을 설치해야 한다. 다만, 사업주는 작업 환경 등을 고려할 때 추락방호망을 설치하기 곤란한 경우에는 근로자에게 안전대를 착용하도록 하는 등 추락 위험을 방지하기 위하여 필요한 조치를 해야 한다.

6) 승강설비의 설치

높이 또는 깊이가 2미터를 초과하는 장소에서 작업하는 경우 해당 작업에 종사하는 근로자가 안전하게 승강하기 위한 건설작업용 리프트 등의 설비를 설치하여야 한다. 다만, 승강설비를 설치하는 것이 작업의 성질상 곤란한 경우에는 그러하지 아니하다.

7) 울타리의 설치

근로자에게 작업 중 또는 통행 시 굴러 떨어짐으로 인하여 근로자가 화상·질식 등의 위험에 처할 우려가 있는 케틀(kettle), 호퍼(hopper), 피트(pit) 등이 있는 경우에 그 위험을 방지하기 위하여 필요한 장소에 높이 90센티미터 이상의 울타리를 설치하여야 한다.

8) 조명의 유지

근로자가 높이 2미터 이상에서 작업을 하는 경우 그 작업을 안전하게 하는 데에 필요한 조명을 유지하여야 한다.

(3) 추락방호망

1) 추락방호망의 설치기준 ✖✖

① 추락방호망의 설치 위치는 가능하면 작업면으로부터 가까운 지점에 설치하여야 하며, 작업면으로부터 망의 설치지점까지의 수직거리는 10미터를 초과하지 아니할 것
② 추락방호망은 수평으로 설치하고, 망의 처짐은 짧은 변 길이의 12퍼센트 이상이 되도록 할 것
③ 건축물 등의 바깥쪽으로 설치하는 경우 망의 내민 길이는 벽면으로부터 3미터 이상되도록 할 것. 다만, 그물코가 20밀리미터 이하인 망을 사용한 경우에는 낙하물방지망을 설치한 것으로 본다.

[방망사의 신품에 대한 인장강도]

그물코의 크기 (단위 : 센티미터)	방망의 종류(단위 : 킬로그램)	
	매듭 없는 방망	매듭방망
10	240	200
5		110

[방망사의 폐기 시 인장강도]

그물코의 크기 (단위 : 센티미터)	방망의 종류(단위 : 킬로그램)	
	매듭 없는 방망	매듭방망
10	150	135
5		60

2) 방망의 사용방법

[방망의 허용 낙하높이]

높이 종류/ 조건	낙하높이(H_1)		방망과 바닥면 높이(H_2)	
	단일방망	복합방망	10센티미터 그물코	5센티미터 그물코
L<A	$\frac{1}{4}(L+2A)$	$\frac{1}{5}(L+2A)$	$\frac{0.85}{4}(L+3A)$	$\frac{0.95}{4}(L+3A)$
L≥A	3/4L	3/5L	0.85L	0.95L

또, L, A의 값은 [그림 1], [그림 2]에 의한다.

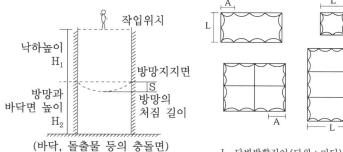

(바닥, 돌출물 등의 충돌면)

L−단변방향길이(단위 : 미터)
A−장변방향 방망의 지지간격
(단위 : 미터)

[그림 1]

[그림 2] L과 A의 관계

PART 06

3) 지지점의 강도 ✄

지지점의 강도는 다음 각 호에 의한 계산 값 이상이어야 한다.

① 방망 지지점은 600킬로그램의 외력에 견딜 수 있는 강도를 보유하여야 한다.

② 연속적인 구조물이 방망 지지점인 경우의 외력 계산

$$F = 200 \times B$$

여기에서 F는 외력(단위 : 킬로그램), B는 지지점간격(단위 : m)이다.

4) 정기시험 ✄

① 방망의 정기시험은 사용개시 후 1년 이내로 하고, 그 후 6개월마다 1회씩 정기적으로 시험용사에 대해서 등속인장시험을 하여야 한다.

5) 사용제한

다음 각 호의 1에 해당하는 방망은 사용하지 말아야 한다.

① 방망사가 규정한 강도 이하인 방망
② 인체 또는 이와 동등 이상의 무게를 갖는 낙하물에 대해 충격을 받은 방망
③ 파손한 부분을 보수하지 않은 방망
④ 강도가 명확하지 않은 방망

6) 방망의 표시

방망에는 보기 쉬운 곳에 다음 각 호의 사항을 표시하여야 한다.

① 제조자명
② 제조연월
③ 재봉치수
④ 그물코
⑤ 신품인 때의 방망의 강도

(4) 안전난간의 구조 및 설치요건 ✿✿

안전난간의 구조 ✿✿
① 상부 난간대, 중간 난간대, 발끝막이판 및 난간기둥으로 구성할 것

② 상부 난간대
- 상부 난간대는 바닥면 등으로부터 90센티미터 이상 지점에 설치
- 상부 난간대를 120센티미터 이하에 설치하는 경우 : 중간 난간대는 상부 난간대와 바닥면 등의 중간에 설치
- 120센티미터 이상 지점에 설치하는 경우 : 중간 난간대를 2단 이상으로 설치, 난간의 상하 간격은 60센티미터 이하가 되도록 할 것(다만, 난간기둥 간의 간격이 25센티미터 이하인 경우에는 중간 난간대를 설치하지 않을 수 있다.)

③ 발끝막이판은 바닥면 등으로부터 10센티미터 이상의 높이를 유지할 것 (다만, 물체가 떨어지거나 날아올 위험이 없거나 그 위험을 방지할 수 있는 망을 설치하는 등 필요한 예방 조치를 한 장소는 제외)

④ 난간기둥은 상부 난간대와 중간 난간대를 견고하게 떠받칠 수 있도록 적정한 간격을 유지할 것

⑤ 상부 난간대와 중간 난간대는 난간 길이 전체에 걸쳐 바닥면 등과 평행을 유지할 것

⑥ 난간대는 지름 2.7센티미터 이상의 금속제 파이프나 그 이상의 강도가 있는 재료일 것

⑦ 안전난간은 구조적으로 가장 취약한 지점에서 가장 취약한 방향으로 작용하는 100킬로그램 이상의 하중에 견딜 수 있는 튼튼한 구조일 것

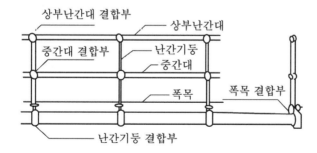

(5) 추락방지 보호구

1) 안전대의 구분 ✖✖

종 류	사용 구분
벨트식	1개 걸이용
	U자 걸이용
안전그네식	추락방지대
	안전블록

2) 안전대의 선정 ✖

① U자 걸이용은 전주 위에서의 작업과 같이 발받침은 확보되어 있어도 불완전하여 체중의 일부는 U자 걸이로 하여 안전대에 지지하여야만 작업을 할 수 있으며, 1개 걸이의 상태로서는 사용하지 않는 경우에 선정해야 한다.

② 1개 걸이용은 안전대에 의지하지 않아도 작업할 수 있는 발판이 확보되었을 때 사용한다.

[그림 1] U자걸이용 안전대

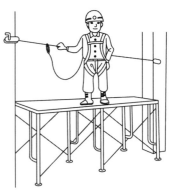
[그림 2] 1개걸이용 안전대

3) 안전대의 보관

① 직사광선이 닿지 않는 곳

② 통풍이 잘되며 습기가 없는 곳

③ 부식성 물질이 없는 곳

④ 화기 등이 근처에 없는 곳

2 붕괴재해 및 대책

(1) 토석붕괴의 원인

토석붕괴의 외적 원인 ★★	① 사면, 법면의 경사 및 기울기의 증가 ② 절토 및 성토 높이의 증가 ③ 공사에 의한 진동 및 반복 하중의 증가 ④ 지표수 및 지하수의 침투에 의한 토사 중량의 증가 ⑤ 지진, 차량, 구조물의 하중작용 ⑥ 토사 및 암석의 혼합층 두께
토석붕괴의 내적 원인 ★	① 절토 사면의 토질·암질 ② 성토 사면의 토질구성 및 분포 ③ 토석의 강도 저하

(2) 굴착작업 시 위험방지
(굴착작업 시 토사 등의 붕괴 또는 낙하에 의한 위험방지 조치)

사업주는 굴착작업 시 토사 등의 붕괴 또는 낙하에 의하여 근로자에게 위험을 미칠 우려가 있는 경우에는 미리 그 위험을 방지하기 위하여 필요한 조치를 해야 한다.
① 흙막이 지보공의 설치
② 방호망의 설치
③ 근로자의 출입 금지 등

(3) 굴착면의 붕괴 등에 의한 위험방지

① 사업주는 지반 등을 굴착하는 경우 굴착면의 기울기를 기준에 맞도록 해야 한다.
② 사업주는 비가 올 경우를 대비하여 측구(側溝)를 설치하거나 굴착 경사면에 비닐을 덮는 등 빗물 등의 침투에 의한 붕괴재해를 예방하기 위하여 필요한 조치를 해야 한다.

(4) 토사 붕괴의 예방 조치

① 적절한 경사면의 기울기를 계획하여야 한다.
② 경사면의 기울기가 당초 계획과 차이가 발생되면 즉시 재검토하여 계획을 변경시켜야 한다.
③ 활동할 가능성이 있는 토석은 제거하여야 한다.
④ 경사면의 하단부에 압성토 등 보강공법으로 활동에 대한 저항대책을 강구하여야 한다.
⑤ 말뚝(강관, H형강, 철근 콘크리트)을 타입하여 지반을 강화시킨다.

용어정의

＊ 붕괴·도괴
토사, 적재물, 구조물, 건축물, 가설물 등이 전체적으로 허물어져 내리거나 또는 주요 부분이 꺾어져 무너지는 경우를 말한다.

참고

＊ 절토작업 시 준수사항
① 상부에서 붕락 위험이 있는 장소에서의 작업은 금하여야 한다.
② 상·하부 동시작업은 금지하여야 하나 부득이한 경우 다음 각 목의 조치를 실시한 후 작업하여야 한다.
・견고한 낙하물 방호시설 설치
・부석 제거
・작업장소에 불필요한 기계 등의 방치 금지
・신호수 및 담당자 배치
③ 굴착면이 높은 경우는 계단식으로 굴착하고 소단의 폭은 수평거리 2m 정도로 하여야 한다.
④ 사면경사 1:1 이하이며 굴착면이 2m 이상일 경우는 안전대 등을 착용하고 작업해야 하며 부석이나 붕괴하기 쉬운 지반은 적절한 보강을 하여야 한다.
⑤ 우천 또는 해빙으로 토사붕괴가 우려되는 경우에는 작업 전 점검을 실시하여야 하며, 특히 굴착면 천단부 주변에는 중량물의 방치를 금하며 대형 건설기계 통과 시에는 적절한 조치를 확인하여야 한다.
⑥ 절토면을 장기간 방치할 경우는 경사면을 가마니 쌓기, 비닐 덮기 등 적절한 보호조치를 하여야 한다.

(5) 굴착면의 기울기 및 높이 기준 ✄✄

지반의 종류	굴착면의 기울기
모래	1 : 1.8
연암 및 풍화암	1 : 1.0
경암	1 : 0.5
그 밖의 흙	1 : 1.2

① 사질의 지반(점토질을 포함하지 않은 것)은 굴착면의 기울기를 1 : 1.5 이상으로 하고 높이는 5미터 미만으로 하여야 한다.

② 발파 등에 의해서 붕괴하기 쉬운 상태의 지반 및 매립하거나 반출시켜야 할 지반의 굴착면의 기울기는 1 : 1 이하 또는 높이는 2미터 미만으로 하여야 한다.

(6) 잠함 또는 우물통의 내부에서 굴착작업 시 급격한 침하로 인한 위험 방지 조치 ✄

급격한 침하로 인한 조치 ✄
① 침하관계도에 따라 굴착방법 및 재하량(載荷量) 등을 정할 것
② 바닥으로부터 천장 또는 보까지의 높이는 1.8미터 이상으로 할 것

(7) 잠함 등 내부에서의 굴착작업 시 준수사항 ✄

① 잠함·우물통·수직갱 그밖에 이와 유사한 건설물 또는 설비의 내부에서 굴착작업을 하는 때에는 다음 각 호의 사항을 준수하여야 한다.

잠함 등 내부에서 굴착작업 시 준수사항
• 산소결핍의 우려가 있는 때에는 산소의 농도를 측정하는 자를 지명하여 측정하도록 할 것
• 근로자가 안전하게 오르내리기 위한 설비를 설치할 것
• 굴착 깊이가 20미터를 초과하는 때에는 당해 작업장소와 외부와의 연락을 위한 통신설비 등을 설치할 것

② 산소농도 측정결과 산소의 결핍이 인정되거나 굴착깊이가 20
미터를 초과하는 때에는 송기를 위한 설비를 설치하여 필요한
양의 공기를 송급하여야 한다.

(8) 굴착작업 시 사전조사 및 작업계획서 내용 ✿✿

작업명	굴착작업
사전조사 ✿✿	① 형상·지질 및 지층의 상태 ② 균열·함수(含水)·용수 및 동결의 유무 또는 상태 ③ 매설물 등의 유무 또는 상태 ④ 지반의 지하 수위 상태
작업 계획서 내용 ✿	① 굴착방법 및 순서, 토사 반출 방법 ② 필요한 인원 및 장비 사용계획 ③ 매설물 등에 대한 이설·보호대책 ④ 사업장 내 연락방법 및 신호방법 ⑤ 흙막이 지보공 설치방법 및 계측계획 ⑥ 작업지휘자의 배치계획 ⑦ 그 밖에 안전·보건에 관련된 사항 실력이 되고! 합격이 되는! 특급 암기법 작업지휘자 배치 → 인원·장비계획 → 지보공 설치 → 매설물 보호 → 굴착, 반출

(9) 흙막이 지보공의 점검

흙막이 지보공을 설치할 때 점검사항 ✿✿
① 부재의 손상·변형·부식·변위 및 탈락의 유무와 상태 ② 버팀대의 긴압의 정도 ③ 부재의 접속부·부착부 및 교차부의 상태 ④ 침하의 정도

(10) 구축물 또는 시설물의 안전성 평가를 실시하여야 하는 경우 ✿

사업주는 구축물 등이 다음 각 호의 어느 하나에 해당하는 경우에는
구축물 등에 대한 구조검토, 안전진단 등의 안전성 평가를 하여 근로
자에게 미칠 위험성을 미리 제거해야 한다.

🔎 **용어정의**

＊ 흙막이 벽
지반굴착 시 붕괴 및 인
접지반의 침하 등을 방
지하기 위하여 설치하는
구조물을 말한다.

＊ 띠장(Wale)
흙막이 벽에 작용하는 토
압에 의한 휨모멘트와
전단력에 저항하도록 설
치하는 휨부재로서 흙막
이 벽체에 가해지는 토
압을 버팀보 등에 전달
하기 위해 벽면에 직접
수평으로 설치하는 부재
를 말한다.

＊ 버팀보
(Strut or Raker)
흙막이 벽에 작용하는
수평력을 지지하기 위하
여 경사 또는 수평으로
설치하는 부재를 말한다.

📚 **참고**

＊ 흙막이지보공의 조립도
① 사업주는 흙막이 지보
공을 조립하는 경우 미
리 그 구조를 검토한 후
조립도를 작성하여 그
조립도에 따라 조립하
도록 해야 한다.
② 조립도에는 흙막이판·
말뚝·버팀대 및 띠장 등
부재의 배치·치수·재
질 및 설치방법과 순서
가 명시되어야 한다.

📚 **참고**

＊ 깊이 10.5m 이상의 굴착
작업 시 계측기기
① 수위계
② 경사계
③ 하중 및 침하계
④ 응력계

PART 06

용어정의

* 록볼트(rock bolt)
  암반 중에 정착하여 지반을 일체화 또는 보강하는 목적으로 사용하는 볼트 모양의 부재

참고

* 터널 작업면의 적합한 조도

작업 구분	기준
막장 구간	70Lux 이상
터널 중간 구간	50Lux 이상
터널 입출구, 수직구 구간	30Lux 이상

참고

* 터널굴착공법의 구분
  ① 개착식 공법
     (open cut method)
     지표면 아래로부터 일정 깊이까지 개착하여 터널본체를 완성한 후 매몰하여 터널을 만드는 공법
  ② 침매공법
     (immersed method)
     해저 또는 수면하에 터널을 굴착하는 공법으로 지상에서 터널박스를 제작하여 물에 띄워 현장에 운반한 후 소정의 위치에 침하시켜 터널을 구축하는 공법이다.

기출

* 파일럿 터널
  본 터널(main tunnel)을 시공하기 전에 터널에서 약간 떨어진 곳에 지질조사, 환기, 배수, 운반 등의 상태를 알아보기 위하여 설치하는 터널

① 구축물 등의 인근에서 굴착·항타작업 등으로 침하·균열 등이 발생하여 붕괴의 위험이 예상될 경우

② 구축물 등에 지진, 동해(凍害), 부동침하(불동침하) 등으로 균열·비틀림 등이 발생하였을 경우

③ 구축물 등이 그 자체의 무게·적설·풍압 또는 그 밖에 부가되는 하중 등으로 붕괴 등의 위험이 있을 경우

④ 화재 등으로 구축물 등의 내력(耐力)이 심하게 저하 되었을 경우

⑤ 오랜 기간 사용하지 아니하던 구축물 등을 재사용하게 되어 안전성을 검토하여야 하는 경우

⑥ 구축물 등의 주요구조부에 대한 설계 및 시공 방법의 전부 또는 일부를 변경하는 경우

⑦ 그 밖의 잠재위험이 예상될 경우

(11) 터널 굴착공사 안전대책

1) 낙반에 의한 위험방지 조치

① 터널지보공 및 록볼트의 설치

② 부석의 제거 등 위험을 방지하기 위하여 필요한 조치를 하여야 한다.

2) 인화성가스 농도 측정

① 터널공사 등의 건설작업을 할 때에 인화성가스가 발생할 위험이 있는 경우에는 폭발이나 화재를 예방하기 위하여 인화성가스의 농도를 측정할 담당자를 지명하고, 그 작업을 시작하기 전에 가스가 발생할 위험이 있는 장소에 대하여 그 인화성가스의 농도를 측정하여야 한다.

② 인화성가스 농도를 측정한 결과 인화성가스가 존재하여 폭발이나 화재가 발생할 위험이 있는 경우에는 인화성가스 농도의 이상 상승을 조기에 파악하기 위하여 그 장소에 자동경보장치를 설치하여야 한다.

자동경보장치의 작업시작 전 점검 사항 ✿✿
① 계기의 이상 유무
② 검지부의 이상 유무
③ 경보장치의 작동상태

3) 터널지보공 설치 시 점검 항목

터널지보공 설치 시 점검 항목 ✦✦

① 부재의 손상·변형·부식·변위 탈락의 유무 및 상태
② 부재의 긴압의 정도
③ 부재의 접속부 및 교차부의 상태
④ 기둥침하의 유무 및 상태

---

4) 발파작업 기준 ✦

① 얼어붙은 다이너마이트는 화기에 접근시키거나 그 밖의 고열물에 직접 접촉시키는 등 위험한 방법으로 융해하지 아니하도록 할 것
② 화약이나 폭약을 장전하는 경우에는 그 부근에서 화기를 사용하거나 흡연을 하지 않도록 할 것
③ 장전구(裝塡具)는 마찰·충격·정전기 등에 의한 폭발의 위험이 없는 안전한 것을 사용할 것
④ 발파공의 충진재료는 점토·모래 등 발화성 또는 인화성의 위험이 없는 재료를 사용할 것
⑤ 점화 후 장전된 화약류가 폭발하지 아니한 때 또는 장전된 화약류의 폭발여부를 확인하기 곤란한 때에는 다음 각목의 사항을 따를 것
　• 전기뇌관에 의한 경우에는 발파모선을 점화기에서 떼어 그 끝을 단락시켜 놓는 등 재점화되지 않도록 조치하고 그 때부터 5분 이상 경과한 후가 아니면 화약류의 장전장소에 접근시키지 않도록 할 것
　• 전기뇌관 외의 것에 의한 경우에는 점화한 때부터 15분 이상 경과한 후가 아니면 화약류의 장전장소에 접근시키지 않도록 할 것
⑥ 전기뇌관에 의한 발파의 경우 점화하기 전에 화약류를 장전한 장소로부터 30미터 이상 떨어진 안전한 장소에서 전선에 대하여 저항측정 및 도통(導通)시험을 할 것

참고

＊ 발파작업 시 관리감독자의 직무

① 점화 전에 점화작업에 종사하는 근로자가 아닌 사람에게 대피를 지시하는 일
② 점화작업에 종사하는 근로자에게 대피장소 및 경로를 지시하는 일
③ 점화 전에 위험구역 내에서 근로자가 대피한 것을 확인하는 일
④ 점화순서 및 방법에 대하여 지시하는 일
⑤ 점화 신호를 하는 일
⑥ 점화작업에 종사하는 근로자에게 대피 신호를 하는 일
⑦ 발파 후 터지지 않은 장약이나 남은 장약의 유무, 용수(湧水)의 유무 및 암석·토사의 낙하 여부 등을 점검하는 일
⑧ 점화하는 사람을 정하는 일
⑨ 공기압축기의 안전밸브 작동 유무를 점검하는 일
⑩ 안전모 등 보호구 착용 상황을 감시하는 일

5) 터널 굴착작업의 사전조사 및 작업계획서 내용 ✍✍

사전조사 내용	보링(boring) 등 적절한 방법으로 낙반·출수(出水) 및 가스폭발 등으로 인한 근로자의 위험을 방지하기 위하여 미리 지형·지질 및 지층상태를 조사
작업계획서 내용 ✍✍	① 굴착의 방법 ② 터널지보공 및 복공(覆工)의 시공방법과 용수(湧水)의 처리방법 ③ 환기 또는 조명시설을 설치할 때에는 그 방법

3 교량작업 및 채석작업 시 안전대책

(1) 사전조사 및 작업계획서의 내용

작업명	사전조사 내용	작업계획서 내용
교량 작업	–	가. 작업방법 및 순서 나. 부재(部材)의 낙하·전도 또는 붕괴를 방지하기 위한 방법 다. 작업에 종사하는 근로자의 추락 위험을 방지하기 위한 안전조치 방법 라. 공사에 사용되는 가설 철 구조물 등의 설치·사용·해체 시 안전성 검토 방법 마. 사용하는 기계 등의 종류 및 성능, 작업방법 바. 작업지휘자 배치계획 사. 그 밖에 안전·보건에 관련된 사항
채석 작업 ✍✍	지반의 붕괴·굴착기계의 전락(轉落) 등에 의한 근로자에게 발생할 위험을 방지하기 위한 해당 작업장의 지형·지질 및 지층의 상태	가. 노천굴착과 갱내굴착의 구별 및 채석방법 나. 굴착면의 높이와 기울기 다. 굴착면 소단(小段)의 위치와 넓이 라. 갱내에서의 낙반 및 붕괴방지 방법 마. 발파방법 바. 암석의 분할방법 사. 암석의 가공장소 아. 굴착기계 등의 종류 및 성능 자. 토석 또는 암석의 적재 및 운반방법과 운반경로 차. 표토 또는 용수(湧水)의 처리방법

4 낙하 · 비래재해 및 대책

(1) 낙하 · 비래의 발생원인

① 높은 곳에 놓아둔 물건의 정리정돈 불량

② 불안전한 자재의 적재

③ 안전모 등 보호구의 미착용

④ 자재 투하를 위한 투하설비 미설치

⑤ 낙하물방지망의 미설치 및 불량

⑥ 인양 와이어로프의 불량

⑦ 크레인 훅의 해지장치 미설치

⑧ 매달기 작업 시 줄걸이 방법 불량

⑨ 낙하비래 위험장소의 출입금지 조치 등 작업통제 미비

(2) 낙하 · 비래 예방대책

1) 낙하 · 비래 위험방지 조치 ✄

① 낙하물방지망·수직보호망 또는 방호선반의 설치

② 출입금지구역의 설정

③ 보호구의 착용

2) 낙하물방지망 또는 방호선반 설치 시 준수사항 ✄✄

① 설치높이는 10미터 이내마다 설치하고, 내민길이는 벽면으로부터 2미터 이상으로 할 것

② 수평면과의 각도는 20도 이상 30도 이하를 유지할 것

3) 투하설비의 설치 ✄

사업주는 높이가 3미터 이상인 장소로부터 물체를 투하하는 때에는 적당한 투하설비를 설치하거나 감시인을 배치하는 등 위험방지를 위하여 필요한 조치를 하여야 한다.

🔍 용어정의

① 낙하물방지망
작업중 자재, 공구 등의 낙하로 인한 피해를 방지하기 위하여 개구부 및 비계 외부에 수평방향으로 설치하는 망

② 방호선반
상부에서 작업도중 자재나 공구 등의 낙하로 인한 재해를 방지하기 위하여 개구부 및 비계 외부에 설치하는 낙하물 방지망 대신 설치하는 금속 판재

③ 수직보호망
비계 등의 가설구조물 외측면에 수직으로 설치하여, 작업장소에서 볼트나 공구 등이 비계의 외부로 낙하하는 것을 방지하기 위하여 사용하는 망 형태의 안전시설

④ 추락방호망
건설공사의 고소장소에서 추락으로 인한 근로자의 위험 방지를 목적으로 수평하게 설치하는 그물 모양의 망

🔍 비교 ★★

✄ 추락방호망의 설치

① 추락방호망의 설치위치는 가능하면 작업면으로부터 가까운 지점에 설치하여야 하며, 작업면으로부터 망의 설치지점까지의 수직거리는 10미터를 초과하지 아니할 것

② 추락방호망은 수평으로 설치하고, 망의 처짐은 짧은 변 길이의 12퍼센트 이상이 되도록 할 것

③ 건축물 등의 바깥쪽으로 설치하는 경우 망의 내민 길이는 벽면으로부터 3미터 이상되도록 할 것. 다만, 그물코가 20밀리미터 이하인 망을 사용한 경우에는 낙하물방지망을 설치한 것으로 본다.

02 건설공구 및 장비 안전수칙

주/요/내/용 알/고/가/기

1. 굴착기계 종류별 특징
2. 롤러의 종류별 특징
3. 차량계 건설기계의 안전수칙
4. 차량계 하역운반기계의 안전수칙
5. 항타기, 항발기의 안전수칙
6. 지게차의 안전수칙

1 차량계 건설기계

차량계 건설기계 종류

1. 도저형 건설기계(불도저, 스트레이트도저, 틸트도저, 앵글도저, 버킷도저 등)
2. 모터그레이더(motor grader, 땅 고르는 기계)
3. 로더(포크 등 부착물 종류에 따른 용도 변경 형식을 포함한다)
4. 스크레이퍼(scraper, 흙을 절삭·운반하거나 펴 고르는 등의 작업을 하는 토공기계)
5. 크레인형 굴착기계(크램쉘, 드래그라인 등)
6. 굴착기(브레이커, 크러셔, 드릴 등 부착물 종류에 따른 용도 변경 형식을 포함한다)
7. 항타기 및 항발기
8. 천공용 건설기계(어스드릴, 어스오거, 크롤러드릴, 점보드릴 등)
9. 지반 압밀침하용 건설기계(샌드드레인머신, 페이퍼드레인머신, 팩드레인머신 등)
10. 지반 다짐용 건설기계(타이어롤러, 매커덤롤러, 탠덤롤러 등)
11. 준설용 건설기계(버킷준설선, 그래브준설선, 펌프준설선 등)
12. 콘크리트 펌프카
13. 덤프트럭
14. 콘크리트 믹서 트럭
15. 도로포장용 건설기계(아스팔트 살포기, 콘크리트 살포기, 아스팔트 피니셔, 콘크리트 피니셔 등)
16. 제1호부터 제15호까지와 유사한 구조 또는 기능을 갖는 건설기계로서 건설작업에 사용하는 것

2 굴삭장비(굴착기계)

(1) 셔블계 기계 ✈

① 파워 셔블(power shovel)[dipper shovel : 동력삽]
- 기계가 서 있는 지반면보다 높은 곳의 땅파기에 적합하다.
- 앞으로 흙을 긁어서 굴착하는 방식이다.
- 붐(boom)이 단단하여 굳은 지반의 굴착에도 사용된다.

② 드래그 셔블(drag shovel, 백호)
- 기계가 서 있는 지면보다 낮은 장소의 굴착 및 수중굴착이 가능하다.
- 지하층이나 기초의 굴착에 사용된다.
- 굳은 지반의 토질도 정확한 굴착이 된다.

③ 드래그라인(drag line)
- 기계가 서 있는 위치보다 낮은 장소의 굴착에 적당하고 굳은 토질에서의 굴착은 되지 않지만 굴착 반지름이 크다.
- 작업범위가 광범위하고 수중굴착 및 연약한 지반의 굴착에 적합하다.

④ 클램셸(clamshell)
- 수중굴착 및 가장 협소하고 깊은 굴착이 가능하며 호퍼(hopper)에 적당하다.
- 연약지반이나 수중굴착 및 자갈 등을 싣는데 적합하다.
- 깊은 땅파기 공사와 흙막이 버팀대를 설치하는데 사용한다.

(2) 트랙터 기계

① 불도저(Bulldozer)
- 트랙터 앞면에 배토장치(blade)를 설치하여 흙의 성토, 100m 이내 단거리 운반, 땅고르기 등 작업에 적합하다.
- 불도저의 구분

회전장치에 의한 분류	• 크롤러형	• 타이어형
블레이드 조작방식에 의한 분류	• 와이어 로프식	• 유압식
블레이드 각도에 의한 분류	• 스트레이트 도저 • 틸트 도저	• 앵글 도저

참고

* 굴착기(굴삭장비)

(1) 충돌위험 방지조치

① 사업주는 굴착기에 사람이 부딪히는 것을 방지하기 위해 후사경과 후방영상표시장치 등 굴착기를 운전하는 사람이 좌우 및 후방을 확인할 수 있는 장치를 굴착기에 갖춰야 한다.

② 사업주는 굴착기로 작업을 하기 전에 후사경과 후방영상표시장치 등의 부착상태와 작동 여부를 확인해야 한다.

(2) 인양작업 시 조치

사업주는 다음 각 호의 사항을 모두 갖춘 굴착기의 경우에는 굴착기를 사용하여 화물 인양작업을 할 수 있다.

① 굴착기의 퀵커플러 또는 작업장치에 달기구(혹, 걸쇠 등을 말한다)가 부착되어 있는 등 인양작업이 가능하도록 제작된 기계일 것

② 굴착기 제조사에서 정한 정격하중이 확인되는 굴착기를 사용할 것

③ 달기구에 해지장치가 사용되는 등 작업 중 인양물의 낙하 우려가 없을 것

용어정의

* 굴삭기
땅을 파거나 깎을 때 사용되는 건설기계를 말한다.

* 굴착기
땅이나 암석 따위를 파거나, 파낸 것을 처리하는 기계를 굴착기라 한다.

* 굴착기의 전부장치는 붐, 암, 버킷으로 구성되어 있다.

문제

도로건설 작업 중 측구를 굴착하고자 한다. 가장 적합한 기계는 어느 것인가?

㉮ 드래그라인
㉯ 백호우
㉰ 불도저
㉱ 그레이더

정답 ㉯

② 스크레이퍼(scraper)
- 굴착, 적재, 운반, 성토, 흙깔기, 흙 다지기의 작업을 하나의 기계로 사용할 수 있다.
- 불도저보다 운반거리 크다.(중, 장거리 운반이 가능하다)
- 피견인식과 자주식(모터 스크레이퍼)의 두 종류로 구분한다.
③ 로더(Loader) : 굴삭된 토사나 골재를 덤프차량 등 운반기계에 싣는데 사용된다.

(3) 버킷계 기계

① 버킷 굴착기(Bucket excavator)
② 버킷 휠 굴착기(Bucket wheel excavator)
③ 트렌처(Trencher)

(4) 모터 그레이더 (Motor grader)

토공판을 작동시켜 지면의 정지작업(땅을 깎아 고르는 작업)을 하는데 사용된다.

(5) 항타기 (pile driver)

낙하해머, 디젤해머에 의한 강관말뚝, 널말뚝(Sheet Pile)의 항타작업에 사용된다.

(6) 어스 드릴 (earth drill)

붐에 어스 드릴용 장치를 부착하여 땅속에 규모가 큰 구멍을 파서 기초공사에 사용한다.

3 운반장비

① 덤프트럭
② 벨트컨베이어
③ 덤프트레일러
④ 지게차(Fork lift) : 경화물의 적재 및 운반에 이용된다.

4 다짐장비

(1) 롤러

① 머캐덤 롤러(MACADAM ROLLER) : 삼륜차형을 한 것으로 쇄석 기층의 다지기나 아스팔트 포장의 처음 다지기에 이용된다.

② 탠덤 롤러(TANDEM ROLLER) : 2륜형식으로 머케덤롤러의 작업 후 마무리 다짐, 아스팔트 포장의 끝마무리용으로 이용된다.

③ 타이어 롤러(TIRE ROLLER) : 접지압을 공기압으로 조절할 수 있으며 접지압이 클수록 깊은 다짐이 가능하다.

④ 탬핑 롤러(Tamping roller) : 롤러 표면에 다수의 돌기를 만들어 부착한 것으로 고함수비의 점토질 다짐 및 흙속의 간극 수압 제거에 이용된다. ✪

(2) 소일콤팩터(Soil compactor)

4륜의 롤러에 철편을 붙인 평판식 진동다짐 기계로서 사질토 등의 다짐에 이용된다.

5 차량계 건설기계의 안전

(1) 차량계 건설기계의 운전자 위치이탈 시 조치 ✪✪

① 포크, 버킷, 디퍼 등의 장치를 가장 낮은 위치 또는 지면에 내려 둘 것

② 원동기를 정지시키고 브레이크를 확실히 거는 등 갑작스러운 주행 이나 이탈을 방시하기 위한 조치를 할 것

③ 운전석을 이탈하는 경우에는 시동키를 운전대에서 분리시킬 것 다만, 운전석에 잠금장치를 하는 등 운전자가 아닌 사람이 운전 하지 못하도록 조치한 경우에는 그러하지 아니하다.

(2) 차량계 건설기계의 전도방지 조치 ✪✪

① 유도자 배치

② 지반의 부동침하 방지

③ 갓길의 붕괴 방지

④ 도로의 폭 유지

(3) 낙하물 보호구조의 설치 ✄

사업주는 암석이 떨어질 우려가 있는 등 위험한 장소에서 차량계 건설기계[불도저, 트랙터, 굴착기, 로더, 스크레이퍼, 덤프트럭, 모터그레이더, 롤러, 천공기, 항타기 및 항발기로 한정한다]를 사용하는 경우에는 해당 차량계 건설기계에 견고한 낙하물 보호구조를 갖춰야 한다.

(4) 수리 등의 작업 시 조치

차량계 건설기계의 수리 또는 부속장치의 장착 및 해체작업을 하는 때에는 해당 작업의 지휘자를 지정하여 다음 각 호의 사항을 준수하도록 하여야 한다.

① 작업순서를 결정하고 작업을 지휘할 것
② 안전지지대 또는 안전블록 등의 사용상황 등을 점검할 것

6 운반기계의 안전

(1) 차량계 하역운반기계 운전자가 운전 위치 이탈 시 조치 ✄✄

🔍비교 ★★

＊ 차량계 건설기계의 운전자 위치이탈 시 조치
① 포크, 버킷, 디퍼 등의 장치를 가장 낮은 위치 또는 지면에 내려 둘 것
② 원동기를 정지시키고 브레이크를 확실히 거는 등 갑작스러운 주행이나 이탈을 방지하기 위한 조치를 할 것
③ 운전석을 이탈하는 경우에는 시동키를 운전대에서 분리시킬 것

① 포크, 버킷, 디퍼 등의 장치를 가장 낮은 위치 또는 지면에 내려 둘 것
② 원동기를 정지시키고 브레이크를 확실히 거는 등 갑작스러운 주행이나 이탈을 방지하기 위한 조치를 할 것
③ 운전석을 이탈하는 경우에는 시동키를 운전대에서 분리시킬 것. 다만, 운전석에 잠금장치를 하는 등 운전자가 아닌 사람이 운전하지 못하도록 조치한 경우에는 그러하지 아니하다.

(2) 차량계 하역운반기계 전도방지 조치 ✄✄

🔍비교 ★★

＊ 차량계 건설기계의 전도방지 조치
① 유도자 배치
② 지반의 부동침하방지
③ 갓길의 붕괴방지
④ 도로의 폭 유지

① 유도자 배치
② 지반의 부동침하방지
③ 갓길의 붕괴 방지

(3) 차량계 하역운반기계에 화물적재 시의 조치 ✄

① 하중이 한쪽으로 치우치지 않도록 적재할 것
② 구내운반차 또는 화물자동차의 경우 화물의 붕괴 또는 낙하에 의한 위험을 방지하기 위하여 화물에 로프를 거는 등 필요한 조치를 할 것
③ 운전자의 시야를 가리지 않도록 화물을 적재할 것
④ 화물을 적재하는 경우에는 최대적재량을 초과해서는 아니 된다.

(4) 차량계 하역운반기계에 단위화물의 무게가 100킬로그램 이상인 화물을 싣는 작업 또는 내리는 작업 시 작업의 지휘자를 지정하여 다음 각 호의 사항을 준수하도록 하여야 한다. ✄

차량계 하역운반기계 작업 시 작업지휘자 임무 ✄

① 작업 순서 및 그 순서마다의 작업 방법을 정하고 작업을 지휘할 것
② 기구 및 공구를 점검하고 불량품을 제거할 것
③ 해당 작업을 하는 장소에 관계 근로자가 아닌 사람이 출입하는 것을 금지할 것
④ 로프를 풀거나 덮개를 벗기는 작업을 행하는 때에는 적재함의 낙하할 위험이 없음을 확인한 후에 당해 작업을 하도록 할 것

---

(5) 사전조사 및 작업계획서의 내용

작업명	차량계 하역운반기계 등을 사용하는 작업	차량계 건설기계를 사용하는 작업
사전 조사 내용	–	해당 기계의 굴러 떨어짐, 지반의 붕괴 등으로 인한 근로자의 위험을 방지하기 위한 해당 작업장소의 지형 및 지반상태
작업 계획서 내용	가. 해당 작업에 따른 추락·낙하·전도·협착 및 붕괴 등의 위험 예방대책 나. 차량계 하역운반기계 등의 운행경로 및 작업방법	가. 사용하는 차량계 건설기계의 종류 및 성능 나. 차량계 건설기계의 운행경로 다. 차량계 건설기계에 의한 작업방법 ✄✄

7 항타기 및 항발기의 안전기준

(1) 항타기 및 항발기의 무너짐 방지조치

① 연약한 지반에 설치하는 경우에는 아웃트리거·받침 등 지지구조물의 침하를 방지하기 위하여 깔판·받침목 등을 사용할 것
② 시설 또는 가설물 등에 설치하는 때에는 그 내력을 확인하고 내력이 부족한 때에는 그 내력을 보강할 것
③ 아웃트리거·받침 등 지지구조물이 미끄러질 우려가 있는 때에는 말뚝 또는 쐐기 등을 사용하여 해당 지지구조물을 고정시킬 것

PART 06

④ 궤도 또는 차로 이동하는 항타기 또는 항발기에 대하여는 불시에 이동하는 것을 방지하기 위하여 레일클램프 및 쐐기 등으로 고정시킬 것

⑤ 상단 부분은 버팀대·버팀줄로 고정하여 안정시키고, 그 하단 부분은 견고한 버팀·말뚝 또는 철골 등으로 고정시킬 것

(2) 권상용 와이어로프

① 항타기 또는 항발기의 권상용 와이어로프의 안전계수가 5 이상이 아니면 이를 사용하여서는 아니 된다. ✄

② 권상용 와이어로프는 추 또는 해머가 최저의 위치에 있는 때 또는 널말뚝을 빼어내기 시작한 때를 기준으로 하여 권상장치의 드럼에 적어도 2회 감기고 남을 수 있는 충분한 길이일 것 ✄

③ 권상용 와이어로프는 권상장치의 드럼에 클램프·클립 등을 사용하여 견고하게 고정할 것

④ 항타기의 권상용 와이어로프에 있어서 추·해머 등과의 연결은 클램프·클립 등을 사용하여 견고하게 할 것

⑤ 클램프·클립 등은 한국산업표준 제품이거나 한국산업표준이 없는 제품의 경우에는 이에 준하는 규격을 갖춘 제품을 사용할 것

(3) 권상기 및 도르래의 설치

① 항타기 또는 항발기에 사용하는 권상기에는 쐐기장치 또는 역회전 방지용 브레이크를 부착하여야 한다.

② 항타기 또는 항발기의 권상장치의 드럼축과 권상장치로부터 첫번째 도르래의 축과의 거리를 권상장치의 드럼폭의 15배 이상으로 하여야 한다. ✄

③ 도르래는 권상장치의 드럼의 중심을 지나야 하며 축과 수직면상에 있어야 한다. ✄

(4) 항타기, 항발기 조립하는 때 점검 사항 ✄

① 본체의 연결부의 풀림 또는 손상의 유무

② 권상용 와이어로프·드럼 및 도르래의 부착상태의 이상 유무

③ 권상장치의 브레이크 및 쐐기장치 기능의 이상 유무

④ 권상기의 설치상태의 이상 유무

⑤ 리더(leader)의 버팀 방법 및 고정상태의 이상 유무

⑥ 본체·부속장치 및 부속품의 강도가 적합한지 여부

⑦ 본체·부속장치 및 부속품에 심한 손상·마모·변형 또는 부식이 있는지 여부

8 컨베이어의 안전

(1) 컨베이어의 방호장치 ✚✚✚

[컨베이어의 방호장치]

이탈 등의 방지장치	컨베이어 등을 사용하는 때에는 정전·전압강하 등에 의한 화물 또는 운반구의 이탈 및 역주행을 방지하는 장치를 갖추어야 한다.
비상정지 장치	컨베이어 등에 근로자의 신체의 일부가 말려드는 등 근로자에게 위험을 미칠 우려가 있는 때 및 비상시에는 즉시 컨베이어 등의 운전을 정지시킬 수 있는 장치를 설치하여야 한다.
덮개, 울의 설치	컨베이어 등으로부터 화물의 낙하로 인하여 근로자에게 위험을 미칠 우려가 있는 때에는 당해 컨베이어 등에 덮개 또는 울을 설치하는 등 낙하방지를 위한 조치를 하여야 한다.

(2) 건널다리의 설치 ✚

운전 중인 컨베이어 등의 위로 근로자를 넘어가도록 하는 때에는 근로자의 위험을 방지하기 위하여 건널다리를 설치하는 등 필요한 조치를 하여야 한다.

(3) 탑승의 제한

운전 중인 컨베이어에 근로자를 탑승시켜서는 아니 된다. 다만, 근로자를 운반할 수 있는 구조를 갖춘 컨베이어 등으로서 추락·접촉 등에 의한 근로자의 위험을 방지할 수 있는 조치를 한 때에는 그러하지 아니하다.

(4) 컨베이어 작업시작 전 점검사항

컨베이어의 작업 시작 전 점검 ✿✿✿
① 원동기 및 풀리기능의 이상 유무
② 이탈 등의 방지장치기능의 이상 유무
③ 비상정지장치 기능의 이상 유무
④ 원동기·회전축·기어 및 풀리 등의 덮개 또는 울 등의 이상 유무

9 고소작업대의 안전

(1) 고소작업대를 설치하는 때에는 다음 각 호에 해당하는 것을 설치하여야 한다.

① 작업대를 와이어로프 또는 체인으로 상승 또는 하강시킬 때에는 와이어로프 또는 체인이 끊어져 작업대가 낙하하지 아니하는 구조이어야 하며, 와이어로프 또는 체인의 안전율은 5 이상일 것 ✿

② 작업대를 유압에 의하여 상승 또는 하강시킬 때에는 작업대를 일정한 위치에 유지할 수 있는 장치를 갖추고 압력의 이상저하를 방지할 수 있는 구조일 것

③ 권과방지장치를 갖추거나 압력의 이상상승을 방지할 수 있는 구조일 것

④ 붐의 최대 지면경사각을 초과 운전하여 전도되지 않도록 할 것

⑤ 작업대에 정격하중(안전율 5 이상)을 표시할 것

⑥ 작업대에 끼임·충돌 등 재해를 예방하기 위한 가드 또는 과상승 방지장치를 설치할 것

⑦ 조작반의 스위치는 눈으로 확인할 수 있도록 명칭 및 방향표시를 유지할 것

(2) 악천후 시 작업 중지 ✿

비·눈 그 밖의 기상상태의 불안정으로 인하여 날씨가 몹시 나쁠 때에 10미터 이상의 높이에서 고소작업대를 사용함에 있어 근로자에게 위험을 미칠 우려가 있는 때에는 작업을 중지하여야 한다.

참고

사업주는 고소작업대를 이동하는 때에는 다음 각 호의 사항을 준수하여야 한다.
① 작업대를 가장 낮게 하강시킬 것
② 작업자를 태우고 이동하지 말 것. 다만, 이동 중 전도 등의 위험 예방을 위하여 유도하는 사람을 배치하고 짧은 구간을 이동하는 경우에는 작업대를 가장 낮게 내린 상태에서 작업자를 태우고 이동할 수 있다.
③ 이동통로의 요철상태 또는 장애물의 유무 등을 확인할 것

10 구내 운반차

(1) 구내 운반차의 준수사항 ✿

① 주행을 제동하고 또한 정지 상태를 유지하기 위하여 유효한 제동 장치를 갖출 것

② 경음기를 갖출 것

③ 운전석이 차 실내에 있는 것은 좌우에 한 개씩 방향지시기를 갖출 것

④ 전조등과 후미등을 갖출 것. 다만, 작업을 안전하게 하기 위하여 필요한 조명이 있는 장소에서 사용하는 구내 운반차에 대해서는 그러하지 아니하다.

11 지게차

포크, 램(ram) 등의 화물 적재 장치와 그 장치를 승강시키는 마스트 (mast)를 구비하고 동력에 의해 이동하는 지게차에 적용한다.

리프트 실린더
(포크를 상승 혹은 하강시킴)

마스트
(상하로 미끄럼운동을 하는 레일)

리프트체인

카운터웨이트
(앞뒤의 균형을 유지시킴)

백레스트
(화물이 뒤로 떨어지는 것 방지)

핑거보드

포크
(화물을 떠받쳐 운반)

후륜
(조향이 되는 바퀴)

후드

딜트실린더
(마스트를 전경·후경 시키는 작용)

전륜

📖 확인

※ 지게차 안전기준 ★

① 주행 시 포크는 반드시 내리고 운전해야 한다.

② 운전자 외의 어떤 자도 절대로 승차시키지 말아야 한다.

③ 헤드가드를 설치하여 운전자를 보호해야 한다.

④ 주차 시 포크를 반드시 내려놓고 후진할 때는 반드시 정차 후 뒤를 확인해야 한다.

⑤ 마스트 이상 짐을 높이 실어 작업을 해서는 안된다.

⑥ 짐을 싣고 내리막 길을 내려갈 시는 후진으로 해야 한다.

⑦ 작업장 부근에는 사람이 접근하지 않게 해야 한다.

⑧ 경사진 위험한 곳에 장비를 주차시키지 말아야 한다.

⑨ 짐을 인양한 밑으로 사람이 들어가거나 통과시키는 것을 금한다.

PART
06

(1) 방호장치 ✦

① 헤드가드 : 지게차에는 최대하중의 2배(4톤을 넘는 값에 대해서는 4톤으로 한다)에 해당하는 등분포정하중(等分布靜荷重)에 견딜 수 있는 강도의 헤드가드를 설치하여야 한다.

② 백레스트 : 지게차에는 포크에 적재된 화물이 마스트의 뒤쪽으로 떨어지는 것을 방지하기 위한 백레스트(backrest)를 설치하여야 한다.

③ 전조등, 후미등 : 지게차에는 7천5백칸델라 이상의 광도를 가지는 전조등, 2칸델라 이상의 광도를 가지는 후미등을 설치하여야 한다.

④ 안전벨트 : 다음 각 호의 요건에 적합한 안전벨트를 설치하여야 한다.

• 「한국산업표준에 따라 인증을 받은 제품」, 「품질경영 및 공산품 안전관리법」에 따라 안전인증을 받은 제품, 국제적으로 인정되는 규격에 따른 제품 또는 국토해양부장관이 이와 동등 이상이라고 인정하는 제품일 것

• 사용자가 쉽게 잠그고 풀 수 있는 구조일 것

(2) 설치방법 ✦✦

헤드가드	① 상부 틀의 각 개구의 폭 또는 길이는 16센티미터 미만일 것 ② 운전자가 앉아서 조작하거나 서서 조작하는 지게차의 헤드가드는 한국산업표준에서 정하는 높이 기준 이상일 것 (좌식 : 0.903m, 입식 : 1.88m)
백레스트	① 외부충격이나 진동 등에 의해 탈락 또는 파손되지 않도록 견고하게 부착할 것 ② 최대하중을 적재한 상태에서 마스트가 뒤쪽으로 경사지더라도 변형 또는 파손이 없을 것
전조등	① 좌우에 1개씩 설치할 것 ② 등광색은 백색으로 할 것 ③ 점등 시 차체의 다른 부분에 의하여 가려지지 아니할 것
후미등	① 지게차 뒷면 양쪽에 설치할 것 ② 등광색은 적색으로 할 것 ③ 지게차 중심선에 대하여 좌우대칭이 되게 설치할 것 ④ 등화의 중심점을 기준으로 외측의 수평각 45도에서 볼 때에 투영면적이 12.5제곱센티미터 이상일 것

(3) 지게차의 안전조건 ✫✫

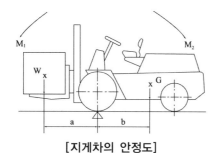

[지게차의 안정도]

① 지게차가 전도되지 않고 안정되기 위해서는 물체의 모멘트
(M_1 = W×a)보다 지게차의 모멘트(M_2=G×b)가 더 커야 한다.

지게차의 안정도 ✫✫
$$W \times a < G \times b$$ $$(M_1 < M_2)$$
여기서, W : 화물중량　　　　a : 앞바퀴 ~ 화물 중심까지 거리 　　　　G : 지게차 자체 중량　　b : 앞바퀴 ~ 차 중심까지 거리

② 전경사각

마스터의 수직위치에서 앞으로 기울인 경우 최대경사각 5 ~ 6°

③ 후경사각

마스터의 수직위치에서 뒤로 기울인 경우 최대경사각 10 ~ 12°

(4) 지게차 작업 시의 안정도 ✫✫

안정도	지게차의 상태	
하역작업 시의 전·후 안정도 : 4% 이내(5t 이상 : 3.5%)		(위에서 본 경우)
주행 시의 전·후 안정도 : 18% 이내		
하역작업 시의 좌·우 안정도 : 6% 이내		(밑에서 본 경우)
주행 시의 좌·우 안정도 : (15+1.1V)% 이내 최대 40%(V : 최고 속도 km/h)		
안정도 = $\dfrac{h}{l} \times 100(\%)$		

문제

하물중량이 200kg, 지게차의 중량이 400kg, 앞바퀴에서 하물의 중심까지의 최단거리가 1m이면 지게차가 안정되기 위한 앞바퀴에서 지게차의 중심까지의 최단 거리는?

㉮ 0.2m 초과
㉯ 0.5m 초과
㉰ 1m 초과
㉱ 3m 이상

[해설]
W×a < G×b
(W : 화물중량
a : 앞바퀴 – 화물중심까지 거리
G : 지게차 자체 중량
b : 앞바퀴 – 차 중심까지 거리)
200 × 1 < 400 × b
∴ b > 0.5m

정답 ㉯

PART 06

12 운전위치의 이탈금지 ✦

다음 각 호의 기계를 운전하는 경우 운전자가 운전위치를 이탈하게 해서는 아니 된다.

운전 위치를 이탈하여서는 안 되는 기계 ✦
① 양중기 ② 항타기 또는 항발기(권상장치에 하중을 건 상태) ③ 양화장치(화물을 적재한 상태)

13 작업시작 전 점검 ✦✦✦

지게차의 작업시작 전 점검	① 하역장치 및 유압장치 기능의 이상 유무 ② 제동장치 및 조종장치 기능의 이상 유무 ③ 바퀴의 이상 유무 ④ 전조등, 후미등, 방향지시기, 경보장치 기능의 이상 유무
구내운반차의 작업시작 전 점검	① 제동장치 및 조종장치 기능의 이상 유무 ② 하역장치 및 유압장치 기능의 이상 유무 ③ 바퀴의 이상 유무 ④ 전조등·후미등·방향지시기 및 경음기 기능의 이상 유무 ⑤ 충전장치를 포함한 홀더 등의 결합상태의 이상 유무
화물 자동차의 작업시작 전 점검	① 제동 장치 및 조종 장치의 기능 ② 하역 장치 및 유압 장치의 기능 ③ 바퀴의 이상 유무
고소작업대의 작업시작 전 점검	① 비상정지장치 및 비상하강방지장치 기능의 이상 유무 ② 과부하방지장치의 작동 유무 (와이어로프 또는 체인구동방식의 경우) ③ 아웃트리거 또는 바퀴의 이상 유무 ④ 작업면의 기울기 또는 요철유무

비계 · 거푸집 가시설 위험방지

01 건설 가시설물 설치 및 관리

주/요/내/용 알/고/가/기

1. 통나무비계의 구조
2. 강관비계의 구조 및 조립 시 준수사항
3. 틀비계(강관 틀비계) 조립 시 준수사항
4. 달비계의 안전계수
5. 말비계의 구조
6. 이동식비계의 구조
7. 비계의 점검 보수 항목
8. 가설통로의 구조
9. 사다리식 통로의 구조
10. 계단의 설치
11. 이동식 사다리의 구조
12. 작업발판의 구조
13. 거푸집 구비조건
14. 거푸집동바리의 조립 시 준수사항
15. 거푸집동바리의 조립 또는 해체작업 시 준수사항
16. 거푸집 조립 및 해체 순서
17. 계측기 종류 및 용도
18. 계측위치 선정

1 비계의 종류 및 기준

(1) 통나무 비계

통나무 비계의 구조 ✿✿

① 비계기둥의 간격은 2.5m 이하, 지상으로부터 첫번째 띠장은 3m 이하에 설치

② 미끄러지거나 침하하는 것을 방지하기 위하여 비계기둥의 하단부를 묻고, 밑둥잡이를 설치하거나 깔판을 사용하는 등의 조치를 할 것

③ 겹침 이음 : 이음부분에서 1미터 이상을 서로 겹쳐서 2개소 이상을 묶고, 맞댄 이음 : 비계기둥을 쌍기둥틀로 하거나 1.8미터 이상의 덧댐목을 사용하여 4개소 이상을 묶을 것

④ 비계기둥·띠장·장선 등의 접속부 및 교차부는 철선 기타의 튼튼한 재료로 견고하게 묶을 것

합격의 **Key**

참고

1. 가설구조물의 특징
① 연결재가 부족한 구조가 되기 쉽다.
② 부재의 결합이 간단하여 불안전 결합이 되기 쉽다.
③ 구조물이라는 개념이 확고하지 않아 조립의 정밀도가 낮다.
④ 부재는 과소 단면이거나 결함이 있는 재료가 사용되기 쉽다.

2. 가설재(비계)의 3조건
① 안정성 : 파괴, 도괴 및 동요에 대한 충분한 강도를 가질 것
② 작업성 : 통행과 작업에 방해가 없는 넓은 작업발판과 넓은 작업공간을 확보할 것
③ 경제성 : 가설 및 철거가 신속하고 용이할 것

용어정의

* 비계
구조물의 외부작업을 위해 근로자와 자재를 받쳐주기 위해 임시적으로 설치된 작업대와 그 지지구조물을 말한다.

기출

* 벽이음의 역할
① 풍하중에 의한 움직임 방지
② 수평하중에 의한 움직임 방지

⑤ 교차가새로 보강할 것

⑥ 외줄비계·쌍줄비계 또는 돌출비계의 벽이음 및 버팀 설치
　• 조립간격 : 수직방향에서 5.5m 이하, 수평방향에서는 7.5m 이하
　• 강관·통나무 등의 재료를 사용하여 견고한 것으로 할 것
　• 인장재와 압축재로 구성되어 있는 때에는 인장재와 압축재의 간격은 1미터 이내로 할 것

⑦ 통나무 비계는 지상높이 4층 이하 또는 12미터 이하인 작업에서만 사용할 수 있다.

(2) 강관비계(강관을 이용한 단관비계의 구조) ✖✖

강관비계의 구조	① 비계기둥 간격 : 띠장방향에서는 1.85m 이하, 장선방향에서는 1.5m 이하로 할 것 다만, 다음 각 목의 어느 하나에 해당하는 작업의 경우에는 안전성에 대한 구조검토를 실시하고 조립도를 작성하면 띠장 방향 및 장선 방향으로 각각 2.7미터 이하로 할 수 있다. 가. 선박 및 보트 건조작업 나. 그 밖에 장비 반입·반출을 위하여 공간 등을 확보할 필요가 있는 등 작업의 성질상 비계기둥 간격에 관한 기준을 준수하기 곤란한 작업 ② 띠장간격 : 2.0미터 이하로 할 것(다만, 작업의 성질상 이를 준수하기가 곤란하여 쌍기둥 틀 등에 의하여 해당 부분을 보강한 경우에는 그러하지 아니하다) ③ 비계기둥의 제일 윗 부분으로부터 31m되는 지점 밑 부분의 비계기둥은 2본의 강관으로 묶어 세울 것 (다만, 브라켓(bracket, 까치발) 등으로 보강하여 2개의 강관으로 묶을 경우 이상의 강도가 유지되는 경우에는 그러하지 아니하다) ④ 비계기둥 간의 적재하중은 400kg을 초과하지 않도록 할 것
강관비계 조립 시의 준수사항	① 비계기둥에는 미끄러지거나 침하하는 것을 방지하기 위하여 밑받침철물을 사용하거나 깔판·받침목 등을 사용하여 밑둥잡이를 설치할 것 ② 강관의 접속부 또는 교차부는 적합한 부속철물을 사용하여 접속하거나 단단히 묶을 것 ③ 교차가새로 보강할 것 ④ 외줄비계·쌍줄비계 또는 돌출비계의 벽이음 및 버팀 설치 　• 조립간격 : 수직방향에서 5m 이하, 수평방향에서 5m 이하 　• 강관·통나무 등의 재료를 사용하여 견고한 것으로 할 것 　• 인장재와 압축재로 구성되어 있는 때에는 인장재와 압축재의 간격을 1미터 이내로 할 것 ⑤ 가공전로에 근접하여 비계를 설치하는 때에는 가공전로를 이설, 절연용 방호구 장착하는 등 가공전로와의 접촉 방지 조치할 것

(3) 틀비계(강관 틀비계)

틀비계 조립 시 준수사항 ✄

① 밑둥에는 밑받침철물을 사용하여야 하며 밑받침에 고저차가 있는 경우에는 조절형 밑받침철물을 사용하여 항상 수평 및 수직을 유지하도록 할 것

② 높이가 20미터를 초과하거나 중량물의 적재를 수반하는 작업을 할 경우에는 주틀 간의 간격이 1.8미터 이하로 할 것

③ 주틀 간에 교차가새를 설치하고 최상층 및 5층 이내마다 수평재를 설치할 것

④ 벽이음 간격(조립간격) : 수직방향 6m, 수평방향으로 8m미터 이내마다 할 것

⑤ 길이가 띠장방향으로 4m 이하이고 높이가 10m를 초과하는 경우에는 10m 이내마다 띠장방향으로 버팀기둥을 설치할 것

(4) 비계 조립간격(벽이음 간격) ✦✦✦

비계 종류		수직 방향	수평 방향
강관 비계	단관비계	5m	5m
	틀비계(높이 5m 미만인 것 제외)	6m	8m
통나무 비계		5.5m	7.5m

(5) 달비계의 구조

[곤돌라형 달비계를 설치하는 경우 준수 사항]

① 달기 강선 및 달기 강대는 심하게 손상·변형 또는 부식된 것을 사용하지 않도록 할 것

② 달기 와이어로프, 달기 체인, 달기 강선, 달기 강대는 한쪽 끝을 비계의 보 등에, 다른 쪽 끝을 내민 보, 앵커볼트 또는 건축물의 보 등에 각각 풀리지 않도록 설치할 것

③ 작업발판은 폭을 40센티미터 이상으로 하고 틈새가 없도록 할 것 ✄

④ 작업발판의 재료는 뒤집히거나 떨어지지 않도록 비계의 보 등에 연결하거나 고정시킬 것

⑤ 비계가 흔들리거나 뒤집히는 것을 방지하기 위하여 비계의 보·작업 발판 등에 버팀을 설치하는 등 필요한 조치를 할 것

⑥ 선반 비계에서는 보의 접속부 및 교차부를 철선·이음 철물 등을 사용하여 확실하게 접속시키거나 단단하게 연결시킬 것

⑦ 근로자의 추락 위험을 방지하기 위하여 다음 각 목의 조치를 할 것
  • 달비계에 구명줄을 설치할 것

⊙기출 ★
＊ 달비계
작업발판을 와이어로프에 매달아 고층건물 청소용 등의 작업 시에 사용하는 비계

⊙기출 ★
＊ 안전계수
와이어로프 등의 절단하중값을 그 와이어로프 등에 걸리는 하중의 최대값으로 나눈 값을 말한다.

📋참고
＊ 작업 의자형 달비계를 설치하는 경우 준수사항
① 달비계의 작업대는 나무 등 근로자의 하중을 견딜 수 있는 강도의 재료를 사용하여 견고한 구조로 제작할 것
② 작업대의 4개 모서리에 로프를 매달아 작업대가 뒤집히거나 떨어지지 않도록 연결할 것
③ 작업용 섬유로프는 콘크리트에 매립된 고리, 건축물의 콘크리트 또는 철재 구조물 등 2개 이상의 견고한 고정점에 풀리지 않도록 결속(結束)할 것
④ 작업용 섬유로프와 구명줄은 다른 고정점에 결속되도록 할 것
⑤ 작업하는 근로자의 하중을 견딜 수 있을 정도의 강도를 가진 작업용 섬유로프, 구명줄 및 고정점을 사용할 것
⑥ 근로자가 작업용 섬유로프에 작업대를 연결하여 하강하는 방법으로 작업을 하는 경우 근로자의 조종 없이는 작업대가 하강하지 않도록 할 것
⑦ 작업용 섬유로프 또는 구명줄이 결속된 고정점의 로프는 다른 사람이 풀지 못하게 하고 작업 중임을 알리는 경고표지를 부착할 것

⑧ 작업용 섬유로프와 구명줄이 건물이나 구조물의 끝부분, 날카로운 물체 등에 의하여 절단되거나 마모(磨耗)될 우려가 있는 경우에는 로프에 이를 방지할 수 있는 보호 덮개를 씌우는 등의 조치를 할 것

⑨ 근로자의 추락 위험을 방지하기 위하여 다음 각 목의 조치를 할 것
• 달비계에 구명줄을 설치할 것
• 근로자에게 안전대를 착용하도록 하고 근로자가 착용한 안전줄을 달비계의 구명줄에 체결(締結)하도록 할 것

• 근로자에게 안전대를 착용하도록 하고 근로자가 착용한 안전줄을 달비계의 구명줄에 체결(締結)하도록 할 것
• 달비계에 안전난간을 설치할 수 있는 구조인 경우에는 달비계에 안전난간을 설치할 것

> 달비계의 안전계수 : 와이어로프 등의 절단 하중 값을 그 와이어로프 등에 걸리는 하중의 최댓값으로 나눈 값을 말한다. ✄✄

① 달기 와이어로프 및 달기강선의 안전계수는 10 이상
② 달기 체인 및 달기훅의 안전계수는 5 이상
③ 달기강대와 달비계의 하부 및 상부 지점의 안전계수는 강재의 경우 2.5 이상, 목재의 경우 5 이상

[달기 체인 등 사용금지 항목 ✄✄✄]

달기 체인	① 달기 체인의 길이가 달기 체인이 제조된 때의 길이의 5퍼센트를 초과한 것 ② 링의 단면지름이 달기 체인이 제조된 때의 해당 링의 지름의 10퍼센트를 초과하여 감소한 것 ③ 균열이 있거나 심하게 변형된 것
섬유로프 또는 안전대의 섬유벨트	① 꼬임이 끊어진 것 ② 심하게 손상되거나 부식된 것 ③ 2개 이상의 작업용 섬유로프 또는 섬유벨트를 연결한 것 ④ 작업높이보다 길이가 짧은 것
와이어로프	① 이음매가 있는 것 ② 와이어로프의 한 꼬임(스트랜드: strand)에서 끊어진 소선의 수가 10퍼센트 이상(비자전로프의 경우에는 끊어진 소선의 수가 와이어로프 호칭지름의 6배 길이 이내에서 4개 이상이거나 호칭지름 30배 길이 이내에서 8개 이상)인 것 ③ 지름의 감소가 공칭지름의 7퍼센트를 초과하는 것 ④ 꼬인 것 ⑤ 심하게 변형되거나 부식된 것 ⑥ 열과 전기충격에 의해 손상된 것

(6) 말비계

말비계의 구조 ✄

① 지주부재의 하단에는 미끄럼 방지장치를 하고, 양측 끝부분에 올라 서서 작업하지 아니하도록 할 것
② 지주부재와 수평면과의 기울기를 75도 이하로 하고, 지주부재와 지주부재 사이를 고정시키는 보조부재를 설치할 것
③ 말비계의 높이가 2미터를 초과할 경우에는 작업발판의 폭을 40센티미터 이상으로 할 것

(7) 이동식 비계

이동식 비계의 구조 ✄

① 바퀴에는 갑작스러운 이동 또는 전도를 방지하기 위하여 브레이크·쐐기 등으로 바퀴를 고정시킨 다음 비계의 일부를 견고한 시설물에 고정하거나 아웃트리거(outrigger, 전도방지용 지지대)를 설치하는 등 필요한 조치를 할 것
② 승강용사다리는 견고하게 설치할 것
③ 비계의 최상부에서 작업을 할 때에는 안전난간을 설치할 것
④ 작업발판은 항상 수평을 유지하고 작업발판 위에서 안전난간을 딛고 작업을 하거나 받침대 또는 사다리를 사용하여 작업하지 않도록 할 것
⑤ 작업발판의 최대 적재하중은 250킬로그램을 초과하지 않도록 할 것

(8) 달대비계

달대비계의 설치

① 달대비계를 매다는 철선은 #8 소성철선을 사용하며 4가닥 정도로 꼬아서 하중에 대한 안전계수가 8 이상 확보되어야 한다.
② 철근을 사용할 때에는 19밀리미터 이상을 쓰며 근로자는 반드시 안전모와 안전대를 착용하여야 한다.
③ 달대비계는 가급적 안전성이 확보된 기성제품을 사용하고 현장에서 제작하는 경우 안전하중을 고려해야 하며 사용재료는 변형, 부식, 손상이 없어야 한다.
④ 달대비계에는 최대적재하중과 안전표지판을 설치한다.
⑤ 달대비계는 적절한 양중장비를 사용하여 설치장소까지 운반하고 안전대를 착용하는 등 안전한 작업방법으로 설치한다.

📋 **확인**

※ 이동식비계의 기타 안전사항
(고용노동부고시 내용)
① 안전담당자의 지휘하에 작업을 행하여야 한다.
② 이동식 비계의 최대 높이는 밑변 최소폭의 4배 이하이어야 한다. ★
③ 이동할 때에는 작업원이 없는 상태이어야 한다.
④ 최대적재하중을 표시하여야 한다.
⑤ 재료, 공구의 오르내리기에는 포대, 로프 등을 이용하여야 한다.

🔍 **용어정의**

※ 달대비계
철골공사의 리벳치기 및 볼트 작업 등에 이용하는 비계로시 체인을 철골에 매달아서 작업발판을 만든 비계이며 상하로 이동시킬 수 없는 단점이 있다.

(9) 시스템 비계 ✿✿

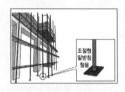

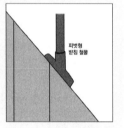

시스템 비계의 구조	① 수직재·수평재·가새재를 견고하게 연결하는 구조가 되도록 할 것
	② 비계 밑단의 수직재와 받침철물은 밀착되도록 설치하고, 수직재와 받침철물의 연결부의 겹침길이는 받침철물 전체 길이의 3분의 1 이상이 되도록 할 것
	③ 수평재는 수직재와 직각으로 설치하여야 하며, 체결 후 흔들림이 없도록 견고하게 설치할 것
	④ 수직재와 수직재의 연결철물은 이탈되지 않도록 견고한 구조로 할 것
	⑤ 벽 연결재의 설치간격은 제조사가 정한 기준에 따라 설치할 것
시스템 비계 조립 시의 준수 사항	① 비계 기둥의 밑둥에는 밑받침 철물을 사용하여야 하며, 밑받침에 고저 차가 있는 경우에는 조절형 밑받침 철물을 사용하여 시스템 비계가 항상 수평 및 수직을 유지하도록 할 것
	② 경사진 바닥에 설치하는 경우에는 피벗형 받침 철물 또는 쐐기 등을 사용하여 밑받침 철물의 바닥면이 수평을 유지하도록 할 것
	③ 가공전로에 근접하여 비계를 설치하는 경우에는 가공전로를 이설하거나 가공전로에 절연용 방호구를 설치하는 등 가공전로와의 접촉을 방지하기 위하여 필요한 조치를 할 것
	④ 비계 내에서 근로자가 상하 또는 좌우로 이동하는 경우에는 반드시 지정된 통로를 이용하도록 주지시킬 것
	⑤ 비계작업 근로자는 같은 수직면상의 위와 아래 동시 작업을 금지할 것
	⑥ 작업발판에는 제조사가 정한 최대적재하중을 초과하여 적재해서는 아니 되며, 최대적재하중이 표기된 표지판을 부착하고 근로자에게 주지시키도록 할 것

(10) 걸침비계

사업주는 선박 및 보트 건조작업에서 걸침비계("달비계 및 달대비계"를 "달비계, 달대비계 및 걸침비계"로 한다)를 설치하는 경우에는 다음 각 호의 사항을 준수하여야 한다.

걸침비계의 구조

① 지지점이 되는 매달림 부재의 고정부는 구조물로부터 이탈되지 않도록 견고히 고정할 것

② 비계재료 간에는 서로 움직임, 뒤집힘 등이 없어야 하고, 재료가 분리되지 않도록 철물 또는 철선으로 충분히 결속할 것. 다만, 작업발판 밑 부분에 띠장 및 장선으로 사용되는 수평부재 간의 결속은 철선을 사용하지 않을 것

③ 매달림 부재의 안전율은 4 이상일 것

④ 작업발판에는 구조검토에 따라 설계한 최대적재하중을 초과하여 적재하여서는 아니 되며, 그 작업에 종사하는 근로자에게 최대적재하중을 충분히 알릴 것

---

* 걸침비계

2 비계작업 시 안전조치사항

(1) 달비계 또는 높이 5미터 이상의 비계 조립·해체 및 변경 시 준수사항 ✄

① 관리감독자의 지휘 하에 작업하도록 할 것

② 조립·해체 또는 변경의 시기·범위 및 절차를 그 작업에 종사하는 근로자에게 교육할 것

③ 조립·해체 또는 변경작업구역 내에는 당해 작업에 종사하는 근로자 외의 자의 출입을 금지시키고 그 내용을 보기 쉬운 장소에 게시할 것

④ 비·눈 그 밖의 기상상태의 불안정으로 인하여 날씨가 몹시 나쁠 때에는 그 작업을 중지시킬 것

⑤ 비계재료의 연결·해체작업을 하는 때에는 폭 20센티미터 이상의 발판을 설치하고 근로자로 하여금 안전대를 사용하도록 하는 등 근로자의 추락방지를 위한 조치를 할 것

⑥ 재료·기구 또는 공구 등을 올리거나 내리는 때에는 근로자로 하여금 달줄 또는 달포대 등을 사용하도록 할 것

(2) 강관비계 또는 통나무비계를 조립하는 때에는 쌍줄로 하여야 하되, 외줄로 하는 때에는 별도의 작업발판을 설치할 수 있는 시설을 갖추어야 한다.

PART 06

(3) 비계의 점검 보수 항목

비·눈 그 밖의 기상상태의 불안정으로 인하여 날씨가 몹시 나빠서 작업을 중지시킨 후 또는 비계를 조립·해체하거나 또는 변경한 후 그 비계에서 작업을 하는 때에는 당해 작업시작 전에 다음 각 호의 사항을 점검하고 이상을 발견한 때에는 즉시 보수하여야 한다.

비계조립·해제·변경 후 작업시작 전 점검사항 ☆☆
① 발판재료의 손상 여부 및 부착 또는 걸림 상태
② 당해비계의 연결부 또는 접속부의 풀림 상태
③ 연결재료 및 연결철물의 손상 또는 부식 상태
④ 손잡이의 탈락 여부
⑤ 기둥의 침하·변형·변위 또는 흔들림 상태
⑥ 로프의 부착상태 및 매단장치의 흔들림 상태

실력이 되고! 합격이 되는! 특급 암기법

비계	→	발판	→	손잡이	→	비계 기둥
(연결부, 연결철물)		(손상, 부착)		(탈락)		(변형, 흔들림)

3 작업통로의 종류 및 설치기준

(1) 가설통로

가설통로의 구조 ☆☆
① 견고한 구조로 할 것
② 경사는 30도 이하로 할 것(계단을 설치하거나 높이 2미터 미만의 가설통로로서 튼튼한 손잡이를 설치한 때에는 그러하지 아니하다)
③ 경사가 15도를 초과하는 때는 미끄러지지 아니하는 구조로 할 것
④ 추락의 위험이 있는 장소에는 안전난간을 설치할 것(작업상 부득이한 때에는 필요한 부분에 한하여 임시로 이를 해체할 수 있다)
⑤ 수직갱 : 길이가 15미터 이상인 때에는 10미터 이내마다 계단참을 설치할 것
⑥ 건설공사에 사용하는 높이 8미터 이상인 비계다리 : 7미터 이내마다 계단참을 설치할 것

(2) 사다리식 통로

※ 사다리식 통로

그림 출처 : 만화로 보는 산업안전
보건기준에 관한 규칙

사다리식 통로의 구조 ✿✿

① 견고한 구조로 할 것
② 심한 손상·부식 등이 없는 재료를 사용할 것
③ 발판의 간격은 일정하게 할 것
④ 발판과 벽과의 사이는 15센티미터 이상의 간격을 유지할 것
⑤ 폭은 30센티미터 이상으로 할 것
⑥ 사다리가 넘어지거나 미끄러지는 것을 방지하기 위한 조치를 할 것
⑦ 사다리의 상단은 걸쳐놓은 지점으로부터 60센티미터 이상 올라가도록 할 것
⑧ 사다리식 통로의 길이가 10미터 이상인 경우에는 5미터 이내마다 계단참을 설치할 것
⑨ 사다리식 통로의 기울기는 75도 이하로 할 것. 다만, 고정식 사다리식 통로의 기울기는 90도 이하로 하고, 그 높이가 7미터 이상인 경우에는 바닥으로부터 높이가 2.5미터 되는 지점부터 등받이울을 설치할 것
⑩ 접이식 사다리 기둥은 사용 시 접혀지거나 펼쳐지지 않도록 철물 등을 사용하여 견고하게 조치할 것

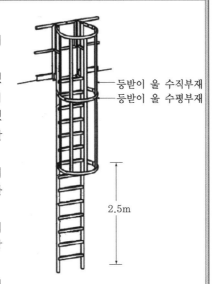

등받이 울 수직부재
등받이 울 수평부재

2.5m

[등받이 울의 설치 ✿✿]

4 계단의 설치 ✿✿

(1) 계단의 강도

① 계단 및 계단참의 강도는 $500kg/m^2$ 이상이어야 하며 안전율(안전의 정도를 표시하는 것으로서 재료의 파괴응력도와 허용응력도와의 비를 말한다)은 4 이상으로 하여야 한다.
② 계단 및 승강구 바닥을 구멍이 있는 재료로 만드는 경우 렌치나 그 밖의 공구 등이 낙하할 위험이 없는 구조로 하여야 한다.

(2) 계단의 폭

① 1미터 이상으로 하여야 한다.(다만, 급유용·보수용·비상용 계단 및 나선형 계단에 대하여는 그러하지 아니하다)

그림 출처 : 만화로 보는 산업안전
보건기준에 관한 규칙

② 계단에 손잡이 외의 다른 물건 등을 설치하거나 쌓아 두어서는
아니 된다.

(3) 계단참의 높이

높이가 3m를 초과하는 계단에는 높이 3m 이내마다 너비 1.2미터
이상의 계단참을 설치해야 한다.

(4) 천장의 높이

바닥면으로부터 높이 2미터 이내의 공간에 장애물이 없도록 하여야
한다.(다만, 급유용·보수용·비상용계단 및 나선형계단에 대하여는
그러하지 아니하다)

(5) 계단의 난간

높이 1미터 이상인 계단의 개방된 측면에 안전난간을 설치하여야
한다.

5 사다리의 설치

(1) 이동식 사다리

이동식 사다리의 구조 ✿

- 길이가 6미터를 초과해서는 안 된다.
- 다리의 벌림은 벽 높이의 1/4 정도가
  적당하다. ✿
- 벽면 상부로부터 최소한 60센티미터
  이상의 연장길이가 있어야 한다.

6 작업발판 설치기준 및 준수사항

사업주는 비계(달비계·달대비계 및 말비계를 제외한다)의 높이가 2미터 이상인 작업장소에는 다음 각 호의 기준에 적합한 작업발판을 설치하여야 한다.

작업발판 설치기준 ✂✂

① 발판 재료 : 작업 시의 하중을 견딜 수 있도록 견고한 것으로 할 것
② 발판의 폭 : 40cm 이상으로 하고, 발판 재료 간의 틈 : 3cm 이하로 할 것
③ 추락의 위험성이 있는 장소에는 안전난간을 설치할 것
　(안전난간 설치가 곤란한 때, 추락방호망을 치거나 근로자가 안전대를 사용하도록 하는 등 추락에 의한 위험방지조치를 한 때에는 그러하지 아니하다)
④ 작업발판의 지지물 : 하중에 의하여 파괴될 우려가 없는 것을 사용할 것
⑤ 작업발판 재료는 뒤집히거나 떨어지지 아니하도록 2 이상의 지지물에 연결하거나 고정시킬 것
⑥ 작업에 따라 이동시킬 때에는 위험방지 조치를 할 것
⑦ 선박 및 보트 건조작업에서 선박블록 또는 엔진실 등의 좁은 작업공간에 작업발판을 설치하는 경우 : 작업발판의 폭을 30센티미터 이상으로 할 수 있고, 걸침비계의 경우 발판재료 간의 틈을 3센티미터 이하로 유지하기 곤란하면 5센티미터 이하로 할 수 있다.

7 비상구의 설치

위험물질을 제조·취급하는 작업장과 그 작업장이 있는 건축물에 출입구 외에 안전한 장소로 대피할 수 있는 비상구 1개 이상을 다음 각 호의 기준에 맞는 구조로 설치하여야 한다. 다만, 작업장 바닥면의 가로 및 세로가 각 3미터 미만인 경우에는 그렇지 않다.

비상구의 구조

① 출입구와 같은 방향에 있지 아니하고, 출입구로부터 3미터 이상 떨어져 있을 것
② 작업장의 각 부분으로부터 하나의 비상구 또는 출입구까지의 수평거리가 50미터 이하가 되도록 할 것(다만, 작업장이 있는 층에 피난층 또는 지상으로 통하는 직통계단을 설치한 경우에는 그 부분에 한정하여 본문에 따른 기준을 충족한 것으로 본다.)
③ 비상구의 너비는 0.75미터 이상으로 하고, 높이는 1.5미터 이상으로 할 것
④ 비상구의 문은 피난 방향으로 열리도록 하고, 실내에서 항상 열 수 있는 구조로 할 것

ⓘ기출 ★
＊ 작업발판 설치기준
① 비계재료의 연결·해체 작업 : 폭 20센티미터 이상
② 슬레이트, 선라이트 등 강도가 약한 재료의 지붕 위 작업 : 폭 30cm 이상
③ 선박 및 보트 건조작업에서 선박블록 등의 좁은 작업공간에 작업발판 : 폭 30cm 이상
④ 높이 2m 이상인 작업장소 : 폭 40cm 이상

🔎용어정의
① 거푸집 : 타설된 콘크리트가 설계된 형상과 치수를 유지하며 콘크리트가 소정의 강도에 도달하기까지 양생 및 지지하는 구조물
② 거푸집널 : 거푸집의 일부로써 콘크리트에 직접 접하는 목재나 금속 등의 판류
③ 동바리 : 타설된 콘크리트가 소정의 강도를 얻기까지 고정하중 및 시공하중 등을 지지하기 위하여 설치하는 부재
④ 멍에 : 장선과 직각방향으로 설치하여 장선을 지지하며 거푸집 긴결재나 동바리로 하중을 전달하는 부재

PART 06

8 거푸집 및 동바리

(1) 거푸집 구비조건 ✄

① 거푸집은 조립·해체·운반이 용이할 것
② 최소한의 재료로 여러번 사용할 수 있는 형상과 크기일 것
③ 수분이나 모르타르 등의 누출을 방지할 수 있는 수밀성이 있을 것
④ 시공 정확도에 알맞은 수평·수직·직각을 견지하고 변형이 생기지 않는 구조일 것
⑤ 콘크리트의 자중 및 부어넣기 할 때의 충격과 작업하중에 견디고, 변형을 일으키지 않을 강도를 가질 것

(2) 거푸집 조립 시의 안전조치

사업주는 거푸집을 조립하는 경우에는 다음 각 호의 사항을 준수해야 한다.

① 거푸집을 조립하는 경우에는 거푸집이 콘크리트 하중이나 그 밖의 외력에 견딜 수 있거나, 넘어지지 않도록 견고한 구조의 긴결재(콘크리트를 타설할 때 거푸집이 변형되지 않게 연결하여 고정하는 재료를 말한다), 버팀대 또는 지지대를 설치하는 등 필요한 조치를 할 것
② 거푸집이 곡면인 경우에는 버팀대의 부착 등 그 거푸집의 부상(浮上)을 방지하기 위한 조치를 할 것

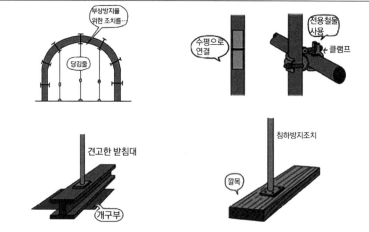

그림 출처 : 만화로 보는 산업안전보건기준에 관한 규칙

(3) 동바리 조립 시의 안전조치

사업주는 동바리를 조립하는 경우에는 하중의 지지상태를 유지할 수 있도록 다음 각 호의 사항을 준수해야 한다.

① 받침목이나 깔판의 사용, 콘크리트 타설, 말뚝박기 등 동바리의 침하를 방지하기 위한 조치를 할 것
② 동바리의 상하 고정 및 미끄러짐 방지 조치를 할 것
③ 상부·하부의 동바리가 동일 수직선상에 위치하도록 하여 깔판·받침목에 고정시킬 것
④ 개구부 상부에 동바리를 설치하는 경우에는 상부하중을 견딜 수 있는 견고한 받침대를 설치할 것
⑤ U헤드 등의 단판이 없는 동바리의 상단에 멍에 등을 올릴 경우에는 해당 상단에 U헤드 등의 단판을 설치하고, 멍에 등이 전도되거나 이탈되지 않도록 고정시킬 것
⑥ 동바리의 이음은 같은 품질의 재료를 사용할 것
⑦ 강재의 접속부 및 교차부는 볼트·클램프 등 전용철물을 사용하여 단단히 연결할 것
⑧ 거푸집의 형상에 따른 부득이한 경우를 제외하고는 깔판이나 받침목은 2단 이상 끼우지 않도록 할 것
⑨ 깔판이나 받침목을 이어서 사용하는 경우에는 그 깔판·받침목을 단단히 연결할 것

참고

* 거푸집의 종류

① 슬립 폼(slip form)
슬라이딩 폼의 일종, 수직으로 연속되는 구조물을 시공조인트 없이 시공하기 위하여 일정한 크기로 만들어져 연속적으로 이동시키면서 콘크리트를 타설하는 공법에 적용하는 거푸집, 단면의 변화가 있는 구조물을 수직으로 이동하면서 타설한다.

② 슬라이딩 폼(sliding form)
로드(rod)·유압잭(jack) 등을 이용하여 거푸집을 연속적으로 이동시키면서 콘크리트를 타설할 때 사용되는 것으로 silo 공사 등에 적합, 단면의 변화가 없는 구조물을 수직으로 이동하면서 타설한다.

③ 시스템 동바리(prefabricated shoring system)
수직재, 수평재, 가새 등 각각의 부재를 공장에서 미리 생산하여 현장에서 조립하여 거푸집을 지지하는 지주 형식의 동바리와 강제 갑판 및 철재트러스 조립보 등을 이용하여 수평으로 설치하여 지지하는 보 형식의 동바리를 지칭함

④ 클라이밍 폼(climbing form)
이동식 거푸집의 일종으로써, 인양방식에 따라 외부 크레인의 도움 없이 자체에 부착된 유압구동장치를 이용하여 상승하는 자동상승 클라이밍 폼(self climbing form)방식과 크레인에 의해 인양되는 방식으로 구분

⑤ 테이블 폼(flying table form)
바닥 슬래브의 콘크리트를 타설하기 위한 거푸집으로써 거푸집널, 장선, 멍에, 서포트를 일체로 제작, 부재화하여 크레인으로 수평 및 수직 이동이 가능한 거푸집

동바리로 사용하는 파이프서포트의 조립 시 준수사항 ✧✧

- 파이프서포트를 3개본 이상 이어서 사용하지 아니하도록 할 것
- 파이프서포트를 이어서 사용할 때에는 4개 이상의 볼트 또는 전용철물을 사용하여 이을 것
- 높이가 3.5미터를 초과하는 경우에는 높이 2미터 이내마다 수평연결재를 2개 방향으로 만들고 수평연결재의 변위를 방지할 것

동바리로 사용하는 강관틀의 준수사항

- 강관틀과 강관틀 사이에 교차가새를 설치할 것
- 최상단 및 5단 이내마다 동바리의 측면과 틀면의 방향 및 교차가새의 방향에서 5개 이내마다 수평연결재를 설치하고 수평연결재의 변위를 방지할 것
- 최상단 및 5단 이내마다 동바리의 틀면의 방향에서 양단 및 5개틀 이내마다 교차가새의 방향으로 띠장틀을 설치할 것

동바리로 사용하는 조립강주의 준수사항

- 높이가 4미터를 초과할 때에는 높이 4미터 이내마다 수평연결재를 2개 방향으로 설치하고 수평연결재의 변위를 방지할 것

시스템 동바리의 경우

- 수평재는 수직재와 직각으로 설치해야 하며, 흔들리지 않도록 견고하게 설치할 것
- 연결철물을 사용하여 수직재를 견고하게 연결하고, 연결 부위가 탈락 또는 꺾어지지 않도록 할 것
- 수직 및 수평하중에 의한 동바리의 구조적 안전성이 확보되도록 조립도에 따라 수직재 및 수평재에는 가새재를 견고하게 설치할 것
- 동바리 최상단과 최하단의 수직재와 받침철물은 서로 밀착되도록 설치하고 수직재와 받침철물의 연결부의 겹침길이는 받침철물 전체 길이의 3분의 1 이상 되도록 할 것

보 형식의 동바리의 경우
<ul><li>접합부는 충분한 걸침 길이를 확보하고 못, 용접 등으로 양끝을 지지물에 고정시켜 미끄러짐 및 탈락을 방지할 것</li><li>양끝에 설치된 보 거푸집을 지지하는 동바리 사이에는 수평연결재를 설치하거나 동바리를 추가로 설치하는 등 보 거푸집이 옆으로 넘어지지 않도록 견고하게 할 것</li><li>설계도면, 시방서 등 설계도서를 준수하여 설치할 것</li></ul>

(4) 거푸집 및 동바리의 조립ㆍ해체 등 작업 시의 준수사항

① 해당 작업을 하는 구역에는 관계 근로자가 아닌 사람의 출입을 금지할 것

② 비ㆍ눈 그 밖의 기상상태의 불안정으로 인하여 날씨가 몹시 나쁜 경우에는 그 작업을 중지할 것

③ 재료ㆍ기구 또는 공구 등을 올리거나 내리는 경우에는 근로자로 하여금 달줄ㆍ달포대 등을 사용하도록 할 것

④ 낙하ㆍ충격에 의한 돌발적 재해를 방지하기 위하여 버팀목을 설치하고 거푸집동바리 등을 인양장비에 매단 후에 작업을 하도록 하는 등 필요한 조치를 할 것

🔟기출

* 거푸집 해체작업 시의 준수 사항

1. 거푸집 및 지보공(동바리)의 해체는 순서에 의하여 실시하여야 하며 안전담당자를 배치하여야 한다.

2. 거푸집 및 지보공(동바리)은 콘크리트 자중 및 시공 중에 가해지는 기타 하중에 충분히 견딜 만한 강도를 가질 때까지는 해체하지 아니하여야 한다.

3. 거푸집을 해체할 때에는 다음 각 목에 정하는 사항을 유념하여 작업하여야 한다.

① 해체작업을 할 때에는 안전모 등 안전 보호장구를 착용토록 하여야 한다.

② 거푸집 해체작업장 주위에는 관계자를 제외하고는 출입을 금지시켜야 한다.

③ 상하 동시 작업은 원칙적으로 금지하여 부득이한 경우에는 긴밀히 연락을 취하며 작업을 하여야 한다.

④ 거푸집 해체 때 구조체에 무리한 충격이나 큰 힘에 의한 지렛대 사용은 금지하여야 한다.

⑤ 보 또는 슬라브 거푸집을 제거할 때에는 거푸집의 낙하 충격으로 인한 작업원의 돌발적 재해를 방지하여야 한다.

⑥ 해체된 거푸집이나 각목 등에 박혀있는 못 또는 날카로운 돌출물은 즉시 제거하여야 한다.

⑦ 해체된 거푸집이나 각 목은 재사용 가능한 것과 보수하여야 할 것을 선별, 분리하여 적치하고 정리정돈을 하여야 한다.

4. 기타 제3자의 보호조치에 대하여도 완전한 조치를 강구하여야 한다.

PART 06

📖참고

1. 거푸집 존치기간의
   결정요인

① 시멘트의 종류
② 콘크리트 배합
③ 하중
④ 평균기온
⑤ 구조물의 종류
⑥ 부재의 종류 및 크기

2. 거푸집동바리의 해체
   시기를 결정하는 요인

① 시방서 상의 거푸집
   존치기간의 경과
② 콘크리트 강도시험
   결과
③ 동절기일 경우 적산
   온도

3. 거푸집 동바리의 일반
   적인 구조검토의 순서

① 하중계산 : 거푸집동바
   리에 작용하는 하중 및
   외력의 종류, 크기를 산
   정한다.
② 응력계산 : 하중·외력
   에 의하여 각 부재에 발
   생되는 응력을 구한다.
③ 단면, 배치간격계산 :
   각 부재에 발생되는 응
   력에 대하여 안전한 단
   면 및 배치간격을 결정
   한다.

(5) 철근조립 작업 시의 준수사항

① 양중기로 철근을 운반할 경우에는 두 군데 이상 묶어서 수평으로 운반할 것
② 작업위치의 높이가 2미터 이상일 경우에는 작업발판을 설치하거나 안전대를 착용하게 하는 등 위험방지를 위하여 필요한 조치를 할 것

(6) 거푸집 조립 및 해체 순서 ✄

① 조립순서 : 기둥 → 보받이 내력벽 → 큰보 → 작은보 → 바닥 → (내벽) → (외벽)
② 해체순서 : 바닥 → 보 → 벽 → 기둥
③ 조립작업은 조립 → 검사 → 수정 → 고정을 주기로 하여 부분을 요약해서 행하고 전체를 진행하여 나가야 한다.

(7) 작업발판 일체형 거푸집의 안전조치

"작업발판 일체형 거푸집"이란 거푸집의 설치·해체, 철근 조립, 콘크리트 타설, 콘크리트 면처리 작업 등을 위하여 거푸집을 작업발판과 일체로 제작하여 사용하는 거푸집으로서 다음 각 호의 거푸집을 말한다.

작업발판 일체형 거푸집의 종류 ✄

---

① 갱 폼(gang form)
② 슬립 폼(slip form)
③ 클라이밍 폼(climbing form)
④ 터널 라이닝 폼(tunnel lining form)
⑤ 그 밖에 거푸집과 작업발판이 일체로 제작된 거푸집 등

---

8 흙막이

(1) 계측기 종류 및 용도

① 균열 측정기(Crack-gauge)	주변 구조물, 지반 등에 균열 발생 시 균열 크기와 변화를 정밀측정 확인
② 경사계(Tilt-meter)	구조물의 경사각 및 변형상태를 계측
③ 지하 수위계(Water levelmeter)	지하 수위 변화를 실측하여 각종 계측자료에 이용
④ 지중 수평변위계(Iclino-meter)	인접지반 수평변위량과 위치, 방향 및 크기를 실측하여 토류구조물 각 지점의 응력상태 판단
⑤ 토압계(Earth pressurecell)	토압의 변화를 측정하여 이들 부재의 안정상태 확인
⑥ 변형률계(Strain gauge)	토류 구조물의 각 부재와 인근 구조물의 각 지점 및 타설 콘크리트 등의 응력변화를 측정
⑦ 하중계(load-cell)	스트럿(Strut) 또는 어스앵커(Earth anchor) 등의 축 하중 변화를 측정하는 기구
⑧ 지주 하중계(Strut loadcell)	Strut의 축 하중 변화상태를 측정
⑨ 어스앙카 하중계 (Earthanchor loadcell)	Earth Anchor의 축 하중 변화상태를 측정
⑩ 간극 수압계(Piezometer)	굴착에 따른 과잉 간극수압의 변화를 측정
⑪ 층별 침하계(Extensometer)	인접 지층의 각 지층별 침하량의 변동상태를 확인
⑫ 지표 침하계(Settlement Plate)	지표면의 침하량 절대치의 변화를 측정
⑬ 진동 소음측정기 (Sound levelmeter)	굴착, 발파 및 장비 이동에 따른 진동과 소음을 측정

(2) 계측위치 선정

① 지반조건이 충분히 파악되어 있고, 구조물의 전체를 대표할 수 있는 곳

② 중요구조물 등 지반에 특수한 조건이 있어서 공사에 따른 영향이 예상되는 곳

③ 교통량이 많은 곳. 다만, 교통 흐름의 장해가 되지 않는 곳

④ 지하수가 많고, 수위의 변화가 심한 곳

⑤ 시공에 따른 계측기의 훼손이 적은 곳

CHAPTER
06
공사 및 작업종류별 안전

🔍 합 격 의 key

01 양중 및 해체 공사

📍 주/요/내/용 알/고/가/기

1. 해체작업 시 해체계획 작성 항목
2. 양중기의 종류 및 방호장치
3. 타워크레인 작업계획서 포함사항
4. 악천후 시의 조치
5. 작업 시작 전 점검 항목

1 해체용 기계, 기구의 종류 및 취급안전

(1) 해체공사의 사전조사 및 작업계획서 내용 ✿✿

┌문제┐

다음 중 해체작업용 기계·기구
로 거리가 가장 먼 것은?

㉮ 압쇄기
㉯ 핸드 브레이커
㉰ 철제햄머
㉱ 진동 롤러

[해설]
㉱ 진동 롤러는 지반의 다짐
기계이다.

정답 ㉱

작업명	사전조사 내용	작업계획서 내용
구축물, 건축물, 그 밖의 시설물 등의 해체작업	해체건물 등의 구조, 주변 상황 등	가. 해체의 방법 및 해체 순서도면 나. 가설설비·방호설비·환기설비 및 살수·방화설비 등의 방법 다. 사업장 내 연락방법 라. 해체물의 처분계획 마. 해체작업용 기계·기구 등의 작업계획서 바. 해체작업용 화약류 등의 사용계획서 사. 그 밖에 안전·보건에 관련된 사항

🔍 용어정의

* 양중기
동력을 사용하여 화물,
사람 등을 운반하는 기
계, 설비를 말하며 크레
인, 리프트, 곤돌라, 승
강기 등이 있다.

2 양중기의 종류

(1) 양중기(산업안전보건법 기준)

양중기의 종류 ✿✿✿

① 크레인[호이스트(hoist)를 포함한다]
② 이동식 크레인
③ 리프트(이삿짐운반용 리프트의 경우에는 적재하중이 0.1톤 이상인 것으로 한정한다)
④ 곤돌라
⑤ 승강기

(2) 크레인

"크레인"이란 동력을 사용하여 중량물을 매달아 상하 및 좌우로 운반하는 것을 목적으로 하는 기계 또는 기계장치를 말하며, "호이스트"란 훅이나 그 밖의 달기구 등을 사용하여 화물을 권상 및 횡행 또는 권상 동작만을 하여 양중하는 것을 말한다.

[크레인의 종류 및 특징]

드래그 크레인 (drag crane)	① 크레인 선회부분을 고무 타이어의 트럭 위에 장치한 기계를 말한다. ② 연약지 작업이 불가능하나 기동성이 크고 미세한 인칭(inching)이 가능하다. ③ 고층 건물의 철골 조립, 자재의 적재, 운반, 항만 하역 작업 등에 사용한다.
휠 크레인 (wheel crane)	① 크롤러 크레인의 크롤러 대신 차륜을 장치한 것으로서 드래그 크레인보다 소형이며, 모빌 크레인이라고도 한다. ② 공장과 같이 작업범위가 제한되어 있는 장소나 고속 주행을 요할 경우에 적합하다.
크롤러 크레인 (crawler crane)	① 크롤러 셔블에 크레인 부속장치를 설치한 것으로서 안정성이 높으며 다목적이다. ② 고르지 못한 지형이나 연약 지반에서의 작업, 좁은 장소나 습지대 등에서도 작업이 가능하다.
케이블 크레인 (cable crane)	① 타워(tower)에 케이블을 쳐서 트롤리를 달아 운반물을 달아 올리는 기계이다. ② 댐 공사 등에서 콘크리트나 자재 운반 시에 이용한다.
천장주행 크레인	① 천장형 크레인에 주행 레일을 설치하여 이동하도록 한 기계이다. ② 콘크리트 빔의 제작이나 가공 현장 등에서 사용한다.
타워 크레인 (tower crane)	① 360° 회전이 가능하다. ② 주로 높이를 필요로 하는 건축 현장이나 빌딩 고층화 등에 사용한다.

* 적용 제외

이동식 크레인, 데릭, 엘리베이터, 간이 엘리베이터, 건설용 리프트는 크레인에 적용하지 않는다.

(3) 이동식 크레인

"이동식 크레인"이란 원동기를 내장하고 있는 것으로서 불특정 장소에 스스로 이동할 수 있는 크레인으로 동력을 사용하여 중량물을 매달아 상하 및 좌우로 운반하는 설비로서 기중기 또는 화물·특수자동차의 작업부에 탑재하여 화물운반 등에 사용하는 기계 또는 기계장치를 말한다.

(4) 리프트

"리프트"란 동력을 사용하여 사람이나 화물을 운반하는 것을 목적으로 하는 기계 설비를 말한다.

[리프트의 종류 및 특징] ✦

건설용 리프트	동력을 사용하여 가이드레일(운반구를 지지하여 상승 및 하강 동작을 안내하는 레일)을 따라 상하로 움직이는 운반구를 매달아 사람이나 화물을 운반할 수 있는 설비 또는 이와 유사한 구조 및 성능을 가진 것으로 건설 현장에서 사용하는 것을 말한다.
산업용 리프트	동력을 사용하여 가이드레일을 따라 상하로 움직이는 운반구를 매달아 화물을 운반할 수 있는 설비 또는 이와 유사한 구조 및 성능을 가진 것으로 건설 현장 외의 장소에서 사용하는 것을 말한다.
자동차정비용 리프트	동력을 사용하여 가이드레일을 따라 움직이는 지지대로 자동차 등을 일정한 높이로 올리거나 내리는 구조의 리프트로서 자동차 정비에 사용하는 것
이삿짐운반용 리프트	연장 및 축소가 가능하고 끝단을 건축물 등에 지지하는 구조의 사다리형 붐에 따라 동력을 사용하여 움직이는 운반구를 매달아 화물을 운반하는 설비로서 화물자동차 등 차량 위에 탑재하여 이삿짐 운반 등에 사용하는 것

(5) 곤돌라

"곤돌라"란 달기발판 또는 운반구, 승강장치, 그 밖의 장치 및 이들에 부속된 기계부품에 의하여 구성되고, 와이어로프 또는 달기강선에 의하여 달기발판 또는 운반구가 전용 승강장치에 의하여 오르내리는 설비를 말한다.

(6) 승강기

"승강기"란 건축물이나 고정된 시설물에 설치되어 일정한 경로에 따라 사람이나 화물을 승강장으로 옮기는 데에 사용되는 설비로서 다음 각 목의 것을 말한다.

[승강기의 종류 및 특징 ✦]

승객용 엘리베이터	사람의 운송에 적합하게 제조·설치된 엘리베이터
승객화물용 엘리베이터	사람의 운송과 화물 운반을 겸용하는데 적합하게 제조·설치된 엘리베이터
화물용 엘리베이터	화물 운반에 적합하게 제조·설치된 엘리베이터로서 조작자 또는 화물취급자 1명은 탑승할 수 있는 것(적재 용량이 300킬로그램 미만인 것은 제외한다)

소형화물용 엘리베이터	음식물이나 서적 등 소형 화물의 운반에 적합하게 제조 · 설치된 엘리베이터로서 사람의 탑승이 금지된 것
에스컬레이터	일정한 경사로 또는 수평로를 따라 위·아래 또는 옆으 로 움직이는 디딤판을 통해 사람이나 화물을 승강장 으로 운송시키는 설비

3 양중기의 안전 수칙

(1) 양중기의 방호장치

크레인 (호이스트 포함)	• 과부하방지장치 • 권과방지장치(捲過防止裝置) • 비상정지장치 • 제동장치 <기타 방호장치> • 훅의 해지장치 • 안전밸브(유압식)
이동식 크레인	• 과부하방지장치 • 권과방지장치(捲過防止裝置) • 비상정지장치 • 제동장치 <기타 방호장치> • 훅의 해지장치 • 안전밸브(유압식)
리프트 (자동차정비용 리프트 제외)	• 권과방지장치 • 과부하방지장치 • 비상정지장치 • 제동장치 • 조작반(盤) 잠금장치
곤돌라	• 과부하방지장치 • 권과방지장치(捲過防止裝置) • 비상정지장치 • 제동장치
승강기	• 과부하방지장치 • 권과방지장치(捲過防止裝置) • 비상정지장치 • 제동장치 • 파이널리미트스위치 • 출입문인터록 • 속도조절기(조속기)

실력이 되고! 합격이 되는! 특급 암기법

- **양중기 공통 방호장치** : 과부하방지장치, 권과방지장치, 비상정지장치, 제동장치
- **추가 설치**
  리프트(자동차정비용 제외) : 조작반잠금장치
  승강기 : 파이널리미트스위치, 출입문인터록, 속도조절기(조속기)

(2) 악천후 시 조치 ✄✄

① 순간풍속이 초당 10미터를 초과하는 경우 : 타워크레인의 설치·수리·점검 또는 해체작업을 중지

② 순간풍속이 초당 15미터를 초과하는 경우 : 타워크레인의 운전작업을 중지

③ 순간풍속이 초당 30미터를 초과하는 바람이 불어올 우려가 있는 경우 : 옥외에 설치되어 있는 주행 크레인에 대하여 이탈방지장치를 작동시키는 등 이탈방지를 위한 조치

④ 순간풍속이 초당 30미터를 초과하는 바람이 불거나 중진(中震) 이상 진도의 지진이 있은 후 : 옥외에 설치되어 있는 양중기를 사용하여 작업을 하는 경우에는 미리 기계 각 부위에 이상이 있는지를 점검

⑤ 순간풍속이 초당 35미터를 초과하는 바람이 불어 올 우려가 있는 경우 : 옥외에 설치되어 있는 승강기 및 건설용 리프트(지하에 설치되어 있는 것은 제외한다)에 대하여 받침의 수를 증가시키는 등 그 승강기가 무너지는 것을 방지하기 위한 조치

(3) 작업시작 전 점검사항 ✄✄✄

크레인	① 권과방지장치·브레이크·클러치 및 운전장치의 기능 ② 주행로의 상측 및 트롤리가 횡행(橫行)하는 레일의 상태 ③ 와이어로프가 통하고 있는 곳의 상태
이동식 크레인	① 권과방지장치 그 밖의 경보장치의 기능 ② 브레이크·클러치 및 조정장치의 기능 ③ 와이어로프가 통하고 있는 곳 및 작업장소의 지반상태
리프트	① 방호장치·브레이크 및 클러치의 기능 ② 와이어로프가 통하고 있는 곳의 상태
곤돌라	① 방호장치·브레이크의 기능 ② 와이어로프·슬링와이어 등의 상태

(4) 타워크레인의 작업계획서 내용(설치·조립·해체작업) ✄✄

① 타워크레인의 종류 및 형식

② 설치·조립 및 해체순서

③ 작업도구·장비·가설설비(假設設備) 및 방호설비

④ 작업인원의 구성 및 작업근로자의 역할 범위

⑤ 타워크레인의 지지 방법

(5) 크레인 작업 시의 조치 ✦

1) 사업주는 크레인을 사용하여 작업을 하는 경우 다음 각 호의 조치를 준수하고, 그 작업에 종사하는 관계 근로자가 그 조치를 준수하도록 하여야 한다.

① 인양할 하물(荷物)을 바닥에서 끌어당기거나 밀어내는 작업을 하지 아니할 것

② 유류드럼이나 가스통 등 운반 도중에 떨어져 폭발하거나 누출될 가능성이 있는 위험물 용기는 보관함(또는 보관고)에 담아 안전하게 매달아 운반할 것

③ 고정된 물체를 직접 분리·제거하는 작업을 하지 아니할 것

④ 미리 근로자의 출입을 통제하여 인양 중인 하물이 작업자의 머리 위로 통과하지 않도록 할 것

⑤ 인양할 하물이 보이지 아니하는 경우에는 어떠한 동작도 하지 아니할 것(신호하는 사람에 의하여 작업을 하는 경우는 제외한다)

2) 사업주는 조종석이 설치되지 아니한 크레인에 대하여 다음 각 호의 조치를 하여야 한다.

① 고용노동부장관이 고시하는 크레인의 제작기준과 안전기준에 맞는 무선원격제어기 또는 펜던트 스위치를 설치·사용할 것

② 무선원격제어기 또는 펜던트 스위치를 취급하는 근로자에게는 작동요령 등 안전조작에 관한 사항을 충분히 주지시킬 것

3) 사업주는 타워크레인을 사용하여 작업을 하는 경우 타워크레인마다 근로자와 조종 작업을 하는 사람 간에 신호업무를 담당하는 사람을 각각 두어야 한다.

(6) 설치·조립·수리·점검 또는 해체 작업

크레인의 설치·조립·수리·점검 또는 해체 작업을 하는 경우의 조치 ✦

㉠ 작업순서를 정하고 그 순서에 따라 작업을 할 것

㉡ 작업을 할 구역에 관계 근로자가 아닌 사람의 출입을 금지하고 그 취지를 보기 쉬운 곳에 표시할 것

㉢ 비, 눈, 그 밖에 기상상태의 불안정으로 날씨가 몹시 나쁜 경우에는 그 작업을 중지시킬 것

㉣ 작업장소는 안전한 작업이 이루어질 수 있도록 충분한 공간을 확보하고 장애물이 없도록 할 것

㉤ 들어올리거나 내리는 기자재는 균형을 유지하면서 작업을 하도록 할 것

㉥ 크레인의 성능, 사용조건 등에 따라 충분한 응력(應力)을 갖는 구조로 기초를 설치하고 침하 등이 일어나지 않도록 할 것

㉦ 규격품인 조립용 볼트를 사용하고 대칭되는 곳을 차례로 결합하고 분해할 것

리프트 및 승강기의 설치 · 조립 · 수리 · 점검 또는 해체 작업을 하는 경우의 조치

㉠ 작업을 지휘하는 사람을 선임하여 그 사람의 지휘 하에 작업을 실시할 것
㉡ 작업을 할 구역에 관계 근로자가 아닌 사람의 출입을 금지하고 그 취지를 보기 쉬운 장소에 표시할 것
㉢ 비, 눈, 그 밖에 기상상태의 불안정으로 날씨가 몹시 나쁜 경우에는 그 작업을 중지시킬 것

리프트 및 승강기의 설치 · 조립 · 수리 · 점검 또는 해체 작업을 하는 경우 작업 지휘자의 이행 사항 ✮

㉠ 작업방법과 근로자의 배치를 결정하고 해당 작업을 지휘하는 일
㉡ 재료의 결함 유무 또는 기구 및 공구의 기능을 점검하고 불량품을 제거하는 일
㉢ 작업 중 안전대 등 보호구의 착용 상황을 감시하는 일

---

(7) 양중기의 와이어로프 등 달기구의 안전계수 ✮✮

① 양중기의 와이어로프 등 달기구의 안전계수(달기구 절단하중의 값을 그 달기구에 걸리는 하중의 최대값으로 나눈 값을 말한다)가 다음 각 호의 구분에 따른 기준에 맞지 아니한 경우에는 이를 사용해서는 아니 된다. ✮

달기구의 안전계수 ✮✮

㉠ 근로자가 탑승하는 운반구를 지지하는 달기 와이어로프 또는 달기 체인의 경우 : 10 이상
㉡ 화물의 하중을 직접 지지하는 달기 와이어로프 또는 달기 체인의 경우 : 5 이상
㉢ 훅, 샤클, 클램프, 리프팅 빔의 경우 : 3 이상
㉣ 그 밖의 경우 : 4 이상

---

② 달기구의 경우 최대허용하중 등의 표식이 견고하게 붙어 있는 것을 사용하여야 한다.
③ 양중기의 달기 와이어로프 또는 달기 체인과 일체형인 고리걸이 훅 또는 샤클의 안전계수(훅 또는 샤클의 절단하중 값을 각각 그 훅 또는 샤클에 걸리는 하중의 최대값으로 나눈 값을 말한다)가 사용되는 달기 와이어로프 또는 달기 체인의 안전계수와 같은 값 이상의 것을 사용하여야 한다.
④ 와이어로프를 절단하여 양중(揚重)작업용구를 제작하는 경우 반드시 기계적인 방법으로 절단하여야 하며, 가스용단(鎔斷) 등 열에 의한 방법으로 절단해서는 아니 된다.
⑤ 아크(arc), 화염, 고온부 접촉 등으로 인하여 열영향을 받은 와이어로프를 사용해서는 아니 된다.

(8) 사용금지 사항 ✿✿

달기 체인 등 사용 금지 항목 ✿✿	
와이어로프	① 이음매가 있는 것 ② 와이어로프의 한 꼬임(스트랜드: strand)에서 끊어진 소선의 수가 10퍼센트 이상(비자전로프의 경우에는 끊어진 소선의 수가 와이어로프 호칭지름의 6배 길이 이내에서 4개 이상이거나 호칭지름 30배 길이 이내에서 8개 이상)인 것 ③ 지름의 감소가 공칭지름의 7퍼센트를 초과하는 것 ④ 꼬인 것 ⑤ 심하게 변형되거나 부식된 것 ⑥ 열과 전기충격에 의해 손상된 것
달기 체인	① 달기 체인의 길이가 달기 체인이 제조된 때의 길이의 5 퍼센트를 초과한 것 ② 링의 단면지름이 달기 체인이 제조된 때의 해당 링의 지름의 10퍼센트를 초과하여 감소한 것 ③ 균열이 있거나 심하게 변형된 것
섬유로프 또는 안전대의 섬유벨트	① 꼬임이 끊어진 것 ② 심하게 손상되거나 부식된 것 ③ 2개 이상의 작업용 섬유 로프 또는 섬유벨트를 연결한 것 ④ 작업높이보다 길이가 짧은 것

(9) 변형되어 있는 훅·샤클 등의 사용금지

① 훅·샤클·클램프 및 링 등의 철구로서 변형되어 있는 것 또는 균열이 있는 것을 크레인 또는 이동식 크레인의 고리걸이용구로 사용해서는 아니 된다.

② 중량물을 운반하기 위해 제작하는 지그, 훅의 구조를 운반 중 주변 구조물과의 충돌로 슬링이 이탈되지 않도록 하여야 한다.

③ 안전성 시험을 거쳐 안전율이 3 이상 확보된 중량물 취급용구를 구매하여 사용하거나 자체 제작한 중량물 취급용구에 대하여 비파괴시험을 하여야 한다.

(10) 링 등의 구비

① 엔드리스(endless)가 아닌 와이어로프 또는 달기 체인에 대하여 그 양단에 훅·샤클·링 또는 고리를 구비한 것이 아니면 크레인 또는 이동식 크레인의 고리걸이용구로 사용해서는 아니 된다.

② 고리는 꼬아넣기[(아이 스플라이스(eye splice)를 말한다)], 압축 멈춤 또는 이러한 것과 같은 정도 이상의 힘을 유지하는 방법으로 제작된 것이어야 한다. 이 경우 꼬아넣기는 와이어로프의 모든 꼬임을 3회 이상 끼워 짠 후 각각의 꼬임의 소선 절반을 잘라내고 남은 소선을 다시 2회 이상(모든 꼬임을 4회 이상 끼워 짠 경우에는 1회 이상) 끼워 짜야 한다.

(11) 기타 양중기 안전

① 가이 데릭(guy derrick)
  • 훅(hook), 붐의 경사, 회전 등은 윈치(winch)로 조정되며, 360° 선회가 가능하다.
  • 보통 붐은 마스터 높이 80[%] 정도의 길이까지 사용한다.
  • 중량물의 이동, 하역작업, 철골조립 작업, 항만 하역 설비 등에 사용한다.

② 3각 데릭(triangle derrick)
  • 마스터를 2개의 다리(leg)로 지지한 것으로서 스팁레그 데릭이라고 하며 붐은 2개의 다리가 있으므로 270° 까지 회전한다.
  • 빌딩의 옥상 등 협소한 장소의 작업에 적합하다.

③ 엘리베이터
  • 사람이나 짐을 가드레일에 따라 승강하는 운반기에 올려놓고 동력을 이용하여 운반하는 것을 목적으로 하는 기계장치 중 간이리프트 또는 건설용 리프트 이외의 것을 말한다.

02 콘크리트 및 PC 공사

☐ 주/요/내/용 알/고/가/기

주/요/내/용 알/고/가/기 ▶

1. 콘크리트의 타설작업 시 준수사항
2. 콘크리트 타설 시 안전수칙
3. 철골작업을 중지해야 하는 조건
4. 공작도에 포함시켜야 할 사항
5. 외압에 대한 내력이 설계에 고려되었는지 확인하여야 할 대상
6. PC 공사의 특징

1 콘크리트 타설작업의 안전

(1) 콘크리트의 타설작업

콘크리트 타설작업 시 준수사항 ✗

① 당일의 작업을 시작하기 전에 해당 작업에 관한 거푸집동바리 등의 변형·변위 및 지반의 침하 유무 등을 점검하고 이상이 있으면 보수할 것
② 작업 중에는 감시자를 배치하는 등의 방법으로 거푸집 및 동바리의 변형·변위 및 침하 유무 등을 확인해야 하며, 이상이 있으면 작업을 중지하고 근로자를 대피시킬 것
③ 콘크리트의 타설작업 시 거푸집붕괴의 위험이 발생할 우려가 있으면 충분한 보강조치를 할 것
④ 설계도서상의 콘크리트 양생기간을 준수하여 거푸집 및 동바리를 해체할 것
⑤ 콘크리트를 타설하는 경우에는 편심이 발생하지 않도록 골고루 분산하여 타설할 것

(2) 콘크리트 타설 시 안전수칙

① 손수레를 이용하여 콘크리트를 운반할 때의 준수사항
  • 손수레를 타설하는 위치까지 천천히 운반하여 거푸집에 충격을 주지 아니하도록 타설하여야 한다.
  • 손수레에 의하여 운반할 때에는 적당한 간격을 유지하여야 하고 뛰어서는 안 되며, 통로구분을 명확히 하여야 한다.
  • 운반 통로에 방해가 되는 것은 즉시 제거하여야 한다.

> ☒ 참고
> ＊ 콘크리트의 비파괴 검사방법
> ① 액체침투 탐상법
> ② 자분 탐상법
> ③ 방사선 투과법
> ④ 초음파 탐상법
> ⑤ 반발경도법

PART 06

내부진동기의 사용 방법

① 진동다지기를 할 때에는 내부진동기를 하층의 콘크리트 속으로 0.1m 정도 찔러 넣는다.

② 내부진동기는 연직으로 찔러 넣으며, 그 간격은 진동이 유효하다고 인정되는 범위의 지름 이하로서 일정한 간격으로 한다. 삽입간격은 일반적으로 0.5m 이하로 하는 것이 좋다.

③ 1개소 당 진동 시간은 다짐할 때 시멘트 페이스트가 표면 상부로 약간 부상하기까지 한다.

④ 내부진동기는 콘크리트로부터 천천히 빼내어 구멍이 남지 않도록 한다.

⑤ 내부진동기는 콘크리트를 횡방향으로 이동시킬 목적으로 사용하지 않아야 한다.

⑥ 진동기의 형식, 크기 및 대수는 1회에 다짐하는 콘크리트의 전용면적을 충분히 다지는데 적합하도록 부재 단면의 두께 및 면적, 1시간당 최대 타설량, 굵은 골재 최대 치수, 배합, 특히 잔골재율, 콘크리트의 슬럼프 등을 고려하여 선정한다.

---

(3) 콘크리트의 측압 ✿

① 거푸집 부재 단면이 클수록 측압이 크다.

② 거푸집 수밀성이 클수록 측압이 크다.

③ 거푸집 강성이 클수록 측압이 크다.

④ 거푸집 표면이 평활할수록 측압이 크다.

⑤ 시공연도가 좋을수록 측압이 크다.

⑥ 철골 or 철근량이 적을수록 측압이 크다.

⑦ 외기온도가 낮을수록 측압이 크다.

⑧ 타설속도가 빠를수록 측압이 크다.

⑨ 다짐이 좋을수록 측압이 크다.

⑩ 슬럼프가 클수록 측압이 크다.

⑪ 콘크리트 비중이 클수록 측압이 크다.

⑫ 응결시간이 느린 시멘트를 사용할수록 측압이 크다.

⑬ 습도가 낮을수록 측압이 크다.

실력이 되고! 합격이 되는! 특급 암기법

| 온도, 습도, 철골·철근량 응결시간 적을수록 측압이 크다. 나머지는 클수록 크다. |

용어정의

＊ **콘크리트 측압**
굳지 않은 콘크리트(생 콘크리트)에서 벽, 보 기둥 옆의 거푸집은 콘크리트를 타설함에 따라 거푸집을 미는 압력이 생기는데 이를 측압이라 한다.

＊ **콘크리트 헤드**
측압이 가장 높을 때의 콘크리트의 높이

＊ **옹벽**(revetment, breast wall)
제방의 한쪽 면의 하중을 지지하거나 제방의 붕괴를 방지하기 위해 지주 없이 세워진 벽으로 벽에 작용하는 측압(側壓)에 견디게 하기 위해 사용된다.

(4) 안정성 검토

콘크리트 옹벽(흙막이 지보공)의 안정성 검토사항 ✿✿

① 전도에 대한 안정

② 활동에 대한 안정

③ 침하에 대한 안정(지반 지지력에 대한 안정)

2 철골공사 작업의 안전

(1) 철골작업을 중지해야 하는 조건 ✄✄

① 풍속이 초당 10미터 이상인 경우
② 강우량이 시간당 1밀리미터 이상인 경우
③ 강설량이 시간당 1센티미터 이상인 경우

(2) 건립 중 강풍에 의한 풍압 등 외압에 대한 내력이 설계에 고려 되었는지 확인하여야 할 대상(자립도 검토대상) ✄

① 높이 20미터 이상의 구조물
② 구조물의 폭과 높이의 비가 1 : 4 이상인 구조물
③ 단면구조에 현저한 차이가 있는 구조물
④ 연면적당 철골량이 50킬로그램/평방미터 이하인 구조물
⑤ 기둥이 타이플레이트(tie plate)형인 구조물
⑥ 이음부가 현장용접인 구조물

참고

* 철골용접부의 내부결함 검사 방법
• 와류 탐상검사
• 방사선 투과시험
• 자기분말 탐상시험
• 침투 탐상시험
• 초음파 탐상검사
• 육안검사

PART 06

03 운반 및 하역작업

📍 주/요/내/용 알/고/가/기 ▶

1. 걸이 작업 시 준수사항
2. 철근의 인력 및 기계 운반 시의 준수사항
3. 취급운반의 원칙
4. 요통예방을 위한 안전작업수칙
5. 항만하역작업의 안전수칙
6. 화물 적재 시 준수사항

1 운반작업의 안전수칙

(1) 걸이작업 시 준수사항

① 와이어로프 등은 크레인의 후크중심에 걸어야 한다.
② 인양 물체의 안정을 위하여 2줄 걸이 이상을 사용하여야 한다.
③ 밑에 있는 물체를 걸고자 할 때에는 위의 물체를 제거한 후에 행하여야 한다.
④ 매다는 각도는 60°이내로 하여야 한다.
⑤ 근로자를 매달린 물체 위에 탑승시키지 않아야 한다.

(2) 지게차의 적재하물이 크고 현저하게 시계를 방해할 때의 운행방법

① 유도자를 붙여 차를 유도시킬 것
② 후진으로 진행할 것
③ 경적을 울리면서 서행할 것

(3) 철근의 인력 및 기계운반 시의 준수사항

인력 운반 시 준수사항 ✦	① 1인당 무게는 25킬로그램 정도가 적절하며, 무리한 운반을 삼가하여야 한다. ② 2인 이상이 1조가 되어 어깨메기로 하여 운반하는 등 안전을 도모하여야 한다. ③ 긴 철근을 부득이 한 사람이 운반할 때에는 한쪽을 어깨에 메고 한쪽 끝을 끌면서 운반하여야 한다. ④ 운반할 때에는 양끝을 묶어 운반하여야 한다. ⑤ 내려놓을 때는 천천히 내려놓고 던지지 않아야 한다. ⑥ 공동작업을 할 때에는 신호에 따라 작업을 하여야 한다.

2 취급운반의 원칙

(1) 취급 · 운반의 3조건

① 운반거리를 단축시킬 것
② 운반작업을 기계화할 것
③ 손이 닿지 않는 운반 방식으로 할 것

(2) 취급 · 운반의 5원칙

① 직선 운반을 할 것
② 연속 운반을 할 것
③ 운반 작업을 집중화시킬 것
④ 생산을 최고로 하는 운반을 생각할 것
⑤ 최대한 시간과 경비를 절약할 수 있는 운반 방법을 고려할 것

3 중량물 취급 운반

(1) 중량물 취급 작업의 작업계획의 작성

작업명	작업계획서 내용
중량물의 취급 작업	가. 추락위험을 예방할 수 있는 안전대책 나. 낙하위험을 예방할 수 있는 안전대책 다. 전도위험을 예방할 수 있는 안전대책 라. 협착위험을 예방할 수 있는 안전대책 마. 붕괴위험을 예방할 수 있는 안전대책

4 하역작업의 안전수칙

(1) 하역작업장의 조치기준

부두·안벽 등 하역작업을 하는 장소에 다음 각 호의 조치를 하여야 한다.

① 작업장 및 통로의 위험한 부분에는 안전하게 작업할 수 있는 조명을 유지할 것
② 부두 또는 안벽의 선을 따라 통로를 설치하는 경우에는 폭을 90센티미터 이상으로 할 것

참고
* 경사면에서 중량물 취급 시 준수사항
① 구름멈춤대·쐐기 등을 이용하여 중량물의 동요나 이동을 조절할 것
② 중량물이 구를 위험이 있는 방향 앞의 일정 거리 이내로는 근로자의 출입을 제한할 것. 다만, 중량물을 보관하거나 작업 중인 장소가 경사면인 경우에는 경사면 아래로는 근로자의 출입을 제한해야 한다.

③ 육상에서의 통로 및 작업장소로서 다리 또는 선거(船渠) 갑문(閘門)을 넘는 보도(步道) 등의 위험한 부분에는 안전난간 또는 울타리 등을 설치할 것

(2) 화물의 적재 시의 준수사항 ✄

① 침하 우려가 없는 튼튼한 기반 위에 적재할 것
② 건물의 칸막이나 벽 등이 화물의 압력에 견딜 만큼의 강도를 지니지 아니한 경우에는 칸막이나 벽에 기대어 적재하지 않도록 할 것
③ 불안정할 정도로 높이 쌓아 올리지 말 것
④ 하중이 한쪽으로 치우치지 않도록 쌓을 것

(3) 항만하역작업의 안전수칙 ✄

① 갑판의 윗면에서 선창 밑바닥까지의 깊이가 1.5미터를 초과하는 선창의 내부에서 화물취급작업을 하는 때에는 그 작업에 종사하는 근로자가 안전하게 통행할 수 있는 설비를 설치하여야 한다. 다만, 안전하게 통행할 수 있는 설비가 선박에 설치되어 있는 때에는 그러하지 아니한다. ✄
② 300톤급 이상의 선박에서 하역작업을 하는 경우에 근로자들이 안전하게 오르내릴 수 있는 현문(舷門) 사다리를 설치하여야 하며, 이 사다리 밑에 안전망을 설치하여야 한다. 현문 사다리는 견고한 재료로 제작된 것으로 너비는 55센티미터 이상이어야 하고, 양측에 82센티미터 이상의 높이로 울타리를 설치하여야 하며, 바닥은 미끄러지지 않도록 적합한 재질로 처리되어야 한다. ✄
현문 사다리는 근로자의 통행에만 사용하여야 하며, 화물용 발판 또는 화물용 보판으로 사용하도록 해서는 아니 된다.